高等学校电子信息学科"十二五"规划教材

ARM Cortex 嵌入式系统开发教程

黄建华　宾辰忠　欧阳宁　编著

U0285035

西安电子科技大学出版社

内 容 简 介

  本书是嵌入式系统微控制器教材,基于 ARM Cortex-M3 核的芯片 LPC1700 讲述了嵌入式系统基本概念以及 Cortex 体系结构和嵌入式系统开发设计方法。全书共 6 章,主要内容包括嵌入式系统概述、ARM Cortex-M3 体系结构、LPC1700 系列处理器、LPC1700 系列处理器基本接口技术、LPC1700 系列处理器通信接口技术以及嵌入式实时操作系统。

  本书可作为高等院校电子信息类、计算机类、自动控制类和机械电子类等专业高年级本科生、研究生的教材,也可作为嵌入式系统设计工程师的参考书。

图书在版编目(CIP)数据

ARM Cortex 嵌入式系统开发教程/黄建华,宾辰忠,欧阳宁编著. —西安:西安电子科技大学出版社,2012.12
高等学校电子信息类"十二五"规划教材

ISBN 978-7-5606-2903-2

Ⅰ. ① A… Ⅱ. ① 黄… ② 宾… ③ 欧… Ⅲ. ① 微控制器—高等学校—教材 Ⅳ. ① TP332.3

中国版本图书馆 CIP 数据核字(2012)第 183751 号

策划编辑   马乐惠   毛红兵
责任编辑   毛红兵   杨 柳
出版发行   西安电子科技大学出版社(西安市太白南路 2 号)
电 话   (029)88242885   88201467   邮 编   710071
网 址   www.xduph.com   电子邮箱   xdupfxb001@163.com
经 销   新华书店
印刷单位   陕西华沐印刷科技有限责任公司
版 次   2012 年 12 月第 1 版   2012 年 12 月第 1 次印刷
开 本   787 毫米×1092 毫米   1/16   印 张   20.5
字 数   487 千字
印 数   1～3000 册
定 价   36.00 元

ISBN 978-7-5606-2903-2/TP · 1368

XDUP 3195001-1

如有印装问题可调换

本社图书封面为激光防伪覆膜,谨防盗版。

前　言

　　嵌入式系统是以应用为中心，以计算技术为基础，软、硬件皆可剪裁的专用计算机系统，可满足应用系统对功能、可靠性、成本、体积、功耗等严格约束的要求。当今的嵌入式系统已普遍应用于国防电子、数字家庭、工业自动化、汽车电子、医学科技、消费电子、无线通信、电力系统等国民经济的主要行业。随着嵌入式技术的发展，嵌入式系统将更广泛地应用于人类生活的方方面面，如基于嵌入式 Internet 网络的地球电子皮肤，可以嵌入到牙齿上的手机等都在研发之中。著名的嵌入式系统专家沈绪榜院士认为"计算机是认识世界的工具，而嵌入式系统则是改造世界的产物"。

　　面对嵌入式系统的发展形势，近年来嵌入式系统业界掀起了广泛学习嵌入式系统理论及其应用开发的热潮。各高等院校都陆续开设了相关课程，相关的出版物也在不断面市。

　　本书的编写是一种尝试，是以编者自身理论教学和工程实践的体会为基础，并尽可能地汲取近年来桂林电子科技大学嵌入式教学的成果和经验编写而成的。编者力图在教学内容和训练方法上有所突破。本书以综合性、设计性的实验作为训练手段，以素质教育为目标，强调培养和提高学生的动手能力，尽可能地带动学生的学习积极性。

　　本书共 6 章，第 1 章为嵌入式系统概述，介绍了嵌入式系统的基本概念、嵌入式处理器和常用的嵌入式操作系统；第 2 章详细讲述了 ARM Cortex-M3 内核的体系结构，包括编程模型、ARM Cortex-M3 寄存器组织、ARM Cortex-M3 存储器、ARM Cortex-M3 异常处理以及 NVIC 与中断控制等；第 3 章详细介绍了 LPC1700 系列处理器的核心结构，包括引脚配置、存储器管理、时钟和功率控制、系统控制模块和 LPC1700 系统例程等；第 4 章讲述了 LPC1700 系列处理器的接口技术，包括 GPIO 接口、定时器、看门狗、UART 串口通信、ADC/DAC、实时时钟及其它接口等；第 5 章为 LPC1700 系列处理器通信接口技术，详细介绍了 I^2C 总线接口、以太网接口、SPI 接口与串口闪存，CAN 总线接口、USB 接口及 I^2S 接口等；第 6 章为嵌入式实时操作系统，详细介绍了嵌入式实时操作系统基础、μC/OS-Ⅱ内核原理以及基于 μC/OS-Ⅱ 的嵌入式系统程序设计实例。

　　本书以当前流行的 ARM Cortex-M3 内核和业界著名的 NXP 公司出品的 LPC1700 系列最新处理器作为讲授对象。与本书配套的还有一套自行开发的、基于 LPC1700 系列处理器的实验平台，包括实验设备、相关软件和相应实验指导书，可以将理论教学与实践教学有机地结合起来，切实提高学生的实际动手能力，为培养、训练学生开展科研、产品研发的能力，乃至日后走上工作岗位打下较坚实的基础。

　　本书由桂林电子科技大学信息与通信学院的教师编写，其中黄建华编写了第 2、3 章以及第 6 章的内容，宾辰忠编写了第 4 章、第 5 章的内容，欧阳宁编写了第 1 章的内容。熊娅、林乐平、李天松对本书的内容进行了审阅。

特别感谢桂林电子科技大学郑继禹教授的支持和鼓励。本书在编写的过程中，得到了桂林电子科技大学信息与通信学院及西安电子科技大学出版社的大力支持，在这里一并表示感谢，同时还要感谢欧阳悠悠、宾一朵对本书的支持。

由于编者能力有限，书中难免存在不妥之处，恳请读者批评指正。

编　者

2012 年 3 月

目 录

第1章　嵌入式系统概述 1
1.1　嵌入式系统简介 1
1.1.1　嵌入式系统的定义 1
1.1.2　嵌入式系统的组成 2
1.1.3　嵌入式系统的特点 3
1.2　嵌入式处理器 3
1.2.1　嵌入式处理器的分类 4
1.2.2　ARM 处理器 6
1.3　嵌入式操作系统 11
1.3.1　操作系统的概念 11
1.3.2　嵌入式 Linux 12
1.3.3　μC/OS-Ⅱ 12
1.3.4　Windows CE 12
1.3.5　VxWorks 13
习题 13

第2章　ARM Cortex-M3 体系结构 14
2.1　ARM Cortex-M3 编程模型 14
2.1.1　ARM Cortex-M3 处理器的
　　　 编程模型 14
2.1.2　Cortex-M3 处理器的工作状态和
　　　 工作模式 16
2.2　ARM Cortex-M3 寄存器组织 17
2.2.1　通用寄存器 18
2.2.2　程序状态寄存器 19
2.2.3　控制寄存器 20
2.2.4　中断屏蔽寄存器 21
2.3　ARM Cortex-M3 存储器 21
2.3.1　Cortex-M3 存储器格式 21
2.3.2　Cortex-M3 存储器映射 22
2.3.3　存储器访问属性 24
2.3.4　位带(bit-band)操作 25
2.4　ARM Cortex-M3 异常处理 27
2.4.1　异常类型 27
2.4.2　异常优先级 29

2.4.3　向量表 29
2.5　NVIC 与中断控制 31
2.5.1　NVIC 概述 31
2.5.2　中断配置基础 31
2.5.3　中断的使能与禁止 31
2.5.4　中断的挂起与解挂 32
2.5.5　中断建立全过程 33
2.5.6　中断/异常的响应序列 ... 33
2.5.7　异常返回 34
2.5.8　SysTick 定时器 34
习题 37

第3章　LPC1700 系列处理器 38
3.1　LPC1700 系列处理器简介 38
3.1.1　LPC1700 系列处理器特性 38
3.1.2　LPC1700 系列处理器结构 40
3.2　处理器引脚配置 42
3.2.1　引脚配置 42
3.2.2　引脚连接模块 52
3.2.3　引脚连接模块的使用举例 ... 54
3.3　存储器管理 55
3.4　时钟和功率控制 58
3.4.1　晶体振荡器 58
3.4.2　PLL0 锁相环 60
3.4.3　时钟分频 65
3.4.4　功率控制 68
3.4.5　外部时钟输出引脚 72
3.5　系统控制模块 74
3.5.1　复位 74
3.5.2　掉电检测 75
3.5.3　外部中断 76
3.5.4　系统控制和状态标志 79
3.6　LPC1700 系统例程 79
3.6.1　CMSIS 的系统启动代码 79
3.6.2　外部中断例程 88

3.6.3　SysTick 定时器例程.............89

习题..............91

第 4 章　LPC1700 系列处理器基本接口技术..............92

4.1　GPIO 接口..............92

4.1.1　特性..............92

4.1.2　应用场合..............93

4.1.3　引脚描述..............93

4.1.4　寄存器描述..............93

4.1.5　使用注意事项..............103

4.1.6　应用举例..............104

4.2　定时器..............106

4.2.1　特性..............106

4.2.2　应用场合..............107

4.2.3　定时器结构..............107

4.2.4　引脚功能描述..............108

4.2.5　寄存器功能描述..............108

4.2.6　应用举例..............114

4.2.7　重复中断定时器(RIT)概述..............117

4.2.8　RIT 寄存器描述..............117

4.2.9　RIT 操作..............119

4.3　看门狗..............119

4.3.1　功能描述..............119

4.3.2　看门狗结构..............120

4.3.3　寄存器功能描述..............120

4.3.4　操作举例..............123

4.4　UART 串口通信..............124

4.4.1　概述..............124

4.4.2　UART 结构..............125

4.4.3　寄存器功能描述..............126

4.4.4　基本操作..............134

4.4.5　应用举例..............135

4.5　ADC/DAC..............137

4.5.1　LPC1700 DAC 特性..............137

4.5.2　DAC 引脚描述..............137

4.5.3　DAC 寄存器描述..............137

4.5.4　DAC 基本操作..............139

4.5.5　LPC1700 ADC 特性..............139

4.5.6　ADC 引脚描述..............139

4.5.7　ADC 寄存器描述..............140

4.5.8　ADC 基本操作..............144

4.5.9　应用举例..............144

4.6　实时时钟..............145

4.6.1　功能描述..............145

4.6.2　结构及引脚..............146

4.6.3　寄存器功能描述..............147

4.6.4　RTC 使用注意事项..............154

4.6.5　应用举例..............154

4.7　其它接口..............156

4.7.1　GPDMA 控制器..............156

4.7.2　PWM 接口..............164

4.7.3　QEI 接口..............169

习题..............172

第 5 章　LPC1700 系列处理器通信接口技术..............173

5.1　I²C 总线接口..............173

5.1.1　I²C 接口特性..............173

5.1.2　I²C 总线引脚及应用..............173

5.1.3　I²C 总线基本原理..............174

5.1.4　I²C 操作模式..............175

5.1.5　I²C 接口寄存器描述..............176

5.1.6　应用举例..............186

5.2　以太网接口..............190

5.2.1　以太网接口概述..............190

5.2.2　以太网接口特性..............190

5.2.3　以太网接口结构及引脚描述..............191

5.2.4　以太网接口操作概述..............192

5.2.5　帧描述符与状态字..............194

5.2.6　以太网帧操作举例..............201

5.2.7　寄存器描述..............204

5.2.8　以太网接口驱动程序举例..............223

5.3　SPI 接口与串口闪存..............232

5.3.1　SPI 接口概述..............232

5.3.2　SPI 接口引脚..............232

5.3.3　SPI 接口寄存器描述..............233

5.3.4　SPI 接口结构框图..............237

　　5.3.5　SPI 接口操作 238
　　5.3.6　串口闪存操作举例 239
　5.4　CAN 总线接口 245
　　5.4.1　CAN 总线接口概述 245
　　5.4.2　CAN 模块内存映射表 247
　　5.4.3　CAN 控制器寄存器描述 247
　　5.4.4　CAN 控制器操作 249
　5.5　USB 接口 250
　　5.5.1　USB 总线概述 250
　　5.5.2　USB 设备接口结构描述 251
　　5.5.3　固定的端点配置 252
　　5.5.4　USB 设备接口操作概述 253
　　5.5.5　USB 设备接口寄存器描述 254
　　5.5.6　USB 设备控制器的初始化 255
　　5.5.7　串行接口引擎命令描述 256
　5.6　I^2S 接口 258
　　5.6.1　I^2S 接口概述 258

　　5.6.2　引脚描述 259
　　5.6.3　I^2S 接口寄存器描述 260
　习题 261

第 6 章　嵌入式实时操作系统 262
　6.1　嵌入式实时操作系统基础 262
　　6.1.1　嵌入式实时操作系统简介 262
　　6.1.2　嵌入式实时操作系统基本概念 263
　6.2　μC/OS-Ⅱ内核原理 267
　　6.2.1　μC/OS-Ⅱ任务管理 269
　　6.2.2　μC/OS-Ⅱ的 API 函数 280
　　6.2.3　μC/OS-Ⅱ的文件结构和移植 294
　6.3　基于 μC/OS-Ⅱ的嵌入式系统
　　　　程序设计实例 308
　习题 319

参考文献 320

第 1 章　嵌入式系统概述

1.1　嵌入式系统简介

1.1.1　嵌入式系统的定义

经过 30 多年的发展，嵌入式系统已经广泛应用于科学研究、工程设计、军事技术、各类产业、商业文化艺术、娱乐业及人们的日常生活等方面，从厨房中的电饭煲、微波炉、电冰箱到客厅里的家庭媒体中心，各种智能化设备已经遍布在我们的周围。随着数字信息技术和网络技术的飞速发展，计算机、通信、消费电子的一体化趋势日益明显，这必将培养出一个庞大的嵌入式应用市场。现在，嵌入式系统带来的工业年产值已超过了 1 万亿美元，它已经成为信息技术(IT)产业争夺的重点。嵌入式系统技术也成为当前被关注、学习和研究的热点。

所谓嵌入式系统(Embedded System)，实际上是"嵌入式计算机系统"的简称，它是相对于通用计算机而言的。有些系统中也有计算机，但它是作为某个专用系统中的一个部件而存在的。像这样嵌入到更大、更专用的系统中的计算机系统，就称为嵌入式计算机、嵌入式计算机系统或嵌入式系统。

日常生活中早已存在许多嵌入式系统的应用，如人们使用的移动电话、烹调用的微波炉、戴在手腕上的电子表、家用的洗衣机、办公室里的打印机，以及数码相机、MP3、平板电脑等手持式设备，都可以认为是嵌入式系统。

按照美国电气和电子工程师协会(IEEE)的定义，嵌入式系统是"用于监视、控制或者辅助操作机器和设备的装置"。这个定义是从应用上考虑的，可以看出，嵌入式系统是软件和硬件的综合体，还可以涵盖机电等附属装置。

目前我们最常见、最通用的一个定义是：嵌入式系统是以应用为中心，以计算机技术为基础，其软、硬件可配置，对功能、可靠性、成本、体积、功耗有严格约束的一种专用计算机系统。这个定义是从技术角度来进行的。它不仅指明了嵌入式系统是一种专用的计算机系统(非 PC 的智能电子设备)，而且说明了嵌入式系统的几个基本要素，即面向应用，以计算机技术为基础，软、硬件可剪裁以及在功能、可靠性、成本、体积和功耗上有严格约束。而"嵌入式系统"中"嵌入"一词，即指其软、硬件可剪裁的特性，它表示该系统通常是更大系统中的一个完整的部分。嵌入的系统中可以共存多个嵌入式系统。

嵌入式系统几乎应用于所有电器设备中，如手机、机顶盒、个人数字助理(PDA)、汽车控制系统、微波炉控制器、电梯控制器、安全系统、医疗仪器、立体音响、自动售货机控制器、自动取款机等。即使是一台通用的 PC，也包括嵌入式系统，其外部设备都包含了嵌入式微处理器的成分，如硬盘、软驱、显示器、键盘、鼠标、声卡、网卡、Modem 和打印机、扫描仪等都是由嵌入式处理器控制的。

嵌入式系统是面向用户、产品和应用的，如果独立于应用而自行发展，则会失去市场。因此，大多数嵌入式系统的开发者并不是计算机专业的人员，而是各个行业的技术人员，例如数字医疗设备的开发，往往是由生物医学工程技术人员和计算机专业的技术人员一起参与完成的。

嵌入式系统是一种专用的计算机系统，它和通用计算机系统使用的技术是一样的，都包含了硬件部分和软件部分，但对二者的性能评价指标是不同的。嵌入式系统往往只是一个大系统中的组成部分，控制大系统的工作，它的价值在于其所控制的大系统。例如，智能洗衣机的评价指标往往是洗净度、耗水量、耗电量、洗衣速度等，而不是控制它的处理器的速度、存储容量等。而通用计算机不同，其更关注计算能力、处理速度及存储数据的能力等指标。

1.1.2　嵌入式系统的组成

嵌入式系统基于计算机技术，其组成也跟计算机组成类似，主要包括两个部分：嵌入式硬件系统和嵌入式软件系统。

(1) 嵌入式硬件系统主要包括嵌入式处理器、存储器、模拟电路、电源、接口控制器及接插件等几部分。

嵌入式处理器是嵌入式系统的核心部件。嵌入式处理器与通用处理器的最大区别在于嵌入式 CPU 大多工作在为特定用户群设计的系统中。它通常把通用 CPU 中许多由板卡完成的任务集成在芯片内部，从而有利于嵌入式系统设计趋于小型化。嵌入式处理器具有高效率、高可靠性等特征。

嵌入式系统中常用的存储器有静态易失型存储器(RAM、SRAM)、动态存储器(DRAM、SDRAM)、非易失型存储器(ROM、EPROM、EEPROM、Flash)。其中，Flash(闪存)具有可擦写次数多、存储速度快、容量大以及价格低等优点，在嵌入式领域得到了广泛的应用。

目前针对嵌入式系统的外围硬件设备扩展很多，常用的有串口、以太网接口(网络设备)、USB 接口(USB 设备，如优盘、数码相机、移动硬盘等外部存储设备)、音频接口(如MP3)、液晶显示屏(如数码相机、数码摄像机、MP4 播放器、PDA 等)、摄像头(拍照手机)等。可以看到，不同的嵌入式系统的设计可能会用到不同的外围硬件设备。以数码相机为例，它需要使用到摄像头、液晶显示屏、USB 接口、SD 或 MS 卡，如果该数码相机有 MP3功能，就还需要加上音频解码设备。没有外围设备的支持，嵌入式系统是不完整的。

(2) 嵌入式软件系统主要包括低层驱动、操作系统软件(嵌入式操作系统)和应用程序(应用软件)三个部分。低层驱动实现嵌入式系统硬件和软件之间的接口；操作系统实现系统的进程调度、任务处理；应用程序实现系统功能的应用。由于嵌入式系统的应用领域十分广泛，应用程序(应用软件)的表现形式也千差万别。有时设计人员会把操作系统和应用软件两部分组合在一起，应用软件控制系统的运作和行为，操作系统控制应用程序编程与硬件的交互。

在嵌入式系统的组成中，嵌入式系统的核心是嵌入式处理器。因此嵌入式处理器的技术指标如功耗、体积、成本、可靠性、速度、处理能力、电磁兼容性等均受到应用要求的制约，这些也是半导体厂商之间竞争的热点。嵌入式处理器的应用软件是实现嵌入式系统功能的关键。一般来说，软件需要固化存储，有时称为固件(Firmware)。

1.1.3　嵌入式系统的特点

与常见的通用计算机系统相比，嵌入式系统一般具有以下特点：

(1) 面向特定的应用。与通用 CPU 相比，嵌入式 CPU 是为特定用户群设计的。如 ARM 系列多用于手机中，Motorola 公司的 PowerPC 系统多用于网络服务器、工作站中。应用需求决定了嵌入式系统的设计。决定嵌入式 CPU 应用环境的主要因素在于其提供的接口功能和处理速度。

(2) 专用性强，可根据需要灵活定制。嵌入式系统的个性化很强，其中软件系统和硬件的结合非常紧密，一般要针对硬件进行系统的移植。

(3) 系统内核小。嵌入式系统一般应用于小型电子装置中，系统资源相对有限，所以内核较传统的操作系统要小得多。例如，μC/OS 系统的内核只有 5 KB，而 Windows 的内核则要大得多。

(4) 体积小、功耗低、成本低、效率高。由于嵌入式系统集成度高、体积小，所以对其系统软件和应用软件一般有一些特殊要求，如软件固化在 ROM 中，要求具有高质量高可靠性的软件代码，并具有实时处理能力等。同时，由于嵌入式系统往往没有充足的电能(如电池供电)，所以多为低功耗系统。系统功耗越低，温度越低，其可靠性和稳定性也就越高。

(5) 具有较长的生命周期。嵌入式系统与具体应用有机结合在一起，其升级和具体产品同步进行。

(6) 通常有实时性要求，因此一般都要求有高实时性操作系统(Real-Time Operating System, RTOS)。这是嵌入式软件的基本要求，用以实现任务调度、资源分配等功能。按照实时性的不同，嵌入式系统可以分为软实时系统和硬实时系统。软实时系统对实时要求不高，通常用于人机交互较多的领域，而硬实时系统主要应用于工控、航天、军事等领域。

(7) 需要专门的软、硬件开发工具和环境。由于嵌入式系统的运行平台与开发平台是不同的，嵌入式系统本身不具备自主开发能力，需要专门的软、硬件开发工具和环境，因此开发较为困难。通常嵌入式系统的开发采用交叉开发环境：开发平台称为宿主机，有丰富的软、硬件资源；运行嵌入式软件的平台称为目标机，资源相对有限。用户在宿主机上进行软件的编辑、编译，然后下载到目标机上调试、运行。

1.2　嵌入式处理器

嵌入式系统的核心部件是嵌入式处理器，据不完全统计，截至 2000 年全球嵌入式处理器的品种总量已经超过 1000 种，流行的体系结构有 30 多个系列，其中 8051 体系的占了多半。生产 8051 单片机的半导体厂有 20 多个，共 350 多种衍生产品，仅 NXP 就有近百种。现在几乎每个半导体制造商都生产嵌入式处理器，而且越来越多的公司拥有自己的处理器设计部门。嵌入式处理器的寻址空间一般从 64 KB 到 4 GB，处理速度从 0.1 MIPS 到 2000 MIPS，常用封装从 8 个引脚到 208 个引脚。

1.2.1　嵌入式处理器的分类

从应用的角度来划分，嵌入式处理器包含了下面几种类型。

1. 嵌入式微控制器

嵌入式微控制器(Microcontroller Unit，MCU)又称单片机，它将整个计算机系统集成到一块芯片中。MCU 一般以某一种微处理器内核为核心，芯片内部集成 ROM、RAM、总线逻辑、定时器等各种必要的功能模块。与微处理器相比，微控制器的最大特点是单片化，体积大大缩小，使功耗和成本下降，可靠性提高。

MCU 是目前嵌入式系统应用的主流。由于 MCU 的片上资源一般比较丰富，适于控制，因此称微控制器。为适应不同的应用需求，一般一个系列的单片机具有多种衍生产品，每种衍生产品的处理器内核都是一样的，不同的是存储器和外设的配置及封装。这样可以最大限度地与应用需求相匹配，从而减小功耗和成本。

目前 MCU 的品种和数量繁多，比较有代表性的通用系列包括 8051、P51XA、MCS-251、MCS-96/196/296、C166/167、MC68HC05/11/12/16、68300 等。另外，还有许多半通用系列，如支持 USB 接口的 MCU 8XC930/931、C540、C541 等。

2. 嵌入式微处理器

嵌入式微处理器(Microprocessor Unit，MPU)的基础是通用计算机中的 CPU。为了满足嵌入式应用的特殊要求，MPU 虽然在功能上和标准微处理器基本一样，但在工作温度、抗电磁干扰、可靠性等方面一般都做了各种增强。

目前 MPU 主要有 Aml86/88、386EX、SC-400、PowerPC、68000、MIPS、ARM 系列等。

MPU 可分为复杂指令集计算机 CISC 和精减指令集计算机 RISC 两类。大多数台式计算机都使用 CISC 微处理器，如 Intel 的 X86。RISC 结构体系有两大主流：Silicon Graphics 公司(硅谷图形公司)的 MIPS 技术及 ARM 公司的 Advanced RISC Machines 技术。

RISC 和 CISC 是目前设计制造微处理器的两种典型技术，为达到高效的目的，采用的方法不同。它们的差异主要有以下几点：

(1) 指令系统。RISC 设计者把主要精力放在那些经常使用的指令上，对不常用的功能，常通过组合指令来实现；CISC 计算机的指令系统比较丰富，有专用指令来完成特定的功能。

(2) 存储器操作。RISC 对存储器操作有限制，使控制简单化；CISC 机器的存储器操作指令多，操作直接。

(3) 程序。RISC 汇编语言程序一般需要较大的内存空间，实现特殊功能时程序复杂，不易设计；CISC 汇编语言程序编程相对简单，科学计算及复杂操作的程序设计相对容易，效率较高。

(4) 中断。RISC 机器在一条指令执行的适当地方可以响应中断；CISC 机器是在一条指令执行结束后响应中断的。

(5) CPU。RISC CPU 包含较少的单元电路，面积小、功耗低；CISC CPU 包含丰富的电路单元，功能强、面积大、功耗高。

(6) 设计周期。RISC 微处理器结构简单，布局紧凑，设计周期短，且易于采用最新技术；CISC 微处理器结构复杂，设计周期长。

(7) 易用性。RISC 微处理器结构简单，指令规整，性能容易把握，易学易用；CISC 微处理器结构复杂，功能强大，实现特殊功能容易。

(8) 应用范围。RISC 机器更适合于嵌入式应用，CISC 机器则更适合于通用计算机。

3．嵌入式 DSP

嵌入式 DSP(Digital Signal Processor)对系统结构和指令进行了特殊设计，使其适合于执行 DSP 算法，编译效率较高，指令执行速度也较高。在数字滤波、FFT、谱分析等方面，DSP 算法正在大量进入嵌入式领域。

推动嵌入式 DSP 发展的一个重要因素是嵌入式系统的智能化。例如，各种带有智能逻辑的消费类产品、生物信息识别终端、带有加/解密算法的键盘、ADSL 接入、实时语音压缩解压系统、虚拟现实显示等。这类智能化算法一般运算量都比较大，特别是向量运算、指针线性寻址等较多，而这些正是 DSP 的长处所在。

嵌入式 DSP 有两个发展来源，一是 DSP 经过单片化、EMC 改造、增加片上外设成为嵌入式 DSP，例如 TI 的 TMS320C2000/C5000；二是在通用单片机或片上系统(SoC)中增加 DSP 协处理器，例如 Intel 的 MCS-296。

嵌入式 DSP 比较有代表性的产品是 Texas Instruments 的 TMS320 系列和 Motorola 的 DSP56000 系列。TMS320 系列处理器包括用于控制的 C2000 系列、用于移动通信的 C5000 系列以及性能更高的 C6000 和 C8000 系列。DSP 的设计者们把重点放在了处理连续的数据流上。如果嵌入式应用中强调对连续数据流的处理及高精度复杂运算，则应该选用 DSP 器件。

4．嵌入式片上系统

随着 VLSI 设计的普及和半导体工艺的迅速发展，可以在一块硅片上实现一个更为复杂的系统，这就是 SoC(System on-Chip)。各种通用处理器内核和其它外围设备都将成为 SoC 设计公司标准库中的器件，可用标准的 VHDL 等硬件描述语言描述。用户只需定义出整个应用系统，仿真通过后就可以将设计图交给半导体工厂制作芯片样品。这样，整个嵌入式系统大部分都可以集成到一块芯片中，应用系统的电路板将变得很简洁，这将有利于减小体积和功耗，从而提高系统的可靠性。

嵌入式 SoC 的设计关键是 IP 核的设计。IP 核分为硬核、软核和固核。IP 核设计是嵌入式技术的重要支持技术。在设计嵌入式系统时，可以通过使用 IP 核技术完成系统硬件的设计。在 IP 技术中把不同功能的电路模块称为 IP，这些 IP 都是经过实际制作并证明其是正确的。在 EDA 设计工具中把这些 IP 组织在一个 IP 元件库中，供用户使用。设计电子系统时，用户需要知道 IP 模块的功能和技术性能。把不同的 IP 模块嵌入在一个硅片上，可以形成完整的应用系统。IP 技术极大地简化了 SoC 的设计过程，缩短了设计时间，因此已经成为目前电子系统设计的重要的基本技术。

SoC 可以分为通用系列和专用系列两类。通用系列包括 Motorola 的 M-Core、某些 ARM 系列器件、Echelon 和 Motorola 联合研制的 Neuron 芯片等。专用 SoC 一般专用于某类系统中，不为一般用户所知。

1.2.2　ARM 处理器

ARM(Advanced RISC Machines)既可以认为是一个公司的名字,也可以认为是对一类微处理器的通称,还可以认为是一种技术的名字。1991 年 ARM 公司成立于英国剑桥,主要出售芯片设计技术的授权。目前,采用 ARM 技术知识产权(IP)核的微处理器,即通常所说的 ARM 微处理器,已广泛应用于工业控制、消费类电子产品、通信系统、网络系统、无线系统等各个领域。

1．ARM 微处理器的应用领域

1) 工业控制领域

作为 32 位的 RISC 架构,基于 ARM 核的微控制器芯片不但占据了高端微控制器市场的大部分市场份额,而且也逐渐向低端微控制器应用领域扩展,ARM 微控制器的低功耗、高性价比,向传统的 8 位/16 位微控制器提出了挑战。

2) 无线通信领域

目前已有超过 85%的无线通信设备采用了 ARM 技术,ARM 以其高性能和低成本,在该领域的地位日益巩固。

3) 网络应用

随着宽带技术的推广,采用 ARM 技术的 ADSL 芯片正逐步获得竞争优势。此外,ARM 在语音及视频处理上进行了优化,并获得广泛支持,也对 DSP 的应用领域提出了挑战。

4) 消费类电子产品

ARM 技术在目前流行的数字音频播放器、数字机顶盒和游戏机中得到广泛应用。

5) 成像和安全产品

现在流行的数码相机和打印机中绝大部分采用 ARM 技术。手机中的 32 位 SIM 智能卡也采用了 ARM 技术。

2．ARM 微处理器的特点

ARM 微处理器有如下特点:

(1) 体积小、功耗低、成本低、性能高;

(2) 支持 Thumb(16 位)/ARM(32 位)双指令集,兼容 8 位/16 位器件;

(3) 大量使用寄存器,指令执行速度更快;

(4) 大多数数据操作都在寄存器中完成;

(5) 寻址方式灵活简单,执行效率高;

(6) 指令长度固定。

3．ARM 微处理器系列

ARM 微处理器的体系结构从最初开发到目前已有了很大的改进,并仍在完善和发展中。为了清楚地表达每个 ARM 应用实例所使用的指令集,ARM 公司定义了 7 种主要的 ARM 指令集体系结构版本,以版本号 V1~V7 表示。

(1) V1 版架构只在原型机 ARM1 中出现过,只有 26 位的寻址空间,没有用于商业产品。其寻址空间为 64 MB。

(2) V2 版架构对 V1 版进行了扩展，例如 ARM2 和 ARM3(V2a)架构。V2 包含了对 32 位乘法指令和协处理器指令的支持。版本 V2a 是版本 V2 的变种，ARM3 芯片采用了版本 V2a，是第一个采用片上 Cache 的 ARM 处理器。

(3) V3 版架构是 ARM 公司于 1990 年设计的第一个微处理器 ARM6。它是一款 IP 核独立的处理器，具有片上高速缓存、MMU 和写缓冲等功能，其变种版本有 V3G 和 V3M。它的寻址空间增至 32 位(4 GB)，当前程序状态信息从原来的 R15 寄存器移到当前程序状态寄存器 CPSR 中(Current Program Status Register)。V3 版架构增加了程序状态保存寄存器 SPSR(Saved Program Status Register)和两种异常模式，使操作系统代码可方便地使用数据访问中止异常、指令预取中止异常和未定义指令异常。

(4) V4 版架构在 V3 版上作了进一步扩充，它是目前应用最广的 ARM 体系结构，ARM7、ARM8、ARM9 和 StrongARM 都采用该架构。V4 不再强制要求与 26 位地址空间兼容，而且还明确了哪些指令会引起未定义指令异常。其指令集增加了 T 变种，处理器可工作在 Thumb 状态，增加了 16 位 Thumb 指令集，完善了软件中断 SWI 指令的功能。V4 版架构处理器系统模式引进特权方式时使用用户寄存器操作，把一些未使用的指令空间捕获为未定义指令。

(5) V5 版架构在 V4 版基础上增加了一些新的指令，ARM10 和 XScale 都采用该版架构。其新增的指令有带有链接和交换的转移 BLX 指令、计数前导零 CLZ 指令、BRK 中断指令和数字信号处理指令(V5TE 版)。V5 还为协处理器增加了更多可选择的指令，改进了 ARM/Thumb 状态之间的切换效率，它的指令增加了 E 变种(增强型 DSP 指令集，包括全部算法操作和 16 位乘法操作)和 J 变种(支持新的 JAVA，提供字节代码执行的硬件和优化软件加速功能)。

(6) V6 版架构是 2001 年发布的，并在 2002 年春季发布的 ARM11 处理器中使用。V6 在降低耗电量的同时，还强化了图形处理性能。通过追加有效进行多媒体处理的 SIMD(Single Instruction，Multiple Data，单指令多数据)功能，将语音及图像的处理功能提高到了原型机的 4 倍。

(7) V7 架构是在 V6 架构的基础上诞生的。该架构采用了 Thumb-2 技术，它是在 ARM 的 Thumb 代码压缩技术的基础上发展起来的，并且保持了对现存 ARM 解决方案的完整的代码兼容性。Thumb-2 技术比纯 32 位代码少使用 31%的内存，减小了系统开销，同时能够提供比已有的基于 Thumb 技术的解决方案高出 38%的性能。V7 架构还采用了 NEON 技术，将 DSP 和媒体处理能力提高了近 4 倍，并支持改良的浮点运算，满足下一代 3D 图形、游戏物理应用以及传统嵌入式控制应用的需求。此外，V7 架构还支持改良的运行环境，以迎合不断增加的 JIT(Just In Time)和 DAC(Dynamic Adaptive Compilation)技术的使用。

目前市面上常用的 ARM 处理器有 ARM7 系列、ARM9 系列、ARM9E 系列、ARM10 系列、ARM11 系列、Cortex 系列和 SecurCore 系列，分别用于开发不同的产品。如 ARM7 系列适用于工业控制、网络设备、移动电话等应用；ARM9、ARM9E 和 ARM10E 系列则更适合无线设备、消费类电子产品的设计；SecurCore 系列专门为安全要求较高的应用而设计。

常见的基于 ARM 核的产品有 Intel 公司的 XScale 系列，ST 公司的 STM32 系列，Freescale 公司龙珠系列 iMX 处理器，TI 公司 DSP+ARM 处理器 OMAP 和 Cortex 核的 LM3S 系列，

Cirrus Logic 公司的 ARM 系列，SamSung 公司的 ARM 系列，Atmel 公司的 AT91 系列微控制器，NXP 公司的微控制器系列。

4. ARM Cortex 处理器简介

ARM 公司在 ARM11 系列以后的产品改用 Cortex 命名，并分成 A、R 和 M 三类，旨在为各种不同的市场提供服务。

Cortex 系列属于 V7 架构，它是 ARM 公司最新的指令集架构。V7 架构定义了三大分工明确的系列：A 系列面向尖端的基于虚拟内存的操作系统和用户应用，R 系列针对实时系统，M 系列针对微控制器。由于应用领域不同，基于 V7 架构的 Cortex 处理器系列所采用的技术也不相同，基于 V7A 的称为 Cortex-A 系列，基于 V7R 的称为 Cortex-R 系列，基于 V7M 的称为 Cortex-M 系列。

1) Cortex-A 处理器

Cortex-A 处理器适用于具有高计算要求、运行丰富操作系统以及提供交互媒体和图形体验的应用领域。从最新技术的移动 Internet 必备设备(如手机和超便携的上网笔记本或智能笔记本)到汽车信息娱乐系统和下一代数字电视系统，ARM Cortex-A 处理器可向托管丰富的操作系统平台的设备和用户应用提供全方位的解决方案，包括超低成本的手机、智能手机、移动计算平台、数字电视、机顶盒、企业网络、打印机和服务器解决方案。高性能的 Cortex-A15、可伸缩的 Cortex-A9、经过市场验证的 Cortex-A8 处理器和高效的 Cortex-A5 处理器均共享同一体系结构，因此具有完整的应用兼容性，支持传统的 ARM、Thumb®指令集和新增的高性能紧凑型 Thumb-2 指令集。

Cortex-A 处理器的应用非常广泛，具体包括上网笔记本、智能笔记本、输入板、电子书阅读器、智能手机、特色手机、数字家电、机顶盒、数字电视、蓝光播放器、游戏控制台、导航、激光打印机、路由器、无线基站、VOIP 电话和设备、Web 2.0、无线基站、交换机、服务器等。Cortex-A 处理器的应用示例如图 1.1 所示。

图 1.1　Cortex-A 处理器的应用示例

目前比较常见的 Cortex-A 处理器型号有 Cortex-A8、Cortex-A9 等。

2) Cortex-R 处理器

Cortex-R 处理器为具有严格的实时响应限制的深层嵌入式系统提供高性能计算解决方案，为范围广泛的深层嵌入式半导体应用市场设置了行业标准，提供了大约 20 个许可接收方、100 个设计和数百万的设备。

(1) Cortex-R 处理器的目标应用。Cortex-R 处理器的目标应用包括智能手机和基带调制解调器中的移动手机处理、企业系统、硬盘驱动器、联网和打印、家庭消费性电子产品、机顶盒、数字电视、媒体播放器和数码相机以及应用于医疗行业、工业和汽车行业的可靠系统的嵌入式微控制器。

在这些应用中，采用的是对处理响应设置硬截止时间的系统，如果要避免数据丢失或机械损伤，则必须符合所设置的这些硬截止时间。因此 Cortex-R 处理器是专为高性能、高可靠性和容错能力而设计的，其行为具有高确定性，同时保持很高的能效和成本效益。

(2) Cortex-R 处理器的主要功能。

① 快速：以高时钟频率获得高处理性能；

② 确定性：处理在所有场合都必须符合硬实时限制；

③ 安全：系统必须可靠且可信(某些系统须是安全关键系统)；

④ 成本效益：在处理器及其内存系统中都具有竞争力的成本和功耗。

此功能集将 Cortex-R、Cortex-M 和 Cortex-A 系列处理器区别开来。显而易见，Cortex-R 提供的性能比 Cortex-M 系列提供的性能高得多，而 Cortex-A 专用于具有复杂软件操作系统(使用虚拟内存管理)的面向用户的应用。

Cortex-R 处理器保持了与经典 ARM 处理器(如 ARM7TDMI-S、ARM946E-S、ARM968E-S 和 ARM1156T2-S)的二进制兼容性，因此可确保应用的可移植性。它对于经认证可用于汽车系统的代码很有用，当旧源代码不再可用时也非常有用。这些嵌入式系统处理器通常运行实时软件操作系统(RTOS)并且不需要虚拟内存管理单元(MMU)。但是，实时 ARM 处理器支持内存保护单元(MPU)和紧密耦合内存(TCM)，它们使代码和数据随时可供处理器访问。

Cortex-R 系列处理器常用的有 Cortex-R4、Cortex-R5 和 Cortex-R7 等，主要满足深层嵌入式和实时市场(如汽车安全或无线基带)所要求的主要功能。Cortex-R 处理器的应用示例如图 1.2 所示。

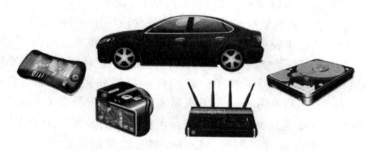

图 1.2　Cortex-R 处理器的应用示例

3) Cortex-M 处理器

Cortex-M 处理器是全球微控制器标准，已许可给 40 个以上的 ARM 合作伙伴，包括 NXP Semiconductors、STMicroelectronics、Texas Instruments 和 Toshiba 等领先供应商。使用标准处理器可以使 ARM 合作伙伴创建具有一致体系结构的设备，同时使它们可以专注于创建优秀的设备实现。

Cortex-M 处理器是一系列可向上兼容的高能效、易于使用的处理器，这些处理器旨在帮助开发人员满足将来的嵌入式应用的需要。这些需要包括以更低的成本提供更多功能、不断增加连接、改善代码重用和提高能效。Cortex-M 系列针对成本和功耗敏感的 MCU 和终端应用(如智能测量、人机接口设备、汽车和工业控制系统、大型家用电器、消费性产品和医疗器械)的混合信号设备进行过优化。Cortex-M 处理器的应用示例如图 1.3 所示。

图 1.3　Cortex-M 处理器的应用示例

Cortex-M 处理器的主要特点如下：

(1) 能效。具有更低的功耗，更长的电池寿命。处理器能以更低的频率或更短的活动时段运行，同时具有基于架构的睡眠模式支持，比 8/16 位设备的工作方式更智能，睡眠时间更长。

(2) 更小的代码。Cortex-M 处理器具有高密度指令集，可比 8/16 位设备每字节完成更多操作，因此也只需要更小的 RAM、ROM 或闪存要求。

(3) 易于使用。拥有多个供应商之间的全球标准，能够更快地开发软件。

(4) 代码兼容性。Cortex-M 处理器具有统一的开发工具和操作系统支持。

(5) 高性能。Cortex-M 处理器是更有竞争力的产品，每兆赫兹可提供更高的性能，能够以更低的功耗实现更丰富的功能。

目前比较常见的 Cortex-M 处理器有 Cortex-M0 和 Cortex-M3。

(1) Cortex-M0 处理器。Cortex-M0 处理器是现有的体积最小、能耗最低且能效最高的 ARM 处理器。该处理器硅面积极小、能耗极低并且所需的代码量极少，这使得开发人员能够以 8 位设备的价格实现 32 位设备的性能，从而省略 16 位设备的研发步骤。Cortex-M0 处理器超低的门数也使得它可以部署在模拟和混合信号设备中。

Cortex-M0 的代码密度和能效优势意味着它是各种应用中 8/16 位设备的自然高性价比换代产品，同时保留与功能丰富的 Cortex-M3 处理器的工具和二进制向上兼容性。

Cortex-M0 处理器具有超低的能耗,在不到 12K 门的面积内能耗仅有 85 μW/MHz(0.085 mW),所凭借的是作为低能耗技术的领导者和创建超低能耗设备的主要推动者的无与伦比的 ARM 专门技术。它的指令只有 56 个，开发人员可以快速掌握整个 Cortex-M0 指令集，但其 C 语言友好体系结构意味着这并不是必需的。可供选择的具有完全确定性的指令和中断计时使得计算响应时间十分容易。同时，Cortex-M0 处理器设计为支持低能耗连接，如 Bluetooth Low Energy (BLE)、IEEE 802.15 和 Z-wave，在这样的模拟设备中，这些模拟设备正在增加其数字功能，以有效地预处理和传输数据。

(2) Cortex-M3 处理器。ARM 公司于 2004 年引进并通过新技术更新了可配置性的 Cortex-M3 处理器，它是专门针对微控制器应用开发的主流 ARM 处理器，是行业领先的 32 位处理器，适用于具有高确定性的实时应用，已专门开发为允许合作伙伴为范围广泛的设备(包括微控制器、汽车车体系统、工业控制系统以及无线网络和传感器)开发高性能、低成本的平台。该处理器提供出色的计算性能和对事件的卓越系统响应，同时可以应对低动态和静态功率限制的挑战。该处理器是高度可配置的，可以支持范围广泛的实现(从那些需要内存保护和强大跟踪技术的实现到那些需要极小面积的对成本非常敏感的设备)。

Cortex-M3 处理器提供更高的性能和更丰富的功能，它具有高性能和低动态能耗，在 90 nm 制程时的额定功效为 12.5DMIPS/mW。将集成的睡眠模式与可选的状态保留功能相结合，Cortex-M3 处理器确保对于同时需要低能耗和出色性能的应用不存在折中。

Cortex-M3 处理器执行 Thumb®-2 指令集以获得最佳性能和代码大小，包括硬件除法、单周期乘法和位字段操作。Cortex-M3 NVIC 在设计时是高度可配置的，最多可提供 240 个具有单独优先级、动态重设优先级功能和集成系统时钟的系统中断。

Cortex-M3 处理器具有丰富的外围设备连接，功能和性能的组合使基于 Cortex-M3 的设备可以有效处理多个 I/O 通道和协议标准，如 USB OTG (On-The-Go)、Ethernet、CAN Bus 等。

1.3　嵌入式操作系统

1.3.1　操作系统的概念

大型嵌入式系统通常需要完成复杂的功能，所以需要操作系统来完成各任务之间的调度。由于桌面型操作系统的体积以及实时性等特性不能满足嵌入式系统的要求，从而促进了嵌入式操作系统的发展。

操作系统(Operating System，OS)的基本思想是隐藏底层不同硬件的差异，向在其上运行的应用程序提供一个统一的调用接口。应用程序通过这一接口实现对硬件的使用和控制，不必考虑不同硬件操作方式的差异。

很多产品厂商选择购买操作系统，并在此基础上开发自己的应用程序，形成产品。事实上，因为嵌入式系统是将所有程序，包括操作系统、驱动程序及应用程序的程序代码全部烧写进 ROM 中执行，所以操作系统在这里的角色更像是一套函数库(Library)。

操作系统主要完成三项任务：内存管理、多任务管理和外围设备管理。

嵌入式操作系统(Embedded Operating System，EOS)负责嵌入式系统的全部软、硬件资源的分配、调度、控制、协调。它必须体现其所在系统的特征，能够通过加载/卸载某些模块来达到系统所要求的功能。

EOS 是相对于一般操作系统而言的，它除具备了一般操作系统最基本的功能，如任务调度、同步机制、中断处理、文件处理等外，还有以下特点：

(1) 强稳定性，弱交互性。嵌入式系统一旦开始运行就不需要用户过多的干预，这就要求负责系统管理的 EOS 具有很强的稳定性。

(2) 较强的实时性。EOS 实时性一般较强，可用于各种设备的控制当中。

(3) 可伸缩性。EOS 具有开放、可伸缩性的体系结构。

(4) 外设接口的统一性。EOS 提供各种设备驱动接口。

嵌入式系统的操作系统核心通常要求体积很小，因为硬件 ROM 的容量有限，除了应用程序之外，不希望操作系统占用太大的存储空间。事实上，嵌入式操作系统可以很小，只提供基本的管理功能和调度功能。缩小到 10 KB～20 KB 以内的嵌入式操作系统比比皆是。

不同的应用场合会产生不同特点的嵌入式操作系统，但都会有一个核心(Kernel)和一些系统服务(System Service)。操作系统必须提供一些系统服务供应用程序调用，包括文件系统、内存分配、I/O 存取服务、中断服务、任务(Task)服务、时间(Timer)服务等，设备驱动程序(Device Driver)则是要建立在 I/O 存取和中断服务上的。有些嵌入式操作系统也会提供多种通信协议，以及用户接口函数库等。

1.3.2　嵌入式 Linux

Linux 是目前最为流行的一款开放源代码的操作系统，目前正在开发的嵌入式系统中，70%以上的项目选择 Linux 作为嵌入式操作系统。

经过改造后的嵌入式 Linux 具有以下适合于嵌入式系统的特点：

(1) 内核精简，性能高、稳定性强。

(2) 具有良好的多任务支持。

(3) 适用于不同的 CPU 体系架构。支持多种体系架构，如 X86、ARM、MIPS、ALPHA、SPARC 等。

(4) 具有可伸缩的结构。可伸缩的结构使 Linux 适合于从简单到复杂的各种嵌入式应用。

(5) 外设接口统一。以设备驱动程序的方式为应用提供统一的外设接口。

(6) 开放源码，软件资源丰富。广泛的软件开发者的支持，价格低廉，结构灵活，适用面广。

(7) 完整的技术文档，便于用户的二次开发。

1.3.3　μC/OS-Ⅱ

μC/OS-Ⅱ是 Jean J. Labrosse 在 1990 年前后编写的一个实时操作系统内核，通常也称为 MUCOS 或者 UCOS。

严格地说，μC/OS-Ⅱ只是一个实时操作系统内核，它仅仅包含了任务调度、任务管理、时间管理、内存管理和任务间通信和同步等基本功能，没有提供输入/输出管理、文件管理、网络等额外的服务。但由于 μC/OS-Ⅱ具有良好的可扩展性和源码开放，这些功能完全可以由用户根据需要自己实现。

μC/OS-Ⅱ获得广泛使用不仅仅是因为它的源码开放，还有一个重要原因就是其可移植性。μC/OS-Ⅱ的大部分代码都是用 C 语言编写的，只有与处理器的硬件相关的一部分代码用汇编语言编写。可以说，μC/OS-Ⅱ在最初设计时就考虑到了系统的可移植性，这一点和同样源码开放的 Linux 很不一样，后者最初只用于 X86 体系结构，后来才将和硬件相关的代码单独提取出来。

目前 μC/OS-Ⅱ支持 ARM、PowerPC、MIPS、68k/ColdFire 和 X86 等多种体系结构。

1.3.4　Windows CE

Windows CE 主要应用于 PDA 以及智能电话(Smart Phone)等多媒体网络产品。微软公司于 2004 年推出了代号为"Macallan"的新版 Windows CE 系列的操作系统。

Windows CE.NET 的目的是让不同语言所写的程序可以在不同的硬件上执行，也就是所谓的.NET Compact Framework，在这个 Framework 下的应用程序与硬件互相独立无关。

其核心本身是一个支持多线程以及多 CPU 的操作系统。在工作调度方面，为了提高系统的实时性，主要设置了 256 级的工作优先级以及可嵌入式中断处理。

如同在 PC Desktop 环境，Windows CE 系列在通信和网络的能力以及多媒体方面极具优势。其提供的协议软件非常完整，甚至还提供了有保密与验证的加密通信，如 PCT/SSL。在多媒体方面，目前在 PC 上执行的 Windows Media 和 DirectX 都已经应用到 Windows CE 3.0 以上的平台，其主要功能就是对图形、影音进行编码及译码，以及对多媒体信号进行处理。

1.3.5　VxWorks

VxWorks 操作系统是美国 WindRiver 公司于 1983 年设计开发的一种嵌入式实时操作系统(RTOS)，它是嵌入式开发环境的关键组成部分。VxWorks 以其高可靠性、实时性和可裁剪性以及良好的持续发展能力，高性能的内核及友好的用户开发环境，在嵌入式实时操作系统领域占据一席之地。因此，它被广泛地应用在通信、军事、航空航天等高精尖技术及实时性要求极高的领域中，如卫星通信、军事演习、弹道制导及飞机导航等。在美国的 F-16、FA-18 战斗机、B-2 隐形轰炸机和爱国者导弹上，甚至在 1997 年 4 月登陆火星表面的火星探测器上也使用了 VxWorks。

习　　题

1.1　简述嵌入式系统的特点。

1.2　试说明嵌入式处理器的分类。

1.3　概述 ARM Cortex 体系结构处理器的特点。

1.4　概述嵌入式操作系统的种类。

第 2 章　ARM Cortex-M3 体系结构

　　处理器的"体系结构"是指从程序员的角度观察到的处理器组织方式，所以又称为处理器的编程模型。其主要内容为处理器内的寄存器组织、对存储器的寻址方式、指令系统等。本章将介绍 ARM Cortext-M3 编程模型、工作状态与工作模式、ARM 和 Thumb 状态的寄存器组织、存储器组织结构、异常及协处理器接口等一些基本概念，还将讲述 ARM 的编程基础，如 ARM 微处理器的基本工作原理、与程序设计相关的基本技术细节等。

2.1　ARM Cortex-M3 编程模型

2.1.1　ARM Cortex-M3 处理器的编程模型

　　ARM Cortex-M3 是 ARM 公司推出的下一代新生内核，它是一款低功耗处理器，具有门数目少、中断延迟短、调试成本低的特点，是为要求有快速中断响应能力的深度嵌入式应用而设计的。ARM Cortex-M3 CPU 具有 3 级流水线、哈佛结构、独立的本地指令、数据总线以及用于外设的稍微低性能的第三条总线，可提供系统增强型特性，例如现代化调试特性和支持更高级别的块集成。ARM Cortex-M3 CPU 还包含一个支持随机跳转的内部预取指单元。

　　Cortex-M3 处理器采用 ARMv7-M 架构，它包括所有的 16 位 Thumb 指令集和基本的 32 位 Thumb-2 指令集架构。Cortex-M3 处理器不能执行 ARM 指令。Thumb 指令集是 ARM 指令集的子集，重新被编码为 16 位，它支持较高的代码密度以及 16 位或小于 16 位的存储器数据总线系统。Thumb-2 在 Thumb 指令集架构(ISA)上进行了大量的改进，与 Thumb 相比，它的代码密度更高，并且通过使用 16/32 位指令，可提供更高的性能。

　　Cortex-M3处理器整合了以下组件：

　　(1) ARMv7-M 处理器内核。Thumb-2 ISA 子集，包含所有基本的 16 位和 32 位 Thumb-2 指令、硬件除法指令、处理模式(Handler Mode)和线程模式(Thread Mode)、Thumb 状态和调试状态、可中断–可继续(Interruptible-Continued)的 LDM/STM 及 PUSH/POP，以实现低中断延迟，自动保存和恢复处理器状态，可实现低延迟地进入和退出中断服务程序(ISR)。

　　(2) 嵌套向量中断控制器(NVIC)。NVIC 可与处理器内核紧密结合实现低延迟中断处理，并具有以下特性：外部中断可配置为 1～240 个，优先级位可配置为 3～8 位，中断优先级可动态地重新配置，优先级分为占先中断等级和非占先中断等级，支持末尾连锁(Tail-Chaining)和迟来(Late Arrival)中断。

(3) 存储器保护单元(MPU)。MPU 功能可选，用于对存储器进行保护。

(4) 总线接口。包括 AHBLite ICode、DCode 和系统总线接口，APB 专用外设总线(PPB)接口，支持 bit-band 方式的原子写和读访问。

(5) 低成本调试解决方案。当内核正在运行、被中止或处于复位状态时，能对系统中包括 Cortex-M3 寄存器组在内的所有存储器和寄存器进行调试访问；支持串行线(SW-DP)或 JTAG (JTAG-DP)调试访问；支持 Flash 修补和断点单元(FPB)，实现断点和代码修补；支持数据观察点和触发单元(DWT)，实现观察点、触发资源和系统分析(Systemprofiling)；实现了仪表跟踪宏单元(ITM)，支持对 printf 类型的调试；提供跟踪端口的接口单元(TPIU)，用来连接跟踪端口分析仪；提供可选的嵌入式跟踪宏单元(ETM)，实现指令跟踪。

Cortex-M3 处理器的内核模块框图如图 2.1 所示。

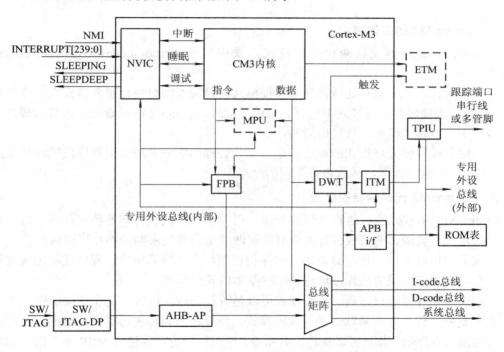

图 2.1　ARM Cortex-M3 内核模块框图

Cortex-M3 处理器专门针对快速和简单的编程而设计，用户无需深厚的架构知识或编写任何汇编代码就可以建立简单的应用程序。Cortex-M3 处理器带有一个简化的基于栈的编程模型，该模型与传统的 ARM 架构兼容，Cortex-M3 与传统的 8 位、16 位架构所使用的系统相似，它简化了 8 位、16 位到 32 位的转换过程。此外，使用基于硬件的中断机制意味着编写中断服务程序(handlers)不再重要。在不需要汇编代码寄存器操作的情况下，启动代码得到了大大的简化。

在位字段处理、硬件除法和 If/Then 指令的协助下，Thumb-2 指令集架构(Instruction Set Architecture，ISA)底层的关键特性使 C 代码的执行变得更加自然。在开发方面，Thumb-2 指令自动优化了性能和代码密度，在无需交互使用 ARM 代码和 Thumb 代码的情况下加快了开发的进程，简化了编译目标的长期维护和支持工作。如此一来，用户不但可以继续使用

C 代码，而且还免去了建立预编译目标代码库的麻烦，代码在更大程度上获得了重复利用。

2.1.2　Cortex-M3 处理器的工作状态和工作模式

1．Cortex-M3 的工作状态

Cortex-M3 处理器有以下两种工作状态：

(1) Thumb 状态。这是 16 位和 32 位半字对齐的 Thumb 和 Thumb-2 指令的正常执行状态。

(2) 调试状态。处理器停机调试时进入该状态。

与 ARM7 处理器不同，Cortex-M3 处理器不支持 ARM 指令的执行，也即没有 ARM 状态。

2．Cortex-M3 的工作模式

Cortex-M3 处理器支持两种工作模式：线程模式(thread mode)和处理模式(handler mode)。

在复位时，Cortex-M3 处理器进入线程模式，异常返回时也会进入该模式。特权和用户(非特权)代码能够在线程模式下运行。出现异常时，Cortex-M3 处理器进入处理模式，在处理模式中，所有代码都是特权访问的。

引入线程模式和处理模式的概念，是为了让处理器区分普通应用程序代码和异常服务(包括中断服务)例程代码，从而进行不同的处理。

3．Cortex-M3 代码的特权分级

Cortex-M3 的代码执行进行了特权分级，可以分为特权执行和非特权执行。特权执行时可以访问所有资源。非特权执行时对有些资源的访问受到限制或不允许访问。

特权分级可以提供一种存储器访问的保护机制，避免普通用户因程序代码出现意外而进行对存储器关键区域的操作，这也是一种基本的安全模型。

处理模式始终是特权访问，线程模式可以是特权访问，也可以是非特权访问。

系统复位之后，处理器默认进入线程模式，特权级别为特权访问，此时的程序可以访问所有范围的存储器，并且可以执行所有指令。应用程序也可以通过 MSR 指令清零控制寄存器(CONTROL)的第 0 位，将它配置为用户(非特权)访问。但是，当线程模式的程序从特权访问变为用户访问后，本身便不能回到特权访问。只有通过执行一条系统调用指令 SVC，触发 SVC 异常，然后由异常服务例程(一般由操作系统提供，用户不能自己编写)接管，如果获准进入特权访问，由异常服务例程修改 CONTROL 寄存器，才能使非特权访问的线程模式程序重新进入特权访问。

通过引入特权访问和非特权访问，能够在硬件水平上限制某些不受信任的程序执行，使系统的可靠性得到提高。例如，操作系统的内核通常都在特权级下执行，所有可使用的存储器都可以访问；一旦在操作系统里开启了一个用户程序，就让该用户程序在非特权级下执行，从而使整个系统不会因个别程序的错误或恶意攻击而导致崩溃。

4．Cortex-M3 的双堆栈机制

Cortex-M3 的程序存储使用堆栈来实现。整个系统提供一个主堆栈 MSP(Main Stack

Pointer)供用户程序和异常处理程序使用，每一个处于线程模式的程序也有一个自己的进程堆栈 PSP(Process Stack Pointer)。

　　结束复位后，所有代码都使用主堆栈。异常处理程序(例如 SVC)可以通过改变其在退出时使用的 EXC_RETURN 值来改变线程模式使用的堆栈。所有异常继续使用主堆栈，堆栈指针 r13 是分组寄存器，可在 SP_main 和 SP_process 之间切换。任何时候，进程堆栈和主堆栈中只有一个是可见的，由 r13 指示。除了使用从处理模式退出时的 EXC_RETURN 值外，在线程模式中，使用 MSR 指令对 CONTROL[1]执行写操作也可以从主堆栈切换到进程堆栈。

　　使用这种双堆栈机制，可以使操作系统内核仅在处理模式下执行，此时内核仅使用主堆栈，而用户应用程序仅在线程模式下执行，此时用户应用程序使用自己的进程堆栈，这样便可以防止因用户程序的堆栈错误而破坏操作系统使用的堆栈。

2.2　ARM Cortex-M3 寄存器组织

　　Cortex-M3 处理器拥有 16 个 32 位的通用寄存器 r0～r15 以及一些特殊功能寄存器。绝大多数的 16 位指令只能使用 r0～r7(低组寄存器)，而 32 位的 Thumb-2 指令则可以访问所有通用寄存器。特殊功能寄存器有预定义的功能，包括程序状态寄存器(xPSR)、控制寄存器(CONTROL)、中断屏蔽寄存器(PRIMASK、FAULTMASK、BASEPRI)等，它们必须通过专用的指令来访问。

　　图 2.2 显示了 Cortex-M3 处理器的寄存器集合。

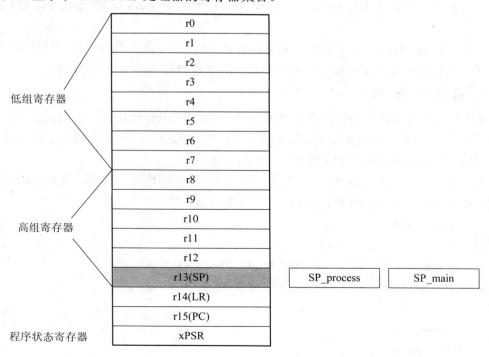

图 2.2　ARM Cortex-M3 寄存器集合

2.2.1　通用寄存器

1．通用目的寄存器 r0～r7

r0～r7 也被称为低组寄存器，所有指令都能访问它们，其字长全为 32 位，复位后的初始值是不可预料的。

2．通用目的寄存器 r8～r12

r8～r12 也被称为高组寄存器。这是因为只有很少的 16 位 Thumb 指令能访问它们，32 位的 Thumb-2 指令则不受限制。其字长也是 32 位，且复位后的初始值是不可预料的。

3．堆栈指针寄存器 r13

寄存器 r13 用作堆栈指针(SP)。由于 SP 忽略了写入位[1:0]的值，因此它自动与字，即 4 字节边界对齐。

在 Cortex-M3 处理器内核中共有两个堆栈指针。当引用 r13(或写做 SP)时，引用到的是当前正在使用的那一个堆栈，则另一个堆栈必须用特殊的指令来访问。这两个堆栈指针分别是：

● 主堆栈指针(MSP)，或写做 SP_main。这是缺省的堆栈指针，它由操作系统内核、异常服务例程以及所有需要特权访问的应用程序代码来使用。

● 进程堆栈指针(PSP)，或写做 SP_process。用于常规的应用程序代码(不处于异常服务例程中时)。

处理模式始终使用 SP_main，而线程模式可配置为 SP_main 或 SP_process。r13 是堆栈指针。

要注意的是，并不是每个程序都要用齐两个堆栈指针，简单的应用程序只使用 MSP 就可以了。堆栈指针用于访问堆栈，并且 PUSH 指令和 POP 指令默认使用 SP。

4．链接寄存器 r14

寄存器 r14 是子程序的链接寄存器(LR)。在执行分支(branch)和链接(BL)指令或带有交换的分支和链接指令(BLX)时，LR 用于接收来自 PC 的返回地址。LR 也用于异常返回。

其它任何时候都可以将 r14 看做一个通用寄存器。

在一个汇编程序中，LR 用于在调用子程序时存储返回地址。例如，当使用 BL(分支并链接，Branch and Link)指令时，就自动填充 LR 的值。如：

```
main ;主程序
…
BL function1 ; 使用"分支并链接"指令呼叫 function1
; PC= function1，并且 LR=main 的下一条指令地址
…
Function1
… ; function1 的代码
BX LR ;函数返回
```

5. 程序计数器 r15

寄存器 r15 为程序计数器(PC)。该寄存器的位 0 始终为 0,因此,指令始终与字或半字边界对齐。由于 Cortex-M3 处理器内部使用了指令流水线,读 PC 时返回的值是当前指令的地址+4。如:

        0x1000: MOV R0, PC ; R0 = 0x1004

如果向 PC 中写数据,就会引起一次程序的分支(但是不更新 LR 寄存器)。

2.2.2　程序状态寄存器

系统级的 Cortex-M3 处理器状态可分为 3 类,因此有 3 个程序状态寄存器,即应用 PSR(APSR)、中断 PSR(IPSR)、执行 PSR(EPSR)。

通过 MRS/MSR 指令,这 3 个 PSR 既可以单独访问,也可以组合访问(2 个组合,3 个组合都可以)。当使用三合一的方式访问时,应使用"xPSR"或"PSR"作为名称。

1. 应用 PSR(APSR)

应用 PSR(APSR)包含条件代码标志。在进入异常之前,Cortex-M3 处理器将条件代码标志保存在堆栈内。可以使用 MSR(2)和 MRS(2)指令来访问 APSR。APSR 的位分配示意图如图 2.3 所示。

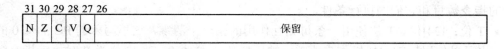

图 2.3　APSR 的位分配示意图

● N 位:负数或小于标志。为 1 时表示结果为负数或小于,为 0 时表示结果为正数或大于。
● Z 位:零标志。为 1 时表示结果为 0,为 0 时表示结果为非 0。
● C 位:进位/借位标志。为 1 时表示有进位或借位,为 0 时表示没有进位或借位。
● V 位:溢出标志。为 1 时表示溢出,为 0 时表示没有溢出。
● Q 位:粘着饱和(sticky saturation)标志。

2. 中断 PSR(IPSR)

中断 PSR(IPSR)包含当前激活的异常的 ISR 编号。IPSR 的位分配示意图如图 2.4 所示。

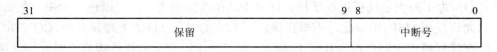

图 2.4　IPSR 的位分配示意图

IPSR 的 9 位表示了当前激活的异常 ISR 编号,即中断编号。常用的一些中断编号有:基础级别=0,NMI=2,SVCall=11,INTISR[0]=16,INTISR[1]=17,…,INTISR[239]=255。具体的中断编号请参见有关中断的章节。

3. 执行 PSR(EPSR)

执行 PSR(EPSR)包含两个重叠的区域:

(1) 可中断-可继续指令区(ICI)：多寄存器加载(LDM)和存储(STM)操作是可中断的。EPSR 的 ICI 区用来保存从产生中断的点继续执行多寄存器加载和存储操作时所必需的信息。

(2) If-Then(IT)状态区：EPSR 的 IT 区包含了 If-Then 指令的执行状态位。

注意：ICI 区和 IT 区是重叠的，因此，If-Then 模块内的多寄存器加载或存储操作不具有可中断-可继续功能。EPSR 的位分配示意图如图 2.5 所示。

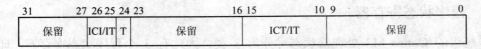

图 2.5　EPSR 的位分配示意图

● ICI 区：[15:12]位，可中断-可继续的指令位。如果在执行 LDM 或 STM 操作时产生一次中断，则 LDM 或 STM 操作暂停。EPSR 使用位[15:12]来保存该操作中下一个寄存器操作数的编号。在中断响应之后，处理器返回由[15:12]指向的寄存器并恢复操作。如果 ICI 区指向的寄存器不在指令的寄存器列表中，则处理器对列表中的下一个寄存器(如果有)继续执行 LDM/STM 操作。

● IT(If-Then)区：[15:10]位和[26:25]位，它们是 If-Then 指令的执行状态位，包含 If-Then 模块的指令数目和它们的执行条件。

● T 位：[24]位。T 位使用一条可相互作用的指令来清零，这里写入的 PC 的位 0 的值为 0。也可以使用异常出栈操作来清零，被压栈的 T 位为 0。当 T 位为 0 时执行指令会引起 INVSTATE 异常。

由以上 3 个 PSR 的位分配图可以看出，3 个 PSR 的位分配是互不影响的。因此在实际使用中常将 3 个 PSR 组合成一个 xPSR 来使用。在进入异常时，处理器也将 3 个状态寄存器组合的信息 xPSR 保存在堆栈里。

2.2.3　控制寄存器

控制寄存器(CONTROL)有两个用途：其一，用于定义特权级别；其二，用于选择当前使用哪个堆栈指针。应用时可由两个位来行使这两个职能。

(1) CONTROL[1]位：堆栈指针选择位，该位为 0 时表示选择主堆栈指针 MSP(复位后的缺省值)；为 1 时表示选择进程堆栈指针 PSP。在线程模式下，可以使用 PSP；在处理模式下，只允许使用 MSP，所以此时不得在该位写 1。在 Cortex-M3 的处理模式中，CONTROL[1]总是 0；在线程模式中则可以为 0 或 1。因此，仅当处于特权级的线程模式下时此位才可写，其它场合下禁止写此位。改变处理器的模式也有其它的方式：在异常返回时，通过修改 LR 的位 2，也能实现模式切换，这是 LR 在异常返回时的特殊用法。

(2) CONTROL[0]位：特权级别选择位，其值为 0 时表示特权级的线程模式，为 1 时表示用户级的线程模式。处理模式永远都是特权级的。仅当在特权级下操作时才允许写该位。一旦进入了用户级，唯一返回特权级的途径就是触发一个(软)中断，再由服务例程改写该位。

2.2.4　中断屏蔽寄存器

中断屏蔽寄存器包括 PRIMASK、FAULTMASK 和 BASEPRI 三个寄存器，这三个寄存用于控制异常的使能和清除。

(1) PRIMASK。PRIMASK 是一个只有单一比特的寄存器。在它被置 1 后，就关掉所有可屏蔽的异常，只剩下 NMI 和硬 fault 可以响应。它的缺省值是 0，表示没有关中断。

(2) FAULTMASK。FAULTMASK 也是一个只有一个位的寄存器。当它置 1 时，只有 NMI 才能响应，所有其它的异常，甚至是硬错误，也全部被屏蔽。它的缺省值也是 0，表示没有关异常。

(3) BASEPRI。BASEPRI 寄存器最多有 9 位(由表达优先级的位数决定)，它定义了被屏蔽优先级的阈值。当 BASEPRI 寄存器被设成某个值后，所有优先级号大于等于此值的中断都被关(优先级号越大，优先级越低)。但若被设成 0，则不关闭任何中断，0 也是缺省值。

对于某些任务而言，恰如其分地使用 PRIMASK 和 BASEPRI 来暂时关闭一些中断是非常重要的。FAULTMASK 则可以被操作系统用于暂时关闭 fault 处理机能，这种处理在某个任务崩溃时可能需要。因为在任务崩溃时，常常伴随着一大堆 fault。在系统进行后续处理时，通常不再需要响应这些 fault。总之 FAULTMASK 就是专门留给操作系统用的。

只有在特权级下，才允许访问这三个寄存器。

2.3　ARM Cortex-M3 存储器

Cortex-M3 处理器的存储器系统与传统 ARM 处理器的存储器系统架构有所不同，主要体现在几个方面：Cortex-M3 的存储器映射是预定义好的，并且还规定了哪个位置应该使用哪个总线，而传统的 ARM 处理器的存储器映射是由各生产厂家自己定义的；Cortex-M3 存储器系统支持位带(bit-band)操作，通过它可以实现对单一比特的位操作，适用于一些特殊的存储器区域中；Cortex-M3 的存储器系统支持非对齐访问和互斥访问，这个特性是传统 ARM 处理器没有的；Cortex-M3 的存储器系统同时支持大端格式配置和小端格式配置。

2.3.1　Cortex-M3 存储器格式

Cortex-M3 处理器将存储器看做从 0 开始向上编号的字节的线性集合。例如：字节 0～3 存放第一个被保存的字，字节 4～7 存放第二个被保存的字，等等。

Cortex-M3 处理器能够以小端格式或大端格式访问存储器中的数据字，而访问代码时始终使用小端格式。

小端格式中，一个字中最低地址的字节为该字的最低有效字节，最高地址的字节为最高有效字节。存储器系统地址 0 的字节与数据线 7～0 相连。小端数据格式示意图如图 2.6 所示。小端格式是 ARM 处理器默认的存储器格式。

大端格式中，一个字中最低地址的字节为该字的最高有效字节，而最高地址的字节为最低有效字节。存储器系统地址 0 的字节与数据线 31～24 相连。大端数据格式示意图如

图 2.7 所示。

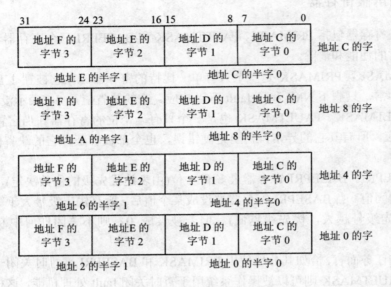

图 2.6　小端数据格式示意图

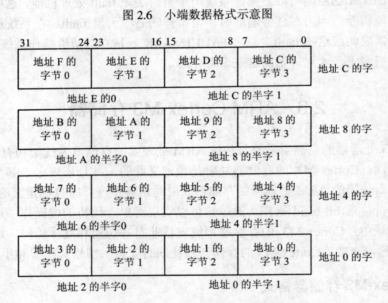

图 2.7　大端数据格式示意图

　　Cortex-M3 处理器有一个配置引脚 BIGEND，用户能够使用它来选择小端格式或大端格式。该引脚在复位时被采样，结束复位后存储器格式不能修改。

2.3.2　Cortex-M3 存储器映射

　　微处理器将存储器空间和外设空间分为独立编址和统一编址两种方式。存储器映射是指把芯片中或芯片外的各类存储器、外设等进行统一编址，便可以用地址来表示某一使用对象。通过把片上外设的寄存器映射到外设区，就可以简单地以访问内存的方式来访问这些外设的寄存器，从而控制外设的工作。

Cortex-M3 处理器拥有 32 位地址线，寻址空间为 4 GB。它有一个预定义好的基本存储器映射，这一特性极大地方便了软件在各种 Cortex-M3 芯片间的移植。由于各厂商生产的各种型号的 Cortex-M3 芯片的 NVIC 和 MPU 都在相同的位置布设寄存器，使得它们与具体器件无关，这样，中断和存储保护有关的代码便可在各种 Cortex-M3 处理器上运行。

Cortex-M3 的存储器映射是一个粗线条的方框，它依然允许芯片制造商灵活细腻地分配存储器空间，以制造出各具特色的芯片。

Cortex-M3 的存储器映射如图 2.8 所示。

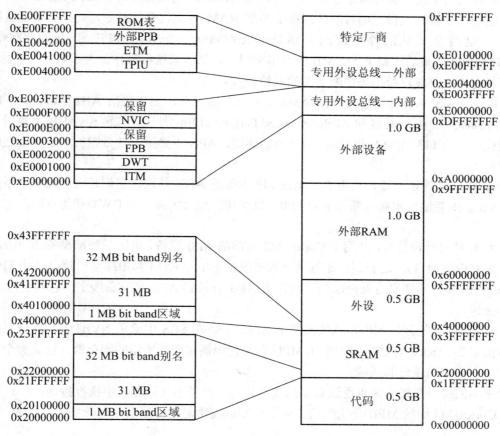

图 2.8　Cortex-M3 存储器映射

Cortex-M3 的地址空间为 4 GB，程序可以在代码区、内部 SRAM 区以及外部 RAM 区中执行。但是因为指令总线与数据总线是分开的，最理想的是把程序放到代码区，从而使取指和数据访问各自使用自己的总线并行执行。代码区的地址范围是 0x00000000～0x1FFFFFFF。

Cortex-M3 内部 SRAM 区的大小是 512 MB，用于让芯片制造商连接片上的 SRAM，这个区通过系统总线来访问，地址范围是 0x20000000～0x3FFFFFFF。在这个区的下部，有一个 1 MB 的区间，被称为位带区。该位带区还有一个对应的 32 MB 的位带别名(alias)区，容纳了 8 M 个位变量。位带区对应的是最低的 1 MB 地址范围，而位带别名区里面的每个字对应位带区的一个比特。位带操作只适用于数据访问，不适用于取指。通过位带的功能，可以把多个布尔型数据打包在单一的字中，但依然可以从位带别名区中，像访问普通内存一样地使用它们。位带别名区中的访问操作是原子的，省去了传统的"读取—修改—写回"步骤。

地址空间的另一个 512 MB 范围由片上外设使用，地址范围是 0x40000000～0x5FFFFFFF。这个区中也有一条 32 MB 的位带别名，以便于快捷地访问外设寄存器，用法与内部 SRAM 区中的位带相同。例如，可以方便地访问各种控制位和状态位。要注意的是，外设区内不允许执行指令。还有两个 1 GB 的范围，分别用于连接外部 RAM 和外部设备，它们之中没有位带。两者的区别在于外部 RAM 区允许执行指令，而外部设备区则不允许。这两个区域的地址范围分别是 0x60000000～0x9FFFFFFF 和 0xA0000000～0xDFFFFFFF。最后还剩下 512 MB 的专用空间，包括了系统级组件、内部私有外设总线、外部私有外设总线以及由提供者定义的系统外设。

Cortex-M3 私有外设总线遵循 AMBA 片上总线规范，主要包括 AHB(Advanced High performance Bus)系统总线和 APB(Advanced Peripheral Bus)外围总线两种。AHB 主要用于高性能模块(如 CPU、DMA 和 DSP 等)之间的连接，APB 主要用于低带宽的周边外设之间的连接。

AHB 私有外设总线，只用于 Cortex-M3 内部的 AHB 外设，它们是嵌套向量中断控制器 NVIC、闪存地址重载及断点单元 FPB、数据观察点及跟踪单元 DWT 和指令跟踪宏单元 ITM。

APB 私有外设总线，既用于 Cortex-M3 内部的 APB 设备，也用于外部设备(这里的"外部"是对内核而言)。这一部分还包括嵌入式跟踪宏单元 ETM 和跟踪端口接口单元 TPIU。Cortex-M3 允许器件制造商再添加一些片上 APB 外设到 APB 私有总线上，它们通过 APB 接口来访问。

NVIC 所处的区域叫做"系统控制空间(SCS)"，在 SCS 中除了 NVIC 外，还有系统时钟节拍器 SysTick、存储器保护单元 MPU 以及代码调试控制所用的寄存器，这是整个系统控制中一个相当重要的区域。

未用的提供商指定区也通过系统总线来访问，但是不允许在其中执行指令。

Cortex-M3 中的 MPU 是选配的，由芯片制造商决定是否配上。

2.3.3　存储器访问属性

Cortex-M3 在定义了存储器映射之外，还为存储器的访问规定了 4 种属性，分别是：可否缓冲(Bufferable)、可否缓存(Cacheable)、可否执行(Executable)、可否共享(Sharable)。

Cortex-M3 有一个缺省的存储访问许可，它能防止用户代码访问系统控制存储空间，保护 NVIC、MPU 等关键部件。缺省访问许可在没有配备 MPU 或配备了 MPU 但是 MPU 被除能时生效。如果启用了 MPU，则 MPU 可以在地址空间中划出若干个区域，并为不同的区域规定不同的访问许可权限。

Cortex-M3 的缺省访问许可如表 2.1 所示。

当一个用户级访问被阻止时，会立即产生一个总线 fault。

表 2.1　Cortex-M3 的存储器访问许可

存储器区域	地址范围	用户级许可权限
代码区	00000000～1FFFFFFF	无限制
片内 SRAM	20000000～3FFFFFFF	无限制
片上外设	40000000～5FFFFFFF	无限制
外部 RAM	60000000～9FFFFFFF	无限制
外部外设	A0000000～DFFFFFFF	无限制
ITM	E0000000～E0000FFF	可以读。对于写操作，除了用户级下允许时的 stimulus 端口外，全部忽略
DWT	E0001000～E0001FFF	阻止访问，访问会引发一个总线 fault
FPB	E0002000～E0003FFF	阻止访问，访问会引发一个总线 fault
NVIC	E000E000～E000EFFF	阻止访问，访问会引发一个总线 fault。但有个例外：软件触发中断寄存器可以被编程为允许用户级访问
内部 PPB	E000F000～E003FFFF	阻止访问，访问会引发一个总线 fault
TPIU	E0040000～E0040FFF	阻止访问，访问会引发一个总线 fault
ETM	E0041000～E0041FFF	阻止访问，访问会引发一个总线 fault
外部 PPB	E0042000～E0042FFF	阻止访问，访问会引发一个总线 fault
ROM 表	E00FF000～E00FFFFF	阻止访问，访问会引发一个总线 fault
供应商指定	E0100000～FFFFFFFF	无限制

2.3.4　位带(bit-band)操作

Cortex-M3 在支持了位带操作后，可以使用普通的加载/存储指令来对单一的比特进行读写。在 Cortex-M3 中，有两个区中实现了位带。其中一个是 SRAM 区的最低 1 MB 范围，第二个则是片内外设区的最低 1 MB 范围。这两个位带中的地址除了可以像普通的 RAM 一样使用外，它们还都有自己的位带别名区，位带别名区把每个比特膨胀成一个 32 位的字。当通过位带别名区访问这些字时，就可以达到访问原始比特的目的。

映射公式显示如何将别名区中的字与 bit-band 区中的对应位或目标位关联。映射公式如下：

　　　　bit_word_offset=(byte_offset×32)+(bit_number×4)

　　　　bit_word_addr=bit_band_base+bit_word_offset

其中，

　　　　bit_word_offset：bit-band 存储区中目标位的位置。

　　　　bit_word_addr：别名存储区中映射为目标位的字的地址。

　　　　bit_band_base：别名区的开始地址。

　　　　bit_offset：bit-band 区中包含目标位的字节的编号。

　　　　bit_number：目标位的位置(0～7)。

bit-band 映射关系如图 2.9 所示。

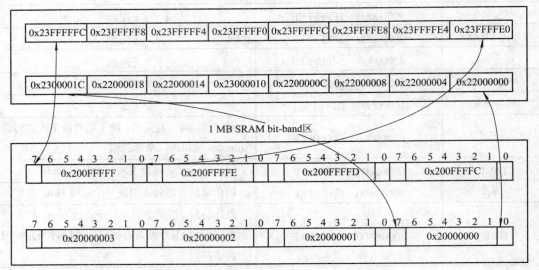

图 2.9　bit-band 映射关系

图中显示了 SRAM bit-band 别名区和 SRAM bit-band 区之间的 bit-band 映射的例子,其中:

地址 0x23FFFFE0 的别名字映射为 0x200FFFFC 的 bit-band 字节的位 0:

0x23FFFFE0=0x22000000+(0xFFFFF*32)+0*4

地址 0x23FFFFEC 的别名字映射为 0x200FFFFC 的 bit-band 字节的位 7:

0x23FFFFEC=0x22000000+(0xFFFFF*32)+7*4

地址 0x22000000 的别名字映射为 0x20000000 的 bit-band 字节的位 0:

0x22000000=0x22000000+(0*32)+0*4

地址 0x220001C 的别名字映射为 0x20000000 的 bit-band 字节的位 0:

0x2200001C=0x22000000+(0*32)+7*4

向别名区写入一个字与在 bit-band 区的目标位执行读—修改—写操作具有相同的作用。

写入别名区的字的位 0 决定了写入 bit-band 区的目标位的值。将位 0 为 1 的值写入别名区表示向 bit-band 位写入 1,将位 0 为 0 的值写入别名区表示向 bit-band 位写入 0。

别名字的位[31:1]在 bit-band 位上不起作用。写入 0x01 与写入 0xFF 的效果相同;写入 0x00 与写入 0x0E 的效果相同。

读别名区的一个字返回 0x01 或 0x00。0x01 表示 bit-band 区中的目标位置位;0x00 表示目标位清零。位[31:1]将为 0。

例 2.1　欲置位地址 0x20000000 中的比特 0。

不使用 bit-band 操作时,操作流程如下:首先将地址 0x20000000 的一个 32 位字读取到某一通用寄存器,然后给该寄存器的最低位置 1,最后将该寄存器的值回写入地址 0x20000000。

使用 bit-band 操作时，则根据以上公式可知，地址 0x20000000 的位 0 映射为地址 0x2200001C 的一个字，直接向 0x2200001C 写一个值 0x01 即可。

显然，从操作的角度来说，使用 bit-band 操作的方式更简单，效率更高。

例 2.2　利用 bit-band 进行位清零操作。

(1) 在地址 0x20000000 处写入 0x3355AACC。

(2) 读取地址 0x22000008。本次读访问将读取 0x20000000，并提取比特 2，值为 1。

(3) 向地址 0x22000008 处写 0。本次操作将被映射成对地址 0x20000000 的"读—改—写"操作，把比特 2 清零。

(4) 现在再读取 0x20000000，将返回 0x3355AAC8(bit[2]已清零)。

引入 bit-band 操作，可以更方便地操作数据中的比特位，对于直接控制引脚电平的硬件底层程序大有用处。引入 bit-band 操作还可以用于简化跳转程序的判断、多任务系统中共享资源的互锁访问等领域。

2.4　ARM Cortex-M3 异常处理

当正常的程序执行流程发生暂时停止时，称之为异常。例如，处理一个外部的中断请求，系统执行完当前执行的指令后可以转去执行异常处理程序。在处理异常之前，当前处理器的状态必须保留，这样当异常处理完成之后，当前程序可以继续执行。处理器允许多个异常同时发生，它们将会按固定的优先级进行处理。

Cortex-M3 体系结构中的异常与 8 位/16 位处理器体系结构的中断有很大的相似之处，但异常与中断的概念并不完全等同。从原则上说，所有能打断正常执行流的事件都称为异常。但在工程实践中，经常混合使用术语"中断"与"异常"，强调的都是它们对主程序所体现出来的"中断"性质。中断与异常的区别在于：中断请求信号来自 Cortex-M3 内核外面，来自各种片上外设和外扩的外设，对 Cortex-M3 来说是异步的；而异常则是在 Cortex-M3 内核执行指令或访问存储器时产生，因此对 Cortex-M3 来说是同步的。

Cortex-M3 处理器和嵌套向量中断控制器(NVIC)对所有异常按优先级进行排序并处理。所有异常都在处理模式中操作。出现异常时，自动将处理器状态保存到堆栈中，并在中断服务程序(ISR)结束时自动从堆栈中恢复。在状态保存的同时取出向量快速地进入中断。处理器支持末尾连锁(tail-chaining)中断技术，它能够在没有多余的状态保存和恢复指令的情况下执行背对背中断(back-to-back interrupt)。

2.4.1　异常类型

Cortex-M3 在内核水平上搭载了一个异常响应系统，支持为数众多的系统异常和外部中断。其中，编号为 1～15 的对应系统异常，大于等于 16 的则全是外部中断。除了个别异常的优先级被定死外，其它异常的优先级都是可编程的。由于芯片设计者可以修改 Cortex-M3 的硬件描述源代码，所以做成芯片后，支持的中断源数目常常不到 240 个，并且优先级的位数也由芯片厂商最终决定。

Cortex-M3 支持的异常类型如表 2.2 所示。

表 2.2　Cortex-M3 支持的异常类型

异常类型	位置	优先级	描　　述
—	0	—	在复位时栈顶从向量表的第一个入口加载
复位	1	-3(最高)	在上电和热复位(warm reset)时调用。在第一条指令上优先级下降到最低(线程模式)。异步的
不可屏蔽中断	2	-2	不能被除复位之外的任何异常停止或占先。异步的
硬故障	3	-1	由于优先级的原因或可配置的故障，处理被禁止而导致不能将故障激活时的所有类型故障。同步的
存储器管理	4	可调整	MPU 不匹配，包括违反访问规范以及不匹配。同步的
总线故障	5	可调整	预取故障，存储器访问故障，以及其它相关的地址/存储故障。精确时是同步，不精确时是异步
使用故障	6	可调整	使用故障。例如，执行未定义的指令或尝试不合法的状态转换。同步的
—	7～10	—	保留
SVCall	11	可调整	利用 SVC 指令调用系统服务。同步的
调试监控	12	可调整	调试监控，在处理器没有停止时出现。同步的，但只有在使能时是有效的。如果它的优先级比当前有效的异常的优先级要低，则不能被激活
—	13	—	保留
PendSV	14	可调整	可挂起的系统服务请求。异步的，只能由软件来实现挂起
SysTick	15	可调整	系统节拍定时器(tick timer)已启动。异步的
外部中断	16 及以上	可调整	在内核的外部产生。INTISR[239:0]，通过 NVIC(设置优先级)输入，都是异步的

表 2.2 显示了 Cortex-M3 处理器支持的异常类型、优先级以及位置。位置是指从向量表开始处的字偏移。在优先级列中，数字越小表示优先级越高。表中还显示了异常类型的激活方式，即是同步的还是异步的。优先级的准确含义和使用见异常优先级。

如果一个发生的异常不能被即刻响应，就称它被"挂起"(pending)。不过，少数异常是不允许被挂起的。一个异常被挂起的原因，可能是系统当前正在执行一个更高优先级异常的服务例程，或者因相关掩蔽位的设置导致该异常被除能。对于每个异常源，在被挂起的情况下，都会有一个对应的"挂起状态寄存器"保存其异常请求。待到该异常能够响应时，执行其服务例程，这与传统的 ARM 是完全不同的。在以前，是由产生中断的设备保持住请求信号的；Cortex-M3 则由 NVIC 的挂起状态寄存器来解决这个问题。于是，即使设备在后来已经释放了请求信号，曾经的中断请求也不会错失。

2.4.2　异常优先级

在 Cortex-M3 中，优先级对于异常来说是很关键的，它会决定一个异常是否能被掩蔽，以及在未掩蔽的情况下何时可以响应。优先级的数值越小，则优先级越高。

Cortex-M3 支持中断嵌套，使得高优先级异常会抢占(preempt)低优先级异常。Corter-M3 有 3 个系统异常：复位、NMI 以及硬故障。它们有固定的优先级，并且优先级号是负数，从而高于所有其它异常。

所有其它异常的优先级则都是可编程的，但不能为负数。原则上，Cortex-M3 支持 3 个固定的高优先级和多达 256 级的可编程优先级，并且支持 128 级抢占。但是，绝大多数 Cortex-M3 芯片都会精简设计，以使实际上支持的优先级数会更少，如 8 级、16 级、32 级等。它们在设计时会裁掉表达优先级的几个低端有效位，以减少优先级的级数。如果使用更多的位来表达优先级，则可以使用的值也更多，同时需要的门也更多，也就是会带来更多的成本和功耗。Cortex-M3 允许的最少使用位数为 3 个，亦即至少要支持 8 级优先级。

为了使抢占机能变得更可控，Cortex-M3 还把 256 级优先级按位分成高低两段，分别称为抢占优先级和子优先级。NVIC 中有一个寄存器是应用程序中断及复位控制寄存器，其中有一个 8 位的位段名为优先级组。该位段的值对每一个优先级可配置的异常都有影响，把其优先级分为 2 个位段：MSB 所在的位段(左边的)对应抢占优先级，而 LSB 所在的位段(右边的)对应子优先级。

抢占优先级决定了抢占行为：当系统正在响应某异常 L 时，如果来了抢占优先级更高的异常 H，则 H 可以抢占 L，子优先级则处理"内务"；当抢占优先级相同的异常有不止一个挂起时，就最先响应子优先级最高的异常。

这种优先级分组做出了如下规定：子优先级至少是 1 个位。因此抢占优先级最多是 7 个位，这就造成了最多只有 128 级抢占的现象。但是 Cortex-M3 允许从比特 7 处分组，此时所有的位都表达子优先级，没有任何位表达抢占优先级，因而所有优先级可编程的异常之间就不会发生抢占——相当于在它们之中除能了 Cortex-M3 的中断嵌套机制。但三个特殊的异常(复位、NMI 和硬故障)，无论它们何时出现，都立即无条件抢占所有优先级可编程的"平民异常"。

2.4.3　向量表

当 Cortex-M3 发生了异常并且要响应它时，对应的异常处理程序(exception handler)就会执行。Cortex-M3 需要定位其异常处理程序的入口地址，这些入口地址存储在一个向量表中。向量表其实是一个字类型(word，32 位整数)的数组，每个字对应一种异常，存储了该异常处理程序的入口地址。缺省情况下，Cortex-M3 认为该表位于零地址处，且各向量占用 4 字节，因此每个表项占用 4 字节。但向量表在地址空间中的位置是可以设置的，通过 NVIC 中的一个重定位寄存器来指出向量表的地址。发生复位时，该寄存器的值为 0。所以，在地址 0 处必须包含一张向量表，用于复位时的异常分配。

Cortex-M3 的异常向量表如表 2.3 所示。

表 2.3　Cortex-M3 的异常向量表

异常类型	表项偏移地址	异常向量
0	0x00	MSP 的初始值
1	0x04	复位向量(PC 初始值)
2	0x08	NMI
3	0x0C	硬故障
4	0x10	存储器故障
5	0x14	总线故障
6	0x18	使用故障
7~10	0x1C~0x28	保留
11	0x2C	SVC
12	0x30	调试监控器
13	0x34	保留
14	0x38	可挂起的系统服务请求
15	0x3C	系统节拍定时器 SysTick
16	0x40~0x3FF	IRQ # 0~IRQ # 239

例如，如果发生了异常 12(调试监控)，则 NVIC 会根据向量表计算出偏移量为 $12 \times 4 = 0x30$，然后从地址 0x30 处取出异常处理程序的入口地址并转移到该地址。要注意的是：类型 0 并不是什么入口地址，而是存储了复位后主堆栈指针 MSP 的初值。

由于地址 0 处应该存储引导代码，所以它通常会映射到 Flash 或者是 ROM 器件，并且它们的值不得在运行时改变。尽管如此，为了支持动态的重新分发中断，Cortex-M3 允许向量表重定位，即从其它地址处开始定位各异常向量。这些地址对应的区域可以是代码区，但更多是在 RAM 区。在 RAM 区就可以修改异常向量的入口地址。为了实现这个功能，NVIC 中有一个寄存器，称为向量表偏移量寄存器(在地址 0xE000ED08 处)，通过修改它的值就能重定位向量表。但必须注意的是，向量表的起始地址是有要求的，即必须先求出系统中共有多少个向量，再把这个数字向上取整到 2 的整数次幂，而起始地址必须对齐到后者的边界上。例如，如果一共有 32 个中断，则共有 32 + 16(系统异常) = 48 个向量，向上圆整到 2 的整次幂后值为 64，因此向量表重定位的地址必须能被 $64 \times 4 = 256$ 整除，从而合法的起始地址可以是 0x0、0x100、0x200 等。

向量表偏移量寄存器(VTOR)的定义如表 2.4 所示。

表 2.4　向量表偏移量寄存器(VTOR)

位段	名称	类型	复位值	描　述
7~28	TBLOFF	RW	0	向量表的起始地址
29	TBLBASE	R	—	向量表是在 Code 区(0)，还是在 RAM 区(1)

如果需要动态地更改向量表，则对于任何器件来说，向量表的起始处都必须包含以下向量：主堆栈指针(MSP)的初始值、复位向量、NMI、硬故障服务例程。后两者是必需的，因为有可能在引导过程中发生这两种异常。

在 SRAM 中可以开出一块空间用于存储向量表。在引导期间先填写好各向量,然后在引导完成后,就可以启用内存中的新向量表,从而实现向量可动态调整的能力。

2.5　NVIC 与中断控制

2.5.1　NVIC 概述

NVIC(Nested Vectored Interrupt Controller)即嵌套向量中断控制器,是 Cortex-M3 不可分离的一部分,它与 Cortex-M3 内核的逻辑紧密耦合,共同完成对中断的响应。NVIC 的寄存器以存储器映射的方式来访问,除了包含控制寄存器和中断处理的控制逻辑之外,NVIC 还包含了 MPU、SysTick 定时器以及与调试控制相关的寄存器。

NVIC 共支持 1~240 个外部中断输入(通常外部中断写做 IRQ),具体的数值由芯片厂商在设计芯片时决定。此外,NVIC 还支持一个不可屏蔽中断 NMI(NonMaskable Interrupt)输入。NMI 的实际功能亦由芯片制造商决定,在某些情况下,NMI 无法由外部中断源控制。

NVIC 的访问地址是 0xE000E000。所有 NVIC 的中断控制/状态寄存器都只能在特权级下访问。不过有一个例外——软件触发中断寄存器可以在用户级下访问以产生软件中断。所有的中断控制及状态寄存器均可按字、半字、字节的方式访问。此外,还有几个中断掩蔽寄存器也与中断控制密切相关,它们是特殊功能寄存器,只能通过 MRS、MSR 及 CPS 来访问。

用户应用程序可以在运行期间更改中断的优先级。如果在某个中断服务程序中修改了自己所对应中断的优先级,而且这个中断又由新的服务程序挂起(pending),也不会自己打断自己,从而避免了重入(reentry)的风险。

2.5.2　中断配置基础

每个外部中断都需要使用以下一些 NVIC 寄存器:使能与禁止寄存器、挂起与解挂寄存器、优先级寄存器以及活动状态寄存器。另外,下列寄存器也对中断处理有重大影响:异常掩蔽寄存器(PRIMASK、FAULTMASK 以及 BASEPRI)、向量表偏移量寄存器、软件触发中断寄存器以及优先级分组位段表。

2.5.3　中断的使能与禁止

中断的使能与禁止分别使用各自的寄存器来控制,这与传统的使用单一比特的两个状态来表达使能与禁止是不同的。Cortex-M3 中可以有 240 对使能位、禁止位(SETENA 位、CLRENA 位),每个中断拥有一对。这 240 对分布在 8 对 32 位寄存器中(最后一对没有用完)。

如果要使能一个中断,需要写 1 到对应 SETENA 的位中;如果要禁止一个中断,需要写 1 到对应的 CLRENA 位中。如果往它们中写 0,则不会有任何效果。

如上所述,SETENA 位和 CLRENA 位可以有 240 对,对应的 32 位寄存器可以有 8 对,因此可使用数字后缀来区分这些寄存器,如 SETENA0、SETENA1、…、SETENA7,如表 2.5 所示。但是在特定的芯片中,只有该芯片实现的中断,其对应的位才有意义。因此,如果某个芯片支持 32 个中断，则只有 SETENA0 和 CLRENA0 才需要使用。SETENA 和 CLRENA 可以按字、半字、字节的方式来访问。由于前 16 个异常已经分配给系统异常，故而中断 0 的异常号是 16。SETENA/CLRENA 寄存器族的定义如表 2.5 所示。

表 2.5　SETENA/CLRENA 寄存器族

名称	类型	地址	复位值	描　　述
SETENA0	R/W	0xE000E100	0	中断 0～31 位的使能寄存器，共 32 个使能位
SETENA1	R/W	0xE000E104	0	中断 32～63 位的使能寄存器，共 32 个使能位
…	…	…	…	…
SETENA7	R/W	0xE000E11C	0	中断 224～239 位的使能寄存器，共 16 个使能位
CLRENA0	R/W	0xE000E180	0	中断 0～31 位的禁止寄存器，共 32 个禁止位 位[n]，中断#n 禁止(异常号 16+n)
CLRENA0	R/W	0xE000E184	0	中断 32～63 位的禁止寄存器，共 32 个禁止位
…	…	…	…	…
CLRENA0	R/W	0xE000E19C	0	中断 224～239 位的禁止寄存器，共 16 个禁止位

2.5.4　中断的挂起与解挂

如果中断发生，Cortex-M3 正在处理同级或高优先级异常或者被掩蔽时，中断不能立即得到响应，此时中断被挂起。中断的挂起状态可以通过中断设置挂起寄存器(SETPEND)和中断挂起清除寄存器(CLRPEND)来读取，还可以写它们来手工挂起中断。

中断设置挂起寄存器和中断挂起清除寄存器也可以有 8 对，其用法和用量都与前面介绍的使能/除能寄存器完全相同，见表 2.6。

表 2.6　SETPEND/CLRPEND 寄存器族

名称	类型	地址	复位值	描　　述
SETPEND0	R/W	0xE000E200	0	中断 0～31 位的挂起寄存器，共 32 个挂起位 位[n]，中断#n 挂起(异常号 16+n)
SETPEND1	R/W	0xE000E204	0	中断 32～63 位的挂起寄存器，共 32 个挂起位
…	…	…	…	…
SETPEND7	R/W	0xE000E21C	0	中断 224～239 位的挂起寄存器，共 16 个挂起位
CLRPEND0	R/W	0xE000E280	0	中断 0～31 位的解挂寄存器，共 32 个解挂位 位[n]，中断#n 解挂(异常号 16+n)
CLRPEND0	R/W	0xE000E284	0	中断 32～63 位的解挂寄存器，共 32 个解挂位
…	…	…	…	…
CLRPEND0	R/W	0xE000E29C	0	中断 224～239 位的解挂寄存器，共 16 个解挂位

每个外部中断都有一个对应的优先级寄存器，每个寄存器占用 8 位，但是 Cortex-M3 允许在最"粗线条"的情况下，只使用最高 3 位。4 个相邻的优先级寄存器拼成一个 32 位寄存器。如前所述，根据优先级组的设置，优先级可以被分为高低两个位段，分别是抢占优先级和亚优先级。优先级寄存器都可以按字节访问，当然也可以按半字、字来访问。有意义的优先级寄存器数目由芯片厂商实现的中断数目决定。

中断优先级寄存器见表 2.7。

表 2.7　中断优先级寄存器

名称	类型	地址	复位值	描　　述
PRI_0	R/W	0xE000E400	0(8 位)	外中断#0 的优先级
PRI_1	R/W	0xE000E401	0(8 位)	外中断#1 的优先级
…	…	…	…	…
PRI_239	R/W	0xE000E4EF	0(8 位)	外中断#239 的优先级

2.5.5　中断建立全过程

下面以一个简单的例子说明如何建立一个外部中断。

(1) 当系统启动后，先设置优先级组寄存器。缺省情况下使用组 0 (7 位抢占优先级，1 位子优先级)。

(2) 如果需要重定位向量表，先把硬故障和 NMI 服务例程的入口地址写到新向量表项所在的地址中。

(3) 配置向量表偏移量寄存器，使之指向新的向量表(如果有重定位的话)。

(4) 为该中断建立中断向量。因为向量表可能已经重定位了，需要先读取向量表偏移量寄存器的值，然后根据该中断在表中的位置，计算出对应的表项，再把服务例程的入口地址填写进去。如果一直使用 ROM 中的向量表，则无需此步骤。

(5) 为该中断设置优先级。

(6) 使能该中断表。

2.5.6　中断/异常的响应序列

中断是一种异常，异常基本上以中断为主，所以如果没有特殊说明，两个名词可以互换使用。当 Cortex-M3 开始响应一个中断时，会产生三个动作：入栈，把 8 个寄存器的值压入堆栈；取向量，从向量表中找出对应的服务程序入口地址；选择堆栈指针 MSP/PSP，更新堆栈指针 SP、连接寄存器 LR 及程序计数器 PC。

1．入栈

响应异常的第一个行动，就是自动保存现场的必要部分：依次把 xPSR、PC、LR、R12 以及 R3～R0 由硬件自动压入适当的堆栈中。当响应异常，当前的代码正在使用 PSP 时，压入 PSP，也就是使用进程堆栈；否则就压入 MSP，使用主堆栈。一旦进入了服务例程，就将一直使用主堆栈。所有的嵌套中断都使用主堆栈。

2．取向量

当数据总线(系统总线)正在为入栈操作而忙碌时，指令总线(I-Code 总线)也在为响应中断紧张有序地执行另一项重要的任务，即从向量表中找出正确的异常向量(服务程序的入口地址)，然后在服务程序的入口处预取指。由此可以看到各自都有专用总线的好处：入栈与取指这两个工作能同时进行。

3. 更新寄存器

在入栈和取向量操作完成之后，执行服务程序之前，还要更新以下一系列的寄存器。

(1) SP。在入栈后会把堆栈指针(PSP 或 MSP)更新到新的位置。在执行服务程序时，将由 MSP 负责对堆栈的访问。

(2) PSR。更新 IPSR 位段(地处 PSR 的最低部分)的值为新响应的异常编号。

(3) PC。在取向量完成后，PC 将指向服务程序的入口地址。

(4) LR。在出入 ISR 时，LR 的值将得到重新的诠释，这种特殊的值称为 EXC_RETURN，在异常进入时由系统计算并赋给 LR，并在异常返回时使用它。EXC_RETURN 的二进制值除了最低 4 位外全为 1，而其最低 4 位则有另外的含义。

以上是在响应异常时通用寄存器的变化。另一方面，在 NVIC 中，也会更新若干个相关的寄存器。例如，新响应异常的悬起位将被清除，同时其活动位将被置位。

2.5.7 异常返回

当异常服务程序执行完毕后，需要很正式地做一个"异常返回"动作序列，从而恢复先前的系统状态，才能使被中断的程序得以继续执行。从形式上看，有 3 种途径可以触发异常返回序列，分别是使用指令 BX、POP 和 LDR。而不管使用哪一种指令，都需要用到先前存储到 LR 的 EXC_RETURN。

Cortex-M3 通过将 EXC_RETURN 写入 PC 来识别返回动作。因此，可以使用上述的常规返回指令，从而为使用 C 语言编写服务程序扫清最后的障碍(无需特殊的编译器命令，如 _interrupt)。

在启动了中断返回序列后，下述的处理就将进行。

1. 出栈

先前压入栈中的寄存器在这里恢复。内部的出栈顺序与入栈时的相对应，堆栈指针的值也改回先前的值。

2. 更新 NVIC 寄存器

伴随着异常的返回，它的活动位也被硬件清除。对于外部中断，倘若中断输入再次被置为有效，挂起位也将再次置位，新一次的中断响应序列也可随之再次开始。

2.5.8 SysTick 定时器

系统节拍定时器 SysTick 是 Cortex-M3 的主要组成部分。系统节拍定时器专为操作系统或其它的系统管理软件提供 10 ms 的间隔中断。由于系统节拍定时器是 Cortex-M3 的一部分，所以提供一个可用在基于 Cortex-M3 内核器件的标准定时器就很容易进行软件移植。

SysTick 定时器被捆绑在 NVIC 中，用于产生 SysTick 异常(异常号为 15)。以前，操作系统还有所有使用了时基的系统，都必须使用一个硬件定时器来产生需要的"滴答"(tick)中断，作为整个系统的时基。滴答中断对操作系统尤其重要，例如，操作系统可以为多个任务许以不同数目的时间片，以确保没有一个任务能霸占系统；或者给每个定时器周期的某个时间范围赐予特定的任务等，还有操作系统提供的各种定时功能，都与这个滴答定时器有关。因此，需要一个定时器来产生周期性的中断，而且最好还让用户程序不能随意访问它的寄存器，以维持操作系统正常的节律。

SysTick 定时器是一个 24 位定时器，当计数值达到 0 时产生中断。它的作用就是在下次中断前提供一个 10 ms 的固定时间间隔。SysTick 的时钟信号可以由 CPU 提供也可以由外部引脚 STCLK 提供。要想在规定的时间点上产生中断(循环产生)，就必须先将指定的时间间隔值装入 STRELOAD。默认时间间隔保存在寄存器 STCALIB 中，软件可修改该值。如果 CPU 的频率为 100 MHz，那么默认的时间间隔就为 10 ms。

SysTick 定时器的方框图如图 2.10 所示。

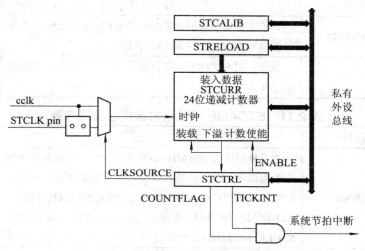

图 2.10 SysTick 定时器的方框图

目前，有 4 个寄存器控制 SysTick 定时器，分别是 STCTRL 系统定时器控制和状态寄存器、STRELOAD 系统定时器重载值寄存器、STCURR 系统定时器当前值寄存器、STCALIB 系统定时器校准值寄存器。它们的取值和定义见表 2.8～表 2.11。

表 2.8 STCTRL 系统定时器控制和状态寄存器

位	符号	描 述	复位值
0	ENABLE	系统节拍计数器使能。为 1 时，计数器使能；为 0 时计数器禁止	0
1	TICKINT	系统节拍中断使能。为 1 时，系统 Tick 中断使能；为 0 时，系统节拍中断被禁止。使能时，中断在计数器达到 0 时产生	0
2	CLKSOURSE	系统节拍时钟源的选择。为 1 时，CPU 被选定；为 0 时，外部时钟引脚(STCLK)被选中	1
15:3	—	保留，用户软件不应向保留位写入 1，从保留位读出的值未定义	NA
16	COUNTFLAG	系统节拍计数器标志。当计数器达到 0 时该标志置位，读取该寄存器时该标志被清除	0
31:17	—	保留，用户软件不应向保留位写入 1，从保留位读出的值未定义	NA

表 2.9　STRELOAD 系统定时器重载值寄存器

位	符号	描　　述	复位值
23:0	RELOAD	该值在计数器达到 0 时装入计数器	0
31:24	—	保留，用户软件不应向保留位写入 1，从保留位读出的值未定义	NA

表 2.10　STCURR 系统定时器当前值寄存器

位	符号	描　　述	复位值
23:0	CURRENT	读该寄存器会返回计数器的当前值。写任意位会清零计数器和 STCTRL 中的 COUNTFLAG 位	0
31:24	—	保留，用户软件不应向保留位写入 1，从保留位读出的值未定义	NA

表 2.11　STCALIB 系统定时器校准值寄存器

位	符号	描　　述	复位值
23:0	TENMS	在系统频率为 100 MHz 时重载可产生 10 ms 的系统节拍溢出率的值。该值在复位时会被初始化成厂商为 LPC1700 系列 Cortex-M3 微控制器特定的值。TENMS、SKEW 和 NOREF 仅在时钟源为 CPU 或外设 STCLK(100 MHz)时才使用	0x0F423F
29:24	—	保留，用户软件不应向保留位写入 1，从保留位读出的值未定义	NA
30	SKEW	显示 TENMS 是否会准确地产生 10 ms 时间间隔的中断或接近 10 ms 间隔的中断。该值在复位时会被初始化成厂商为 LPC1700 系列 Cortex-M3 微控制器特定的值	0
31	NOREF	显示是否有可用的外部参考时钟。该值在复位时会被初始化成厂商为 LPC17xx 系列 ARM 特定的值	0

STCTRL 寄存器含有系统节拍定时器的控制信息，还可以提供状态标志。

STRELOAD 设置了系统 Tick 计数器达到 0 后重新载入的值。在定时器进行初始化时，该值由软件装入寄存器。如果 CPU 或外设时钟在某频率下很适合使用 STCALIB 的值，那么可读取 STCALIB 的值并用作定时器的重载值。

当软件读计数器时，STCURR 寄存器就会返回计数器的当前计数值。

STCALIB 存有一个厂商编程的值，由 Boot 代码初始化而来，用于在系统节拍定时器的时钟频率为 100 MHz 时每隔 10 ms 产生一个中断。LPC1700 系列 Cortex-M3 处理器专用系统节拍定时器来产生 10 ms 的间隔中断。选择了正确的重载值后，利用系统节拍定时器还可以在其它频率下产生中断。

SysTick 定时器除了能服务于操作系统之外，还能用于其它目的，如作为一个闹钟、用于测量时间、提供定时信号等。要注意的是，当处理器在调试期间被喊停(halt)时，则 SysTick

定时器也将暂停运作。

习　题

2.1　分别列举 ARM Cortex-M3 的处理器模式和状态。

2.2　ARM Cortex-M3 处理器使用怎样的存储器编址方式？

2.3　PC 和 LR 的含义是什么，分别使用哪个寄存器？

2.4　试述 bit-band 存储器映射的过程。

2.5　xPSR 寄存器中哪些位用来定义处理器状态？

2.6　如何禁止 IRQ 和 FIQ 中断？

2.7　请描述一下 NVIC 的中断响应和返回过程。

2.8　若 R0=0x12345678，用存储指令将 R0 的值存放在 0x4000 单元中。如果存储格式为大端格式，用加载指令将存储器 0x4000 单元的内容取出存到 R2 寄存器后 R2 的值是多少？如果存储器格式改为小端格式，所得 R2 的值又为多少？0x4000 单元的字节内容又为多少？

第 3 章　LPC1700 系列处理器

LPC1700 系列 Cortex-M3 微控制器用于处理要求高度集成和低功耗的嵌入式应用，常用的芯片型号有 LPC1764、LPC1766、LPC1768 和 LPC1769 等。LPC1700 系列 Cortex-M3 微控制器的操作频率可达 100 MHz，其外设组件包含高达 512 KB 的 Flash 存储器、64 KB 的数据存储器、以太网 MAC、USB 主机/从机/OTG 接口、8 通道的通用 DMA 控制器、4 个 UART、2 条 CAN 通道、2 个 SSP 控制器、SPI 接口、3 个 I^2C 接口、2-输入和 2-输出的 I^2S 接口、8 通道的 12 位 ADC、10 位 DAC、电机控制 PWM、正交编码器接口、4 个通用定时器、6-输出的通用 PWM、带独立电池供电的超低功耗 RTC 和多达 70 个的通用 I/O 引脚。

3.1　LPC1700 系列处理器简介

3.1.1　LPC1700 系列处理器特性

LPC1700 系列处理器包括 LPC1751～LPC1769 等多款芯片，拥有丰富的片上资源和外设接口，这一系列芯片的共同特性有：

(1) ARM Cortex-M3 微控制器，可在高至 100 MHz 的频率下运行，并包含一个支持 8 个区的存储器保护单元(MPU)。

(2) ARM Cortex-M3 内置了嵌套的向量中断控制器(NVIC)。

(3) 具有在系统编程(ISP)和在应用编程(IAP)功能的 512 KB 片上 Flash 程序存储器。把增强型的 Flash 存储加速器和 Flash 存储器在 CPU 本地代码/数据总线上的位置进行整合，则 Flash 可提供高性能的代码。

(4) 64 KB 片内 SRAM，包括 32 KB SRAM 可供高性能 CPU 通过本地代码或数据总线访问及 2 个 16 KB SRAM 模块，带独立访问路径，可进行更高吞量的操作。这些 SRAM 模块可用于以太网、USB、DMA 存储器以及通用指令和数据存储。

(5) 多层 AHB 矩阵上具有 8 通道的通用 DMA 控制器，它可结合 SSP、I^2S、UART、模数和数模转换器外设、定时器匹配信号和 GPIO 使用，并可用于存储器到存储器的传输。

(6) 多层 AHB 矩阵内部连接，为每个 AHB 主机提供独立的总线。AHB 主机包括 CPU、通用 DMA 控制器、以太网 MAC 和 USB 接口。这个内部连接特性提供无仲裁延迟的通信，除非 2 个主机尝试同时访问同一个从机。

(7) 分离的 APB 总线允许在 CPU 和 DMA 之间提供更多的带宽和更少的延迟。CPU 无需等待 APB 写操作完成。

(8) 串行接口方面的共同特征包括：

　① 以太网 MAC 带 RMII 接口和相关的 DMA 控制器。

　② USB 2.0 全速从机/主机/OTG 控制器,带有用于从机、主机功能的片内 PHY 和相关的 DMA 控制器。

　③ 4 个 UART,带小数波特率发生功能,内部 FIFO、DMA 支持和 RS-485 支持。1 个 UART 带有 Modem 控制 I/O 并支持 RS-485/EIA-485,全部的 UART 都支持 IrDA。

　④ CAN 控制器,带 2 个通道。

　⑤ SPI 控制器,具有同步、串行、全双工通信和可编程的数据长度。

　⑥ 2 个 SSP 控制器,带有 FIFO,可按多种协议进行通信。其中一个可选择用于 SPI,并且和 SPI 共用中断。SSP 接口可以与 GPDMA 控制器一起使用。

　⑦ 3 个增强型的 I^2C 总线接口,其中 1 个具有开漏输出功能,支持整个 I^2C 规范和数据速率为 1 Mb/s 的快速模式,另外 2 个具有标准的端口引脚。增强型特性包括多个地址识别功能和监控模式。

　⑧ I^2S(Inter-IC Sound)接口,用于数字音频输入或输出,具有小数速率控制功能。I^2S 接口可与 GPDMA 一起使用。I^2S 接口支持 3-线的数据发送和接收或 4-线的组合发送和接收连接,以及主机时钟输入/输出。

　(9) 其它外设方面的共同特点包括:

　① 70 个(100 个引脚封装)通用 I/O(GPIO)引脚,带可配置的上拉/下拉电阻。AHB 总线上的所有 GPIO 可进行快速访问,支持新的、可配置的开漏操作模式;GPIO 位于存储器中,它支持 Cortex-M3 位带宽并且由通用 DMA 控制器使用。

　② 12 位模数转换器(ADC),可在 8 个引脚间实现多路输入,转换速率高达 1 MHz,并具有多个结果寄存器。12 位 ADC 可与 GPDMA 控制器一起使用。

　③ 10 位数模转换器(DAC),具有专用的转换定时器,并支持 DMA 操作。

　④ 4 个通用定时/计数器,共有 8 个捕获输入和 10 个比较输出。每个定时器模块都具有一个外部计数输入。可选择特定的定时器事件来产生 DMA 请求。

　⑤ 1 个电机控制 PWM,支持三相的电机控制。

　⑥ 正交编码器接口,可监控一个外部正交编码器。

　⑦ 1 个标准的 PWM/定时器模块,带外部计数输入。

　⑧ 实时时钟(RTC)带有独立的电源域。RTC 通过专用的 RTC 振荡器来驱动。RTC 模块包括 20 字节电池供电的备用寄存器,当芯片的其它部分掉电时允许系统状态存储在该寄存器中。电池电源可由标准的 3 V 锂电池供电。当电池电压掉至 2.1 V 的低电压时,RTC 仍将继续工作。RTC 中断可将 CPU 从任何低功率模式中唤醒。

　⑨ 看门狗定时器(WDT),该定时器的时钟源可在内部 RC 振荡器、RTC 振荡器或 APB 时钟三者间进行选择。

　⑩ 支持 ARM Cortex-M3 系统节拍定时器,包括外部时钟输入选项。

　⑪ 重复性的中断定时器提供可编程和重复定时的中断。

　(10) 标准 JTAG 测试/调试接口以及串行线调试和串行线跟踪端口选项。

　(11) 仿真跟踪模块支持实时跟踪。

　(12) 4 个低功率模式:睡眠、深度睡眠、掉电、深度掉电,可实现不同级别的低功耗和节电模式。

(13) 4 个外部中断输入，可配置为边沿/电平触发。PORT0 和 PORT2 上的所有引脚都可用作边沿触发的中断源。

(14) 不可屏蔽中断(NMI)输入。

(15) 时钟输出功能，可反映主振荡器时钟、IRC 时钟、RTC 时钟、CPU 时钟或 USB 时钟的输出状态。

(16) 当处于掉电模式时，可通过中断(包括外部中断、RTC 中断、USB 活动中断、以太网唤醒中断、CAN 总线活动中断、PORT0/2 引脚中断和 NMI)将处理器从掉电模式中唤醒。

(17) 每个外设都自带时钟分频器，以进一步节省功耗。

(18) 带掉电检测功能，可对掉电中断和强制复位分别设置阈值。

(19) 片内有上电复位电路，降低了成本，节省了系统空间。

(20) 片内晶振工作频率为 1 MHz～24 MHz。

(21) 4 MHz 内部 RC 振荡器可在±1%的精度内调整，可选择用作系统时钟。

(22) 通过片内 PLL，没有高频晶振，CPU 也可以最高频率运转。用户可从主振荡器、内部 RC 振荡器或 RTC 振荡器三者中选择一个作为 PLL 时钟源。

(23) 第二个专用的 PLL 可用于 USB 接口，以允许增加主 PLL 设置的灵活性。

(24) 可采用 100 脚和 80 脚 LQFP 封装(14 mm × 14 mm × 1.4 mm)。

表 3.1 表示了 LPC1700 系列芯片的主要特性。

表 3.1　LPC1700 系列芯片的主要特性

器件型号	Flash	SRAM	以太网	USB	封装
LPC1768FBD100	512KB	64KB	有	Device/Host/OTG	100 脚
LPC1766FBD100	256KB	64KB	有	Device/Host/OTG	100 脚
LPC1765FBD100	256KB	64KB	无	Device/Host/OTG	100 脚
LPC1764FBD100	128KB	32KB	有	Device	100 脚
LPC1758FBD80	512KB	64KB	有	Device/Host/OTG	80 脚
LPC1756FBD80	256KB	32KB	无	Device/Host/OTG	80 脚
LPC1754FBD80	128KB	32KB	无	Device/Host/OTG	80 脚
LPC1752FBD80	64KB	16KB	无	Device	80 脚
LPC1751FBD80	32KB	8KB	无	Device	80 脚

在 LPC1700 系列芯片中，大多数特性是完全相同的。所以在后面的章节中，本书一律采用 LPC1768 芯片为例进行讲解，请读者在实际工作中注意具体芯片的差别。

3.1.2　LPC1700 系列处理器结构

ARM Cortex-M3 包含三条 AHB-Lite 总线，即一条系统总线以及 I-code 和 D-code 总线，后二者的速率较快，且与 TCM 接口的用法类似：一条总线专用于指令取指(I-code)，另一条总线用于数据访问(D-code)。这两条内核总线的用法允许同时执行操作，即使同时要对不同的设备目标进行操作。

LPC1700 系列 Cortex-M3 微控制器使用多层 AHB 矩阵来连接上 Cortex-M3 总线，并以灵活的方式将其它总线主机连接到外设，允许矩阵的不同从机端口上的外设可以同时被不同的总线主机访问，从而能获取到最优化的性能。

APB 外设使用多层 AHB 矩阵的独立从机端口通过两条 APB 总线连接到 CPU。这减少了 CPU 和 DMA 控制器之间的争用,可实现更好的性能。APB 总线桥配置为缓冲区写操作,使得 CPU 或 DMA 控制器无需等待 APB 写操作结束。

　　AHB 总线和 APB 总线都是 ARM 公司推出的 AMBA 片上总线规范的一部分。AHB(Advanced High performance Bus)系统总线主要用于高性能模块(如 CPU、DMA 和 DSP 等)之间的连接,一般用于片内高性能、高速度的外设,如外部存储器、USB 接口、DMA 控制器、以太网控制器、LCD 液晶屏控制器以及高速 GPIO 控制器等。

　　LPC1700 的外设功能模块都连接到 APB(Advanced Peripheral Bus)总线。APB 外围总线主要用于低带宽的周边外设之间的连接,如 UART、I^2C、SPI、I^2S、A/D、D/A、CAN 等。APB 总线与 AHB 总线之间通过 AHB 到 APB 的桥相连。

　　片内外设与器件引脚的连接由引脚连接模块控制。软件可以通过控制该模块让引脚与特定的片内外设相连接。

　　LPC1700 的结构框图如图 3.1 所示。

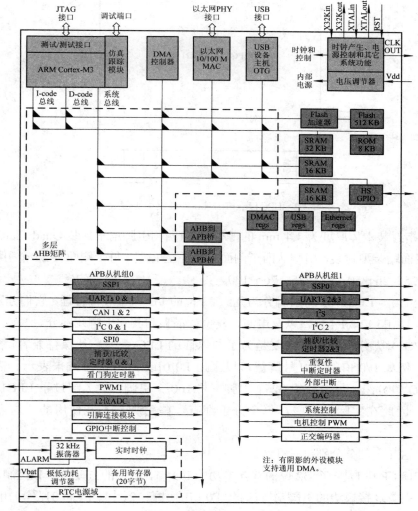

图 3.1　LPC1700 的结构框图

3.2 处理器引脚配置

3.2.1 引脚配置

LPC176x 系列处理器共有 100 个引脚，一般提供 LQFP 引脚封装形式。LPC176xFBD 100 处理器引脚封装图如图 3.2 所示。

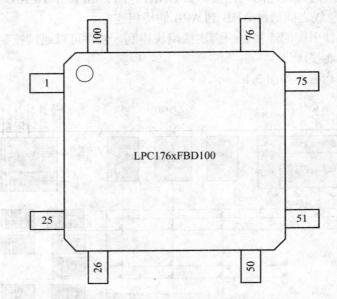

图 3.2　LPC176xFBD100 处理器引脚封装图

LQFP 指封装本体厚度为 1.4 mm 的薄型 QFP(四侧引脚扁平封装 Quad Flat Package)，它是一种表面贴装型封装，引脚从四个侧面引出并呈 L 型，每个侧面有 25 个引脚，引脚号分别为 1～25、26～50、51～75、76～100。

从功能上讲，LPC176x 将引脚分为几组 32 位的 I/O 口来进行管理，它们分别是 P0 口、P1 口、P2 口、P3 口、P4 口，以及电源、复位、晶振和其它引脚几部分。

采用 I/O 引脚分组的方式主要是为了与以前的 LPC 系列芯片保持兼容。表示某一具体的引脚，例如 P/0 口的第 0 号脚就可以采用 P0[0]或 P0.0 的方式来表示。需要注意的是，5 个 I/O 口分组，每个分组 32 个引脚，共 160 个引脚，大大超过了 LPC176x 的 100 个引脚数。因此在实际使用中，每个分组都有一些引脚是不能使用的，这点需要引起重视。

下面对这几个部分分别进行介绍。

(1) P0 口。P0 口是一个 32 位的双向多功能 I/O 口，每位的方向可单独控制，且每位的功能取决于引脚连接模块的引脚功能选择。P0 口的引脚 12、13、14 和 31 不可用。LPC176x 的 P0 口引脚如表 3.2 所示。

表 3.2　LPC176x 的 P0 口引脚

引脚名称	引脚号	类型	描　述
P0[0]	46	I/O	P0[0]：GPIO 口
		I	RD1：CAN1 接收器输入
		O	TXD3：UART3 发送输出端
		I/O	SDA1：I^2C1 数据输入/输出
P0[1]	47	I/O	P0[1]：GPIO 口
		O	TD1：CAN1 发送器输出
		I	RXD3：UART3 接收输入端
		I/O	SCL1：I^2C1 时钟输入/输出
P0[2]	98	I/O	P0[2]：GPIO 口。5 V 容差引脚，可提供数字 I/O 功能(带滞后 TTL 电平)和模拟输入。当配置为 ADC 输入时，引脚的数字部分禁能
		O	TXD0：UART0 发送输出端
		I	AD0[7]：A/D 转换器 0，输入 7
P0[3]	99	I/O	P0[3]：GPIO 口。5 V 容差引脚，可提供数字 I/O 功能(带滞后 TTL 电平)和模拟输入。当配置为 ADC 输入时，引脚的数字部分禁能
		I	RXD0：UART0 接收输入端
		I	AD0[6]：A/D 转换器 0，输入 6
P0[4]	81	I/O	P0[4]：GPIO 口
		I/O	I2SRX_CLK：I^2S 总线接收时钟
		I	RD2：CAN2 接收输入端
		I	CAP2[0]：Timer2 的捕获输入通道 0
P0[5]	80	I/O	P0[5]：GPIO 口
		I/O	I2SRX_WS：I^2S 总线接收字选择
		I	TD2：CAN2 发送输出端
		I	CAP2[1]：Timer2 的捕获输入通道 1
P0[6]	79	I/O	P0[6]：GPIO 口
		I/O	I2SRX_SDA：I^2S 总线数据接收
		I/O	SSEL1：SSP1 从机选择
		O	MAT2[0]：Timer2 的匹配输出通道 0
P0[7]	78	I/O	P0[7]：GPIO 口
		I/O	I2STX_CLK：I^2S 总线发送时钟
		I/O	SCK1：SSP1 串行时钟
		O	MAT2[1]：Timer2 的匹配输出通道 1

引脚名称	引脚号	类型	描　　述
P0[8]	77	I/O	P0[8]：GPIO 口
		I/O	I2STX_WS：I^2S 总线发送字选择
		I/O	MISO1：SSP1 主机输入从机输出
		O	MAT2[2]：Timer2 的匹配输出通道 2
P0[9]	76	I/O	P0[9]：GPIO 口
		I/O	I2STX_SDA：I^2S 总线数据发送
		I/O	MOSI1：SSP1 主机输出从机输入
		O	MAT2[3]：Timer2 的匹配输出通道 3
P0[10]	48	I/O	P0[10]：GPIO 口
		O	TXD2：UART2 发送输出端
		I/O	SDA2：I^2C2 数据输入/输出
		O	MAT3[0]：Timer3 的匹配输出通道 0
P0[11]	49	I/O	P0[11]：GPIO 口
		I	RXD2：UART2 接收输入端
		I/O	SCL2：I^2C2 时钟输入/输出
		O	MAT3[1]：Timer3 的匹配输出通道 1
P0[15]	62	I/O	P0[15]：GPIO 口
		O	TXD1：UART1 发送输出端
		I/O	SCK0：SSP0 串行时钟
		I/O	SCK：SPI 串行时钟
P0[16]	63	I/O	P0[16]：GPIO 口
		I	RXD1：UART1 接收输入端
		I/O	SSEL0：SSP0 从机选择
		I/O	SSEL：SPI 从机选择
P0[17]	61	I/O	P0[17]：GPIO 口
		I	CTS1：UART1 清除发送输入端
		I/O	MISO0：SSP0 主机输入从机输出
		I/O	MISO：SPI 主机输入从机输出
P0[18]	60	I/O	P0[18]：GPIO 口
		I	DCD1：UART1 数据载波检测输入端
		I/O	MOSI0：SSP0 主机输出从机输入
		I/O	MOSI：SPI 主机输出从机输入
P0[19]	59	I/O	P0[19]：GPIO 口
		I	DSR1：UART1 数据设置就绪端
		I/O	SDA1：I^2C1 数据输入/输出

续表二

引脚名称	引脚号	类型	描　　述
P0[20]	58	I/O	P0[20]：GPIO 口
		O	DTR1：UART1 数据终止就绪端。该信号也可配置为 RS-485/EIA-485 输出使能信号
		I/O	SCL1：I^2C1 时钟输入/输出
P0[21]	57	I/O	P0[21]：GPIO 口
		I	RI1：UART1 铃响指示输入端
		I	RD1：CAN1 接收输入端
P0[22]	56	I/O	P0[22]：GPIO 口
		O	RTS1：UART1 请求发送输出端。该信号也可配置为 RS-485/EIA-485 输出使能信号
		O	TD1：CAN1 发送输出端
P0[23]	9	I/O	P0[23]：GPIO 口。5 V 容差引脚，可提供数字 I/O 功能(带滞后 TTL 电平)和模拟输入。当配置为 ADC 输入时，引脚的数字部分禁能
		I	AD0[0]：A/D 转换器 0 输入 0
		I/O	I2SRX_CLK：I^2S 总线接收时钟。它由主机驱动，从机接收。该信号对应于 I^2S 总线规范中的信号 SCK
		I	CAP3[0]：Timer3 的捕获输入通道 0
P0[24]	8	I/O	P0[24]：GPIO 口。5 V 容差引脚，可提供数字 I/O 功能(带滞后 TTL 电平)和模拟输入。当配置为 ADC 输入时，引脚的数字部分禁能
		I	AD0[1]：A/D 转换器 0 输入 1
		I/O	I2SRX_WS：I^2S 总线字选择。它由主机驱动，从机接收。该信号对应于 I^2S 总线规范中的信号 WS
		I	CAP3[1]：Timer3 的捕获输入通道 1
P0[25]	7	I/O	P0[25]：GPIO 口。5 V 容差引脚，可提供数字 I/O 功能(带滞后 TTL 电平)和模拟输入。当配置为 ADC 输入时，引脚的数字部分禁能
		I	AD0[2]：A/D 转换器 0 输入 2
		I/O	I2SRX_SDA：I^2S 总线数据接收。它由发送器驱动，接收器读取。该信号对应于 I^2S 总线规范中的信号 SD
		O	TXD3：UART3 发送输出端
P0[26]	6	I/O	P0[26]：GPIO 口。5 V 容差引脚，可提供数字 I/O 功能(带滞后 TTL 电平)和模拟输入。当配置为 ADC 输入时，引脚的数字部分禁能
		I	AD0[3]：A/D 转换器 0 输入 3
		O	AOUT：D/A 转换器输出
		I	RXD3：UART3 接收输入端

续表三

引脚名称	引脚号	类型	描　　述
P0[27]	25	I/O	P0[27]：GPIO 口。开漏 5 V 耐受数字 I/O 引脚，兼容于 100 kHz 标准模式、400 kHz 高速模式和 1 MHz 高速模式 Plus 的 I²C 总线规范。该引脚要求用外部上拉提供输出功能。当电源关闭时，连接到 I²C 总线的该引脚悬空且不会干扰 I²C 线。开漏配置可以应用于该引脚上的全部功能
		I/O	SDA0：I²C0 数据输入/输出
		I/O	USB_SDA：USB 端口 I²C 串行数据(OTG 收发器)
P0[28]	24	I/O	P0[28]：GPIO 口。开漏 5 V 耐受数字 I/O 引脚，兼容于 100 kHz 标准模式、400 kHz 高速模式和 1 MHz 高速模式 Plus 的 I²C 总线规范。该引脚要求用外部上拉提供输出功能。当电源关闭时，连接到 I²C 总线的该引脚悬空且不会干扰 I²C 线。开漏配置可以应用于该引脚上的全部功能
		I/O	SCL0：I²C0 时钟输入/输出
		I/O	USB_SCL：USB 端口 I²C 串行时钟(OTG 收发器)
P0[29]	29	I/O	P0[29]：GPIO 口。引脚提供数字 I/O 和 USB 功能。其设计符合 USB 规范 2.0 版本(只有全速和低速模式)
		I/O	USB_D+：USB 端口双向 D+线
P0[30]	30	I/O	P0[30]：GPIO 口。引脚提供数字 I/O 和 USB 功能。其设计符合 USB 规范 2.0 版本(只有全速和低速模式)
		I/O	USB_D-：USB 端口双向 D-线

　　(2) P1 口。P1 口也是一个 32 位的双向多功能 I/O 口，每位的方向可单独控制，且每位的功能取决于引脚连接模块的引脚功能选择。P1 口引脚的 P1.2、P1.3、P1.5、P1.6、P1.7、P1.11、P1.12 和 P1.13 不可用。LPC176x 的 P1 口引脚如表 3.3 所示。

表 3.3　LPC176x 的 P1 口引脚描述

引脚名称	引脚号	类型	描　　述
P1[0]	95	I/O	P1[0]：GPIO 口
		O	ENET_TXD0：以太网发送数据 0(RMII/MII 接口)
P1[1]	94	I/O	P1[1]：GPIO 口
		O	ENET_TXD1：以太网发送数据 1(RMII/MII 接口)
P1[4]	93	I/O	P1[4]：GPIO 口
		O	ENET_TX_EN：以太网发送数据使能
P1[8]	92	I/O	P1[8]：GPIO 口
		I	ENET_CRS：以太网载波检测
P1[9]	91	I/O	P1[9]：GPIO 口
		I	ENET_RXD0：以太网接收数据 0
P1[10]	90	I/O	P1[10]：GPIO 口
		I	ENET_RXD1：以太网接收数据 1

引脚名称	引脚号	类型	描　　述
P1[14]	89	I/O	P1[14]：GPIO 口
		I	ENET_RX_ER：以太网接收错误
P1[15]	88	I/O	P1[15]：GPIO 口
		I	ENET_REF_CLK：以太网参考时钟
P1[16]	87	I/O	P1[16]：GPIO 口
		I	ENET_MDC：以太网 MIIM 时钟
P1[17]	86	I/O	P1[17]：GPIO 口
		I/O	ENET_MDIO：以太网 MI 数据输入输出
P1[18]	32	I/O	P1[18]：GPIO 口
		O	USB_UP_LED1：USB 端口 1LED。当设备被配置时(非控制端点使能)，它为低电平；当设备不被配置或在全局挂起期间，它为高电平
		O	PWM1[1]：脉宽调制器 1 输出 1
		I	CAP1[0]：Timer1 捕获输入通道 0
P1[19]	33	I/O	P1[19]：GPIO 口
		O	USB_TX_E1：USB 端口 1 发送使能信号(OTG 收发器)
		O	USB_PPWR1：USB 端口 1 端口电源使能信号
		I	CAP1[1]：Timer1 捕获输入通道 1
P1[20]	34	I/O	P1[20]：GPIO 口
		I	MCFB0：电机控制 PWM 通道 0，反馈输入。同时是正交编码器接口 PHA 输入
		O	PWM1[2]：脉宽调制器 1 输出 2
		I/O	SCK0：SSP0 串行时钟
P1[21]	35	I/O	P1[21]：GPIO 口
		O	MCABORT：电机控制 PWM，紧急中止
		O	PWM1[3]：脉宽调制器 1 输出 3
		I/O	SSEL0：SSP0 从机选择
P1[22]	36	I/O	P1[22]：GPIO 口
		O	MC0B：电机控制 PWM 通道 0，输出 B
		I	USB_PWRD：USB 端口电源状态(主机电源开关)
		O	MAT1[0]：Timer1 匹配输出通道 0
P1[23]	37	I/O	P1[23]：GPIO 口
		I	MCFB1：电机控制 PWM 通道 1，反馈输入。同时还是正交编码器接口 PHB 输入
		O	PWM1[4]：脉宽调制器 1 输出 4
		I/O	MISO0：SSP0 主机输入从机输出

续表二

引脚名称	引脚号	类型	描　　述
P1[24]	38	I/O	P1[24]：GPIO 口
		I	MCFB2：电机控制 PWM 通道 2，反馈输入。同时还是正交编码器接口 INDEX 输入
		O	PWM1[5]：脉宽调制器 1 输出 5
		I/O	MOSI0：SSP0 主机输出从机输入
P1[25]	39	I/O	P1[25]：GPIO 口
		O	MC1A：电机控制 PWM 通道 1，输出 A
		O	CLKOUT：时钟输出引脚
		O	MAT1[1]：Timer1 匹配输出通道 1
P1[26]	40	I/O	P1[26]：GPIO 口
		O	MC1B：电机控制 PWM 通道 1，输出 B
		O	PWM1[6]：脉宽调制器 1 输出 6
		I	CAP0[0]：Timer0 捕获输入通道 0
P1[27]	43	I/O	P1[27]：GPIO 口
		O	CLKOUT：时钟输出引脚
		I	USB_OVRCR1：USB 端口 1 过流状态
		I	CAP0[1]：Timer0 捕获输入通道 1
P1[28]	44	I/O	P1[28]：GPIO 口
		O	MC2A：电机控制 PWM 通道 2，输出 A
		I	PCAP1[0]：脉宽调制器 1 捕获输入通道 0
		O	MAT0[0]：Timer0 匹配输出通道 0
P1[29]	45	I/O	P1[29]：GPIO 口
		O	MC2B：电机控制 PWM 通道 2，输出 B
		I	PCAP1[1]：脉宽调制器 1 捕获输入通道 1
		O	MAT0[1]：Timer0 匹配输出通道 1
P1[30]	21	I/O	P1[30]：GPIO 口。5 V 容差引脚，可提供数字 I/O 功能(带滞后 TTL 电平)和模拟输入。当配置为 ADC 输入时，引脚的数字部分禁能
		I	VBUS：指示 USB 总线当前电源。注意：当 USB 复位时这个信号必须为高电平
		I	AD0[4]：A/D 转换器 0 输入 4
P1[31]	20	I/O	P1[31]：GPIO 口。5 V 容差引脚，可提供数字 I/O 功能(带滞后 TTL 电平)和模拟输入。当配置为 ADC 输入时，引脚的数字部分禁能
		I/O	SCK1：SSP1 串行时钟
		I	AD0[5]：A/D 转换器 0 输入 5

(3) P2 口。P2 口也是一个 32 位的双向多功能 I/O 口，每位的方向可单独控制，且每位的功能取决于引脚连接模块的引脚功能选择。P2 口的引脚 P2.14～P2.31 不可用。LPC176x 的 P2 口引脚如表 3.4 所示。

表 3.4　LPC176x 的 P2 口引脚描述

引脚名称	引脚号	类型	描　　　述
P2[0]	75	I/O	P2[0]：GPIO 口
		O	PWM1[1]：脉宽调制器 1 输出 1
		O	TXD1：UART1 发送输出端
P2[1]	74	I/O	P2[1]：GPIO 口
		O	PWM1[2]：脉宽调制器 1 输出 2
		I	RXD1：UART1 接收输入端
P2[2]	73	I/O	P2[2]：GPIO 口
		O	PWM1[3]：脉宽调制器 1 输出 3
		I	CTS1：UART1 清除发送输入端
		O	TRACEDATA[3]：跟踪数据，位 3
P2[3]	70	I/O	P2[3]：GPIO 口
		O	PWM1[4]：脉宽调制器 1 输出 4
		I	DCD1：UART1 数据载波检测输入端
		O	TRACEDATA[2]：跟踪数据，位 2
P2[4]	69	I/O	P2[4]：GPIO 口
		O	PWM1[5]：脉宽调制器 1 输出 5
		I	DSR1：UART1 数据设置就绪端
		O	TRACEDATA[1]：跟踪数据，位 1
P2[5]	68	I/O	P2[5]：GPIO 口
		O	PWM1[6]：脉宽调制器 1 输出 6
		O	DTR1：UART1 数据终止就绪端
		O	TRACEDATA[0]：跟踪数据，位 0
P2[6]	67	I/O	P2[6]：GPIO 口
		I	PCAP1[0]：脉宽调制器 1 捕获输入通道 0
		I	RI1：UART1 响铃指示输入端
		O	TRACECLK：跟踪时钟
P2[7]	136	I/O	P2[7]：GPIO 口
		I	RD2：CAN2 接收输入
		O	RTS1：UART1 请求发送输出端。也可以配置为 RS-485/EIA-485 输出使能信号
P2[8]	65	I/O	P2[8]：GPIO 口
		O	TD2：CAN2 发送输出
		O	TXD2：UART2 接收输入端
		O	ENET_MDC：以太网 MIIM 时钟

续表

引脚名称	引脚号	类型	描　　述
P2[9]	64	I/O	P2[9]：GPIO 口
		O	USB_CONNECT：USB 软连接控制。在软件控制下，该信号用于切换一个 1.5 kΩ 的外部电阻。它可以与 SoftConnect USB 特性一起使用
		I	RXD2：UART2 接收输入
		I/O	ENET_MDIO：以太网 MIIM 数据输入和输出
P2[10]	53	I/O	P2[10]：GPIO 口
		I	EINT0：外部中断 0 输入
		I	NMI：非屏蔽中断输入
P2[11]	52	I/O	P2[11]：GPIO 口。5 V 容差脚，具有 5 ns 的干扰过滤，提供带滞后 TTL 电平的数字 I/O 功能
		I	EINT1：外部中断 1 输入
		I/O	I^{2}STX_CLK：I^{2}S 传输时钟。它由主机驱动，从机接收。该信号对应于 I^{2}S 总线规范中的 SCK 信号
P2[12]	51	I/O	P2[12]：GPIO 口。5 V 容差脚，具有 5 ns 的干扰过滤，提供带滞后 TTL 电平的数字 I/O 功能
		I	EINT2：外部中断 2 输入
		I/O	I2STX_WS：I^{2}S 传输字选择。它由主机驱动，从机接收。该信号对应于 I^{2}S 总线规范中的 WS 信号
P2[13]	50	I/O	P2[13]：GPIO 口。5 V 容差脚，具有 5 ns 的干扰过滤，提供带滞后 TTL 电平的数字 I/O 功能
		I	EINT3：外部中断 3 输入
		I/O	I^{2}STX_SDA：I^{2}S 传输数据。它由发送器驱动，接收器读取。该信号对应于 I^{2}S 总线规范中的 SD 信号

(4) P3 口。P3 口也是一个 32 位的双向多功能 I/O 口，每位的方向可单独控制，且每位的功能取决于引脚连接模块的引脚功能选择。P3 口的引脚 P3.0～P3.24、P3.27～P3.31 不可用。LPC176x 的 P3 口引脚如表 3.5 所示。

表 3.5　LPC176x 的 P3 口引脚描述

引脚名称	引脚号	类型	描　　述
P3[25]	27	I/O	P3[25]：GPIO 口
		O	MAT0[0]：Tmer0 匹配输出通道 0
		O	PWM1[2]：脉宽调制器 1 输出 2
P3[26]	26	I/O	P3[26]：GPIO 口
		I	STCLK：系统节拍定时器 SysTick 时钟输入
		O	MAT0[1]：Tmer0 匹配输出通道 1
		O	PWM1[3]：脉宽调制器 1 输出 3

(5) P4 口。P4 口也是一个 32 位的双向多功能 I/O 口，每位的方向可单独控制，且每位的功能取决于引脚连接模块的引脚功能选择。P4 口的引脚 P4.0～P4.27、P4.30 和 P4.31 不可用。LPC176x 的 P4 口引脚如表 3.6 所示。

表 3.6　LPC176x 的 P4 口引脚描述

引脚名称	引脚号	类型	描　　述
P4[28]	82	I/O	P4[28]：GPIO 口
		I	RX_MCLK：I^{2}S 接收主机时钟
		O	MAT2[0]：Timer2 匹配输出通道 0
		O	TXD3：UART3 发送输出端
P4[29]	85	I/O	P4[29]：GPIO 口
		I	TX_MCLK：I^{2}S 发送主机时钟
		O	MAT2[1]：Timer2 匹配输出通道 1
		I	RXD3：UART3 接收输入端

(6) 电源、复位、晶振及其它引脚的描述如表 3.7 所示。

表 3.7　LPC1700 的其它引脚描述

引脚名称	引脚号	类型	描　　述
TDO/SWO	1	O	TDO：JTAG 接口测试数据输出
			SWO：串行线跟踪输出
TDI	2	I	TDI：JTAG 接口测试数据输入
TMS/SWDIO	3	I	TMS：JTAG 接口测试模式选择
		I/O	SWDIO：串行线调试数据输入/输出
TRST	4	I	TRST：JTAG 接口测试复位，低电平有效
TCK/SWDCLK	5	I	TCK：JTAG 接口测试时钟
		I	SWDCLK：串行线时钟
RTCK	100	I/O	RTCK：JTAG 接口控制信号
RSTOUT	14	O	RSTOUT：这是 3.3 V 的引脚。该引脚上的低电平表示 LPC1700 芯片处于复位状态
RESET	17	I	外部复位输入：该引脚为低电平时将器件复位，并使 I/O 口和外设恢复默认状态，处理器从地址 0 开始执行。该引脚为 5 V 容差引脚，带 20 ns 干扰过滤，滞后 TTL 电平
XTAL1	22	I	振荡器电路和内部时钟发生电路输入
XTAL2	23	O	振荡放大器输出
RTCX1	16	I	RTC 振荡器电路输入
RTCX2	18	O	RTC 振荡器电路输出
V$_{SS}$	31、41、55、72、97、83	I	地：数字 I/O 脚的 0 V 电压参考点
V$_{SSA}$	11	I	模拟地：0 V 电压参考点，与 V$_{SS}$ 电压相同，为了降低噪声和出错几率，两者应当隔离
V$_{DD(3V3)}$	28、54、71、96	I	3.3 V 供应电压：I/O 口电源供应电压
V$_{REG(3V3)}$	42、84	I	3.3 V 调节器电源：这是仅用于片内电压调节器的电源
V$_{DDA}$	10	I	模拟 3.3 V 引脚电源：标称电压与 VDD(3V3) 相同，但应当互相隔离以减少噪声和故障。该电压也用来向 ADC 和 DAC 供电

续表

引脚名称	引脚号	类型	描　　述
VREFP	12	I	ADC 正极参考电源：标称电压与 VDDA 相同，但应当互相隔离以减少噪声和故障。该引脚上的电平用作 ADC 和 DAC 的参考电平
VREFN	15	I	ADC 负极参考电源：标称电压与 VSS 相同，但应当互相隔离以减少噪声和故障。该引脚上的电平用作 ADC 和 DAC 的参考电平
VBAT	19	I	RTC 电源供应：3.3 V
NC	13	I	未连接引脚

注意：类型表示引脚信号方向，I/O 为输入/输出，I 为输入，O 为输出。

3.2.2　引脚连接模块

从表 3.1～表 3.6 可以看到，LPC1700 系列芯片的绝大部分引脚是复用的，每根引脚都有可能用于不同的外设功能。引脚具体用于什么外设功能是由引脚连接模块进行配置来实现的。当引脚选择了一个功能时，则其它功能无效。

在使用外设时，应当在激活外设以及使能任何相关的中断之前，将外设连接到相应的引脚上。否则，即使使用引脚连接模块激活外设，此激活也是无效的。

引脚连接模块共有 21 个寄存器，包括 11 个引脚功能选择寄存器和 10 个引脚模式寄存器。

1. 引脚功能选择寄存器(PINSEL0～PINSEL10)

引脚功能选择寄存器用于控制每个引脚的功能，每个寄存器 32 位，每两个位用于控制 1 个引脚功能选择。以 PINSEL0 寄存器为例，寄存器的[1:0]位用于控制 P0[0]引脚，[3:2]位用于控制 P0[1]引脚，[31:30]位用于控制 P0[15]引脚。而 PINSEL1 寄存器的[1:0]位用于控制 P0[16]引脚，[3:2]位用于控制 P0[17]引脚，[31:30]位用于控制 P0[31]引脚。其余依次类推。

PINSEL0～PINSEL9 寄存器，每两个寄存器用于一个端口组：PINSEL0 寄存器用于 P0 口的[15:0]引脚，PINSEL1 寄存器用于 P0 口的[31:30]引脚；PINSEL2 寄存器用于 P1 口的[15:0]引脚，PINSEL3 寄存器用于 P1 口的[31:30]引脚；PINSEL4 寄存器用于 P2 口的[15:0]引脚，PINSEL5 寄存器用于 P2 口的[31:30]引脚；PINSEL6 寄存器用于 P3 口的[15:0]引脚，PINSEL7 寄存器用于 P3 口的[31:30]引脚；PINSEL8 寄存器用于 P4 口的[15:0]引脚，PINSEL9 寄存器用于 P4 口的[31:30]引脚。

每一对比特设置引脚功能的定义如表 3.8 所示。

表 3.8　引脚功能选择寄存器位

PINSEL0～PINSEL9 值	功　　能	复位值
00	主功能(缺省)，一般为 GPIO 口	00
01	第一备用功能	
10	第二备用功能	
11	第三备用功能	

每个引脚默认为 GPIO 口，通过设置 PINSEL 的值来定义其引脚功能。以 P0[0]脚为例，当 PINSEL0 寄存器的[1:0]位为 00 时，引脚功能为 GPIO 口；为 01 时，引脚功能为 CAN1

接收器输入；为 10 时，引脚功能为 UART3 发送输出端；为 11 时，引脚功能为 I^2C1 数据输入/输出。

表格中的引脚功能按 PINSEL 值排列。某些引脚只有两种功能，此时只使用 PINSEL 值 00 和 01，值 10 和 11 保留。

PINSEL10 寄存器为 TPIU 接口引脚控制寄存器。该寄存器只使用了一个位 3，用于控制 P2.2～P2.6 的跟踪功能。该位为 0 时 TPIU 接口被禁能，为 1 时 TPIU 接口被使能。TPIU 信号在对它们进行控制的引脚上可用，不管 PINSEL4 的内容如何。

引脚功能被选择为 GPIO 时，引脚的方向由 GPIO 方向寄存器 IODIR 控制。对于其它功能，引脚的方向是由引脚功能控制的。

需要注意的是：由于 LPC1700 系列的分组引脚中有多个引脚块并未使用，所以寄存器 PINSEL5、PINSEL6、PINSEL8 并未启用，所有位均为保留位。其余的未启用引脚对应的 PINSEL 控制位也均保留。

2. 引脚模式寄存器(PINMODE0～PINMODE9)

引脚模式寄存器 PINMODE 为所有的 GPIO 端口控制片内上拉/下拉电阻特性。当使用片内上拉或下接电阻时，若引脚信号不确定，使用上拉时为高电平；而使用下拉时为低电平。除了用于 I^2C0 接口的 I^2C 引脚和 USB 引脚，不管该引脚选择用于何种功能，都可以为每一个端口引脚选择片内上拉/下拉电阻。使用三个位来控制端口引脚的模式，其中两个位于 PINMODE 寄存器中，另一个位于 PINMODE_OD 寄存器中。在 PINSEL 寄存器中未使用的引脚看做保留位。与 PINSEL 寄存器一样，PINMODE 寄存器每两个位控制 1 个引脚。每两个寄存器控制一个端口组。

PINMODE 寄存器取值如表 3.9 所示。

表 3.9　引脚模式寄存器位

PINMODE0～PINMODE9 值	功　能	复位值
00	使能引脚片内上拉电阻	00
01	保留	
10	既不使用上拉也不使用下拉	
11	使能引脚片内下拉电阻	

当引脚处于逻辑高电平时，中继模式使能上拉电阻；当引脚处于逻辑低电平时，使能下拉电阻。当引脚配置为输入且不是通过外部驱动时，引脚将保持上一个已知状态。

PINMODE_OD 寄存器控制端口的开漏模式。当引脚被配置为输出且值为 0 时，开漏模式会正常地将引脚电平拉低。但是，如果输出引脚值为 1，则引脚的输出驱动关闭，等同于改变了引脚的方向。这样的组合就模拟了一个开漏输出。开漏引脚模式选择寄存器取值如表 3.10 所示。

表 3.10　开漏引脚模式选择寄存器位

PINMODE_OD0～PINMODE_OD4 值	功　能	复位值
0	引脚处于正常模式(非开漏模式)	00
1	引脚处于开漏模式	

注意：引脚选择模式不能用于引脚 P0.27～P0.30。引脚 P0.27 和 P0.28 为专用的 I²C 开漏引脚，没有上拉/下拉。引脚 P0.29、P0.30 为 USB 特定的引脚，不能配置为上拉或下拉电阻控制。引脚 P0.29、P0.30 还必须具有相同的方向，因为它们是作为 USB 功能的单元进行操作的。

引脚连接模块的寄存器总表如表 3.11 所示。

表 3.11　引脚控制模块的寄存器总表

寄存器名	描　述	访问	复位值	地址
PINSEL0	引脚功能选择寄存器 0	读/写	0x0000 0000	0x4002 C000
PINSEL1	引脚功能选择寄存器 1	读/写	0x0000 0000	0x4002 C004
PINSEL2	引脚功能选择寄存器 2	读/写	0x0000 0000	0x4002 C008
PINSEL3	引脚功能选择寄存器 3	读/写	0x0000 0000	0x4002 C00C
PINSEL4	引脚功能选择寄存器 4	读/写	0x0000 0000	0x4002 C010
PINSEL5	引脚功能选择寄存器 5	读/写	0x0000 0000	0x4002 C014
PINSEL6	引脚功能选择寄存器 6	读/写	0x0000 0000	0x4002 C018
PINSEL7	引脚功能选择寄存器 7	读/写	0x0000 0000	0x4002 C01C
PINSEL8	引脚功能选择寄存器 8	读/写	0x0000 0000	0x4002 C020
PINSEL9	引脚功能选择寄存器 9	读/写	0x0000 0000	0x4002 C024
PINSEL10	引脚功能选择寄存器 10	读/写	0x0000 0000	0x4002 C028
PINMODE0	引脚模式寄存器 0	读/写	0x0000 0000	0x4002 C040
PINMODE1	引脚模式寄存器 1	读/写	0x0000 0000	0x4002 C044
PINMODE2	引脚模式寄存器 2	读/写	0x0000 0000	0x4002 C048
PINMODE3	引脚模式寄存器 3	读/写	0x0000 0000	0x4002 C04C
PINMODE4	引脚模式寄存器 4	读/写	0x0000 0000	0x4002 C050
PINMODE5	引脚模式寄存器 5	读/写	0x0000 0000	0x4002 C054
PINMODE6	引脚模式寄存器 6	读/写	0x0000 0000	0x4002 C058
PINMODE7	引脚模式寄存器 7	读/写	0x0000 0000	0x4002 C05C
PINMODE8	引脚模式寄存器 8	读/写	0x0000 0000	0x4002 C060
PINMODE9	引脚模式寄存器 9	读/写	0x0000 0000	0x4002 C064
PINMODE_OD0	开漏模式控制寄存器 0	读/写	0x0000 0000	0x4002 C068
PINMODE_OD1	开漏模式控制寄存器 1	读/写	0x0000 0000	0x4002 C06C
PINMODE_OD2	开漏模式控制寄存器 2	读/写	0x0000 0000	0x4002 C070
PINMODE_OD3	开漏模式控制寄存器 3	读/写	0x0000 0000	0x4002 C074
PINMODE_OD4	开漏模式控制寄存器 4	读/写	0x0000 0000	0x4002 C078
I2CPADCFG	I²C 引脚配置寄存器	读/写	0x0000 0000	0x4002 C07C

3.2.3　引脚连接模块的使用举例

LPC1700 系列芯片的外设功能在使用前必须先设置其引脚功能。引脚功能是通过对引脚连接模块编程来实现的。

　　例 3.1　使用串口 UART0 完成本例。

　　串口 UART0 只使用 TXD0 和 RXD0 两根引脚来进行数据的串行发送和接收，使用时需将对应的两根引脚 P0[2] 和 P0[3] 设置成 TXD0 和 RXD0 功能。查表 3.1 可知，两根引脚的对应 PINSEL 值均为 01，因此写入 PINSEL0 寄存器的值为 0x00000050。相应程序行为

　　　　PINSEL0 = 0x00000050;

或

　　　　PINSEL0 = 0x05<<4;

　　注意，由于 PINSEL 是可读写的寄存器，上述写法会使其它引脚的功能回到初始化默认配置。为了不影响其它引脚的功能配置，实用中更好的办法是：先读取寄存器值，然后进行逻辑与和逻辑或操作，再回写到寄存器。

　　　　PINSEL0 = (PINSEL0 &0xFFFFFF0F) | (0x05<<4);

　　其余的引脚外设功能均可以采用类似方法进行操作。

　　例 3.2　启动代码中的相关部分。

　　启动代码负责对芯片复位后的硬件功能进行初始化。芯片复位时，各 PINSEL 寄存器会自动设置为默认值，所以复位后芯片引脚的功能是确定的。

　　如果启动以后，硬件系统各外设功能使用情况比较固定，可以将对应的引脚功能设置写入启动代码以加快启动速度。否则，可以在启动时将所有引脚都配置成 GPIO 端口，具体使用某部分外设时再对相关引脚进行初始化。相应的程序行为

　　　　⋮
　　　　PINSEL0 = 0x00000000;
　　　　PINSEL1 = 0x00000000;
　　　　PINSEL2 = 0x00000000;
　　　　PINSEL3 = 0x00000000;
　　　　PINSEL4 = 0x00000000;
　　　　PINSEL5 = 0x00000000;
　　　　PINSEL6 = 0x00000000;
　　　　PINSEL7 = 0x00000000;
　　　　PINSEL8 = 0x00000000;
　　　　PINSEL9 = 0x00000000;
　　　　PINSEL10 = 0x00000000;
　　　　⋮

3.3　存储器管理

　　LPC1700 系列芯片集成了 512 KB 的片内 Flash 存储器和 64 KB 的静态 SRAM，其中 Flash 存储器可以用作代码和数据的固态存储。对 Flash 存储器的编程可以通过以下方法来实现：通过串口 UART0 进行的在系统编程(ISP)，通过调用嵌入片内的固化代码进行的在

应用编程(IAP)以及通过内置的 JTAG 接口编程。

SRAM 支持 8 位、16 位和 32 位访问。需要注意的是，SRAM 控制器包含一个回写缓冲区，它用于防止 CPU 在连续的写操作时停止运行。回写缓冲区总是保存着软件发送到 SRAM 的最后 1 字节。数据只有在软件执行另外一次写操作时被写入 SRAM。如果发生芯片复位，实际的 SRAM 内容将不会反映最近一次的写请求。任何在复位后检查 SRAM 内容的程序都必须注意这一点。

LPC1700 系列 Cortex-M3 微控制器含有一个 4 GB 的地址空间，表 3.12 所示为 LPC1700 系列 Cortex-M3 微控制器的存储器分布。

表 3.12　LPC1700 系列芯片的存储器空间分布

地址范围	用　　　途	描　　　述
0x00000000～0x0003FFFF	片上非易失性存储器	Flash 存储器(512 KB)
0x1000000～0x10007FFF	片上 SRAM	本地 SRAM-Bank0(32 KB)
0x2007C000～0x2007FFFF	片上 SRAM，通常用于存储外设数据	AHB SRAM-Bank0(16 KB)
0x20080000～0x20083FFF	片上 SRAM，通常用于存储外设数据	AHB SRAM-Bank1(16 KB)
0x2009C000～0x2009FFFF	通用 I/O	—
0x40000000～0x4007FFFF	APB0 外设	32 个外设模块，每个 16 KB
0x40080000～0x400FFFFF	APB1 外设	32 个外设模块，每个 16 KB
0x50000000～0x501FFFFF	AHB 外设	DMA 控制器、以太网接口和 USB 接口
0xE0000000～0xE00FFFFF	Cortex-M3 相关功能	包括 NVIC 和系统节拍定时器

图 3.3 显示了从另一个角度观察到的存储器映射图。

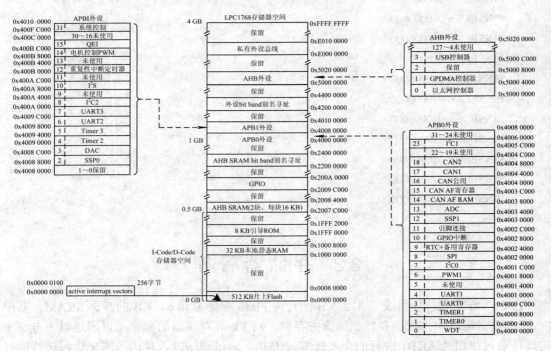

图 3.3　LPC1700 系统存储器映射

在 LPC1700 系列芯片的外设空间中，AHB 外设区域为 2 MB，可分配多达 128 个外设。APB 外设区域为 1 MB，可分配多达 64 个外设。每个外设空间大小都为 16 KB，这样可简化每个外设的地址译码。

此外，所有外设寄存器不管规格大小，都按照字地址进行分配(32 位边界)。这样就不再需要使用字节定位映射的硬件来进行小边界的字节(8 位)或半字(16 位)访问。字和半字寄存器都是一次性访问的。例如，不能对一个字寄存器的最高字节执行单独的读或写操作。

片内外设中，AHB 总线属于高速外设，主要使用的有以太网、DMA 和 USB 设备。其余普通外设使用 APB 总线，LPC1700 将 APB 设备分为了 APB0 和 APB1 两组，两个组的外设空间分配见表 3.13 和表 3.14。

表 3.13　APB0 外设存储器映射

APB0 外设	基 地 址	外 设 名
0	0x4000 0000	看门狗
1	0x4000 4000	定时器 0
2	0x4000 8000	定时器 1
3	0x4000 C000	UART0
4	0x4001 0000	UART1
5	0x4001 4000	未使用
6	0x4001 8000	PWM1
7	0x4001 C000	I^2C0
8	0x4002 0000	SPI
9	0x4002 4000	实时时钟 RTC
10	0x4002 8000	GPIO
11	0x4002 C000	引脚连接模块
12	0x4003 0000	SSP1
13	0x4003 4000	ADC
14	0x4003 8000	CAN 接收滤波器 RAM
15	0x4003 C000	CAN 接收滤波器寄存器
16	0x4004 0000	CAN 通用寄存器
17	0x4004 4000	CAN 控制器 1
18	0x4004 8000	CAN 控制器 2
19～22	0x4004 C000～0x4005 8000	未使用
23	0x4005 C000	I^2C1
24～31	0x4006 0000～0x4007 C000	未使用

在对 LPC1700 系列芯片编程时，注意不要对一个保留地址或未使用区域的地址进行寻址，否则 LPC1700 将产生一个数据中止异常。另外，对 AHB 或 APB 外设地址执行任何指令取指都会产生预取指中止异常。

表 3.14   APB1 外设存储器映射

APB1 外设	基 地 址	外 设 名
0	0x4008 0000	未使用
1	0x4008 4000	保留
2	0x4008 8000	SSP0
3	0x4008 C000	DAC
4	0x4009 0000	定时器 2
5	0x4009 4000	定时器 3
6	0x4009 8000	UART2
7	0x4009 C000	UART3
8	0x400A 0000	I^2C2
9	0x400A 4000	未使用
10	0x400A 8000	I^2S
11	0x400A C000	未使用
12	0x400B 0000	重复性中断定时器
13	0x400B 4000	未使用
14	0x400B 8000	电机控制 PWM
15	0x400B C000	正交编码器接口
16～30	0x400C 0000～0x400F 8000	未使用
31	0x400F C000	系统控制模块

3.4   时钟和功率控制

3.4.1   晶体振荡器

LPC1700 含有 3 个独立的晶体振荡器：内部 RC 晶振、主晶振和 RTC 晶振。每个晶振针对不同应用需求有多种使用方法。

复位后，LPC1700 系列处理器使用内部 RC 晶振提供时钟进行操作，直到使用软件进行切换为止。这使得系统可以不依赖于外部时钟进行操作，而且使引导加载程序可以在一个确定的频率下进行操作。当 Boot ROM 转向用户程序之前，可以激活主晶振从而进入用户代码。

1．内部晶体振荡器(IRC，Internal RC Oscillator)

IRC 可以用作看门狗定时器的时钟源，也可以作为时钟，驱动 PLL 锁相环提供给 CPU。IRC 的精度达不到 USB 接口的时间基准精度要求(USB 接口需要一个更精确的时间基准以遵循 USB 规范)。如果 CAN 波特率高于 100 kb/s，则 IRC 不能应用于 CAN1/2 模块。通常的 IRC 频率是 4 MHz。

在开机或芯片复位时，LPC1700 使用 IRC 作为时钟源，之后可以使用软件转为使用其它时钟源。

2. 主晶振(Main Oscillator)

主晶振可用于为 CPU 提供时钟，其频率范围为 1 MHz～24 MHz。这个频率可以通过主 PLL 锁相环(PLL0)倍频为更高的频率成为 CPU 的主频，最高可以达到 CPU 操作频率的最大值。通常把主晶振输出的时钟称为 OSCCLK，PLL0 输入引脚上的时钟称为 PLLCLKIN，ARM Cortex-M3 处理器内核时钟频率称为 CCLK。当使用主晶振提供时钟而不激活 PLL 时，这三个值是相等的。

由于芯片复位时使用 IRC 晶振，主晶振由软件启动(使用 SCS 寄存器中的 OSCEN 位)，并且在某些应用中始终不会用到。通过 SCS 寄存器中的 OSCSTAT 状态位可以使软件判断主晶振是否运行和稳定，也可以通过 SCS 寄存器中的 OSCRANGE 位设置其频率范围。

LPC1700 的振荡器可工作在从属模式和振荡模式下。在从属模式下，输入时钟信号 XTAL1 与一个 100 pF 相连，其幅值不少于 200 mV，XTAL2 引脚不连接。在振荡模式下，由于片内集成了反馈电阻，只需在外部连接一个晶体和电容 C_{x1}、C_{x2} 就可形成基本模式的振荡。

两种振荡器模式的示意见图 3.4。

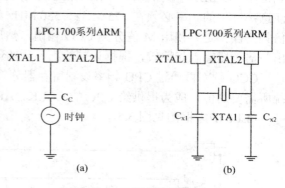

图 3.4　振荡器模式

3. RTC 晶振(RTC Oscillator)

RTC 晶振的频率为 32.768 kHz，一般用于给 RTC 实时时钟提供时钟源。RTC 晶振也可以用于看门狗定时器，通过驱动 PLL0 也可以用于提供 CPU 主频。

4. 时钟源选择

几个时钟源都可以用来驱动 PLL0，通过 PLL0 给 CPU 和片内外设提供时钟。当 PLL0 未连接时，系统可以通过 CLKSRCSEL 寄存器安全地改变时钟源。注意：IRC 振荡器不应用作(通过 PLL0)USB 子系统的时钟源；如果 CAN 波特率高于 100 kb/s，则 IRC 振荡器不应用作(通过 PLL0)CAN 控制器的时钟源。时钟源选择寄存器(CLKSRCSEL – 0x400F C10C)如表 3.15 所示。

表 3.15　时钟源选择寄存器

CLKSRCSEL	功能	值	描述	复位值
1：0	CLKSRC	00	选择 IRC 晶振为 PLL0 时钟源	00
		01	选择主晶振为 PLL0 时钟源	
		10	选择 RTC 晶振为 PLL0 时钟源	
		11	保留	
7：4	0	0	未使用，始终为 0	0

3.4.2　PLL0 锁相环

PLL0 接受输入的时钟频率范围为 32 kHz～50 MHz。时钟源在 CLKSRCSEL 寄存器中选择。PLL 将输入时钟升频，然后再分频以提供给 CPU、外设或 USB 子系统使用的实际时钟。需要注意的是，USB 子系统有其自身特定的 PLL1。PLL0 可产生的时钟频率高达 100 MHz，是 CPU 所允许的最大值。

PLL 的输入频率首先通过一个预分频器分频成为 PLL 内部频率，预分频器的值用变量"N"表示，"N"值的范围可以为 1～256。这样，输入分频在相同的输入频率下，就可以提供更多种可能的输出频率范围。

PLL 倍频器的操作在 PLL 输入分频器之后进行。通过一个电流控制振荡器(CCO)倍增到范围 275 MHz～550 MHz，倍频器的值用变量"M"表示，"M"值的范围可以为 6～512。注意：产生的频率必须在 275 MHz～550 MHz 频率范围内，所以要仔细地选择 M 的取值。倍频器操作是先使用 M 值分频 CCO 输出，然后使用相位-频率检测器将分频后的 CCO 输出与倍频器输入相比较，根据误差输出不同的电流值来控制 CCO 的振荡频率。

CCO 频率再通过 CPU 频率设置寄存器分频，使其频率下降到 CPU、外设和 USB 子系统所需要的值，成为提供给 CPU 的 CCLK、APB 外设的 PCLK 时钟。

PLL0 的方框图见图 3.5。

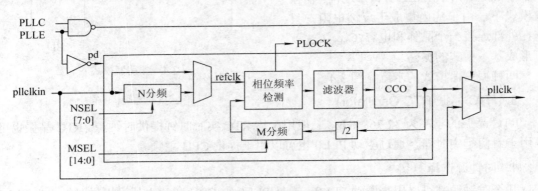

图 3.5　PLL0 方框图

PLL0 的激活由 PLL0CON 控制寄存器进行控制，PLL 倍频器和分频器的值由 PLL0CFG 配置寄存器进行配置。为了防止 PLL 参数发生改变或失效，对这两个寄存器进行了保护。当 PLL 提供芯片时钟时，由于芯片的所有操作，包括看门狗定时器在内都可能依赖于 PLL0，因此 PLL0 设置的意外改变将导致 CPU 执行不期望的动作。保护是通过一个特定的代码序列来实现的，该代码序列由 PLL0FEED 寄存器实现。

PLL0 在系统进入掉电模式时会自动关闭并断开。PLL0 必须通过软件配置、使能和连接到系统。对 PLL0 的所有操作要按照 PLL0 设置序列中的设置步骤来进行，否则 PLL 可能不操作。

当在用户 Flash 中没有有效代码(由校验和字段决定)或在启动时拉低 ISP 使能引脚 (P2.10)时，芯片将进入 ISP 模式并且引导代码将用 IRC 设置 PLL。因此，当用户启动 JTAG 来调试应用代码时，不能假设 PLL 被禁能。用户启动代码必须断开与 PLL 的连接。

1. PLL0 控制寄存器—PLL0 Control Register(PLL0CON - 0x400FC080)

PLL0CON 控制寄存器可用于使能和连接 PLL0，它是最新的 PLL0 控制位的保持寄存器，写入该寄存器的值在有效的 PLL0 馈送序列执行之前不起作用。使能 PLL0 可使 PLL0 锁定到当前倍频器和分频器值的设定频率上。连接 PLL0 可使处理器和所有片内功能都根据 PLL0 输出时钟来运行。对 PLL0CON 的更改只有在对 PLL0FEED 寄存器执行了正确的 PLL 馈送序列后才生效。PLL 控制寄存器如表 3.16 所示。

表 3.16　PLL 控制寄存器

PLLCON	功能	描　　述	复位值
0	PLLE0	PLL0 使能。当该位为 1 并且在有效的 PLL 馈送之后，该位将激活 PLL0 并允许其锁定到指定的频率	0
1	PLLC0	PLL0 连接。当 PLLC0 和 PLLE0 都为 1 并且在有效的 PLL 馈送后，将 PLL0 作为时钟源连接到 LPC1700。否则，LPC1700 直接使用振荡器时钟	0
7:2	保留	保留	NA

PLL0 在作为时钟源之前必须进行设置、使能并锁定。当 PLL 时钟源从振荡器时钟切换到 PLL0 输出或反过来操作时，内部电路对操作进行同步以确保不会产生干扰。在 PLL0 锁定后，需要软件来进行连接，硬件是不会主动完成 PLL0 连接的。此外，PLL0 脱离锁定状态时，硬件是不会主动断开 PLL0 连接的；这时振荡器很可能已变得不稳定，此时断开 PLL0 也没用了。

2. PLL0 配置寄存器—PLL0 Configuration Register(PLL0CFG - 0x400FC084)

PLL0 配置寄存器是最新的 PLL0 配置值的保持寄存器，包含 PLL0 倍频器和分频器值。在执行正确的 PLL0 馈送序列之前改变 PLL0CFG 寄存器的值不会生效。PLL0 配置寄存器如表 3.17 所示。

表 3.17　PLL0 配置寄存器

PLLCFG	功能	描　　述	复位值
14:0	MSEL0	PLL 倍频器值，存储在这里的值为 M–1，支持的 M 值范围是 6~512	0
15	保留	保留	NA
23:16	NSEL0	PLL 预分配器值，存储在这里的值为 N–1，支持的 N 值范围是 1~32	0
31:24	保留	保留	NA

3. PLL0 状态寄存器—PLL0 Status Register(PLL0STAT - 0x400FC088)

PLLSTAT0 为只读寄存器，它是 PLL0 控制和配置信息的读回寄存器，反映了正在使用的真实 PLL0 参数和状态。PLL0STAT 可能与 PLL0CON 和 PLL0CFG 中的值不同，这是因为没有执行正确的 PLL0 馈送序列，这两个寄存器中的值并未生效。PLL 状态寄存器如表 3.18 所示。

PLL0STAT 寄存器的 PLOCK0 位反映 PLL0 的锁定状态。当使能 PLL0 或改变参数时，PLL0 在新的条件下需要一些时间来完成锁定，可通过监控 PLOCK0 位来确定连接 PLL0

的时间。当 PLL 参考频率小于 100 kHz 或大于 20 MHz 时，PLOCK0 的值可能不稳定，这时可假设 PLL 启动后经过一段时间即稳定下来。

表 3.18　PLL 状态寄存器

PLLSTAT	功能	描　述	复位值
14:0	MSEL0	读出的 PLL0 倍频器值，这是 PLL0 当前使用的值，它实际上是 $M-1$	0
15	保留	保留	NA
23:16	NSEL0	读出的 PLL0 预分频器值，这是 PLL0 当前使用的值，它实际上是 $N-1$	0
24	PLLE0_STAT	读出的 PLL0 使能位，该位为 1 时，PLL0 处于激活状态；为 0 时，PLL0 关闭；进入掉电模式时，该位自动清零	0
25	PLLC0_STAT	读出的 PLL0 连接位，当 PLLC0 和 PLLE0 都为 1 时，PLL0 作为时钟源连接到 LPC1700；当 PLLC0 或 PLLE0 位为 0 时，PLL0 被旁路，LPC1700 使用振荡器时钟；进入掉电模式时，该位自动清零	0
26	PLOCK0	反映 PLL0 的锁定状态，为 0 时，PLL0 未锁定；为 1 时，PLL0 锁定到指定的频率	0
31:27	保留	保留	NA

　　PLOCK0 位连接到中断控制器。这样可使用软件使能 PLL0，而无需等待 PLL0 锁定。当发生中断时，可以连接 PLL0 并禁止中断。

　　PLL0 有 3 种可能的工作模式，由 PLLE0 和 PLLC0 组合得到。PLL0 的工作模式如表 3.19 所示。

表 3.19　PLL0 的工作模式

PLLC0	PLLE0	PLL0 功能
0	0	PLL0 被关闭并断开连接，系统使用未更改的时钟输入
0	1	PLL0 被激活但是尚未连接，PLL0 可在 PLOCK0 置位后连接
1	0	与 00 组合相同，这样就消除了 PLL0 已连接但没有使能的可能性
1	1	PLL0 已使能并连接到处理器作为系统时钟源

4. PLL0 馈送寄存器－PLL0 Feed Register(PLL0FEED－0x400FC08C)

　　必须将正确的馈送序列写入 PLL0FEED 寄存器才能使 PLL0CON 和 PLL0CFG 寄存器的更改生效。馈送序列如下：

　　(1) 将值 0xAA 写入 PLL0FEED。

　　(2) 将值 0x55 写入 PLL0FEED。

　　这两个写操作的顺序必须正确，并且必须是连续的 APB 总线周期，这意味着在执行 PLL0 馈送操作时必须禁止中断。不管是写入的值不正确还是没有满足前两个条件，对 PLL0CON 或 PLL0CFG 寄存器的更改都不会生效。PLL0 馈送寄存器如表 3.20 所示。

表 3.20　PLL0 馈送寄存器

PLL0FEED	功能	描　　述	复位值
7:0	PLL0FEED	PLL0 馈送序列必须写入该寄存器才能使 PLL0 配置和控制寄存器的更改生效	0x00

5. PLL0 和掉电模式

掉电模式会自动关闭并断开 PLL0。从掉电模式唤醒不会自动恢复 PLL0 的设定，PLL0 的恢复必须由软件来完成。通常，一个将 PLL0 激活并等待锁定然后将 PLL0 连接的子程序可以在唤醒中断的中断服务程序开头部分调用，从而重新启动 PLL0。有一点非常重要，PLL0 的重启过程要完整，不要试图在掉电唤醒之后简单地执行馈送序列来重新启动 PLL0，否则会出现在 PLL0 锁定建立之前同时使能并连接 PLL0 的危险。

6. PLL0 频率计算举例

当一个 LPC1700 Cortex-M3 系统需要使用 PLL0 时，应当按照以下原则进行：

(1) 确定是否需使用 USB 以及是否由 PLL0 驱动。USB 要求一个占空比为 50% 的 48 MHz 时钟源，也就是说，F_{CCO} 必须是 48 MHz 的偶数整数倍(即 96 MHz 的整数倍)，误差范围极小。

(2) 确定处理器的时钟频率 CCLK。这可以根据系统对处理器的整体要求来决定，取决于处理器的吞吐量要求、所支持的特定的 UART 波特率等。外围器件的时钟频率可以低于处理器频率。

(3) 找出与所需 F_{CCLK} 的倍数接近的一个 F_{CCO} 值，再与步骤(1)中 USB 所要求的 F_{CCO} 值相比较。F_{CCO} 的值应当在 275 MHz～550 MHz 之间，而且应当是 CCLK 的整数倍。尽量选择较低的 F_{CCO} 值，这样处理器功耗会更低。

(4) 确定晶体振荡器频率 F_{IN}。F_{IN} 的值应当在 32 kHz～50 MHz 之间。这可从主振荡器、RTC 振荡器或片内 RC 振荡器中选择。

使用 USB 功能时，需选择主振荡器。如果使用 PLL1 而不是 PLL0 来驱动 USB 子系统，会影响选择主振荡器的频率。

PLL 的输出频率公式为

$$F_{CCO} = \frac{2 \times M \times F_{IN}}{N}$$

选择两个整数 M 和 N 便可得到合适的 F_{CCO} 值。M 的取值范围为 6～512，N 的取值范围为 1～32。

总的来说，建议使用一个较小的 N 值，这样可以降低 F_{CCO} 的倍频数。由于在某些情况下很难找到最好的值，因此可以使用电子数据表或类似的方法来立即获得多种可能的值，再从中选择出一个最好的值。有关这方面的电子数据表可从 NXP 公司获取。

例 3.3　假设：在应用中使用 USB 接口并且由 PLL0 驱动。在 PLL 操作范围(275 MHz～550 MHz)内，96 MHz 的最小整数倍频值为 288 MHz，预期的 CPU 速率为 60 MHz，使用外部 4 MHz 晶振作为系统时钟源。

计算：

$$M = \frac{F_{CCO} \times N}{2 \times F_{IN}}$$

如果 N=1，这时将产生 PLL0 所需的最小倍频值，则 M = 288 × 10⁶/(2 × 4 × 10⁶) = 36。因为结果是整数，所以没有必要进一步找出一系列更好的 PLL0 配置值。写入 PLL0CFG 的值为 0x23(N − 1 = 0；M − 1=35 = 0x23)。所需的 F_{CCLK} 可以通过分频 F_{CCO}(288 × 10⁶/60 × 10⁶ = 4.8) 来确定。能产生最接近所需值 F_{CCLK} 的分频整数值为 5，从而获得实际的 F_{CCLK} 为 57.6 MHz。

如果一定要获得准确的 60 MHz 频率，那么 F_{CCLK} 必须能够被分频为 48 MHz 和 60 MHz。此时，只有令 F_{CCO} = 480 MHz，才能满足要求。通过 10 分频，得到 USB 子系统所需的占空比为 50% 的 48 MHz 频率；通过 8 分频，得到 60 MHz 的 CPU 时钟。令 F_{CCO} 为 480 MHz 的 PLL0 设置参数是 N = 1 和 M = 60。

例 3.4　假设：在应用中将不使用 USB 接口，预期的 CPU 速率为 72 MHz，使用 32.768 kHz RTC 作为系统时钟源。

计算：

$$M = \frac{F_{CCO} \times N}{2 \times F_{IN}}$$

要产生所需的 F_{CCLK} 为 72 MHz，而在 PLL0 的可操作范围内，能使用的最小 F_{CCO} 为 288 MHz(4 × 72 MHz)。假设 N = 1，产生 PLL 所需的最小倍频值。

因此，M = 288 × 10⁶/(2 × 32 768) = 4394.531 25。由于这不是一个整数，所以我们并不能得到一个非常精确的 288 MHz 频率。我们需要定制一个表格，将不同的结果表示出来，详情参见表 3.21。

表 3.21　PLL 可能的取值

N	M	M 舍入值	F_{REF}/Hz	F_{CCO}/Hz	实际 CCLK/Hz	误差(%)
1	4394.531 25	4395	32 768	288.0307	72.0077	0.0107
2	8789.0625	8789	16384	287.9980	71.9995	−0.0007
3	13 183.593 75	13 184	10 922.67	288.0089	72.0022	0.0031
4	17 578.125	17 578	8192	287.9980	71.9995	−0.0007
5	21 972.656 25	21 973	6553.6	288.0045	72.0011	0.0016

若 N = 6，则 M 的值会超出范围，因此 N 只能取 1~5。在表 3.21 中，计算出的 M 值被舍入为最接近的整数，以使 CPU 实际频率在最大操作频率(72 MHz)的 ±0.5% 范围内。

总的来说，当 PLL 输入为低频时钟信号时，参考频率值 F_{REF} = F_{IN}/N 越大，PLL 越稳定。考虑 PLL 的稳定性，表格的第一项是最佳选择；考虑时钟精度，表格的第二项是最佳选择。如果 PLL0 计算建议使用不支持的倍频值，则必须忽略这些值并检查其它值以找出最适合的值。从计数值中计数所得的倍频值也可能是好的选择。

对于表的第二项，写入 PLL0CFG 的值将会是 0x12254(N − 1 = 1 = 0x1；M − 1 = 8788 = 0x2254)。

7. PLL0 设置步骤

要对 PLL0 进行正确初始化，须按照下列步骤操作：

(1) 如果 PLL0 已被连接，则用一个馈送序列断开与 PLL0 的连接。

(2) 用一个馈送序列禁止 PLL0。

(3) 如果需要，可在没有 PLL0 的情况下改变 CPU 时钟分频器的设置以加速操作。

(4) 操作时钟源选择控制寄存器 CLKSRCSEL 以改变时钟源。

(5) 写 PLL0CFG 并用一个馈送序列使其有效。PLL0CFG 只能在 PLL0 被禁止时更新。

(6) 用一个馈送序列使能 PLL0。

(7) 改变 CPU 时钟分频器设置，使之与 PLL0 一起操作。在连接 PLL0 之前完成这个操作是很重要的。

(8) 通过监控 PLL0STAT 寄存器的 PLOCK0 位，或使用 PLOCK0 中断来等待 PLL0 实现锁定。此外，当使用低频时钟作为 PLL0 的输入时(也就是 32 kHz)，需要等待一个固定的时间。当 PLL 参考频率 F_{REF} 小于 100 kHz 或大于 20 MHz 时，PLOCK0 的值可能不稳定。在这些情况下，启动 PLL 后等待一段时间即可。当 F_{REF} 大于 400 kHz 时，这个时间为 500 μs；当 F_{REF} 少于 400 kHz 时，这个时间为 200/F_{REF} 秒。

(9) 用一个馈送序列连接 PLL0。

需要注意的是不要合并上面的任何一个步骤。例如，不能用相同的馈送序列同时更新 PLL0CFG 和使能 PLL0。

8. PLL1(锁相环 1)

PLL1 仅接受主振荡器的时钟输入，并且为 USB 子系统提供一个固定的 48 MHz 时钟。除了从 PLL0 产生 USB 时钟外，这是产生 USB 时钟的另一种选择。

PLL1 在复位时禁止和掉电。如果 PLL1 保持禁止，那么可以由 PLL0 提供 USB 时钟；如果 PLL1 通过 PLL1CON 寄存器使能和连接，那么自动选择 PLL1 来驱动 USB 子系统。

PLL1CON 寄存器控制 PLL1 有效。PLL1CFG 寄存器配置 PLL1 倍频器和分频器的值。为了避免程序对 PLL1 正在使用的相关参数被修改或失效，芯片厂商对这两个寄存器进行了保护。该保护由 PLL1FEED 寄存器的馈送序列来实现。

PLL1 仅支持 10 MHz～25 MHz 范围内的输入时钟频率。该输入频率通过使用电流控制振荡器(CCO)可升频为 48 MHz 的 USB 时钟。倍频值可以是 1～32 的整数值(对于 USB，倍频值不能高于 4)。CCO 的操作范围为 156 MHz～320 MHz，因此当 PLL1 正在提供所需的输出频率时，环路中有一个额外的分频器使 CCO 保持在其频率范围内操作。输出分频器可设为由 2、4、8 或 16 分频来产生输出时钟。由于最小的输出分频值为 2，因此确保 PLL1 输出有 50%占空比。

PLL1 的寄存器 PLL1CON、PLL1CFG、PLL1STAT、PLL1FEED 的使用方式均与 PLL0 类似，在此不再赘述。需要使用 PLL1 时请查阅 LPC1700 的芯片手册。

3.4.3 时钟分频

PLL0 的输出必须向下分频为更低频率的信号才能用于 CPU 和 USB 模块。提供给 USB 模块的分频器是独立的，因为 USB 的时钟要求必须是准确的 48 MHz 而且有 50%的占空比。分频给 CPU 的信号成为 CCLK 时钟，并且再分频成为各个片内外设的驱动时钟。LPC1700 时钟分频器示意图如图 3.6 所示。

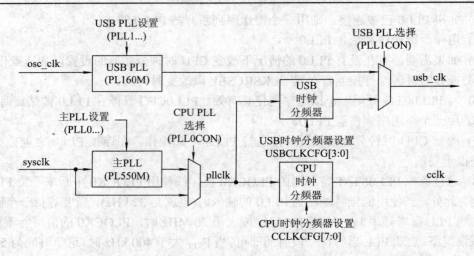

图 3.6　LPC1700 时钟分频器示意图

1．CPU 时钟配置寄存器－CPU Clock Configuration Register(CCLKCFG－0x400F C104)

CCLKCFG 寄存器控制 PLL0 的分频输出提供给 CPU。如果不使用 PLL0，分频值为 1。当 PLL0 正在运行时，输出必须经过分频以使 CPU 时钟频率(CCLK)工作在限定的范围内。可使用一个 8 位分频器进行选择，包括降低 CPU 的操作频率来暂时节省功耗而无需关闭 PLL0。CPU 时钟配置寄存器如表 3.22 所示。

表 3.22　CPU 时钟配置寄存器

CCLKCFG	功能	描　　述	复位值
7:0	CCLKSEL	分频器值，用于生成 CPU 时钟(CCLK)。该值只能为 0 或奇数值(1,3,5,…,255)	0x00

CCLK 的值为 PLL0 的输出频率除以 CCLKSEL+1。当 CCLKSEL 值为 1 时，CCLK 值为 PLL0 输出频率的一半。

2．USB 时钟配置寄存器－USB Clock Configuration Register(USBCLKCFG－0x400F C108)

USBCLKCFG 寄存器控制 PLL0 的分频输出提供给 USB 模块。如果不使用 PLL0，分频值为 1。输出的频率应该为 48 MHz 并且有 50%的占空比。在 PLL 操作范围内，4 位的分频器允许从 48 MHz 的任意偶数倍(96 MHz 的任意倍数)中获得正确的 USB 时钟。

该寄存器仅在 PLL1 禁止时使用。如果 PLL1 使能，则其输出自动用作 USB 时钟源，且必须配置 PLL1 为 USB 子系统提供正确的 48 MHz 时钟。USB 时钟配置寄存器如表 3.23 所示。

表 3.23　USB 时钟配置寄存器

USBCLKCFG	功能	描　　述	复位值
3:0	USBSEL	分频器值，用于生成 USB 时钟(CCLK)	0x00
7:4	—	保留	NA

USB 模块的时钟值为 PLL 的输出频率除以 USBSEL+1。当 USBSEL 值为 1 时，USB 时钟值为 PLL0 输出频率的一半。

3. IRC 整理寄存器－IRC Trim Register(IRCTRIM-0x400F C1A4)

这个寄存器用于整理片内 4 MHz 的晶振。IRC 整理寄存器如表 3.24 所示。

表 3.24 IRC 整理寄存器

IRCtrim	功能	描 述	复位值
7:0	IRCtrim	IRC 整理值，用于控制片内 4 MHz IRC 晶振频率	0xA0
15:8	—	保留	NA

4. 外设时钟选择寄存器 0 和 1－Peripheral Clock Selection registers 0 and 1(PCLKSEL0－0xE01F C1A8 and PCLKSEL1－0x400F C1AC)

这一对寄存器中的每两位控制一个外设的时钟，其取值意义参见表 3.25 和表 3.26。

表 3.25 外设时钟选择寄存器 0

PCLKSEL0	功能	描 述	复位值
1:0	PCLK_WDT	看门狗外设时钟选择	00
3:2	PCLK_TIMER0	定时器 0 外设时钟选择	00
5:4	PCLK_TIMER1	定时器 1 外设时钟选择	00
7:6	PCLK_UART0	串口 0 外设时钟选择	00
9:8	PCLK_UART1	串口 1 外设时钟选择	00
11:10	—	保留	00
13:12	PCLK_PWM1	脉宽调制器 1 外设时钟选择	00
15:14	PCLK_I2C0	I^{2}C0 外设时钟选择	00
17:16	PCLK_SPI	SPI 外设时钟选择	00
19:18	—	保留	00
21:20	PCLK_SSP1	SSP1 外设时钟选择	00
23:22	PCLK_DAC	DAC 外设时钟选择	00
25:24	PCLK_ADC	ADC 外设时钟选择	00
27:26	PCLK_CAN1	CAN1 外设时钟选择	00
29:28	PCLK_CAN2	CAN2 外设时钟选择	00
31:30	PCLK_ACF	CAN 滤波器外设时钟选择	00

表 3.26 外设时钟选择寄存器 1

PCLKSEL1	功能	描 述	复位值
1:0	PCLK_QEI	正交编码器接口的外设时钟选择	00
3:2	PCLK_GPIOINT	GPIO 中断的外设时钟选择	00
5:4	PCLK_PCB	引脚连接模块外设时钟选择	00
7:6	PCLK_I2C1	I^{2}C1 外设时钟选择	00
9:8	—	保留，始终为 0	00
11:10	PCLK_SSP0	SSP0 外设时钟选择	00
13:12	PCLK_TIMER2	定时器 2 外设时钟选择	00
15:14	PCLK_TIMER3	定时器 3 外设时钟选择	00

续表

PCLKSEL0	功能	描　　　述	复位值
17:16	PCLK_UART2	串口 2 外设时钟选择	00
19:18	PCLK_UART3	串口 3 外设时钟选择	00
21:20	PCLK_I2C2	I²C2 外设时钟选择	00
23:22	PCLK_I2S	I²S 总线外设时钟选择	00
25:24	—	保留	00
27:26	PCLK_RIT	重复中断定时器的外设时钟选择	00
29:28	PCLK_SYSCON	系统控制模块外设时钟选择	00
31:30	PCLK_MC	电机控制 PWM 的外设时钟选择	00

外设时钟选择寄存器位值如表 3.27 所示。

表 3.27　外设时钟选择寄存器位值

位	功　能　描　述	复位值
00	PCLK_xxx = CCLK / 4	00
01	PCLK_xxx = CCLK	00
10	PCLK_xxx = CCLK / 2	00
11	在 CAN1、CAN2、CAN 滤波器部件中 PCLK_xxx = CCLK / 6，其余部件中 PCLK_xxx = CCLK / 8	00

注：RTC 模块的外设时钟固定为 CCLK/8。

3.4.4　功率控制

1. 节电模式

嵌入式系统一般使用电池供电，因此系统的耗电和待机时间是个重要指标。节电的方法主要是降低系统时钟频率，即改变时钟源、重配置 PLL 值或者改变 CPU 时钟分频值，这允许用户根据应用要求在功率和处理速度之间进行权衡。另外，也可以通过停止片内外设时钟的方法来关闭不使用的片内外设，进一步降低功耗。

LPC1700 系列 Cortex-M3 处理器支持多种功率控制的模式，这些模式包括睡眠模式、深度睡眠模式、掉电模式和深度掉电模式。通过 Cortex-M3 执行 WFI(等待中断)或 WFE(等待异常)指令进入任何低功耗模式。Cortex-M3 内部支持两种低功耗模式，即睡眠模式和深度睡眠模式，它们通过 Cortex-M3 系统控制寄存器中的 SLEEPDEEP 位来选择。掉电模式和深度掉电模式通过 PCON 寄存器中的位来选择。

LPC1700 系列 Cortex-M3 还具有一个独立电源域，可为 RTC 和电池 RAM 供电，以便在维持 RTC 和电池 RAM 正常操作时关闭其它设备的电源。

1) 睡眠模式

LPC1700 系列 Cortex-M3 处理器的睡眠模式对应于 LPC2xxx 系列 ARM 器件的空闲模式。更改名字是因为 ARM 将低功耗模式控制与 Cortex-M3 结合起来了。

当进入睡眠模式时，内核时钟停止，且 PCON 的 SMFLAG 位置位。从睡眠模式中恢复并不需要任何特殊的序列，但要重新使能 ARM 内核的时钟。

在睡眠模式下，指令的执行被中止直至复位或中断出现。外设在 CPU 内核处于睡眠模式期间继续运转，并可产生中断使处理器恢复执行指令。睡眠模式下，处理器内核自身、存储器系统、有关控制器及内部总线停止工作，因此这些器件的动态功耗会降低。

只要出现任何使能的中断，CPU 内核就会从睡眠模式中唤醒。

2) 深度睡眠模式

LPC1700 系列 Cortex-M3 处理器的深度睡眠模式对应于 LPC2300 和 LPC2400 系列 ARM 器件的睡眠模式。

当芯片进入深度睡眠模式时，主振荡器掉电且所有内部时钟停止，PCON 的 DSFLAG 位置位。IRC 保持运行并且可配置为驱动看门狗定时器，允许看门狗唤醒 CPU。由于 RTC 中断也可用作唤醒源，32 kHz 的 RTC 振荡器不停止。Flash 进入就绪模式，这样可以实现快速唤醒。PLL 自动关闭并断开连接。CCLK 和 USBCLK 时钟分频器自动复位为 0。

在深度睡眠模式期间，保存处理器状态以及寄存器、外设寄存器和内部 SRAM 的值，并将芯片引脚的逻辑电平保持为静态。可通过复位或某些特定中断(能够在没有时钟的情况下工作)来终止深度睡眠模式和恢复正常操作。由于芯片的所有动态操作被中止，因此深度睡眠模式使功耗降低为一个极小的值。

在唤醒深度睡眠模式时，如果 IRC 在进入深度睡眠模式前被使用，则 2 位 IRC 定时器开始计数，并且在定时器超时(4 周期)后，恢复代码执行和外设活动。如果使用主振荡器，则 12 位主振荡器定时器开始计数，并且在定时器超时(4096 周期)时将恢复代码执行。用户必须记得在唤醒后要重新配置所需的 PLL 和时钟分频器。

只要相关的中断使能，器件就可从深度睡眠模式中唤醒。这些中断包括 NMI、外部中断(EINT0～EINT3)、GPIO 中断、以太网 Wake-On-LAN 中断、掉电检测、RTC 报警中断、看门狗定时器超时、USB 输入引脚跳变或 CAN 输入引脚跳变。

3) 掉电模式

掉电模式执行在深度睡眠模式下的所有操作，但也关闭了 Flash 存储器。进入掉电模式使 PCON 中的 PDFLAG 位置位。这节省了更多功耗，但是唤醒后，在访问 Flash 存储器中的代码或数据前，必须等待 Flash 恢复。

当芯片进入掉电模式时，IRC、主振荡器和所有时钟都停止。如果 RTC 已使能则处理器继续运行，RTC 中断也可用来唤醒 CPU。Flash 被强制进入掉电模式。PLL 自动关闭并断开连接。CCLK 和 USBCLK 时钟分频器自动复位为 0。

掉电模式唤醒时，如果在进入掉电模式前使用了 IRC，那么经过 IRC 的启动时间(60 μs)后，2 位 IRC 定时器开始计数并且在 4 个周期内停止计数(expiring)。如果用户代码在 SRAM 中，那么在 IRC 计数 4 个周期后，用户代码会立即执行；如果代码在 Flash 中运行，那么在 IRC 计数 4 个周期后，启动 Flash 唤醒定时器，100 μs 后完成 Flash 的启动，开始执行代码。当定时器超时时，可以访问 Flash。用户必须记得在唤醒后要重新配置 PLL 和时钟分频器。

4) 深度掉电模式

在深度掉电模式中，应关断整个芯片的电源(实时时钟、RESET 引脚、WIC 和 RTC 备用寄存器除外)。进入深度掉电模式使 PCON 中的 DPDFLAG 位置位。为了优化功率，用户有其它的选择，可关断或保留 32 kHz 振荡器的电源。当使用外部复位信号或使能 RTC 中断和产生 RTC 中断时，可将器件从深度掉电模式中唤醒。

5) 从低功耗模式中唤醒

任何使能的中断均可将 CPU 从睡眠模式中唤醒。某些特定的中断可将处理器从深度睡眠模式或掉电模式中唤醒。

若为特定的中断使能则允许中断将 CPU 从深度睡眠模式或掉电模式中唤醒。唤醒后，将继续执行适当的中断服务程序。这些中断为 NMI、外部中断(EINT0～EINT3)、GPIO 中断、以太网 Wake-On-LAN 中断、掉电检测中断、RTC 报警中断。此外，如果看门狗定时器由 IRC 振荡器驱动，则看门狗定时器也可将器件从深度睡眠模式中唤醒。

可以将 CPU 从深度睡眠或掉电模式中唤醒的其它功能有 CAN 活动中断(由 CAN 总线引脚上的活动产生)和 USB 活动中断(由 USB 总线引脚上的活动产生)。相关的功能必须映射到引脚且对应的中断必须使能才能实现唤醒。

2. 寄存器描述

外设的功率控制特性允许独立关闭应用中不需要的外设，这样可以进一步降低功耗。功率控制功能包含两个寄存器，分别是 PCON 和 PCONP。

1) 功率控制寄存器

功率控制寄存器 Power Control Register(PCON-0x400F C0C0)如表 3.28 所示。

表 3.28　功率控制寄存器

PCON	功能	描述	复位值
0	PM0	功率模式控制位 0。该位控制进入掉电模式	0
1	PM1	功率模式控制位 1。该位控制进入深度掉电模式	0
2	BODPDM	掉电低功耗模式。当 BODRPM 为 1 时，掉电检测电路将在芯片进入掉电模式或深度睡眠模式时关断，使功耗进一步降低，此时，不能使用掉电检测作为掉电模式的唤醒源；当 BDDPDM 为 0 时，掉电检测功能在掉电模式和深度睡眠模式中保持有效	0
3	BOGD	掉电全局禁能。当 BOGD 为 1 时，掉电检测电路一直被完全禁止，且不消耗功率；当 BOGD 为 0 时，掉电检测电路被使能	0
4	BORD	掉电复位禁能。当 BORD 为 1 时，低压检测的第二阶段(2.6 V)将不会导致芯片复位；当 BORD 为 0 时，复位被使能。低压检测的第一阶段(2.9 V)Brown-out 中断不受影响	0
7:3	—	保留	NA
8	SMFLAG	睡眠模式进入标志。当成功进入睡眠模式时该位置位，通过向该位写入 1 由软件将其清零	0
9	DSFLAG	深度睡眠进入标志。当成功进入深度睡眠模式时该位置位，通过向该位写入 1 由软件将其清零	0
10	PDFLAG	掉电进入标志。当成功进入掉电模式时该位置位，通过向该位写入 1 由软件将其清零	0
11	DPDFLAG	深度掉电进入标志。当成功进入深度掉电模式时该位置位，通过向该位写入 1 由软件将其清零	0
31:12	—	保留，用户软件不要向其写入 1，从保留位读出的值未被定义	NA

利用 PCON 寄存器设置节电模式的方法详见表 3.29。PCON 寄存器中的 2 个比特 PM1 和 PM0 联合控制进入 LPC1700 节电模式的方式。

表 3.29　节电模式控制位

PM1　PM0	功　能　描　述
00	正如 Cortex-M3 系统控制寄存器的 SLEEPDEEP 位所定义，执行 WFI 或 WFE 进入睡眠或深度睡眠模式
01	如果 Cortex-M3 系统控制寄存器的 SLEEPDEEP 位为 1，则执行 WFI 或 WFE 进入掉电模式
10	保留，不应使用这些设置
11	如果 Cortex-M3 系统控制寄存器的 SLEEPDEEP 位为 1，则执行 WFI 或 WFE 进入深度掉电模式

2) 外设功率控制寄存器

外设功率控制寄存器 Power Control for Peripherals Register(PCONP-0xE01F C0C4)允许将所选的外设功能关闭以实现节电的目的，可通过关断特定外围模块的时钟源来实现。有少数外设功能不能被关闭(例如看门狗定时器、GPIO、引脚连接模块和系统控制模块)。

某些外设，特别是包含模拟功能的外设，它们的操作无需时钟，但会消耗功率。这些外设包含独立的禁能控制位，可以通过它们来关闭电路以降低功耗。

PCONP 中的每个位都控制一个外设，当位值为 1 时该外设启用，当位值为 0 时该外设时钟关闭。例如，如果位 3 为 1，则 UART0 接口使能；如果位 3 为 0，则 UART0 接口禁止。

外设在外设功率控制寄存器的对应位见表 3.30。

表 3.30　外设功率控制寄存器

PCONP	功能	描　　述	复位值
0	—	未使用，始终为 0	0
1	PCTIM0	定时器 0 功率时钟控制位	1
2	PCTIM1	定时器 1 功率时钟控制位	1
3	PCUART0	串口 0 功率时钟控制位	1
4	PCUART1	串口 1 功率时钟控制位	1
5	—	保留	NA
6	PCPWM1	脉宽调制器 1 功率时钟控制位	1
7	PCI2C0	I^2C0 功率时钟控制位	1
8	PCSPI	SPI 功率时钟控制位	1
9	PCRTC	实时时钟功率时钟控制位	1
10	PCSSP1	SSP1 接口功率时钟控制位	1
11	—	保留	NA
12	PCAD	A/D 转换器功率时钟控制位。清零该位前先清零 AD0CR 寄存器的 PDN 位，该位应当在置位 PDN 前被置位	0
13	PCCAN1	CAN1 功率时钟控制位	0
14	PCCAN2	CAN2 功率时钟控制位	0
15	PCGPIO	GPIO	1
16	PCRIT	重复中断定时器功率/时钟控制位	0
17	PCMC	电机控制 PWM	0
18	PCQEI	正交编码器接口功率/时钟控制位	0

续表

PCONP	功能	描　　述	复位值
19	PCI2C1	I^2C1 功率时钟控制位	1
20	—	保留	NA
21	PCSSP0	SSP0 功率时钟控制位	1
22	PCTIM2	定时器 2 功率时钟控制位	0
23	PCTIM3	定时器 3 功率时钟控制位	0
24	PCUART2	串口 2 功率时钟控制位	0
25	PCUART3	串口 3 功率时钟控制位	0
26	PCI2C2	I^2C2 功率时钟控制位	1
27	PCI2S	I^2S 接口功率时钟控制位	0
28	—	保留	NA
29	PCGPDMA	通用 DMA 功能功率时钟控制位	0
30	PCENET	以太网模块功率时钟控制位	0
31	PCUSB	USB 接口功率时钟控制位	0

DAC 外设在 PCONP 中没有控制位。要使能 DAC，必须通过配置 PINSEL1 寄存器在相关的引脚 P0.26 上选择其输出。

复位以后，PCONP 寄存器按照默认值使能选中的接口和外设控制器。用户程序应当在启动代码中对 PCONP 寄存器编程用来启动所需要的外设功能，并关闭不需要的接口和外设，以达到降低功耗的要求。系统启动以后，除了对外设功能相关的寄存器进行配置外，用户应用程序不应当再访问 PCONP 寄存器从而启动使用片内的任何外围功能。

3. 唤醒定时器

在上电或使用 4 MHz IRC 振荡器作为时钟源将 LPC1700 系列 Cortex-M3 从掉电模式中唤醒时，LPC1700 系列 Cortex-M3 开始操作。如果应用需要主振荡器或 PLL，那么软件将需要使能这些特性并在它们用作时钟源之前等待其变为稳定。

当主振荡器开始激活时，唤醒定时器允许软件确保主振荡器完全工作，然后处理器将其用作时钟源并开始执行指令。这在上电、所有类型的复位以及任何原因所导致上述功能关闭时非常重要。由于振荡和其它功能在掉电模式下关闭，因此使处理器从掉电模式中唤醒要使用唤醒定时器。

唤醒定时器通过检测晶振来监视是否能让代码安全执行。当给芯片加电或因某个事件使芯片退出掉电模式时，振荡器需要一段时间来产生足够振幅的信号以驱动时钟逻辑。时间的长度取决于许多因素，包括 VDD(3V3)的上升速率(上电时)、晶振的类型及其电气特性(如果使用石英晶振)、其它任何外部电路(例如电容)和振荡器在现有环境下自身的特性。

一旦检测到一个时钟，唤醒定时器就对固定的时钟数(4096 个时钟)进行计数，然后设置标志(SCS 寄存器中的 OSCSTAT 位)表示主振荡器已准备使用。接着软件可切换为主振荡器并且启动所需的 PLL。

3.4.5　外部时钟输出引脚

为了便于系统测试和开发，任何一个内部时钟均可引入 CLKOUT 功能(在 P1.27 引脚上可使用)，如图 3.7 所示。

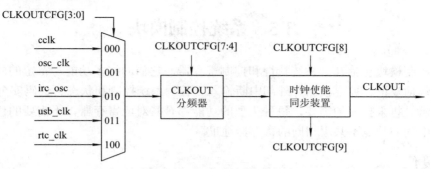

图 3.7　CLKOUT 引脚选择

通过 CLKOUT 可观察到的时钟有 CPU 时钟(cclk)、主振荡器(osc_clk)、内部 RC 振荡器(irc_osc)、USB 时钟(usb_clk)和 RTC 时钟(rtc_clk)。

时钟输出配置寄存器 CLKOUTCFG 控制选择在 CLKOUT 引脚上出现的内部时钟，并允许通过一个整数值(多达 16)对时钟进行分频。分频器可用来产生与其中一个片内时钟相关的系统时钟。对于大多数时钟源，可由 1 分频。当选择 CPU 时钟且该时钟高于 50 MHz 时，输出必须经过分频，使得频率在适当的范围内。

CLKOUT 复用器主要用于在可能的时钟源之间完全切换而不受干扰。分频器也可用来改变分频值而不受干扰。时钟输出配置寄存器位描述如表 3.31 所示。

表 3.31　时钟输出配置寄存器位描述

位	符号	值	描　　述	复位值
3:0	CLKOUTSEL	0000 0001 0010 0011 0100 其它	选择 CPU 时钟作为 CLKOUT 的时钟源 选择主振荡器作为 CLKOUT 的时钟源 选择内部 RC 振荡器作为 CLKOUT 的时钟源(默认) 选择 USB 时钟作为 CLKOUT 的时钟源 选择 RTC 振荡器作为 CLKOUT 的时钟源 保留，不使用这些设置	0
7:4	CLKOUTDIV	0000 0001 0010 … 1111	分频值为输出时钟的整数值减 1： 时钟经过 1 分频 时钟经过 2 分频 时钟经过 3 分频 … 时钟经过 16 分频	0
8	CLKOUT_EN		CLKOUT 使能控制，允许切换 CLKOUT 源而不受干扰。清零该位在下一个下降沿停止 CLKOUT。置位该位使能 CLKOUT	0
9	CLKOUT_ACT		CLKOUT 有效指示(activity indication)。当 CLKOUT 使能时读为 1，当 CLKOUT 禁止时读为 0，通过 CLKOUT_EN 位进行该操作，并且时钟已停止	0
31:10	—		保留，用户软件不应向其写入 1。从保留位读出的值未定义	NA

3.5　系统控制模块

　　系统控制模块包括几个系统特性和控制寄存器，它们的许多功能与特定的外设无关，这些功能包括复位、掉电检测、外部中断输入、各种系统控制和状态、代码安全和调试。

　　为了满足将来扩展的需要，每种类型的功能都有其对应寄存器，不需要的位被定义为保留位。不同的功能不共用相同的寄存器地址。

3.5.1　复位

　　LPC1700 系列 Cortex-M3 处理器有 4 个复位源：RESET 引脚复位、看门狗复位、上电复位和掉电检测复位。RESET 引脚为施密特触发输入引脚。任何复位源可使芯片复位有效，一旦操作电压到达一个可使用的门限值，则启动唤醒定时器。复位信号将保持有效直至外部的复位信号被撤销，振荡器开始运行，当时钟计数超过了固定的时钟个数后，Flash 控制器已完成其初始化。LPC1700 复位逻辑框图如图 3.8 所示。

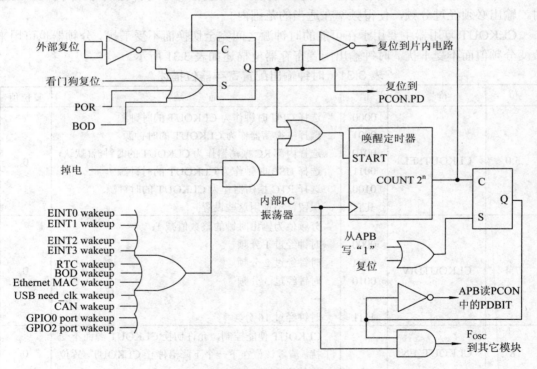

图 3.8　LPC1700 复位逻辑框图

　　当任何一个复位源(上电复位、掉电检测复位、外部中断复位和看门狗复位)有效时，片内 RC 振荡器开始起振。片内 RC 振荡器起振后，需要经过一段时间才能稳定。大约经过 60 μs 片内 RC 振荡器才能提供稳定的时钟输出，此时复位信号被锁存并且与片内 RC 振荡器时钟同步。然后将同时启动下面两个序列：

(1) 当同步的复位无效时，IRC(片内 RC 振荡器)唤醒定时器开始计数。当 IRC 唤醒定时器超时，处理器跳到 Flash 以启动 ROM 的引导代码。但如果 Flash 访问尚未准备好，则 MAM 将插入等待周期进行等待，直至 Flash 就绪。

(2) 当同步的复位无效时，9 位 Flash 唤醒定时器也开始计数。Flash 唤醒定时器产生 100 μs 的 Flash 启动时间。一旦定时器溢出，则启动 Flash 初始化序列(大概需要 250 个周期)，当该序列完成时，MAM(存储器加速模块)即可进行 Flash 访问。

当内部复位移除后，处理器从地址 0 开始执行，地址 0 是从 Boot Block 映射的复位向量地址。这时，所有的处理器和外设寄存器都已被初始化为预先确定的值。复位源标识寄存器(RSID-0x400F C180)位描述如表 3.32 所示。

表 3.32　复位源标识寄存器(RSID - 0x400F C180)位描述

位	值	功　能　描　述	复位值
0	POR	上电复位(POR)信号有效时该位置位，并清零该寄存器中其它所有的位。但是如果上电复位信号撤销后另外一个复位信号(如外部复位)仍然保持有效，则这个复位信号对应的位置位。POR 位不受其它任何复位源的复位影响	见文中描述
1	EXTR	RESET 信号有效时该位置位。该位由上电复位来清零，但不受 WDT 或掉电检测(BOD)复位的影响	见文中描述
2	WDTR	当看门狗定时器溢出和看门狗模式寄存器的 WDTRESET 位为 1 时，该位置位。该位可由其它任何一个复位源清零	见文中描述
3	BODR	当 3.3 V 的电源降到低于 2.6 V 时，该位置位；如果 V_{DD} 电压从 3.3 V 降低到 2.5 V 然后又回升，则该位置位； 如果 VDD(3V3)电压从 3.3 V 降低到 2.5 V，接着再下降到 POR 有效的电压(通常为 1 V)，则该位清零； 如果 VDD(3V3)电压继续从 1 V 以下上升到 2.6 V 以上，则该位也将置位；该位不受外部复位或看门狗复位影响。 注：只有在复位发生且位 POR=0 时，BODR 位才指示 $V_{DD(3V3)}$ 电压是否在 2.6 V 以下	见文中描述
7:4	—	保留。用户软件不要向其写入 1。从保留位读出的值未被定义	NA

3.5.2　掉电检测

LPC1700 系列 Cortex-M3 处理器包含一个 $V_{DD(3V3)}$ 引脚电压的 2 级检测。如果该电压变化至 2.95 V 左右，掉电检测器(BOD)向中断向量控制器发出中断信号。如需产生 CPU 中断，那么需要在 NVIC 的中断使能寄存器中使能该中断信号；如果不需要，那么软件可通过查询原始中断状态寄存器来检测该信号。

当 $V_{DD(3V3)}$ 引脚的电压变化至低于 2.65 V 时，第 2 级的低电压检测将触发复位信号，使 LPC1700 系列 Cortex-M3 处理器无效。低电压下，片内各种功能部件的操作都将变得不可靠，掉电检测复位可以防止 Flash 的内容发生改变。BOD 电路将使电压降低到 1 V 以下来维持复位，这时上电复位电路也可保持复位。

2.95 V 和 2.65 V 阈值都有一些滞后。正常工作时，这个滞后使得掉电检测电路能够在 2.95 V 左右产生可靠的中断信号，或使用正常执行的循环事件来检测掉电条件。

但是，当使能掉电检测以使 LPC1700 系列 Cortex-M3 处理器退出掉电模式时，电源电压在唤醒定时器完成延时前恢复为正常电平，那么此时 BOD 产生的结果是：功能部件唤醒并在设置好掉电模式后继续工作，不产生任何中断，RSID 寄存器的 BOD 位清零。由于其它所有的唤醒条件都有锁存标志，因此，这种没有任何明显原因的唤醒，可假定为掉电唤醒已结束。

3.5.3　外部中断

1．逻辑结构

LPC1700 含有 4 个外部中断输入(作为可选的引脚功能)，4 个引脚分别为 EINT0、EINT1、EINT2 和 EINT3。外部中断输入可用于将处理器从掉电模式唤醒。

可将多个引脚同时连接同一路外部中断，此时，外部中断逻辑根据方式位和极性位的不同，分别进行如下处理：

(1) 低有效电平激活方式，选用 EINT 功能的全部引脚的状态都连接到一个正逻辑与门。

(2) 高有效电平激活方式，选用 EINT 功能的全部引脚的状态都连接到一个正逻辑或门。

(3) 边沿激活方式，使用 GPIO 端口号最低的引脚，与引脚的极性无关。在边沿激活方式中，如果选择使用多个 EINT 引脚将被看做编程出错。

外部中断逻辑原理图见图 3.9。

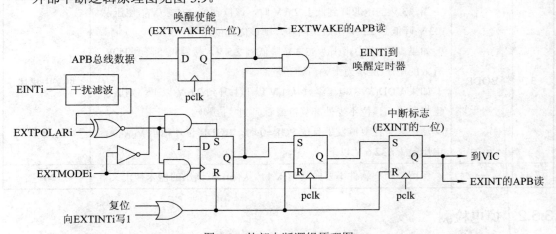

图 3.9　外部中断逻辑原理图

当多个 EINT 引脚逻辑或时，可在中断服务程序中通过 IO0PIN 和 IO1PIN 寄存器从 GPIO 端口读出引脚状态来判断产生中断的引脚。

2．寄存器描述

外部中断具有 4 个相关的寄存器，如表 3.33 所示。EXTINT 寄存器包含中断标志，INTWAKE 寄存器包含使能唤醒位，可使能独立的外部中断输入将处理器从掉电模式唤醒，EXTMODE 和 EXTPOLAR 寄存器用来指定引脚使用电平或边沿激活方式。

表 3.33　外部中断寄存器

地址	寄存器名	功　能　描　述	类型
0x400FC140	EXTINT	外部中断标志寄存器,包含 ENIT0、EINT1、EINT2 和 EINT3 的中断标志	读/写
0x400FC148	EXTMODE	外部中断方式寄存器,控制每个引脚的边沿或电平激活	读/写
0x400FC14C	EXTPOLAR	外部中断极性寄存器,控制由每个引脚的哪种电平或边沿来产生中断	读/写

1) 外部中断标志寄存器—External Interrupt Flag Register(EXTINT-0x400FC140)

当一个引脚选择使用外部中断功能时,对应在 EXTPOLAR 和 EXTMODE 寄存器中的位选择的电平或边沿将置位 EXTINT 寄存器中的中断标志,向 VIC 提出中断请求,如果引脚中断使能,将会产生中断。

向 EXTINT 寄存器的位 EINT0~位 EINT3 写入 1 可清除相应的外部中断标志。在电平激活方式下,只有在该引脚处于无效状态时才能清除相应的中断标志。

一旦 EINT0~EINT3 中的一位被置位并开始执行相应的代码(处理唤醒和/或外部中断),则必须将该位清零,否则以后该 EINT 引脚所触发的事件将不能再被识别。

例如,如果外部中断 0 引脚的低电平将系统从掉电模式唤醒,为了将来还能进入掉电模式,唤醒后的程序必须将 EINT0 位复位。如果 EINT0 位仍保持置位状态,后来的唤醒掉电模式的任何操作都将失败,外部中断也不例外。外部中断标志寄存器如表 3.34 所示。

表 3.34　外部中断标志寄存器

EXTINT	功能	功　能　描　述	复位值
0	EINT0	电平激活方式下,如果引脚的 EINT0 功能被选用且引脚处于有效状态,该位置位;边沿激活方式下,如果引脚的 EINT0 功能被选用且引脚上出现所选极性,该位置位。 该位通过写入 1 清除,但电平激活方式下引脚处于有效状态的情况除外	0
1	EINT1	电平激活方式下,如果引脚的 EINT1 功能被选用且引脚处于有效状态,该位置位;边沿激活方式下,如果引脚的 EINT1 功能被选用且引脚上出现所选极性,该位置位。 该位通过写入 1 清除,但电平激活方式下引脚处于有效状态的情况除外	0
2	EINT2	电平激活方式下,如果引脚的 EINT2 功能被选用且引脚处于有效状态,该位置位;边沿激活方式下,如果引脚的 EINT2 功能被选用且引脚上出现所选极性,该位置位。 该位通过写入 1 清除,但电平激活方式下引脚处于有效状态的情况除外	0
3	EINT3	电平激活方式下,如果引脚的 EINT3 功能被选用且引脚处于有效状态,该位置位;边沿激活方式下,如果引脚的 EINT3 功能被选用且引脚上出现所选极性,该位置位。 该位通过写入 1 清除,但电平激活方式下引脚处于有效状态的情况除外	0
7:4		保留	NA

2) 外部中断方式寄存器—External Interrupt Mode Register(EXTMODE-0x400F C148)

EXTMODE 寄存器中的位用来选择每个 EINT 脚是电平触发还是边沿触发。只有选择用作 EINT 功能(通过引脚连接模块)并已通过 VICIntEnable(向量中断使能寄存器)使能的引脚才能产生外部中断(如果引脚选择用作其它功能，则可能产生其它功能的中断)。

当某个中断在 VICIntEnable 中被禁止时，软件应该只改变 EXTMODE 寄存器中相应位的值。中断重新使能前，软件向 EXTINT 写入 1 来清除 EXTINT 位，EXTINT 位可通过改变激活方式来置位。外部中断方式寄存器如表 3.35 所示。

表 3.35　外部中断方式寄存器

EXTMODE	功　能	值	描　　述	复位值
0	EXTMODE0	0	EINT0 使用电平激活	0
		1	EINT0 使用边沿激活	
1	EXTMODE1	0	EINT1 使用电平激活	0
		1	EINT1 使用边沿激活	
2	EXTMODE2	0	EINT2 使用电平激活	0
		1	EINT2 使用边沿激活	
3	EXTMODE3	0	EINT3 使用电平激活	0
		1	EINT3 使用边沿激活	
7:4			保留	NA

3) 外部中断极性寄存器—External Interrupt Polarity Register(EXTPOLAR-0x400F C14C)

在电平激活方式中，EXTPOLAR 寄存器用来选择相应引脚是高电平还是低电平有效；在边沿激活方式中，EXTPOLAR 寄存器用来选择引脚上升沿还是下降沿有效。只有选择用作 EINT 功能(通过引脚连接模块)并已通过 VICIntEnable(向量中断使能寄存器)使能的引脚才能产生外部中断(如果引脚选择用作其它功能，则可能产生其它功能的中断)。

当某个中断在 VICIntEnable 中被禁止时，软件应该只改变 EXTPOLAR 寄存器中相应位的值。中断重新使能前，软件向 EXTINT 写入 1 来清除 EXTINT 位，EXTINT 位可通过改变中断极性来置位。外部中断极性寄存器如表 3.36 所示。

表 3.36　外部中断极性寄存器

EXTPOLAR	功能	值	描　　述	复位值
0	EXTPOLAR0	0	EINT0 低电平或下降沿有效(由 EXTMODE0 决定)	0
		1	EINT0 高电平或上升沿有效(由 EXTMODE0 决定)	
1	EXTPOLAR1	0	EINT1 低电平或下降沿有效(由 EXTMODE1 决定)	0
		1	EINT1 高电平或上升沿有效(由 EXTMODE1 决定)	
2	EXTPOLAR2	0	EINT2 低电平或下降沿有效(由 EXTMODE2 决定)	0
		1	EINT2 高电平或上升沿有效(由 EXTMODE2 决定)	
3	EXTPOLAR3	0	EINT3 低电平或下降沿有效(由 EXTMODE3 决定)	0
		1	EINT3 高电平或上升沿有效(由 EXTMODE3 决定)	
7:4			保留	NA

3.5.4　系统控制和状态标志

表 3.37 列出了不适用于外设或其它寄存器的控制 LPC1700 系列 Cortex-M3 微控制器操作的某些方面，这部分功能用系统控制和状态控制器 SCS 实现。

表 3.37　系统控制和状态寄存器(SCS-0x400F C1A0)

位	标识	值	功 能 描 述	类型	复位值
3:0	—	—	保留，用户软件不要向其写入 1。从保留位读出的值未被定义	—	NA
4	OSCRANGE	0 1	主晶振范围选择 主晶振频率范围为 1 MHz～20 MHz 主晶振频率范围为 15 MHz～24 MHz	读/写	0
5	OSCEN	0 1	主晶振使能 主晶振无效 主晶振有效，且在正确的外部电路连接到 XTAL1 和 XTAL2 引脚的情况下启动。	读/写	0
6	OSCSTAT	0 1	主晶振状态 主晶振未准备好 主晶振已准备好。可以通过 OSCEN 位设置作为一个时钟源使用	只读	0
31:7	—	—	保留，用户软件不要向其写入 1。从保留位读出的值未被定义	—	NA

由上可知，SCS 寄存器主要用于设置晶振使用方法。SCS 寄存器的用法与 LPC 系列的 ARM7 处理器保持兼容。

3.6　LPC1700 系统例程

3.6.1　CMSIS 的系统启动代码

1. CMSIS 标准简介

CMSIS(Cortex Microcon-troller Software Interface Standard)是 ARM 公司于 2008 年 11 月 12 日发布的 ARM Cortex 微控制器软件接口标准。CMSIS 是独立于供应商的 Cortex-M 处理器系列硬件抽象层，为芯片厂商和中间件供应商提供了连续的、简单的处理器软件接口，简化了软件复用，降低了 Cortex-M3 上操作系统的移植难度，并缩短新入门的微控制器开发者的学习时间和新产品的上市时间。

根据近期的调查研究，软件开发已经被嵌入式行业公认为最主要的开发成本。图 3.10 为近年来软件开发与硬件开发成本对比图。因此，ARM 公司与 Atmel、IAR、Keil、hami-nary Micro、Micrium、NXP、SEGGER 和 ST 等诸多芯片和软件厂商合作，将所有 Cortex 芯片厂商产品的软件接口标准化，制定了 CMSIS 标准。此举意在降低软件开发成本，尤其针对新设备项目开发，或者将已有软件移植到其它芯片厂商提供的基于 Cortex 处理器的微控制器的情况。有了该标准，芯片厂商就能够将他们的资源专注于产品外设特性的差异化，并且消除对微控制器进行编程时需要维持的不同的、互相不兼容的标准的需求，从而达到降低开发成本的目的。

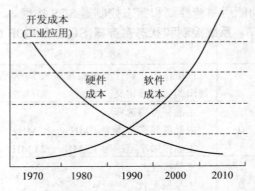

图 3.10　软件与硬件开发成本对比

　　如图 3.11 所示，基于 CMSIS 标准的软件架构主要分为 4 层：用户应用层、操作系统及中间件接口层、CMSIS 层、硬件寄存器层。其中，CMSIS 层起着承上启下的作用：一方面该层对硬件寄存器层进行统一实现，屏蔽了不同厂商对 Cortex-M 系列微处理器核内外设寄存器的不同定义；另一方面又向上层的操作系统及中间件接口层和应用层提供接口，简化了应用程序开发难度，使开发人员能够在完全透明的情况下进行应用程序开发。也正是如此，CMSIS 层的实现相对复杂。

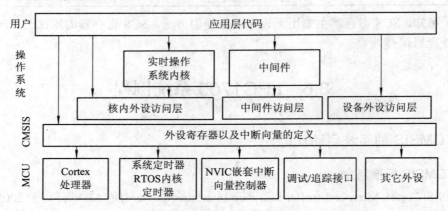

图 3.11　基于 CMSIS 标准的软件架构

　　CMSIS 层主要分为 3 部分：

　　(1) 核内外设访问层(CPAL)：由 ARM 负责实现。包括对寄存器地址的定义，对核寄存器、NVIC、调试子系统的访问接口定义以及对特殊用途寄存器的访问接口(如 CONTROL 和 xPSR)定义。由于对特殊寄存器的访问以内联方式定义，所以 ARM 针对不同的编译器统一用_INLINE 来屏蔽差异。该层定义的接口函数均是可重入的。

　　(2) 中间件访问层(MWAL)：由 ARM 负责实现，但芯片厂商需要针对所生产的设备特性对该层进行更新。该层主要负责定义一些中间件访问的 API 函数，例如为 TCP/IP 协议栈、SD/MMC、USB 协议以及实时操作系统的访问与调试提供标准软件接口。该层在 CMSIS 1.1

标准中尚未实现。

(3) 设备外设访问层(DPAL)：由芯片厂商负责实现。该层的实现与 CPAL 类似，负责对硬件寄存器地址以及外设访问接口进行定义。该层可调用 CPAL 层提供的接口函数，同时根据设备特性对异常向量表进行扩展，以处理相应外设的中断请求。

下面以 NXP 的 LPC1700 芯片为例来讲解 CMSIS 的文件规范。

采用 CMSIS 规范的软件开发工程中一般会包含一个 CMSIS 目录，下面有三个源程序文件 core_cm3.c、startup_lpc17xx.s 和 system_lpc17xx.c，以及四个头文件 stdint.h、lpc17xx.h、core_cm3.h 和 system_lpc17xx.h。

(1) core_cm3.h 和 core_cm3.c：包括 Cortex-M3 核的全局变量声明和定义，并定义一些静态功能函数。

(2) system_lpc17xx.h 和 system_lpc17xx.c：实现了由 NXP 芯片厂商定义的系统初始化函数 SystemInit()，以及一些指示时钟的变量(如 SystemFrequency)。

(3) stdint.h：包括了对 8 位、16 位、32 位等类型指示符的定义，主要用来屏蔽不同编译器之间的差异。

(4) lpc17xx.h：提供给应用程序的头文件，它包含 core_cm3.h 和 system_lpc17xx.h，定义了与 NXP 芯片厂商相关的寄存器以及各中断异常号，并可定制 Cortex-M3 核中的特殊设备，如 MCU、中断优先级位数以及 SysTick 时钟配置。

虽然 CMSIS 提供的文件很多，但在用户编写的应用程序中，只需要简单地包含 lpc17xx.h 即可。这样可以降低用户开发程序的难度。

注意：如果采用其它的 Cortex-M3 芯片进行开发，其 CMSIS 的组织规范类似。例如采用 stm32 的芯片，则其几个文件名分别为 system_stm32.c 和 stm32.h 等。

2. CMSIS 提供的芯片启动程序 startup_lpc17xx.s

基于 Cortex-M3 内核的芯片多数为复杂的片上系统，这种复杂系统里的多数硬件模块都是可以配置的，需要由软件来设置其需要的工作状态。由于 C 语言具有模块性和可移植性的特点，大部分基于 Cortex-M3 的应用系统程序都采用 C 语言编写。但是当系统复位启动时，在进入 C 语言的 main 函数之前，需要有一段启动程序来完成对存储器配置、地址重映射和芯片内部集成外围功能初始化等工作。这类工作直接面对处理器内核和硬件控制器进行编程，用 C 语言较难实现，因此一般采用汇编语言编写。

汇编级启动代码的作用一般是：堆和栈的初始化、中断向量表的定义、地址重映射及中断向量表的转移、设置系统时钟频率、中断寄存器的初始化、进入 C 应用程序。

startup_lpc17xx.s 是 NXP 1700 系列芯片的启动代码。每个工程都应当加载此文件，否则 LPC1700 芯片无法启动，也即无法开始工作。

由上述可知，了解系统启动代码的基本流程对我们深入理解 Cortex-M3 芯片是很有帮助的。

【程序 3.1】　startup_lpc17xx.s 的代码清单：

```
; 定义栈和堆的大小
Stack_Size          EQU     0x00000200

                    AREA    STACK, NOINIT, READWRITE, ALIGN=3
```

```
Stack_Mem          SPACE     Stack_Size
_initial_sp


Heap_Size          EQU       0x00000000

                   AREA      HEAP, NOINIT, READWRITE, ALIGN=3
_heap_base
Heap_Mem           SPACE     Heap_Size
_heap_limit


; 工作在 thumb 状态
                   PRESERVE8
                   THUMB


; 中断向量表的定义，复位时将向量表映射到地址 0
                   AREA      RESET, DATA, READONLY
                   EXPORT    _Vectors


_Vectors           DCD       _initial_sp              ; 堆栈指针
                   DCD       Reset_Handler            ; Reset Handler
                   DCD       NMI_Handler              ; NMI Handler
                   DCD       HardFault_Handler        ; Hard Fault Handler
                   DCD       MemManage_Handler        ; MPU Fault Handler
                   DCD       BusFault_Handler         ; Bus Fault Handler
                   DCD       UsageFault_Handler       ; Usage Fault Handler
                   DCD       0                        ; Reserved
                   DCD       0                        ; Reserved
                   DCD       0                        ; Reserved
                   DCD       0                        ; Reserved
                   DCD       SVC_Handler              ; SVCall Handler
                   DCD       DebugMon_Handler         ; Debug Monitor Handler
                   DCD       0                        ; Reserved
                   DCD       PendSV_Handler           ; PendSV Handler
                   DCD       SysTick_Handler          ; SysTick Handler


;外部中断
                   DCD       WDT_IRQHandler           ; 16: Watchdog Timer
                   DCD       TIMER0_IRQHandler        ; 17: Timer0
                   DCD       TIMER1_IRQHandler        ; 18: Timer1
```

DCD	TIMER2_IRQHandler	; 19: Timer2
DCD	TIMER3_IRQHandler	; 20: Timer3
DCD	UART0_IRQHandler	; 21: UART0
DCD	UART1_IRQHandler	; 22: UART1
DCD	UART2_IRQHandler	; 23: UART2
DCD	UART3_IRQHandler	; 24: UART3
DCD	PWM1_IRQHandler	; 25: PWM1
DCD	I2C0_IRQHandler	; 26: I2C0
DCD	I2C1_IRQHandler	; 27: I2C1
DCD	I2C2_IRQHandler	; 28: I2C2
DCD	SPI_IRQHandler	; 29: SPI
DCD	SSP0_IRQHandler	; 30: SSP0
DCD	SSP1_IRQHandler	; 31: SSP1
DCD	PLL0_IRQHandler	; 32: PLL0 Lock (Main PLL)
DCD	RTC_IRQHandler	; 33: Real Time Clock
DCD	EINT0_IRQHandler	; 34: External Interrupt 0
DCD	EINT1_IRQHandler	; 35: External Interrupt 1
DCD	EINT2_IRQHandler	; 36: External Interrupt 2
DCD	EINT3_IRQHandler	; 37: External Interrupt 3
DCD	ADC_IRQHandler	; 38: A/D Converter
DCD	BOD_IRQHandler	; 39: Brown-Out Detect
DCD	USB_IRQHandler	; 40: USB
DCD	CAN_IRQHandler	; 41: CAN
DCD	DMA_IRQHandler	; 42: General Purpose DMA
DCD	I2S_IRQHandler	; 43: I2S
DCD	ENET_IRQHandler	; 44: Ethernet
DCD	RIT_IRQHandler	; 45: Repetitive Interrupt Timer
DCD	MCPWM_IRQHandler	; 46: Motor Control PWM
DCD	QEI_IRQHandler	; 47: Quadrature Encoder Interface
DCD	PLL1_IRQHandler	; 48: PLL1 Lock (USB PLL)
DCD	USBActivity_IRQHandler	; USB Activity interrupt to wakeup
DCD	CANActivity_IRQHandler	; CAN Activity interrupt to wakeup
IF	:LNOT::DEF:NO_CRP	
AREA	|.ARM._at_0x02FC|, CODE, READONLY	
CRP_Key　　DCD	0xFFFFFFFF	
ENDIF		
AREA	|.text|, CODE, READONLY	

```
; Reset Handler
Reset_Handler    PROC
                 EXPORT   Reset_Handler              [WEAK]
                 IMPORT   _main
                 LDR      R0, =_main
                 BX       R0                         ;跳转到 C 语言的 main 函数
                 ENDP


; 各中断服务程序的入口，基本上就是实现一个跳转指令
NMI_Handler      PROC
                 EXPORT   NMI_Handler                [WEAK]
                 B        .
                 ENDP
 … …
 … …
Default_Handler PROC

;各中断服务程序入口变量的外部声明
                 EXPORT   WDT_IRQHandler             [WEAK]
                 EXPORT   TIMER0_IRQHandler          [WEAK]
 … …
 … …
                 EXPORT   USBActivity_IRQHandler     [WEAK]
                 EXPORT   CANActivity_IRQHandler     [WEAK]


                 B        .
                 ENDP
                 ALIGN


; 用户初始化堆栈
                 IF       :DEF:_MICROLIB        ;如果使用了 keil 编译器的 C 库 microlib
                 EXPORT   _initial_sp
                 EXPORT   _heap_base
                 EXPORT   _heap_limit
                 ELSE
                 IMPORT   _use_two_region_memory
                 EXPORT   _user_initial_stackheap
_user_initial_stackheap
                 LDR      R0, =   Heap_Mem
```

```
        LDR        R1, =(Stack_Mem + Stack_Size)
        LDR        R2, = (Heap_Mem +   Heap_Size)
        LDR        R3, = Stack_Mem
        BX         LR
        ALIGN
        ENDIF
        END
```

3. CMSIS 提供的系统初始化程序 system_lpc17xx.c

system_lpc17xx.c 是 CMSIS 规范的 DPAL 层源文件，负责实现 NXP 1700 芯片的底层设备驱动。该源程序文件主要实现一个函数 SystemInit()用以完成 Cortex-M3 系统的初始化工作。SystemInit()函数主要实现系统的时钟初始化工作，该函数由 C 语言的 main 函数调用或由 startup_lpc17xx.s 调用。该函数的调用应该在系统其它工作开始前完成，否则系统时钟未初始化，系统可能工作不正常。

【程序 3.2】system_lpc17xx.c 的代码清单：

```
    #include <stdint.h>
    #include "LPC17xx.h"
    //时钟配置的宏定义
    #define CLOCK_SETUP              1
    #define SCS_Val                  0x00000020
    #define CLKSRCSEL_Val            0x00000001         //选择主晶振为时钟源
    #define PLL0_SETUP               1
    #define PLL0CFG_Val              0x00050063         // N=6, M=100
    #define PLL1_SETUP               0
    #define PLL1CFG_Val              0x00000023
    #define CCLKCFG_Val              0x00000003         // CCLK 分频为 4 分频
    #define USBCLKCFG_Val            0x00000000
    #define PCLKSEL0_Val             0x00000000
    #define PCLKSEL1_Val             0x00000000
    #define PCONP_Val                0x042887DE
    #define CLKOUTCFG_Val            0x00000000


    #define XTAL        (12000000UL)        /* 主晶振频率 12 MHz */
    #define OSC_CLK     (       XTAL)       /* 主晶振频率 */
    #define RTC_CLK     (    32000UL)       /* RTC 时钟频率 */
    #define IRC_OSC     ( 4000000UL)        /* IRC 时钟频率 */


    uint32_t SystemFrequency = IRC_OSC;     /* 系统频率变量定义，初值为 IRC 频率 */
```

```
void SystemInit (void)
{
#if (CLOCK_SETUP)                                    /* 时钟设置 */
  LPC_SC->SCS        = SCS_Val;
  if (SCS_Val & (1 << 5)) {                          /* 如果主晶振使能 */
    while ((LPC_SC->SCS & (1<<6)) == 0);             /* 等待主晶振准备好 */
  }

  LPC_SC->CCLKCFG    = CCLKCFG_Val;                  /* 设置时钟分频 */

  LPC_SC->PCLKSEL0   = PCLKSEL0_Val;                 /* APB 总线时钟选择 */
  LPC_SC->PCLKSEL1   = PCLKSEL1_Val;

  LPC_SC->CLKSRCSEL  = CLKSRCSEL_Val;                /* 选择 PLL0 时钟源 */

#if (PLL0_SETUP)
  LPC_SC->PLL0CFG    = PLL0CFG_Val;
  LPC_SC->PLL0CON    = 0x01;                         /* PLL0 使能 */
  LPC_SC->PLL0FEED   = 0xAA;
  LPC_SC->PLL0FEED   = 0x55;
  while (!(LPC_SC->PLL0STAT & (1<<26)));             /* 等待 PLOCK0 */

  LPC_SC->PLL0CON    = 0x03;                         /* PLL0 使能、连接 */
  LPC_SC->PLL0FEED   = 0xAA;
  LPC_SC->PLL0FEED   = 0x55;
#endif

#if (PLL1_SETUP)
  LPC_SC->PLL1CFG    = PLL1CFG_Val;
  LPC_SC->PLL1CON    = 0x01;                         /* PLL1 使能 */
  LPC_SC->PLL1FEED   = 0xAA;
  LPC_SC->PLL1FEED   = 0x55;
  while (!(LPC_SC->PLL1STAT & (1<<10)));             /* 等待 PLOCK1 */

  LPC_SC->PLL1CON    = 0x03;                         /* PLL1 使能、连接 */
  LPC_SC->PLL1FEED   = 0xAA;
  LPC_SC->PLL1FEED   = 0x55;
#else
  LPC_SC->USBCLKCFG  = USBCLKCFG_Val;                /* 设置 USB 时钟分频 */
```

```
#endif

    LPC_SC->PCONP       = PCONP_Val;          /* APB 总线功率控制 */

    LPC_SC->CLKOUTCFG = CLKOUTCFG_Val;   /* 时钟输出配置 */
#endif

    /* 根据寄存器的值设置系统频率变量的值 */
    if (((LPC_SC->PLL0STAT >> 24)&3)==3) {        /* 如果 PLL0 使能连接 */
      switch (LPC_SC->CLKSRCSEL & 0x03) {
        case 0:                                   /* IRC 连接到 PLL0 */
        case 3:                                   /* 保留，默认为 IRC */
          SystemFrequency = (IRC_OSC *
                            ((2 * ((LPC_SC->PLL0STAT & 0x7FFF) + 1)))   /
                            (((LPC_SC->PLL0STAT >> 16) & 0xFF) + 1)     /
                            ((LPC_SC->CCLKCFG & 0xFF)+ 1));
          break;
        case 1:                                   /* 主晶振连接到 PLL0 */
          SystemFrequency = (OSC_CLK *
                            ((2 * ((LPC_SC->PLL0STAT & 0x7FFF) + 1)))   /
                            (((LPC_SC->PLL0STAT >> 16) & 0xFF) + 1)     /
                            ((LPC_SC->CCLKCFG & 0xFF)+ 1));
          break;
        case 2:                                   /* RTC 晶振连接到 PLL0 */
          SystemFrequency = (RTC_CLK *
                            ((2 * ((LPC_SC->PLL0STAT & 0x7FFF) + 1)))   /
                            (((LPC_SC->PLL0STAT >> 16) & 0xFF) + 1)     /
                            ((LPC_SC->CCLKCFG & 0xFF)+ 1));
          break;
      }
    } else {
      switch (LPC_SC->CLKSRCSEL & 0x03) {
        case 0:                                   /* IRC 连接到 PLL0 */
        case 3:                                   /* 保留，默认为 IRC */
          SystemFrequency = IRC_OSC / ((LPC_SC->CCLKCFG & 0xFF)+ 1);
          break;
        case 1:                                   /* 主晶振连接到 PLL0 */
          SystemFrequency = OSC_CLK / ((LPC_SC->CCLKCFG & 0xFF)+ 1);
          break;
        case 2:                                   /* RTC 晶振连接到 PLL0 */
```

```
          SystemFrequency = RTC_CLK / ((LPC_SC->CCLKCFG & 0xFF)+ 1);
          break;
      }
    }
  }
```

程序中各寄存器的定义和设置值请参见 3.4 节。

由程序可知，在我们使用的 LPC1768 平台中，使用的外部晶振频率为 12 MHz，N 值为 6，M 值为 100。根据公式 $F_{CCO} = (2 \times M \times F_{IN})/N$，可计算出 F_{CCO} 频率为 $(2 \times 100 \times 12)/6 = 400$ MHz。再根据 CCLKCFG 寄存器的值为 3，即可计算出本系统里 LPC1768 芯片的主频 CCLK = 400/(3 + 1) = 100 MHz。

PCLKSEL 寄存器的值均设为 0，因此所有 APB 总线外设的时钟 PCLK = CCLK/4 = 100/4 = 25 MHz。

为了节电，系统关闭了部分外设，请读者根据 PCONP 寄存器的值 0x042887DE，自行查阅哪些外部设备并未启用。

此配置方案未启用 USB 总线，因此 PLL0 的 USBCLKCFG 和 PLL1 均未启用。

这里要提醒的是，CMSIS 只是 ARM 公司推荐的一种 Cortex-M3 代码编写方案，在实际使用中用户并不一定非要使用此方案，完全可以根据自己的实际需求来实现。这样就要求用户自己编写自己的寄存器定义、启动代码和初始化程序，有兴趣者可以参见 IAR System 公司和上海丰宝电子有限公司提供的 LPC17xx 例程。

3.6.2　外部中断例程

LPC1700 芯片的中断机制由 Cortex-M3 内核的 NVIC 实现。由于中断寄存器基本由系统内核实现，用户不用参与，极大地方便了用户的开发。

LPC1700 芯片提供了 4 个外部中断输入作为可选的引脚功能，此外，外部中断能够将 CPU 从掉电模式中唤醒。这 4 个外部中断分别是 EINT0、EINT1、EINT2 和 EINT3，对应的引脚分别是 P2[10]、P2[11]、P2[12]和 P2[13]。

本例中，采用一个按键实现 EINT0 中断，使用的引脚为 P2[10]，每按一次按键产生一次外部 EINT0 中断。

1. 中断初始化

这一部分实现一个中断按键的初始化功能函数 BUTTON_init()。函数设置相关引脚，设置中断产生的方式并使能中断。

【程序 3.3】　BUTTON_init()函数的代码清单：

```
    void BUTTON_init(void)
    {
      LPC_GPIO2->FIODIR        &= ~(1 << 10);        /* 引脚 2.10 定义为输入脚 */
      LPC_GPIOINT->IO2IntEnF |=  (1 << 10);          /* 使能下降沿中断 */

      NVIC_EnableIRQ(EINT0_IRQn);                     /* 使能 NVIC 中断 EINT0 */
    }
```

该函数中跟 GPIO 引脚有关的部分请参见第 4 章相关内容。

NVIC_EnableIRQ( )是由 CMSIS 提供的 core_cm3.h 实现的一个静态内部函数，该函数通过操作 NVIC 的中断使能寄存器将函数参数的对应位置 1，从而实现使能功能。

EINT0_IRQn 是 EINT0 的中断编号宏，该宏定义在 lpc17xx.h 里实现。

2．中断服务程序

中断服务程序是中断发生以后调用执行的程序。进入中断服务程序以后，应当首先清除中断标志，然后再执行用户需要执行的用户代码。

中断服务程序一般采用 xxx_IRQHandler() 的函数形式来实现。函数一般不带参数，返回类型应该是 void 类型。

【程序 3.4】　EINT0_IRQHandler() 函数的代码清单：

```
void EINT0_IRQHandler()
{
    LPC_GPIOINT->IO2IntClr |= (1 << 10);          /* 清除 2.10 引脚中断标志 */

        /* 用户代码，用户可自定义编写，在中断服务程序里的代码应尽可能短小 */

}
```

该函数中跟 GPIO 引脚有关的部分请参见第 4 章相关内容。

3．main 函数

对于一个中断例程来说，main 函数只需要完成初始化工作，然后简单地循环等待即可。

【程序 3.5】　main() 函数的代码清单：

```
int main (void)
{
    SystemInit();                    /* 系统初始化 */
    BUTTON_init();                   /* 中断按键初始化 */
    while (1);                       /* 进入死循环，等待中断 */
}
```

读者可以看到，采用 CMSIS 标准的编程，实现中断功能是非常简单的。当然，也可以不采用此方案，用户可以自己编写代码操作 NVIC 寄存器来实现中断功能初始化，实现中断按键初始化等功能。

3.6.3　SysTick 定时器例程

SysTick 是 Cortex-M3 内核 NVIC 的一部分，它是 Cortex-M3 内核提供定时信号的一种机制。

SysTick 的工作机制与外部设备中的 Timer 定时器类似，它的本质是一个计数器，通过对系统的时钟频率(即每一个 "tick")进行计数，当计数值达到设定的数值时完成计时的工作。不同的是，即使外部的 Timer 定时器由于节电等原因关闭了，SysTick 仍然能够正常工作。

SysTick 采用中断机制工作，正确的配置为每 10 ms 产生一次 SysTick 中断。

1．SysTick 定时器初始化

SysTick 定时器的初始化工作由 CMSIS 提供的 core_cm3.h 头文件实现。该文件实现了一个 SysTick_Config()函数实现初始化功能。

【程序 3.6】SysTick_Config()函数的实现代码：

```
static _INLINE uint32_t SysTick_Config(uint32_t ticks)
{
    if (ticks > SYSTICK_MAXCOUNT)    return (1);                          /* 函数参数超限 */

    SysTick->LOAD =    (ticks & SYSTICK_MAXCOUNT) - 1;        /* 加载计数预设值 */
    NVIC_SetPriority (SysTick_IRQn, (1<<__NVIC_PRIO_BITS) - 1);   /* 设置 SysTick 中断优先级 */
    SysTick->VAL    =   (0x00);                               /* SysTick 计数初值为 0 */
    SysTick->CTRL=(1<<SYSTICK_CLKSOURCE)|(1<<SYSTICK_ENABLE)|(1<<SYSTICK_TICKINT);
            /* 使能 SysTick 定时器和其中断 */
    return (0);

}
```

该函数中跟 SysTick 寄存器有关的部分请参见第 2 章相关内容。

函数参数是定时器计数的 tick 数，通过计算可得到准确的定时时间。

该函数在用户程序中简单地调用即可。

2．SysTick 中断服务程序

如前所述，SysTick 定时器采用中断方式工作，计数值每达到一次预设的 tick 数便产生一次中断。用户可以利用这个特性编写自己的 SysTick 中断服务程序来实现自己的功能，比如说，每隔一段时间点亮或熄灭一个 LED 灯。

【程序 3.7】　　SysTick_Handler()函数的代码清单：

```
void SysTick_Handler (void)
{
    TimeTick++;
    if (TimeTick >= 20)
    {
        TimeTick = 0;
        LPC_GPIO2->FIOPIN ^= 1 << 7;
    }

}
```

该函数利用了一个外部全局变量 TimeTick，该变量于每次 SysTick 中断发生(即 10 ms)自加一次，每次自加到 20 时(即 200 ms)清零，并将连接到 P2[7]引脚上的 LED 灯信号反转，实现交替点亮和熄灭的功能。

3．main 函数

【程序 3.8】　　main()函数的代码清单：

```
int main (void)
{

    SystemInit();
    SysTick_Config(SystemFrequency /100);

    while (1);

}
```

SystemFrequency 的取值请参见 3.6.1 节，不管采用主晶振、IRC 还是 RTC 作为系统的时钟源，SystemFrequency 都是每秒产生的系统时钟数。SysTick_Config() 的参数 SystemFrequency/100，也就是每 1/100 秒即 10 ms 产生一次 SysTick 中断。

习　题

3.1　简单说明 LPC1700 系列芯片复位时的处理流程。

3.2　LPC1700 系列芯片的存储器空间是如何分布的？

3.3　LPC1700 芯片的引脚通常都是复用的，当要使用引脚的某个功能时，应如何进行设置？

3.4　简述使能 PLL0 的工作过程。

3.5　如果 LPC1700 使用的外部晶振频率为 12 MHz，使用 USB 接口，计算最大的系统时钟频率 CCLK 以及此时的 M 值和 N 值，并编写设置 PLL 的程序段。

3.6　LPC1700 有哪些降低功耗的措施？

3.7　如果要使用外部中断 0 来唤醒掉电的 LPC1700，应设置哪些寄存器，各寄存器的值应为多少？写出其程序段。

第 4 章　LPC1700 系列处理器

基本接口技术

　　LPC1700 系列嵌入式处理器具有丰富的外设接口，以满足不同应用场合的需要。处理器中内嵌 1 个 10/100 M 以太网介质询问控制器(MAC)，1 个带 4 KB 端点 RAM 的 USB 2.0 全速 device/host/OTG 控制器，4 个 UART 串行口，2 个 CAN 通道，1 个 SPI 接口，2 个同步串行口(SSP)，3 个 I²C 接口和 1 个 I²S 接口。为了支持上述串行通信接口，LPC1700 系列处理器采用了一些特殊的部件，主要包括 1 个片上 4 MHz 内置高精度时钟发生器；共计 64 KB 的片内 RAM，32 KB 的本地 SRAM，2 个共 AHB 总线模块使用的 16 KB SRAM，该 SRAM 用以支持以太网、USB、DMA 存储器等模块操作。

　　除了上述串行通信控制器外，LPC1700 系列处理器还具有 4 个 32 位的定时器，1 个看门狗，1 个正交编码器接口，1 个 RTC，1 个增强 12 位 8 通道的 ADC 和 10 位 DAC，2 个 PWM 单元，4 根外部中断引脚，以及多至 70 条的快速 GPIO 引脚。所有这些接口及特性使得 LPC1700 系列处理器特别适合于电子测量、工业控制总线、白色家电、报警系统以及电机控制系统等应用场合。

　　本章选取实际应用中所使用的基本外设接口进行介绍，使读者对 LPC1700 系列处理器的应用有一个初步了解。LPC1700 系列处理器的高级通信接口将在下一章介绍。

4.1　GPIO 接口

4.1.1　特性

　　LPC1700 嵌入式处理器共有 5 个通用输入/输出端口，即 GPIO 接口，占用 P0～P4 共 70 根引脚。这些引脚一般与其它外围设备模块引脚复用，所以在某些应用场合不是所有 GPIO 引脚都能使用。

1. 数字 I/O 端口

　　LPC1700 嵌入式处理器采取以下方法加速 GPIO 端口的操作速度：GPIO 寄存器被安排在外设 AHB 总线寻址空间，以实现高速的 I/O 时序；屏蔽寄存器允许将某些端口位作为一组进行操作，而其它位不变；所有 GPIO 寄存器都可按字节、半字和字寻址；整个端口值可用一条指令写入；GPIO 寄存器可由 GP DMA 进行访问。

其它特性还包括：位电平置位和清零寄存器允许用一条指令置位清零一个端口的任意位；所有 GPIO 寄存器支持 Cortex-M3 位带操作；GPIO 寄存器可由 GPDMA 控制器进行访问，允许对 GPIO 进行 DMA 数据操作，使之与 DMA 请求同步；单个端口的方向可控制；所有 I/O 口在复位后默认为上拉输入。

2．中断信号产生端口

LPC1700 端口 0 和端口 2 的每根引脚都可以产生中断信号。每个中断信号可编程设置为上升沿触发、下降沿触发或脉冲触发。每个使能的中断可作为唤醒信号，用于把某个模块从省电模式中唤醒。用户软件通过操作 GPIO 寄存器，可以挂起上升沿中断、下降沿中断和 GPIO 总中断。边沿检测是异步的，因此可以在没有时钟的情况下(例如掉电模式)操作。由于这种特性，就无需电平触发中断。

端口 0 和端口 2 的中断信号与 VIC 的外部中断 3 共享同一个中断通道。

4.1.2　应用场合

通用输入/输出端口 GPIO 引脚可以用于驱动 LED 或其它指示设备，用于控制片外设备，用于探测数字输入信号和检测电平跳变，还可以用于唤醒某个在省电模式中的外围模块。

4.1.3　引脚描述

GPIO 引脚描述如表 4.1 所示。

表 4.1　GPIO 引脚描述

引脚名称	类　型	描　　述
P0[30:0][1]		通用输入/输出。它们通常与其它外设功能共用，因此，并非全部 GPIO 都可在一个应用中使用。在一个特定的器件中，封装选项会影响可用的 GPIO 数目。某些引脚会受到引脚可选功能要求的限制。例如，I²C 0 引脚为开漏引脚，用于该引脚上可选择的任何功能(详细内容请参考"LPC1768 引脚描述"章节)
P1[31:0][2]		
P2[13:0]	输入/输出	
P3[26:25]		
P4[29:28]		

注：[1]—P0[14:12]不可用。

　　　[2]—P1[2]、P1[3]、P1[7:5]、P1[13:11]不可用。

4.1.4　寄存器描述

由于 LPC1700 嵌入式处理器要求与基于 ARM7 内核的 LPC2300 系列产品相兼容，故该处理器只实现了 5 个 32 位通用 I/O 端口中的部分通用引脚功能。具体细节见"引脚功能选择寄存器"章节。

表4.2的GPIO地址映射寄存器反映了所有GPIO口可用的增强型GPIO特性(快速GPIO特性，局部总线可访问寄存器)。这些寄存器位于 AHB 总线寻址空间，以便进行高速的读写时序。它们支持字节、半字和字的不同大小的数据访问。屏蔽寄存器允许访问一个 GPIO

端口的一组位，而不影响其它位。

表 4.2　GPIO 寄存器地址映射表

通用名称	描　述	访问	复位值[1]	PORTn 地址&名称
FIODIR	快速 GPIO 方向控制寄存器。该寄存器单独控制每个 I/O 口的方向	读/写	0x0	FIO0DIR -0x2009C000 FIO1DIR -0x2009C020 FIO2DIR -0x2009C040 FIO3DIR -0x2009C060 FIO4DIR -0x2009C080
FIOMASK	快速 GPIO 屏蔽寄存器。对快速 GPIO 引脚的写、置位、清除和读操作只有在该寄存器对应位为 0 时才能有效	读/写	0x0	FIO0MASK - 0x2009C010 FIO1MASK - 0x2009C030 FIO2MASK - 0x2009C050 FIO3MASK - 0x2009C070 FIO4MASK - 0x2009C090
FIOPIN	使用 FIOMASK 的快速端口引脚值寄存器。不管引脚方向和模式如何设定，引脚的当前状态都可从该寄存器中读出。对该寄存器执行写操作，并且设置 FIOMASK 对应位为 0 时，可立即改变端口引脚电平。 注意：在 FIOMASK 寄存器中为 1 的位，在 FIOPIN 寄存器中读出值为 0，不管对应引脚的物理状态如何	读/写	0x0	FIO0PIN -0x2009C014 FIO1PIN -0x2009C034 FIO2PIN -0x2009C054 FIO3PIN -0x2009C074 FIO4PIN -0x2009C094
FIOSET	使用 FIOMASK 的快速端口输出置位寄存器。该寄存器控制输出引脚状态。写 1 则引脚输出高电平，写 0 无效。读操作返回该寄存器当前端口输出状态。只有在 FIOMASK 寄存器对应位为 0 时才能改变该引脚状态	读/写	0x0	FIO0SET-0x2009C018 FIO1SET-0x2009C038 FIO2SET-0x2009C058 FIO3SET-0x2009C078 FIO4SET-0x2009C098
FIOCLR	使用 FIOMASK 的快速端口清除寄存器。该寄存器控制输出引脚状态。写 1 则引脚输出低电平，写 0 无效。只有在 FIOMASK 寄存器对应位为 0 时才能改变该引脚状态	只写	0x0	FIO0CLR-0x2009C01C FIO1CLR-0x2009C03C FIO2CLR-0x2009C05C FIO3CLR-0x2009C07C FIO4CLR-0x2009C09C

注：[1] 复位值只反映了使用位的数值，不包括保留位的内容。

GPIO 中断寄存器地址映射特性如表 4.3 所示。

表 4.3　GPIO 中断寄存器地址映射特性

通用名称	描　　述	访问	复位值[1]	PORTn 地址&名称
IntEnR	GPIO 上升沿中断使能寄存器	读/写	0x0	IO0IntEnR-0x40028090 IO2IntEnR-0x400280B0
IntEnF	GPIO 下降沿中断使能寄存器	读/写	0x0	IO0IntEnF-0x40028094 IO2IntEnF-0x400280B4
IntStatR	GPIO 上升沿中断状态寄存器	只读	0x0	IO0IntStatR-0x40028084 IO2IntStatR-0x400280A4
IntStatF	GPIO 下降沿中断状态寄存器	只读	0x0	IO0IntStatF -0x40028088 IO2IntStatF -0x400280A8
IntClr	GPIO 中断清除寄存器	只写	0x0	IO0IntClr-0x4002808C IO2IntClr-0x400280AC
IntStatus	GPIO 总中断状态寄存器	只读	0x0	IOIntStatus-0x40028080

注：[1] 复位值只反映了使用位的数值，不包括保留位的内容。

1．GPIO 端口方向控制寄存器(FIO[0/1/2/3/4]DIR-0x2009C0[0/2/4/6/8]0)

该 32 位寄存器用于控制已配置为 GPIO 的引脚的输入/输出方向。在实际应用中应根据引脚的功能正确设置其输入/输出方向。快速 GPIO 端口方向控制寄存器的特征如表 4.4 所示。

表 4.4　快速 GPIO 端口方向控制寄存器的特征

位	值	功　能　描　述	复位值
31:0		快速 GPIO 端口 x 方向控制位。寄存器第 0 位控制端口 x 引脚 0	0x0
	0	设置引脚为输入	
	1	设置引脚为输出	

除了只能按 32 位访问的 FIOxDIR 寄存器外，每个快速 GPIO 端口可以通过几个 8 位和 16 位寄存器控制。表 4.5 列出的寄存器虽然功能与 FIOxDIR 相同，但使用这些寄存器用户程序能更快更容易地访问物理端口。

表 4.5　快速 GPIO 方向控制 8 位和 16 位寄存器

通用名称	描　　述	位数访问	复位值	PORTn 地址&名称
FIOxDIR0	快速 GPIO 端口 x 方向控制寄存器 0。该寄存器第 0 位对应快速 GPIO 端口第 0 根引脚，第 7 位对应第 7 根引脚	8 位读/写	0x00	FIO0DIR0-0x2009C000 FIO1DIR0-0x2009C020 FIO2DIR0-0x2009C040 FIO3DIR0-0x2009C060 FIO4DIR0-0x2009C080
FIOxDIR1	快速 GPIO 端口 x 方向控制寄存器 1。该寄存器第 0 位对应快速 GPIO 端口第 8 根引脚，第 7 位对应第 15 根引脚	8 位读/写	0x00	FIO0DIR1-0x2009C001 FIO1DIR1-0x2009C021 FIO2DIR1-0x2009C041 FIO3DIR1-0x2009C061 FIO4DIR1-0x2009C081

通用名称	描　　述	位数 访问	复位值	PORTn 地址&名称
FIOxDIR2	快速 GPIO 端口 x 方向控制寄存器 2。该寄存器第 0 位对应快速 GPIO 端口第 16 根引脚，第 7 位对应第 23 根引脚	8 位 读/写	0x00	FIO0DIR2-0x2009C002 FIO1DIR2-0x2009C022 FIO2DIR2-0x2009C042 FIO3DIR2-0x2009C062 FIO4DIR2-0x2009C082
FIOxDIR3	快速 GPIO 端口 x 方向控制寄存器 3。该寄存器第 0 位对应快速 GPIO 端口第 24 根引脚，第 7 位对应第 31 根引脚	8 位 读/写	0x00	FIO0DIR3-0x2009C003 FIO1DIR3-0x2009C023 FIO2DIR3-0x2009C043 FIO3DIR3-0x2009C063 FIO4DIR3-0x2009C083
FIOxDIRL	快速 GPIO 端口低半字方向控制寄存器。该寄存器第 0 位对应快速 GPIO 端口第 0 根引脚，第 15 位对应第 15 根引脚	16 位 读/写	0x0000	FIO0DIRL-0x2009C000 FIO1DIRL-0x2009C020 FIO2DIRL-0x2009C040 FIO3DIRL-0x2009C060 FIO4DIRL-0x2009C080
FIOxDIRU	快速 GPIO 端口高半字方向控制寄存器。该寄存器第 0 位对应快速 GPIO 端口第 16 根引脚，第 15 位对应第 31 根引脚	16 位 读/写	0x0000	FIO0DIRU-0x2009C002 FIO1DIRU-0x2009C022 FIO2DIRU-0x2009C042 FIO3DIRU-0x2009C062 FIO4DIRU-0x2009C082

2. GPIO 端口输出置位寄存器(FIO[0/1/2/3/4]SET-0x2009C0[1/3/5/7/9]8)

该寄存器用于在 GPIO 的输出引脚产生高电平输入。对应位写 1，则对应引脚输出高电平，写 0 无效。如果引脚被配置位为输入或其它功能，则写 1 也无效。对该寄存器执行读操作，返回前一次对该寄存器写入的值，而对外部引脚状态无影响。

读 FIOxSET 寄存器返回该寄存器的值，该值由前一次对 FIOxSET 和 FIOxCLR(或前面提到的 FIOxPIN)的写操作确定，它不反映任何外部环境对 I/O 引脚的影响。对 FIOSET 寄存器的访问是否有效要根据 FIOMASK 寄存器的对应位的状态而定。快速 GPIO 端口输出置位寄存器特性如表 4.6 所示。

表 4.6　快速 GPIO 端口输出置位寄存器

位	值	功　能　描　述	复位值
31:0		快速 GPIO 端口 x 输出值置位位。寄存器第 0 位控制端口 x 引脚 0	0x0
	0	引脚输出电平不变	
	1	引脚输出高电平	

除了只能按 32 位访问的 FIOxSET 寄存器外，每个快速 GPIO 端口可以通过几个 8 位

和 16 位寄存器控制。表 4.7 列出的寄存器虽然功能与 FIOxSET 相同，但使用这些寄存器用户程序能更快更容易地访问物理端口。

表 4.7　快速 GPIO 端口输出置位 8 位和 16 位寄存器

通用名称	描　　述	位数 访问	复位值	PORTn 地址&名称
FIOxSET0	快速 GPIO 端口 x 输出置位寄存器 0。该寄存器第 0 位对应快速 GPIO 端口第 0 根引脚，第 7 位对应第 7 根引脚	8 位 读/写	0x00	FIO0SET0-0x2009C018 FIO1SET0-0x2009C038 FIO2SET0-0x2009C058 FIO3SET0-0x2009C078 FIO4SET0-0x2009C098
FIOxSET1	快速 GPIO 端口 x 输出置位寄存器 1。该寄存器第 0 位对应快速 GPIO 端口第 8 根引脚，第 7 位对应第 15 根引脚	8 位 读/写	0x00	FIO0SET1-0x2009C019 FIO1SET1-0x2009C039 FIO2SET1-0x2009C059 FIO3SET1-0x2009C079 FIO4SET1-0x2009C099
FIOxSET2	快速 GPIO 端口 x 输出置位寄存器 2。该寄存器第 0 位对应快速 GPIO 端口第 16 根引脚，第 7 位对应第 23 根引脚	8 位 读/写	0x00	FIO0SET2-0x2009C01A FIO1SET2-0x2009C03A FIO2SET2-0x2009C05A FIO3SET2-0x2009C07A FIO4SET2-0x2009C09A
FIOxSET3	快速 GPIO 端口 x 输出置位寄存器 3。该寄存器第 0 位对应快速 GPIO 端口第 24 根引脚，第 7 位对应第 31 根引脚	8 位 读/写	0x00	FIO0SET3-0x2009C01B FIO1SET3-0x2009C03B FIO2SET3-0x2009C05B FIO3SET3-0x2009C07B FIO4SET3-0x2009C09B
FIOxSETL	快速 GPIO 端口低半字输出置位寄存器。该寄存器第 0 位对应快速 GPIO 端口第 0 根引脚，第 15 位对应第 15 根引脚	16 位 读/写	0x0000	FIO0SETL-0x2009C018 FIO1SETL-0x2009C038 FIO2SETL-0x2009C058 FIO3SETL-0x2009C078 FIO4SETL-0x2009C098
FIOxSETU	快速 GPIO 端口高半字输出置位寄存器。该寄存器第 0 位对应快速 GPIO 端口第 16 根引脚，第 15 位对应第 31 根引脚	16 位 读/写	0x0000	FIO0SETU-0x2009C01A FIO1SETU-0x2009C03A FIO2SETU-0x2009C05A FIO3SETU-0x2009C07A FIO4SETU-0x2009C09A

3. GPIO 端口输出清除寄存器(FIO[0/1/2/3/4]CLR-0x2009C0[1/3/5/7/9]C)

该寄存器用于在 GPIO 的输出引脚产生低电平输出。对应位写 1，则对应引脚输出低电平并且清除 FIOSET 寄存器中对应位，写 0 无效。如果引脚被配置位为输入或其它功能，则写 1 也无效。

对 FIOCLR 寄存器的访问是否有效要根据 FIOMASK 寄存器的对应位的状态而定。快速 GPIO 端口输出清除寄存器特性如表 4.8 所示。

表 4.8　快速 GPIO 端口输出清除寄存器特性

位	值	功 能 描 述	复位值
31:0		快速 GPIO 端口 x 输出清除位。寄存器第 0 位控制端口 x 引脚 0	0x0
	0	引脚输出电平不变	
	1	引脚输出低电平	

　　除了只能按 32 位访问的 FIOxCLR 寄存器外，每个快速 GPIO 端口可以通过几个 8 位和 16 位寄存器控制。表 4.9 列出的寄存器虽然功能与 FIOxCLR 相同，但使用这些寄存器用户程序能更快更容易地访问物理端口。

表 4.9　快速 GPIO 端口输出清除 8 位和 16 位寄存器

通用名称	描　　述	位数访问	复位值	PORTn 地址&名称
FIOxCLR0	快速 GPIO 端口 x 输出清除寄存器 0。该寄存器第 0 位对应快速 GPIO 端口第 0 根引脚，第 7 位对应第 7 根引脚	8 位读/写	0x00	FIO0CLR0-0x2009C01C FIO1CLR0-0x2009C03C FIO2CLR0-0x2009C05C FIO3CLR0-0x2009C07C FIO4CLR0-0x2009C09C
FIOxCLR1	快速 GPIO 端口 x 输出清除寄存器 1。该寄存器第 0 位对应快速 GPIO 端口第 8 根引脚，第 7 位对应第 15 根引脚	8 位读/写	0x00	FIO0CLR1-0x2009C01D FIO1CLR1-0x2009C03D FIO2CLR1-0x2009C05D FIO3CLR1-0x2009C07D FIO4CLR1-0x2009C09D
FIOxCLR2	快速 GPIO 端口 x 输出清除寄存器 2。该寄存器第 0 位对应快速 GPIO 端口第 16 根引脚，第 7 位对应第 23 根引脚	8 位读/写	0x00	FIO0CLR2-0x2009C01E FIO1CLR2-0x2009C03E FIO2CLR2-0x2009C05E FIO3CLR2-0x2009C07E FIO4CLR2-0x2009C09E
FIOxCLR3	快速 GPIO 端口 x 输出清除寄存器 3。该寄存器第 0 位对应快速 GPIO 端口第 24 根引脚，第 7 位对应第 31 根引脚	8 位读/写	0x00	FIO0CLR3-0x2009C01F FIO1CLR3-0x2009C03F FIO2CLR3-0x2009C05F FIO3CLR3-0x2009C07F FIO4CLR3-0x2009C09F
FIOxCLRL	快速 GPIO 端口低半字输出清除寄存器。该寄存器第 0 位对应快速 GPIO 端口第 0 根引脚，第 15 位对应第 15 根引脚	16 位读/写	0x0000	FIO0CLRL-0x2009C01C FIO1CLRL-0x2009C03C FIO2CLRL-0x2009C05C FIO3CLRL-0x2009C07C FIO4CLRL-0x2009C09C
FIOxCLRU	快速 GPIO 端口高半字输出清除寄存器。该寄存器第 0 位对应快速 GPIO 端口第 16 根引脚，第 15 位对应第 31 根引脚	16 位读/写	0x0000	FIO0CLRU-0x2009C01E FIO1CLRU-0x2009C03E FIO2CLRU-0x2009C05E FIO3CLRU-0x2009C07E FIO4CLRU-0x2009C09E

4．GPIO 端口引脚值寄存器(FIO[0/1/2/3/4]PIN-0x2009C0[1/3/5/7/9]4)

该寄存器只提供那些被配置为数字功能的引脚端口值。寄存器保存了端口引脚的逻辑值，而无论引脚被配置位输入或输出，亦或配置为数字功能模块。比如，某个端口引脚可以配置为 GPIO 输入、输出，UART 输入，PWM 输出等功能。但该端口所有引脚的逻辑状态可以在 FIOPIN 寄存器中读出。

如果引脚被设置为模拟功能，引脚的状态则不能被有效读到。例如引脚被配置为 A/D 输入，则该引脚在 FIOPIN 中的值无效。

写入 FIOPIN 寄存器的值保存在端口的输出寄存器中，省去了分别写 FIOSET 和 FIOCLR 寄存器的步骤。使用该寄存器时要特别注意，因为一旦一个值写入，整个端口引脚的状态都被更新了。如某端口所有引脚配置为 GPIO 输出，则向 FIOXPIN 写入 0x0000FFFF 时，端口的高 16 根引脚变为低电平输出，低 16 根引脚变为高电平输出。

对 FIOPIN 寄存器的访问是否有效要根据 FIOMASK 寄存器的对应位的状态而定。快速 GPIO 端口引脚值寄存器特性如表 4.10 所示。

表 4.10　快速 GPIO 端口引脚值寄存器特性

位	值	功 能 描 述	复 位 值
31:0		快速 GPIO 端口 x 引脚值位。寄存器第 0 位控制端口 x 引脚 0	0x0
	0	引脚电平状态位低	
	1	引脚电平状态位高	

除了只能按 32 位访问的 FIOxPIN 寄存器外，每个快速 GPIO 端口可以通过几个 8 位和 16 位寄存器控制。表 4.11 列出的寄存器虽然功能与 FIOxPIN 相同，但使用这些寄存器用户程序能更快更容易地访问物理端口。

表 4.11　快速 GPIO 端口引脚值 8 位和 16 位寄存器

通用名称	描　　述	位数访问	复位值	PORTn 地址&名称
FIOxPIN0	快速 GPIO 端口 x 引脚值寄存器 0，该寄存器第 0 位对应快速 GPIO 端口第 0 根引脚，第 7 位对应第 7 根引脚	8 位读/写	0x00	FIO0PIN0-0x2009C014 FIO1PIN0-0x2009C034 FIO2PIN0-0x2009C054 FIO3PIN0-0x2009C074 FIO4PIN0-0x2009C094
FIOxPIN1	快速 GPIO 端口 x 引脚值寄存器 1，该寄存器第 0 位对应快速 GPIO 端口第 8 根引脚，第 7 位对应第 15 根引脚	8 位读/写	0x00	FIO0PIN1-0x2009C015 FIO1PIN1-0x2009C035 FIO2PIN1-0x2009C055 FIO3PIN1-0x2009C075 FIO4PIN1-0x2009C095
FIOxPIN2	快速 GPIO 端口 x 引脚值寄存器 2，该寄存器第 0 位对应快速 GPIO 端口第 16 根引脚，第 7 位对应第 23 根引脚	8 位读/写	0x00	FIO0PIN2-0x2009C016 FIO1PIN2-0x2009C036 FIO2PIN2-0x2009C056 FIO3PIN2-0x2009C076 FIO4PIN2-0x2009C096

通用名称	描　　述	位数 访问	复位值	PORTn 地址&名称
FIOxPIN3	快速 GPIO 端口 x 引脚值寄存器 3，该寄存器第 0 位对应快速 GPIO 端口第 24 根引脚，第 7 位对应第 31 根引脚	8 位 读/写	0x00	FIO0PIN3-0x2009C017 FIO1PIN3-0x2009C037 FIO2PIN3-0x2009C057 FIO3PIN3-0x2009C077 FIO4PIN3-0x2009C097
FIOxPINL	快速 GPIO 端口低半字引脚值寄存器，该寄存器第 0 位对应快速 GPIO 端口第 0 根引脚，第 15 位对应第 15 根引脚	16 位 读/写	0x0000	FIO0PINL-0x2009C014 FIO1PINL-0x2009C034 FIO2PINL-0x2009C054 FIO3PINL-0x2009C074 FIO4PINL-0x2009C094
FIOxPINU	快速 GPIO 端口高半字引脚值寄存器，该寄存器第 0 位对应快速 GPIO 端口第 16 根引脚，第 15 位对应第 31 根引脚	16 位 读/写	0x0000	FIO0PINU-0x2009C016 FIO1PINU-0x2009C036 FIO2PINU-0x2009C056 FIO3PINU-0x2009C076 FIO4PINU-0x2009C096

5. 快速 GPIO 端口屏蔽寄存器(FIO[0/1/2/3/4]MASK-0x2009C0[1/3/5/7/9]0)

该寄存器属于快速 GPIO 端口寄存器组。它用于允许或禁止通过写 FIOPIN、FIOSET 和 FIOCLR 寄存器来控制端口引脚状态的操作。屏蔽寄存器也能用于屏蔽对 FIOPIN 寄存器的读操作。

如果寄存器中某位为 0，则允许读或写操作对应端口引脚；如果寄存器中某位为 1，则无法通过写操作改变引脚状态；如果读取 FIOPIN 寄存器，该引脚的当前状态也不会反映出来。快速 GPIO 端口屏蔽寄存器特性如表 4.12 所示。

表 4.12　快速 GPIO 端口屏蔽寄存器特性

位	值	功　能　描　述	复位值
31:0	0	快速 GPIO 端口 x 引脚访问控制位。寄存器第 0 位控制端口 x 引脚 0。 对应引脚状态通过写其它寄存器来改变。引脚状态也能从 FIOPIN 中读出	0x0
	1	禁止对引脚的读/写操作	

除了只能按 32 位访问的 FIOxMASK 寄存器外，每个快速 GPIO 端口可以通过几个 8 位和 16 位寄存器控制。表 4.13 列出的寄存器虽然功能与 FIOxMASK 相同，但使用这些寄存器用户程序能更快更容易地访问物理端口。

表 4.13 快速 GPIO 端口屏蔽 8 位和 16 位寄存器

通用名称	描 述	位数访问	复位值	PORTn 地址&名称
FIOxMASK0	快速 GPIO 端口 x 屏蔽寄存器 0，该寄存器第 0 位对应快速 GPIO 端口第 0 根引脚，第 7 位对应第 7 根引脚	8 位读/写	0x00	FIO0MASK0-0x2009C010 FIO1MASK0-0x2009C030 FIO2MASK0-0x2009C050 FIO3MASK0-0x2009C070 FIO4MASK0-0x2009C090
FIOxMASK1	快速 GPIO 端口 x 屏蔽寄存器 1，该寄存器第 0 位对应快速 GPIO 端口第 8 根引脚，第 7 位对应第 15 根引脚	8 位读/写	0x00	FIO0MASK1-0x2009C011 FIO1MASK1-0x2009C031 FIO2MASK1-0x2009C051 FIO3MASK1-0x2009C071 FIO4MASK1-0x2009C091
FIOxMASK2	快速 GPIO 端口 x 屏蔽寄存器 2，该寄存器第 0 位对应快速 GPIO 端口第 16 根引脚，第 7 位对应第 23 根引脚	8 位读/写	0x00	FIO0MASK2-0x2009C012 FIO1MASK2-0x2009C032 FIO2MASK2-0x2009C052 FIO3MASK2-0x2009C072 FIO4MASK2-0x2009C092
FIOxMASK3	快速 GPIO 端口 x 屏蔽寄存器 3，该寄存器第 0 位对应快速 GPIO 端口第 24 根引脚，第 7 位对应第 31 根引脚	8 位读/写	0x00	FIO0MASK3-0x2009C013 FIO1MASK3-0x2009C033 FIO2MASK3-0x2009C053 FIO3MASK3-0x2009C073 FIO4MASK3-0x2009C093
FIOxMASKL	快速 GPIO 端口低半字屏蔽寄存器，该寄存器第 0 位对应快速 GPIO 端口第 0 根引脚，第 15 位对应第 15 根引脚	16 位读/写	0x0000	FIO0MASKL-0x2009C010 FIO1MASKL-0x2009C030 FIO2MASKL-0x2009C050 FIO3MASKL-0x2009C070 FIO4MASKL-0x2009C090
FIOxMASKU	快速 GPIO 端口高半字屏蔽寄存器，该寄存器第 0 位对应快速 GPIO 端口第 16 根引脚，第 15 位对应第 31 根引脚	16 位读/写	0x0000	FIO0MASKU-0x2009C012 FIO1MASKU-0x2009C032 FIO2MASKU-0x2009C052 FIO3MASKU-0x2009C072 FIO4MASKU-0x2009C092

6．GPIO 总中断状态寄存器(IOIntStatus-0x40028080)

该只读寄存器保存了支持中断的 GPIO 端口产生的中断请求。寄存器每位代表一个端口。GPIO 总中断状态寄存器特性如表 4.14 所示。

表 4.14　GPIO 总中断状态寄存器特性

位	位标志	值	功 能 描 述	复位值
0	P0Int		端口 0 中断请求位	0
		0	端口 0 无中断请求	
		1	端口 0 至少有一个中断请求	
1	—	—	保留，读出值无定义	NA
2	P2Int		端口 1 中断请求位	0
		0	端口 1 无中断请求	
		1	端口 1 至少有一个中断请求	
31:3	—	—	保留，读出值无定义	NA

7. GPIO 上升沿中断使能寄存器(IO[0/2]IntEnR-0x400280[9/B]0)

该读写寄存器每位使能对应 GPIO 端口引脚为上升沿触发中断。GPIO 上升沿中断使能寄存器特性如表 4.15 所示。

表 4.15　GPIO 上升沿中断使能寄存器特性

位	值	功 能 描 述	复位值
31:0		使能上升沿中断。寄存器第 0 位对应端口 x 引脚 0	0x0
	0	禁止对应引脚上升沿中断	
	1	使能对应引脚上升沿中断	

8. GPIO 下降沿中断使能寄存器(IO[0/2]IntEnF-0x400280[9/B]4)

该读写寄存器每位使能对应 GPIO 端口引脚为下降沿触发中断。GPIO 下降沿中断使能寄存器特性如表 4.16 所示。

表 4.16　GPIO 下降沿中断使能寄存器特性

位	值	功 能 描 述	复位值
31:0		使能下降沿中断，寄存器第 0 位对应端口 x 引脚 0	0x0
	0	禁止对应引脚下降沿中断	
	1	使能对应引脚下降沿中断	

9. GPIO 上升沿中断状态寄存器(IO[0/2]IntStatR-0x400280[8/A]4)

该读写寄存器每位表示对应端口各引脚的上升沿中断状态。GPIO 上升沿中断状态寄存器特性如表 4.17 所示。

表 4.17　GPIO 上升沿中断状态寄存器特性

位	值	功 能 描 述	复位值
31:0		上升沿中断状态位。寄存器第 0 位对应端口 x 引脚 0	0x0
	0	表明该位对应引脚无上升沿中断	
	1	表明该位对应引脚有上升沿中断	

10．GPIO 下降沿中断状态寄存器(IO[0/2]IntStatF-0x400280[8/A]8)

该读写寄存器每位表示对应端口各引脚的下降沿中断状态。GPIO 下降沿中断状态寄存器特性如表 4.18 所示。

表 4.18　GPIO 下降沿中断状态寄存器特性

位	值	功　能　描　述	复位值
31:0		下降沿中断状态位。寄存器第 0 位对应端口 x 引脚 0	0x0
	0	表明该位对应引脚无下降沿中断	
	1	表明该位对应引脚有下降沿中断	

11．GPIO 中断清除寄存器(IO[0/2]IntClr-0x400280[8/A]C)

该寄存器为只读，对每位写 1 则清除对应 GPIO 端口的任何中断状态。GPIO 中断清除寄存器特性如表 4.19 所示。

表 4.19　GPIO 中断清除寄存器

位	值	功　能　描　述	复位值
31:0		下降沿中断状态位。寄存器第 0 位对应端口 x 引脚 0	0x0
	0	在 IOxIntStatR 或 IOxIntStatF 对应位不变	
	1	在 IOxIntStatR 或 IOxIntStatF 对应位清零	

4.1.5　使用注意事项

下面通过两个例子说明使用 GPIO 接口应注意的事项。

例 4.1　顺序访问 FIOSET 和 FIOCLR 控制 GPIO 引脚。

GPIO 输出引脚由端口对应的 FIOSET 和 FIOCLR 寄存器确定。最后一次访问 FIOSET 或 FIOCLR 寄存器决定引脚最终输出状态。

【程序 4.1】顺序访问 FIOSET 和 FIOCLR 控制 GPIO 引脚。

```
FIO0DIR = 0x0000 0080;    //端口 0 引脚 7 配置位输出
FIO0CLR = 0x0000 0080;    //该引脚输出低电平
FIO0SET = 0x0000 0080;    //该引脚输出高电平
FIO0CLR = 0x0000 0080;    //该引脚输出低电平
```

例 4.2　写 FIOPIN 寄存器从端口 0 输出二进制数据。

在实际应用时，先写入 FIOSET 然后再写入 FIOCLR，这样引脚先输出 0(低电平)，一个小延迟后输出 1(高电平)。有的应用系统可以忍受这样的延迟，但有些系统却要求在一个端口同时输出一个由 0、1 混合的二进制内容。所以通过对 FIOPIN 寄存器的操作就可以实现这一要求。

下列代码保持端口 0 的引脚 16~31 和 0~7 不变，同时在引脚 8~15 输出 0xA5，无论之前引脚为何值。

【程序 4.2】使用 32 位快速 GPIO 寄存器。

```
FIO0MASK = 0xFFFF00FF;
FIO0PIN = 0x0000A500;
```

【程序 4.3】 使用 16 位快速 GPIO 寄存器。

  FIO0MASKL = 0x00FF;

  FIO0PINL = 0xA500;

【程序 4.4】 使用 8 位快速 GPIO 寄存器。

  FIO0PIN1 = 0xA5;

写 FIOSET/FIOCLR 寄存器与写 FIOPIN 寄存器有以下区别：

(1) 对 FIOSET/FIOLCR 寄存器写 1 可以很方便地改变引脚状态，而只有对寄存器位写 1 的引脚状态被改变，其它引脚保持不变。但如果要在 GPIO 端口同时输出 0 和 1 混合的二进制数值时则不能用 FIOSET/FIOCLR 寄存器。

(2) 写 FIOPIN 寄存器则可以在并行 GPIO 同时输出需要的二进制数值。写入 FIOPIN 寄存器的二进制数据将影响所有被配置为输出的引脚状态：写入数据 0 引脚输出低电平；写入数据 1 引脚输出高电平。为了只改变端口中某几根引脚状态，应用程序必须将 FIOPIN 内容读出并和一个屏蔽码相与，屏蔽码中的 0 位引脚将被设置，1 位引脚将保持不变。最后这个结果或上一个需要输出的内容，再保存入 FIOPIN 寄存器。例 4.2 就是这样一种情况，端口 0 的 15 至 8 引脚输出 0xA5，其它引脚保持不变。

4.1.6　应用举例

本例使用端口 2 的 P2.0～P2.7 共 8 根引脚控制 8 盏 LED 灯。当引脚输出高电平时点亮 LED 灯，输出低电平熄灭 LED 灯。

1．GPIO 端口寄存器相关宏定义

为了方便用户使用 GPIO 端口的寄存器，在头文件中定义了 GPIO 端口的结构体类型以及 5 个端口的结构体指针宏。具体程序如代码清单 4.5 所示。

【程序 4.5】 GPIO 端口寄存器相关宏定义。

```
typedef struct              //结构体中寄存器的安排严格按照寄存器地址的先后顺序
{
  union {
    _IO uint32_t FIODIR;
    struct {
      _IO uint16_t FIODIRL;
      _IO uint16_t FIODIRH;
    };
    struct {
      _IO uint8_t   FIODIR0;
      _IO uint8_t   FIODIR1;
      _IO uint8_t   FIODIR2;
      _IO uint8_t   FIODIR3;
    };
  };
```

```
            uint32_t RESERVED0[3];
            union {
                _IO uint32_t FIOMASK;
                …
            };
            union {
                _IO uint32_t FIOPIN;
                …
            };
            union {
                _IO uint32_t FIOSET;
                …
            };
            union {
                _O   uint32_t FIOCLR;
                …
            };
        } LPC_GPIO_TypeDef;
        //各个端口寄存器基地址宏定义
        #define LPC_GPIO_BASE        (0x2009C000UL)
        #define LPC_GPIO0_BASE       (LPC_GPIO_BASE + 0x00000)
        #define LPC_GPIO1_BASE       (LPC_GPIO_BASE + 0x00020)
        #define LPC_GPIO2_BASE       (LPC_GPIO_BASE + 0x00040)
        #define LPC_GPIO3_BASE       (LPC_GPIO_BASE + 0x00060)
        #define LPC_GPIO4_BASE       (LPC_GPIO_BASE + 0x00080)
        //各个端口寄存器指针宏定义
        #define LPC_GPIO0      ((LPC_GPIO_TypeDef      *) LPC_GPIO0_BASE   )
        #define LPC_GPIO1      ((LPC_GPIO_TypeDef      *) LPC_GPIO1_BASE   )
        #define LPC_GPIO2      ((LPC_GPIO_TypeDef      *) LPC_GPIO2_BASE   )
        #define LPC_GPIO3      ((LPC_GPIO_TypeDef      *) LPC_GPIO3_BASE   )
        #define LPC_GPIO4      ((LPC_GPIO_TypeDef      *) LPC_GPIO4_BASE   )
```

2. LED 灯初始化函数——LED_init ( )

　　LED_init()函数只是端口的简单设置，要是端口既有输出又有输入则可分别独立设置引脚方向。另外程序还定义了 LED 位数及屏蔽码。具体程序如代码清单 4.6 所示。

　　【程序 4.6】GPIO 端口初始化函数。

```
        #define LED_NUM      8                    /* Number of user LEDs */
        const unsigned long led_mask[] = { 1UL<<0, 1UL<<1, 1UL<<2, 1UL<< 3, 1UL<< 4,
        1UL<< 5, 1UL<< 6, 1UL<< 7 };
```

```
void LED_init(void) {
LPC_GPIO2->FIODIR |= 0x000000ff;   //P2.0...P2.7 Output LEDs on PORT2 defined as Output
}
```

3. LED 灯点亮函数——LedOn( )

LedOn( )函数中设置 FIO2SET 寄存器的某位为 1，控制端口 2 引脚输出高电平，从而点亮 LED 灯。函数参数 num 为具体点亮 LED 灯的序号 0～7。具体代码如代码清单 4.7 所示。

【程序 4.7】LED 灯点亮函数。

```
void LED_On (unsigned int num) {
LPC_GPIO2->FIOPIN |= led_mask[num];
}
```

4. LED 灯熄灭函数——LedOff( )

LedOff( )函数中设置 FIO2CLR 寄存器的某位为 1，控制端口 2 引脚输出低电平，从而熄灭 LED 灯。函数参数 num 为具体熄灭 LED 灯的序号 0～7。具体代码如代码清单 4.8 所示。

【程序 4.8】LED 灯熄灭函数。

```
void LED_Off (unsigned int num) {
LPC_GPIO2->FIOPIN &=  ～led_mask[num];
}
```

4.2 定 时 器

4.2.1 特性

LPC1700 嵌入式处理器具有 4 个 32 位可编程定时/计数器，除了外设基址之外操作完全相同。4 个定时器最少有 2 个捕获输入和 2 个匹配输出，并且每个定时器有多个引脚可选择。定时器 2 引出了全部 4 个匹配输出。

定时/计数器对外设时钟(PCLK)周期或外部时钟进行计数，可选择产生中断或根据匹配寄存器的设定，在到达指定的定时值时执行其它动作(输出高/低电平、翻转或者无动作)。捕获输入用于在输入信号发生跳变时捕获定时器值，并可选择产生中断。

4 个定时器可用作对内部事件进行计数的间隔定时器，或者通过捕获输入实现脉宽调制，也可以作为自由运行的定时器。

LPC1700 定时器的主要特点有：

(1) 带可编程 32 位预分频器的 32 位定时器/计数器。

(2) 具有多达 4 路 32 位的捕获通道，当输入信号跳变时可取得定时器的瞬时值，也可选择使捕获事件产生中断。

(3) 具有 4 个 32 位匹配寄存器：

● 匹配时定时器继续工作，可选择产生中断；

- 匹配时停止定时器，可选择产生中断；
- 匹配时复位定时器，可选择产生中断。

(4) 具有多达 4 个对应于匹配寄存器的外部输出，具有下列特性：

- 匹配时设置为低电平；
- 匹配时设置为高电平；
- 匹配时翻转；
- 配时无动作。

4.2.2　应用场合

LPC1700 定时器主要运用于以下场合：

(1) 对内部事件计数的内部计数器。

(2) 通过捕获输入实现脉冲宽度调制器。

(3) 普通定时器。

4.2.3　定时器结构

定时器逻辑框图如图 4.1 所示。

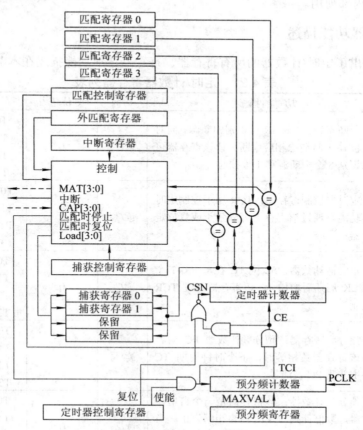

图 4.1　定时器逻辑框图

4.2.4　引脚功能描述

定时/计数器相关引脚在表 4.20 中列出。

表 4.20　定时/计数器引脚描述

引脚	类型	功能描述
CAP0[1:0] CAP1[1:0] CAP2[1:0] CAP3[1:0]	输入	捕获信号：捕获引脚的跳变可配置为将定时器值装入一个捕获寄存器，并可选择产生一个中断。可选择多个引脚用作捕获功能，当有多个引脚被选择用作一个 TIMER0/1 通道的捕获输入时，使用编号最小的引脚
MAT0[1:0] MAT1[1:0] MAT2[3:0] MAT3[1:0]	输出	外部匹配输出：当匹配寄存器(MR3:0)等于定时器计数器(TC)时，该输出可翻转，变为低电平、高电平或不变。外部匹配寄存器(EMR)控制该输出功能。可选择多个引脚并行用作一个定时器匹配输出功能

软件可以在引脚选择寄存器中选择多个引脚用作 CAP 或 MAT 功能，详情请参见第 3.2 节相关内容。当有多个引脚用作匹配输出时，所有引脚状态完全相同；当有多个引脚用作捕获输入时，只有序号最低的引脚有效。需要注意的是，在不使用器件引脚的情况下匹配功能也可以在内部使用。

4.2.5　寄存器功能描述

表 4.21 列出了定时/计数器的所有寄存器。寄存器详细功能描述在本节后面给出。

表 4.21　定时/计数器寄存器列表

通用名称	功能描述	访问	复位值[1]	名称&地址
IR	中断寄存器：读 IR 可识别中断源，向对应位写 1 将清除相应中断。读该寄存器可以识别 8 个中断源哪个被挂起	读/写	0	T0IR-0x40094000 T1IR-0x40098000 T2IR-0x40090000 T3IR-0x40094000
TCR	定时器控制寄存器：TCR 用于控制定时器功能。通过该寄存器可以禁止或复位定时器	读/写	0	T0TCR-0x40004004 T1TCR-0x40008004 T2TCR-0x40090004 T3TCR-0x40094004
TC	定时器计数器：32 位 TC 在每 PR+1 个 PCLK 周期后增加 1。该寄存器通过 TCR 控制	读/写	0	T0TC-0x40004008 T1TC-0x40008008 T2TC-0x40090008 T3TC-0x40094008
PR	预分频寄存器：预分频计数器 PC 内容与该寄存器数相等时，下个时钟周期 TC 增 1 并且 PC 被清零	读/写	0	T0PR-0x4000400C T1PR-0x4000800C T2PR-0x4009000C T3PR-0x4009400C
PC	预分频计数器：该寄存器是一个自增计数器，数值计到与 PR 内容相同为止。当达到 PR 的数值时 TC 增 1 并且 PC 被清除。PC 内容可通过总线接口观察或控制	读/写	0	T0PC-0x40004010 T1PC-0x40008010 T2PC-0x40090010 T3PC-0x40094010

续表

通用名称	功能描述	访问	复位值[1]	名称&地址
MCR	匹配控制寄存器：该寄存器用于控制当匹配事件发生后是否产生中断或复位 TC	读/写	0	T0MCR-0x40004014 T1MCR-0x40008014 T2MCR-0x40090014 T3MCR-0x40094014
MR0	匹配寄存器 0：该寄存器通过 MCR 控制。通过设置可以在 MR0 匹配 TC 时复位 TC，或同时停止 TC 和 PC，并且/或产生中断	读/写	0	T0MR0-0x40004018 T1MR0-0x40008018 T2MR0-0x40090018 T3MR0-0x40094018
MR1	匹配寄存器 1：功能同 MR0	读/写	0	T0MR1-0x4000401C T1MR1-0x4000801C T2MR1-0x4009001C T3MR1-0x4009401C
MR2	匹配寄存器 2：功能同 MR0	读/写	0	T0MR2-0x40004020 T1MR2-0x40008020 T2MR2-0x40090020 T3MR2-0x40094020
MR3	匹配寄存器 3：功能同 MR0	读/写	0	T0MR3-0x40004024 T1MR3-0x40008024 T2MR3-0x40090024 T3MR3-0x40094024
CCR	捕获控制寄存器：该寄存器控制用于装载捕获寄存器 CRx 的捕获输入边沿以及在发生捕获时是否产生中断	读/写	0	T0CCR-0x40004028 T1CCR-0x40008028 T2CCR-0x40090028 T3CCR-0x40094028
CR0	匹配寄存器 0：当在引脚 CAPn.0(CAP0.0 或 CAP1.0)上产生捕获事件时，CR0 装载 TC 的值	只读	0	T0CR0-0x4000402C T1CR0-0x4000802C T2CR0-0x4009002C T3CR0-0x4009402C
CR1	匹配寄存器 1：功能同 CR0	只读	0	T0CR1-0x40004030 T1CR1-0x40008030 T2CR1-0x40090030 T3CR1-0x40094030
EMR	外部匹配寄存器：EMR 控制外部匹配引脚 MATn.0-3(MAT0.0-3 和 MAT1.0-3)	读/写	0	T0EMR-0x4000403C T1EMR-0x4000803C T2EMR-0x4009003C T3EMR-0x4009403C
CTCR	计数器控制寄存器：选择定时器或计数器模式，计数器模式下选择计数的引脚和边沿	读/写	0	T0CTCR-0x40004070 T1CTCR-0x40008070 T2CTCR-0x40090070 T3CTCR-0x40094070

注：[1] 复位值只反映了使用位的数值，不包括保留位的内容。

1. 中断寄存器(T[0/1/2/3]IR-0x40004000、0x40008000、0x40090000 及 0x40094000)

中断寄存器中 4 个位用于匹配中断，2 个位用于捕获中断。如果有中断产生，IR 中的对应位置 1，否则为 0。向对应的 IR 位写入 1 会复位中断，写入 0 无效。清除定时器匹配中断也会清除对应的 DMA 请求，中断寄存器的位描述如表 4.22 所示。

表 4.22　中断寄存器的位描述

IR	功　能	描　述	复位值
0	MR0 中断	匹配通道 0 的中断标志	0
1	MR1 中断	匹配通道 1 的中断标志	0
2	MR2 中断	匹配通道 2 的中断标志	0
3	MR3 中断	匹配通道 3 的中断标志	0
4	CR0 中断	捕获通道 0 事件的中断标志	0
5	CR1 中断	捕获通道 1 事件的中断标志	0
6、7	—	保留	—

**2. 定时器控制寄存器(T[0/1/2/3]TCR-0x40004004、0x40008004、0x40090004 及
0x40094004)**

定时器控制寄存器用于控制定时/计数器的操作，定时器控制寄存器的位描述如表 4.23 所示。

表 4.23　定时器控制寄存器的位描述

位	功　能	描　述	复位值
0	计数器使能	写 1 时，定时器计数器和预分频计数器使能计数；写 0 时，计数器被禁止。 读 1 时，定时器计数器值与匹配寄存器值相等；读 0 时，定时器计数器值与匹配寄存器值不相等	0
1	计数器复位	为 1 时，定时器计数器和预分频计数器在 PCLK 的下一个上升沿同步复位。计数器在 TCR[1]恢复为 0 之前保持复位状态	0
7:2	—	保留位，用户软件不应对其写 1。读出值未定义	NA

**3. 计数控制寄存器(T[0/1/2/3]CTCR-0x40004070、0x40008070、0x40090070 及
0x40094070)**

计数控制寄存器(CTCR)用来选择定时器或计数器模式，计数器模式下可选择计数的引脚和边沿。计数控制寄存器的位描述如表 4.24 所示。

当选择工作在计数器模式时，在每个 PCLK 时钟的上升沿对 CAP 输入(由 CTCR 位 3:2 选择)进行采样。比较完 CAP 输入的 2 次连续采样结果后，可以识别下面四个事件中的一个：上升沿、下降沿、任一边沿或选择的 CAP 输入的电平无变化。只要识别到的事件与 CTCR 寄存器中位 1:0 选择的事件相对应，定时器计数器寄存器加 1。

计数器的外部时钟源的操作受到一些限制。由于 PCLK 时钟的 2 个连续的上升沿用来识别 CAP 选择输入的一个边沿，所以 CAP 输入的频率不能大于 1/2 个 PCLK 时钟。因此，

这种情况下同一 CAP 输入的高/低电平持续时间不能小于 1/(2*PCLK)。

表 4.24　计数控制寄存器的位描述

位	功　能	描　　述	复位值
1:0	计数器/ 定时器 模式	该字段选择触发定时器的预分频计数器(PC)递增、清除 PC 和定时器计数器(TC)递增的 PCLK 边沿： 00：定时器模式，每个 PCLK 的上升沿； 01：计数器模式，TC 在位 3:2 选择的 CAP 输入的上升 沿递增； 10：计数器模式，TC 在位 3:2 选择的 CAP 输入的下降 沿递增； 11：计数器模式，TC 在位 3:2 选择的 CAP 输入的上升 和下降沿递增	0
3:2	计数器 输入选 择	当位 1:0 不是 00 时，这些位用来选择对哪一个 CAP 引 脚进行采样计时： 00 = CAPn.0； 01 = CAPn.1； 10 = CAPn.2； 11 = CAPn.3 注：如果在 TnCTCR 中选择计数器模式用于某个特定的 CAPn 输入，则捕获控制寄存器(TnCCR)中对应该输入的 3 位必须编程设为 000。但是，可在相同的定时器中选择其 它 3 个 CAPn 输入用于捕获和/或中断	0
7:4	—	保留位，用户软件不应对其写 1。读出值未定义	NA

4.　定时器计数器寄存器(T[0/1/2/3]TC-0x40004008、0x40008008、0x40090008 及
0x40094008)

当预分频计数器到达计数的上限时，32 位定时器计数器加 1。如果 TC 在到达计数上
限之前没有被复位，它将一直计数到 0xFFFFFFFF，然后翻转到 0x00000000。该事件不会
产生中断。如果需要，可用匹配寄存器检测溢出。

5.　预分频寄存器(T[0/1/2/3]PR-0x4000400C、0x4000800C、0x4009000C 及 0x4009400C)

32 位预分频寄存器指定预分频计数器的最大值。TC 每经过 PR+1 个 PCLK 加 1。

6.　预分频计数器寄存器(T[0/1/2/3]PC-0x40004010、0x40008010、0x40090010 及
0x40094010)

预分频计数器寄存器使用某个常量来控制 PCLK 的分频。预分频计数器每个 PCLK 周
期加 1，当其到达预分频寄存器 PR 中保存的值时，定时器计数器 TC 加 1，预分频计数器
PC 在下个 PCLK 周期复位。这样就使得当 PR=0 时，每个 PCLK 周期 TC 加 1；当 PR=1
时，每两个 PCLK 周期 TC 加 1，依此类推。

7．匹配寄存器(MR0-MR3)

每个定时器有 4 个匹配寄存器，共 16 个。匹配寄存器值连续与定时器计数值相比较，当两个值相等时自动触发相应动作(产生中断，复位定时器计数器或停止定时器)。具体执行什么动作由 MCR 寄存器控制。

8．匹配控制寄存器(T[0/1/2/3]MCR-0xE0004014、0xE0008014、0xE0070014 及 0xE0074014)

匹配控制寄存器用于控制在发生匹配时所执行的操作。匹配控制寄存器的位描述如表 4.25 所示。

表 4.25　匹配控制寄存器的位描述

位	通用名称	功 能 描 述	复位值
0	MR0I	为 1 时，MR0 与 TC 值的匹配将产生中断；为 0 时，中断被禁止	0
1	MR0R	为 1 时，MR0 与 TC 值的匹配将使 TC 复位；为 0 时，该特性被禁止	0
2	MR0S	为 1 时，MR0 与 TC 值的匹配将使 TC 和 PC 停止，TCR[0] 清零；为 0 时，该特性被禁止	0
3	MR1I	为 1 时，MR1 与 TC 值的匹配将产生中断；为 0 时，中断被禁止	0
4	MR1R	为 1 时，MR1 与 TC 值的匹配将使 TC 复位；为 0 时，该特性被禁止	0
5	MR1S	为 1 时，MR1 与 TC 值的匹配将使 TC 和 PC 停止，TCR[0] 清零；为 0 时，该特性被禁止	0
6	MR2I	为 1 时，MR2 与 TC 值的匹配将产生中断；为 0 时，中断被禁止	0
7	MR2R	为 1 时，MR2 与 TC 值的匹配将使 TC 复位；为 0 时，该特性被禁止	0
8	MR2S	为 1 时，MR2 与 TC 值的匹配将使 TC 和 PC 停止，TCR[0] 清零；为 0 时，该特性被禁止	0
9	MR3I	为 1 时，MR3 与 TC 值的匹配将产生中断；为 0 时，中断被禁止	0
10	MR3R	为 1 时，MR3 与 TC 值的匹配将使 TC 复位；为 0 时，该特性被禁止	0
11	MR3S	为 1 时，MR3 与 TC 值的匹配将使 TC 和 PC 停止，TCR[0] 清零；为 0 时，该特性被禁止	0
15：12	—	保留位，用户软件不应对其写 1。读出值未定义	NA

9. 捕获寄存器(CR0-CR1)

每个定时器最少有个两个捕获寄存器。每个捕获寄存器都与一个器件引脚相关联。当引脚发生特定的事件时，可将定时器计数值装入该寄存器。捕获控制寄存器的设定决定捕获功能是否使能以及捕获事件在引脚的上升沿、下降沿或是双边沿发生。

10. 捕获控制寄存器(T[0/1/2/3]CCR-0x40004028、0x4E0008028、0x40090028 及 0x40094028)

当发生捕获事件时，捕获控制寄存器用于控制将定时器计数值是否装入 4 个捕获寄存器中的一个以及是否产生中断。同时设置上升沿和下降沿也是有效的配置，这样会在两种沿触发时均捕获事件。捕获控制寄存器的位描述如表 4.26 所示。其中，"n"代表定时器的编号 0 或 1。

表 4.26　捕获控制寄存器的位描述

位	通用名称	功 能 描 述	复位值
0	CAP0RE	为 1 时，CAPn.0 上 0 到 1 的跳变将导致 TC 的内容装入 CR0；为 0 时，该特性被禁止	0
1	CAP0FE	为 1 时，CAPn.0 上 1 到 0 的跳变将导致 TC 的内容装入 CR0；为 0 时，该特性被禁止	0
2	CAP0I	为 1 时，CAPn.0 的捕获事件所导致的 CR0 装载将产生一个中断；为 0 时，该特性被禁止	0
3	CAP1RE	为 1 时，CAPn.1 上 0 到 1 的跳变将导致 TC 的内容装入 CR1；为 0 时，该特性被禁止	0
4	CAP1FE	为 1 时，CAPn.1 上 1 到 0 的跳变将导致 TC 的内容装入 CR1；为 0 时，该特性被禁止	0
5	CAP1I	为 1 时，CAPn.1 的捕获事件所导致的 CR1 装载将产生一个中断。为 0 时，该特性被禁止	0
15:6	—	保留位，用户软件不应对其写 1。读出值未定义	NA

11. 外部匹配寄存器(T[0/1/2/3]EMR-0x4000403C、0x4000803C、0x4009003C 及 0x4009403C)

外部匹配寄存器提供对外部匹配引脚的控制和查看外部匹配引脚的电平状态。外部匹配寄存器的位描述如表 4.27 所示。其中，"n"代表定时器编号 0、1、2 或 3；"m"代表匹配引脚编号 0 或 1。

表 4.27　外部匹配寄存器的位描述

位	通用名称	功 能 描 述	复位值
0	EM0	外部匹配 0。当 TC 和 MR0 发生匹配时，该位可以跳变、变低、变高或不变化。这取决于寄存器的 5：4 位设置。该位的状态可以输出到 MATn.m 引脚上，0 为电平，1 为高电平	0
1	EM1	外部匹配 1。当 TC 和 MR1 发生匹配时，该位可以跳变、变低、变高或不变化。这取决于寄存器的 5：4 位设置。该位的状态可以输出到 MATn.m 引脚上，0 为低电平，1 为高电平	0

续表

位	通用名称	功 能 描 述	复位值
2	EM2	外部匹配 2。当 TC 和 MR2 发生匹配时，该位可以跳变、变低、变高或不变化。这取决于寄存器的 5：4 位设置。该位的状态可以输出到 MATn.m 引脚上，0 为低电平，1 为高电平	0
3	EM3	外部匹配 3。当 TC 和 MR3 发生匹配时，该位可以跳变、变低、变高或不变化。这取决于寄存器的 5：4 位设置。该位的状态可以输出到 MATn.m 引脚上，0 为低电平，1 为高电平	0
5:4	EMC0	决定外部匹配 0 的功能。表 4.28 所示为这两个位的编码	0
7:6	EMC1	决定外部匹配 1 的功能。表 4.28 所示为这两个位的编码	0
9:8	EMC2	决定外部匹配 2 的功能。表 4.28 所示为这两个位的编码	0
11:10	EMC3	决定外部匹配 3 的功能。表 4.28 所示为这两个位的编码	0
15:12	—	保留位，用户软件不应对其写 1。读出值未定义	NA

　　每个定时器中的匹配 0 和 1 的匹配事件都可以引起一个 DMA 请求，详情请参考第 4.7.1 节相关内容。

　　外部匹配引脚输出选择如表 4.28 所示。

表 4.28　外部匹配引脚输出选择

EMR[11:10], EMR[9:8] EMR[7:6],或 EMR[5:4]	功　　能
00	不执行任何动作
01	将对应的外部匹配输出设置为 0(如果连接到引脚，则输出低电平)
10	将对应的外部匹配输出设置为 1(如果连接到引脚，则输出高电平)
11	使对应的外部匹配输出翻转

4.2.6　应用举例

　　本例介绍采用查询方式和中断方式用定时器 T0 产生固定延时，并控制 LED 灯规律闪烁。

1. 定时器寄存器相关宏定义

　　为了方便用户使用定时器相关寄存器，在头文件中定义了定时器寄存器的结构体类型以及 4 个定时器的结构体指针宏。具体程序如代码清单 4.9 所示。

　　【程序 4.9】定时器寄存器相关宏定义。

```
typedef struct                   //结构体中寄存器的安排严格按照寄存器地址的先后顺序
{
    _IO uint32_t IR;
```

```
        _IO uint32_t TCR;
        _IO uint32_t TC;
        _IO uint32_t PR;
        _IO uint32_t PC;
        _IO uint32_t MCR;
        _IO uint32_t MR0;
        _IO uint32_t MR1;
        _IO uint32_t MR2;
        _IO uint32_t MR3;
        _IO uint32_t CCR;
        _I   uint32_t CR0;
        _I   uint32_t CR1;
            uint32_t RESERVED0[2];
        _IO uint32_t EMR;
            uint32_t RESERVED1[12];
        _IO uint32_t CTCR;
        } LPC_TIM_TypeDef;
        //APB1 与 APB2 总线基地址宏定义
        #define LPC_APB0_BASE          (0x40000000UL)
        #define LPC_APB1_BASE          (0x40080000UL)
        //定时器 T0～T3 基地址宏定义
        #define LPC_TIM0_BASE          (LPC_APB0_BASE + 0x04000)
        #define LPC_TIM1_BASE          (LPC_APB0_BASE + 0x08000)
        #define LPC_TIM2_BASE          (LPC_APB1_BASE + 0x10000)
        #define LPC_TIM3_BASE          (LPC_APB1_BASE + 0x14000)
        //定时器 T0～T3 结构体指针宏定义
        #define LPC_TIM0               ((LPC_TIM_TypeDef          *) LPC_TIM0_BASE      )
        #define LPC_TIM1               ((LPC_TIM_TypeDef          *) LPC_TIM1_BASE      )
        #define LPC_TIM2               ((LPC_TIM_TypeDef          *) LPC_TIM2_BASE      )
        #define LPC_TIM3               ((LPC_TIM_TypeDef          *) LPC_TIM3_BASE      )
```

2. 查询方式使用定时器

用查询方式使用定时器可以提供非常准确的延时时间，但在该方式中处理器被独占，系统效率低，所以在实际应用中不宜大量使用这种方式。函数 delayMs 使用定时器 0 或 1 产生毫秒级的延时。函数共有两个参数：timer_num 为定时器序号；delayInMs 为延时时间，单位为毫秒。由于定时器时钟由 Fpclk 提供，当预分频寄存器 PR 设为 0 时，计数 Fpclk 个时钟周期为 1 秒，所以延时要以毫秒为基本单位就可以设置 MR 寄存器为 Fpclk/1000 的整数倍。对 Fpclk 的设置请参阅系统时钟设置相关章节。具体代码如程序清单 4.10 所示。

【程序 4.10】定时器延时函数。

```
void delayMs(uint8_t timer_num, uint32_t delayInMs)
{
    if ( timer_num == 0 )
    {
            LPC_TIM0->TCR = 0x02;                          //复位定时器 T0
            LPC_TIM0->PR  = 0x00;                          //设置预分频为 0
            LPC_TIM0->MR0 = delayInMs * (Fpclk / 1000-1);  //设置毫秒级的匹配值
            LPC_TIM0->IR  = 0xff;                          //清全部中断标志
            LPC_TIM0->MCR = 0x04;                          //设置匹配时停止定时器
            LPC_TIM0->TCR = 0x01;                          //启动定时器
                                                           //处理器查询 T0 匹配标志位
            while (LPC_TIM0->TCR & 0x01);
    }
    else if ( timer_num == 1 )
    {
            ……                                            //定时器 T1 相同操作
    }
    return;
}
```

3. 中断方式使用定时器

在实际应用中，一般要求处理器间隔固定时间作相应处理，如定时读取外部数据或刷新数码管显示等，这时使用定时器中断功能就非常有必要，并且在这种方式下定时器与处理器可以并行工作，等计数完成，定时器通过中断通知处理器转而执行中断服务程序。这样的使用方式可以提高系统的效率。

程序首先要初始化使用的定时器，init_timer()函数执行内容包括设置定时器的匹配寄存器 MRn 和匹配控制寄存器 MCRn，还有安装定时器中断服务函数等。该函数有两个参数：timer_num 为初始化定时器序号，TimerInterval 为 Fpclk 周期数也即定时器中断间隔时间。具体代码如程序 4.11 所示。

【程序 4.11】定时器初始化函数。

```
uint32_t init_timer ( uint8_t timer_num, uint32_t TimerInterval )
{
    if ( timer_num == 0 )
    {
            timer0_counter = 0;
            LPC_TIM0->MR0 = TimerInterval;        //设置匹配值
            LPC_TIM0->MCR = 3;                     //定时器 T0 匹配时产生中断并复位 TC
            NVIC_EnableIRQ(TIMER0_IRQn);           //使能定时器 T0 中断
            return (1);
```

```
        }
        else if ( timer_num == 1 )
        {
                ……
        }
        return (0);
    }
```

　　随后程序使能定时器。这时定时器开始计数，直到 TC 与 MR 匹配产生中断，同时复位 TC 开始新一轮计数。定时器使能函数的程序代码如程序 4.12 所示，定时器服务函数的程序代码如程序 4.13 所示。

　　【程序 4.12】定时器使能函数。

```
    void enable_timer( uint8_t timer_num )
    {
        if ( timer_num == 0 )
        {
                LPC_TIM0->TCR = 1;              //计数器使能
        }
        else
        {
                LPC_TIM1->TCR = 1;
        }
        return;
    }
```

　　【程序 4.13】定时器中断服务函数。

```
    void TIMER0_IRQHandler (void)
    {
        LPC_TIM0->IR = 1;                      //清定时器 T0 中断标志
        timer0_counter++;                      //中断服务
        return;
    }
```

4.2.7　重复中断定时器(RIT)概述

　　LPC1700 嵌入式处理器包含了一个 32 位重复中断定时器(RIT)，用于提供在规定时间间隔产生中断的通用方法，而且不需要使用标准的定时器。RIT 专门用于重复产生与操作系统中断无关的中断，但在系统有其它需要时，它可用作 Cortex-M3 系统节拍定时器的备用定时器。

4.2.8　RIT 寄存器描述

　　重复中断定时器寄存器列表如表 4.29 所示。

表 4.29　重复中断定时器寄存器列表

通用名称	功 能 描 述	访问	复位值[1]	地址
RICOMPVAL	比较寄存器	读/写	0xFFFF FFFF	0x400B 0000
RIMASK	屏蔽寄存器。包含了一个 32 位屏蔽值。向任意位写入 1 会强制计数器的对应位与比较寄存器相比较	读/写	0x0000 0000	0x400B 0004
RICTRL	控制寄存器	读/写	0xC	0x400B 0008
RICOUNTER	32 位计数器寄存器	读/写	0x0000 0000	0x400B 000C

注：[1] 复位值只反映了使用位的数值，不包括保留位的内容。

1. 比较寄存器(RICOMPVAL -0x400B0000)

比较寄存器的位描述如表 4.30 所示。

表 4.30　比较寄存器的位描述

位	通用名称	功 能 描 述	复位值
31:0	RICOMP	该寄存器包含与计数器作比较的值	0xFFFF FFFF

2. 屏蔽寄存器(RIMASK-0x400B0004)

屏蔽寄存器的位描述如表 4.31 所示。

表 4.31　屏蔽寄存器的位描述

位	通用名称	功 能 描 述	复位值
31:0	RIMASK	该寄存器包含了一个 32 位屏蔽值，向其任意位写入 1 将强制计数器的对应位与比较寄存器相比较	0x0000 0000

3. 控制寄存器(RICTRL -0x400B0008)

控制寄存器的位描述如表 4.32 所示。

表 4.32　控制寄存器的位描述

位	通用名称	功 能 描 述	复位值
0	RITINT	中断标志位：为 1 时，只要计数值与 RICOMPVAL 和 RIMASK 指定的屏蔽比较值相等，该位就被硬件置位；向该位写入 1 则清除中断标志，写入 0 无效；为 0 时，计数器值与屏蔽后的比较值不相等	0
1	RITENCLR	定时器清零使能位：为 1 时，只要计数器值与 RICOMPVAL 和 RIMASK 指定的屏蔽比较值相等，计数器值就被清零。这种情况与中断标志置位同时发生；为 0 时，计数器值不被清零	0
2	RITENBR	BREAK 引脚使能定时器位：为 1 时，引脚 BREAK 有效则停止定时器；为 0 时，由软件控制定时器	1
3	RITEN	定时器使能位：为 1 时，定时器使能。如果 RITENBR 置位，引脚 BREAK 有效时该位无法生效；为 0 时，定时器停止	1
7:4	—	保留位，用户软件不应对其写 1。读出值未定义	NA

4. 计数器寄存器(RICOUNTER -0x400B000C)

计数器寄存器的位描述如表 4.33 所示。

表 4.33　计数器寄存器的位描述

位	通用名称	功 能 描 述	复位值
31:0	RICOUNTER	32 位递增计数器。只要 RICTRL 中的位 RITEN 不置位或者硬件不断开(如果使能)该计数器会连续计数。软件可向该寄存器写入任意值	0x0000 0000

4.2.9　RIT 操作

处理器复位后，计数器从 0 开始递增计数。只要计数值与 RICOMPVAL 的值相等，中断标志就被置位。通过向 RIMASK 中对应的位写入 1 可将其余的任意位或者几个位(组合位)从本次比较中删除。如果 RITENCLR 位为低(默认状态)，比较值相等时只会设置中断标志，而不影响计数器值，计数器继续运行，当计数值达到 FFFFFFFFH 时，在下个时钟沿将翻转回 0 然后继续计数；如果 RITENCLR 位置位，比较值相等时还可以使计数器复位到 0，则在下个时钟沿计数重新开始。

向 RITEN 位写入 0 可以停止计数。当硬件断开时(BREAK 引脚有效且置位 RITENBR 位)，计数也会停止。位 RITEN 和 RITENBR 在复位后都会被置位。

向 RITINT 位写入 1 可清除中断标志。软件随时可以通过写 RICOUNTER 向计数器装入任意值，还可以通过软件随时读取 RICOUNTER 计数器、RICOMPVAL 寄存器、RIMASK 寄存器和 RICTRL 寄存器的值。

4.3　看　门　狗

4.3.1　功能描述

使用看门狗(WD，WatchDog)是在系统进入错误状态后，为了防止程序异常导致系统崩溃，使系统能在一段合理时间内复位系统。看门狗使能后，如果用户软件在看门狗预设的时间内没有"喂狗"(或叫重装)看门狗定时器，系统将被复位。

看门狗包括一个 4 分频的预分频器和一个 32 位计数器。时钟通过预分频器输入定时器，定时器进行递减计数。定时器递减的最小值为 0xFF。如果设置一个小于 0xFF 的值，系统会将 0xFF 装入计数器。因此看门狗最小间隔时间为 WDCLK×256×4，最大间隔时间为 WDCLK×2^{32}×4，两者都是 WDCLK×4 的倍数。

看门狗应按以下顺序使用：① 设置 WDTC 寄存器设定看门狗重装常数；② 通过 WDMOD 寄存器设定工作模式；③ 通过向 WDFEED 寄存器先写 0xAA 后写 0x55 序列使能看门狗；④ 看门狗应在计数器下溢出前重新装入常数，以避免复位或中断发生。

当看门狗计数器下溢后将重新从 0x0 开始计数，这与外部复位时情况相同。看门狗超时标志位 WDTOF 可以用于检测判断看门狗是否引起了复位条件。WDTOF 标志必须使用软件清除。

看门狗时钟模块使用两个时钟源：PCLK 和 WDCLK。PCLK 被 APB 总线使用来访问看门狗寄存器；WDCLK 被看门狗定时器用作计数时钟。

LPC1700 处理器看门狗具有以下一些特性：

(1) 如果没有周期性重装，则产生片内复位；

(2) 支持调试模式；

(3) 由软件使能，但要求禁止硬件复位或看门狗复位/中断；

(4) 错误/不完整的喂狗时序会导致复位/中断(如果使能)；

(5) 指示看门狗复位标志；

(6) 带内部预分频器的可编程 32 位定时器；

(7) 可选择 WDCLK×4 倍数的时间周期：从 WDCLK×256×4 到 WDCLK×2^{32}×4。

看门狗时钟 WDCLK 可以选择 RTC 时钟、内部 RC 晶振或 APB 总线设备时钟 PCLK。这样系统可以根据不同省电环境的要求选择看门狗使用的时钟源。而且看门狗定时器在使用内部时钟源时不需要外部晶振，以提高系统的可靠性。

4.3.2　看门狗结构

看门狗功能结构框图如图 4.2 所示。

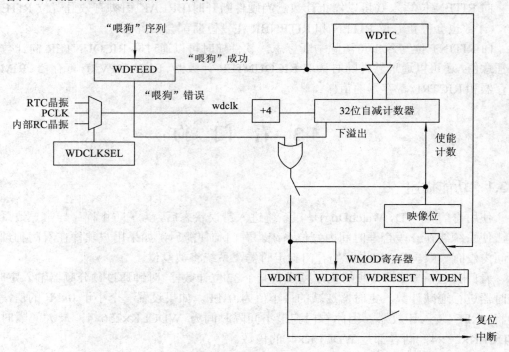

图 4.2　看门狗逻辑框图

4.3.3　寄存器功能描述

看门狗共有 5 个寄存器，具体如表 4.34 所示。

表 4.34　看门狗寄存器列表

名称	描　　述	访问	复位值[1]	地址
WDMOD	看门狗模式寄存器。该寄存器包含看门狗定时器的基本模式和状态	读/写	0	0x4000 0000
WDTC	看门狗定时器常数寄存器。该寄存器决定超时值	读/写	0xFF	0x4000 0004
WDFEED	看门狗喂狗寄存器。向该寄存器顺序写入 AAh 和 55h 使看门狗定时器重新装入预设值	只写	NA	0x4000 0008
WDTV	看门狗定时器值寄存器。该寄存器读出看门狗定时器的当前值	只读	0xFF	0x4000 000C
WDCLKSEL	看门狗时钟源选择寄存器	读/写	0	0x4000 0010

注：[1] 复位值只反映了使用位的数值，不包括保留位的内容。

1．看门狗模式寄存器(WDMOD-0x40000000)

WDMOD 寄存器各位的描述如表 4.35 所示。该寄存器可通过 WDEN 和 WDRESET 的组合来控制看门狗的操作。

表 4.35　看门狗模式寄存器各位的描述

位	通用名称	功 能 描 述	复位值
0	WDEN	看门狗中断使能位(只能置位)	0
1	WDRESET	看门狗复位使能位(只能置位)	0
2	WDTOF	看门狗超时标志	0 (外部复位)
3	WDINT	看门狗中断标志(只读)	0
7:4	—	保留位	NA

一旦 WDEN 和/或 WDRESET 位置位，就无法使用软件将其清零。这两个标志由外部复位或看门狗定时器溢出清零。

当看门狗发生超时，看门狗超时标志 WDTOF 置位时，该标志由软件清零；中断标志 WDINT 置位时，任何复位都会使该位清零。只要看门狗中断被响应，它就可以在 NVIC 中禁止或不停地产生看门狗中断请求。看门狗中断的用途就是在不进行芯片复位的前提下允许在看门狗溢出时对其进行调试。

在看门狗运行时根据不同时钟源可随时产生看门复位或中断。RTC 晶振时钟与 APB 总线外设时钟可以在处理器休眠模式中使用，IRC 可以在处理器深度休眠模式中使用。如果在休眠或深度休眠模式中出现看门狗中断，那么处理器被唤醒。看门狗操作模式的选择如表 4.36 所示。

表 4.36　看门狗操作模式选择

WDEN	WDRESET	操 作 模 式
0	X(0 或 1)	调试/运行无看门狗
1	0	带看门狗中断的调试，但没有 WDRESET
1	1	带看门狗中断和 WDRESET 的操作

注：不存在只复位而没有中断的设置组合。

2. 看门狗定时器常数寄存器(WDTC-0x40000004)

WDTC 寄存器决定看门狗的超时值，各位描述如表 4.37 所示。当"喂狗"时序产生时，WDTC 的内容将重新装入看门狗定时器，它是一个 32 位寄存器，低 8 位在复位时设置为 1。写入一个小于 0xFF 的值会使 0xFF 装入 WDTC，因此超时的最小时间间隔为 WDCLK × 256 × 4。

表 4.37　WDTC 位描述

WDTC	功　能	描　述	复位值
31:0	计数值	看门狗超时间隔	0xFF

3. 看门狗喂狗寄存器(WDFEED-0x40000008)

WDFEED 寄存器的各位描述如表 4.38 所示。向该寄存器写入 0xAA，然后写入 0x55 会使 WDTC 的值重新装入看门狗定时器。如果设置好了看门狗的溢出模式，该操作还将启动看门狗运行。

置位 WDMOD 中的 WDEN 位之后，还必须完成一次有效的喂狗时序，然后看门狗才能产生复位。在看门狗真正启动之前，将忽略错误的"喂狗"；在看门狗启动后，如果向 WDFEED 寄存器写入 0xAA 之后的下一个操作不是向 WDFEED 寄存器写入 0x55，而是访问任何一个看门狗寄存器，那么会立刻造成复位/中断。在"喂狗"时序中，一次对看门狗寄存器不正确访问之后的第二个 PCLK 周期将产生复位。

在"喂狗"时序过程中应禁止中断。如果在"喂狗"时序期间出现中断，那么将会产生一个中止条件。

表 4.38　看门狗喂狗寄存器的位描述

WDFEED	通用名称	描　述	复位值
7:0	Feed	喂狗值应当为 0xAA，然后是 0x55	NA

4. 看门狗定时器值寄存器(WDTV-0x4000000C)

WDTV 寄存器用于读取看门狗定时器的当前值，各位描述如表 4.39 所示。当读出该数值时，锁定和同步的过程需要 6 个 WDCLK 和 6 个 PCLK 周期，所以 WDTV 寄存器的真实值比 CPU 读取出来的值要旧一些。

表 4.39　看门狗定时器值寄存器的位描述

WDTV	通用名称	描　述	复位值
31:0	Count	当前定时器值	0x000000FF

5. 看门狗时钟源选择寄存器(WDCLKSEL-0x40000010)

该寄存器允许选择看门狗定时器的时钟源，各位描述如表 4.40 所示。可能的选择有内部 RC 晶振(IRC)、RTC 晶振和 APB 总线外设时钟(PCLK)。

表 4.40　看门狗时钟源选择寄存器的位描述

位	通用名称	值	功 能 描 述	复位值
1:0	WDSEL		这两位用于选择看门狗定时器的时钟源。 注：对时钟源设置不正确可能导致看门狗运 行不正确，这又可能引起系统的运行错误	0
		00	选择内部 RC 晶振为时钟源(缺省值)	
		01	选择 APB 外设时钟为时钟源	
		10	选择 RTC 晶振为时钟源	
		11	保留	
30:2	—	—	保留位，用户软件不应对其写 1。读出值未定义	NA
31	WDLOCK	0	任意复位发生时该位就变为 0。该位不能通过软 件清零	0
		1	软件可随时将该位置 1。只要 WDLOCK 置位， 该寄存器中的位就不能被修改	

4.3.4　操作举例

看门狗的应用较灵活，可以选择看门狗超时仅产生中断或产生系统复位中断。当系统只需看门狗产生中断时，设置 WDEN 位即可，一旦置位 WDEN，则只有通过系统复位才能清零 WDEN 位。WDRESET 位用于设置看门狗超时后复位定时器还是复位系统。WDRESET 位一旦设置也需要系统复位后该位才能被复位。

1．看门狗初始化

程序 4.14 是一个使用看门狗产生普通中断的例子。产生系统复位中断只需再多设置 WDRESET 位即可。函数首先安装看门狗中断服务函数，然后设置 WDCLKSEL 寄存器，选择内部 RC 晶振为时钟源。由于内部 RC 晶振频率为 4 MHz，因此设置 WDTC 的值为 4M−1。而看门狗时钟电路把时钟源 4 分频，所以这样看门狗超时时间设置为 4 s。接着再设置 WDMOD 寄存器的 WDEN 位。最后完成一个"喂狗"序列，使能看门狗定时器。

【程序 4.14】看门狗初始化函数。

```
uint32_t  WDTInit( void )
{
    …
    NVIC_EnableIRQ(WDT_IRQn);                    //使能看门狗中断
    LPC_WDT->WDCLKSEL = 0;                       //选择内部 RC 晶振为时钟源
    LPC_WDT->WDTC = WDT_FEED_VALUE;              //4 秒后看门狗产生超时中断
    LPC_WDT->WDMOD = WDEN;                       //仅产生超时中断
    LPC_WDT->WDFEED = 0xAA;                      //执行"喂狗"序列，使能看门狗
    LPC_WDT->WDFEED = 0x55;
    return( TRUE );
}
```

2．看门狗"喂狗"函数

只要严格按照"喂狗"序列设置 WDFEED 寄存器就可以重置看门狗计数器。具体代码见程序 4.15。

【程序 4.15】看门狗"喂狗"函数。

```
void WDTFeed( void )
{
LPC_WDT->WDFEED = 0xAA;                    // "喂狗"序列
LPC_WDT->WDFEED = 0x55;
return;
}
```

3．看门狗中断服务函数

在进入看门狗中断服务函数后先要清除中断标志，然后才进行相应操作。具体代码见程序 4.16。

【程序 4.16】看门狗中断服务函数。

```
void WDT_IRQHandler(void)
{
LPC_WDT->WDMOD &=  ～WDTOF;                 //清除看门狗中断标志
wdt_counter++;
return;
}
```

4.4　UART 串口通信

4.4.1　概述

LPC1700 嵌入式处理器具有 4 个符合 C'550 工业标准的通用异步串行口(UART)：UART0、UART1、UART2 和 UART3。其中，UART0、UART2 和 UART3 除了寄存器地址不同以外功能相同。而 UART1 除了具有其它三个普通串口的功能外还增加了一个 MODEM 接口与 RS-485/EIA-485 模式，且不支持红外通信模式。本章主要介绍普通串口的功能及具体操作，有关 UART1 功能的描述请读者参阅相关用户手册。

普通串口具有以下一些特性：

(1) 每个串口具有独立的 16 字节收发 FIFO；

(2) 寄存器位置符合 C'550 工业标准；

(3) 接收器 FIFO 触发点可为 1、4、8 和 14 字节；

(4) 内置波特率发生器；

(5) 可用于精确控制波特率的小数分频器，并拥有以实现软件流控制的自动波特率检测能力和机制；

(6) 支持 DMA 操作；

(7) UART3 包含了一个支持红外通信的 IrDA 模式。

4.4.2 UART 结构

UART0、UART2 和 UART3 的结构如图 4.3 所示。

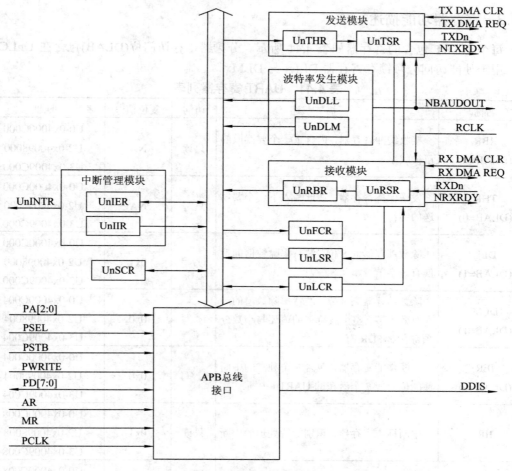

图 4.3 UART 结构框图

APB 接口提供 CPU 或主机与 UART 之间的通信连接。

UARTn 接收器模块 UnRX 监视串行输入线 RXDn 的有效输入；UARTn 接收移位寄存器(UxRSR)通过 RXDn 接收有效字符。当 UnRSR 接收到一个有效字符时，它将该字符传送到 UARTn 接收缓冲寄存器 FIFO 中，等待 CPU 或主机通过主机接口访问。

UARTn 发送器模块 UnTX 接收 CPU 或主机写入的数据并将数据缓存到 UARTn 发送保持寄存器 FIFO(UnTHR)中。UARTn 发送移位寄存器(UnTSR)读取 UnTHR 中的数据并将数据通过串行输出引脚 TXDn 发送。

UARTn 波特率发生器模块 UnBRG 产生 UARTn 发送模块所需的时序。UnBRG 模块时钟源为 APB 时钟(PCLK)。主时钟与 UnDLL 和 UnDLM 寄存器所指定的分频数相除得到 UARTn 发送模块使用的时钟，该时钟为 16 倍过采样时钟 NBAUDOUT。

中断接口包含寄存器 UnIER 和 UnIIR。中断接口可接收几个由 UnTX 和 UnRX 发出的单时钟宽度的使能信号。

UnTX 和 UnRX 的状态信息保存在 UnLSR 中。UnTX 和 UnRX 的控制信息保存在 UnLCR 中。

4.4.3　寄存器功能描述

每个 UART 包含的寄存器如表 4.41 所示。分频器锁存访问位(DLAB)包含在 UnLCR7 中，用于使能访问分频锁存寄存器 DLLx 与 DLMx。

表 4.41　UART 寄存器列表

名称	描　述	访问	复位值[1]	地址
RBR (DLAB=0)	接收缓冲寄存器，内含下一个要读取的已接收字符	只读	NA	U0-0x4000C000 U2-0x40098000 U3-0x4009C000
THR (DLAB=0)	发送保持寄存器，在此写入下一个要发送的字符	只写	NA	U0-0x4000C000 U2-0x40098000 U3-0x4009C000
DLL (DLAB=1)	除数锁存器低 8 位，波特率除数值的最低有效字节	读/写	0x1	U0-0x4000C000 U2-0x40098000 U3-0x4009C000
DLM (DLAB=1)	除数锁存器高 8 位，波特率除数值的最高有效字节。整个波特率的值还与小数分频寄存器 FDR 有关	读/写	0x0	U0-0x4000C004 U2-0x40098004 U3-0x4009C004
IER (DLAB=0)	中断使能寄存器，包含 7 个独立的中断使能位对应 7 个潜在的 UARTn 中断	读/写	0x0	U0-0x4000C004 U2-0x40098004 U3-0x4009C004
IIR	中断标志寄存器，识别等待处理的中断	只读	0x1	U0-0x4000C008 U2-0x40098008 U3-0x4009C008
FCR	FIFO 控制寄存器，控制 UARTn FIFO 的使用和模式	只写	0x0	U0-0x4000C008 U2-0x40098008 U3-0x4009C008
LCR	线控制寄存器，包含设置帧格式控制和间隔产生控制	读/写	0x0	U0-0x4000C00C U2-0x4009800C U3-0x4009C00C
LSR	线状态寄存器，包含发送、接收以及错误的状态标志	只读	0x60	U0-0x4000C014 U2-0x40098014 U3-0x4009C014
SCR	高速缓存寄存器，8 位的临时存储空间，供软件使用	读/写	0x0	U0-0x4000C01C U2-0x4009801C U3-0x4009C01C

续表

名称	描　　述	访问	复位值[1]	地址
ACR	自动波特率控制寄存器，包含了自动波特率的特性控制	读/写	0x0	U0-0x4000C020 U2-0x40098020 U3-0x4009C020
ICR	IrDA 控制寄存器，使能并配置 IrDA 模式，仅适用于 UART3	读/写	0x0	U3-0x4009C024
FDR	小数分频寄存器，为波特率分频器产生时钟输入	读/写	0x10	U0-0x4000C028 U2-0x40098028 U3-0x4009C028
TER	发送使能寄存器，关闭 UART 发送器，使用软件流控制	读/写	0x80	U0-0x4000C030 U2-0x40098030 U3-0x4009C030
FIFOLVL	FIFO 水平寄存器，提供了当前发送 FIFO 和接收 FIFO 的有效字节数	只读	0x0	U0-0x4000C058 U2-0x40098058 U3-0x4009C058

注：[1] 复位值只反映了使用位的数值，不包括保留位的内容。

1. UART 接收缓冲寄存器——UnRBR

UnRBR 是 UART 接收 FIFO 的顶部字节，各位的功能描述如表 4.42 所示。UnRBR 包含了最早接收到的字符，可通过总线接口读出。LSB(bit0)代表最早接收到的数据位。如果接收到的字符小于 8 位，则未使用的高位填充为 0。

表 4.42　UART 接收缓冲寄存器的位描述

位	名称	功　　能	复位值
7:0	RBR	接收器缓存寄存器包含 UART 接收 FIFO 当中最早接收到的字节	未定义

如果要访问 UnRBR，UnLCR 的分频锁存访问位(DLAB)必须为 0。UnRBR 为只读寄存器。

由于 PE、FE 和 BI 位与 RBR 的 FIFO 顶端字节相对应(即下次读 RBR 时读出的字节)，因此，将接收的字节及其状态位成对读出的正确方法是先读 U0LSR，再读 U0RBR。

2. UART 发送保持寄存器——UnTHR

UnTHR 是 UART 发送 FIFO 的顶部字节，各位的功能描述如表 4.43 所示。UnTHR 包含了发送 FIFO 中最新的字符，可通过总线接口写入。LSB 代表最先发送的位。

如果要访问 UnTHR，UnLCR 的分频锁存访问位(DLAB)必须为 0。U0THR 为只写寄存器。

表 4.43　UART 发送保持寄存器的位描述

位	名称	功　　能	复位值
7:0	THR	写 UARTn 发送器保持寄存器使数据保存到 UART 发送 FIFO 当中。当字节到达 FIFO 的最底部并且发送器就绪时，该字节将被发送	未定义

3. UART 分频锁存低位寄存器与高位寄存器——UnDLL/UnDLM

分频锁存是波特率发生器的一部分，它保存了用于产生波特率时钟的 APB 时钟 PCLK 分频值，波特率时钟必须是波特率的 16 倍，等式如下：

$$16 \times baud = \frac{Fpclk}{UnDLM, UnDLL}$$

UnDLL 和 UnDLM 寄存器一起构成一个 16 位除数，UnDLL 包含除数的低 8 位，UnDLM 包含除数的高 8 位。值 0x0000 被看做 0x0001，因为除数是不允许为 0 的。

当访问 UART 分频锁存寄存器时，分频锁存访问位(DLAB)必须为 1。分频锁存寄存器各位的功能描述如表 4.44 及表 4.45 所示。

表 4.44　分频锁存低位寄存器的位描述

位	名称	功　　能	复位值
7:0	DLLSB	UART 分频锁存低位寄存器与 UnDLM 寄存器一起决定 UART 的波特率	0x01

表 4.45　分频锁存高位寄存器的位描述

位	名称	功　　能	复位值
7:0	DLMSB	UART 分频锁存高位寄存器与 UnDLL 寄存器一起决定 UART 的波特率	0x00

4. UART 中断使能寄存器——UnIER

UnIER 用于使能 5 个 UART 中断源，各位功能描述如表 4.46 所示。

表 4.46　中断使能寄存器的位描述

位	名称	功　　能	复位值
0	RBR 中断使能位	0：禁止 RDA 中断；1：使能 RDA 中断。UnIER[0]使能 UART 接收数据可用 RDA 中断，它还控制字符接收超时中断	0
1	THRE 中断使能位	0：禁止 THRE 中断；1：使能 THRE 中断。UnIER[1]使能 UART 发送保持寄存器空(THRE)中断，该中断的状态可从 UnLSR[5]读出	0
2	接收线状态中断使能位	0：禁止接收线状态中断；1：使能接收线状态中断。UnIER[2]使 UART 接收线状态中断，该中断的状态可从 UnLSR[4:1]读出	0
7:3	—	保留位，用户软件不应对其写 1，读出值未定义	NA
8	ABTO 中断使能位	0：禁止自动波特率超时中断；1：允许自动波特率超时中断。U1IER[8]使能自动波特率超时中断	0
9	ABEO 中断使能位	0：禁止自动波特率结束中断；1：允许自动波特率结束中断。U1IER[9]使能自动波特率结束中断	0
31:10	—	保留位，用户软件不应对其写 1，读出值未定义	NA

5．UART 中断标志寄存器——UnIIR

UnIIR 提供状态代码用于指示一个挂起中断的中断源和优先级，各位功能描述如表 4.47 所示。在访问 UnIIR 过程中，中断被冻结。如果在访问 UnIIR 时产生了新的中断，该中断被记录，下次 UnIIR 访问可读出。

表 4.47　中断标志寄存器的位描述

位	名称	功　　能	复位值
0	中断状态位	0：至少有 1 个中断被挂起；1：没有挂起的中断。 UnIIR[0]为低有效，挂起的中断可通过 UnIIR[3:1]确定	1
3:1	中断标识位	011：1——接收线状态(RLS)； 010：2a——接收数据可用(RDA)； 110：2b——字符超时指示(CTI)； 001：3——THRE 中断。 UnIIR[3:1]指示对应于 UART 接收 FIFO 的中断，上面未列出的 UnIIR[3:1]的其它组合都为保留值(000, 100, 101, 111)	0
5:4	—	保留位，用户软件不应对其写 1，读出值未定义	NA
7:6	FIFO 使能位	这些位等效于 UnFCR[0]位	0
8	ABEO 中断位	自动波特率结束中断位，当该位为真则自动波特率完成并产生中断	0
9	ABTO 中断位	自动波特率超时中断位，当该位为真则自动波特率超时并产生中断	0
31:10	—	保留位，用户软件不应对其写 1，读出值未定义	NA

如果中断状态位是 1，则没有中断挂起，并且中断标识位字段为 0；如果中断状态位是 0，并且在没有自动波特率中断挂起的情况下，可以通过中断标识位字段判断中断源以及中断服务程序应该执行的相应操作。在退出中断服务程序之前，必须读取 UnIIR 来清除中断。

UART 的 RLS 中断(UnIIR[3:1]=011)是最高优先级的中断。只要 UART 的接收输入产生 4 个错误条件(溢出错误(OE)、奇偶错误(PE)、帧错误(FE)和间隔中断(BI))中的任意一个，该中断标志将置位。产生该中断的错误条件可通过查看 UnLSR[4:1]得到，当读取 UnLSR 时清除中断。

UART 的 RDA 中断(UnIIR[3:1]=010)与 CTI 中断(UnIIR[3:1]=110)共用第二优先级。当 UART 的接收 FIFO 到达 UnFCR[7:6]所定义的触发点时，RDA 被激活；当 UART 的接收 FIFO 的深度低于触发点时，RDA 复位。当 RDA 中断激活时，CPU 可读出由触发点所定义的数据块。

　　CTI 中断(UnIIR[3:1]=110)为第二优先级中断。当 UART 接收的 FIFO 包含至少 1 个字符并且在接收 3.5～4.5 个字符的时间内没有发生 UART 接收 FIFO 动作时，该中断产生。UART 接收 FIFO 的任何动作(读或写 UART RSR)都将清除该中断。当接收到的信息不是触发值的倍数时，CTI 中断将清空 UART 的 RBR。 例如，如果外设想要发送一个 105 个字符的信息，而触发值为 10 个字符，那么前 100 个字符将使 CPU 接收 10 个 RDA 中断，而剩下的 5 个字符使 CPU 接收 1～5 个 CTI 中断(取决于服务程序)。UART 的中断处理如表 4.48 所示。

表 4.48　UART 的中断处理

UnIIR[3:0]	优先级	中断类型	中　断　源	中断复位值
0001	—	无	无	—
0110	最高	接收线状态/错误	OE, PE, FE，或 BI	UnLSR 读操作
0100	第二	接收数据可用	接收数据可用或 FIFO 模式下(UnFCR0=1)到达触发点	UnRBR 读或 UART 的 FIFO 低于触发值
1100	第二	字符超时指示	接收 FIFO 包含至少 1 个字符并且在一段时间内无字符输入或移出，该时间的长短取决于 FIFO 中的字符数以及在 3.5～4.5 个字符的时间内的触发值。实际的时间为：[(字长度)×7 − 2]×8 + [(触发值 − 字符数)×8 + 1]RCLK	UnRBR 读操作
0010	第三	THRE	THRE	UnIIR 读(如果是中断源)或 THR 写操作

注："0000"、"0011"、"0101"、"0111"、"1000"、"1001"、"1010"、"1011"、"1101"、"1110"、"1111" 为保留值。

　　UART 的 THRE 中断(UnIIR[3:1]=001)为第三优先级中断。当 UART 的 THR FIFO 为空并且满足特定的初始化条件时，该中断激活。这些初始化条件将使 UART 的 THR FIFO 被数据填充，以免在系统启动时产生许多 THRE 中断。当 THRE=1 已经有一个字符减去停止位的延时，并在上一次 THRE=1 事件之后，UnTHR 中存至多 2 个字符时，该初始化条件成立。在没有译码和服务 THRE 中断时，该延迟为 CPU 提供了将数据写入 UnTHR 的时间。如果 UART 的 THR FIFO 中曾经有两个或更多字符，而当前 UnTHR 为空时，THRE 中断立即设置。当发生 UnTHR 写操作或 UnIIR 读操作并且 THRE 为最高优先级中断(UnIIR[3:1]=001)时，THRE 中断复位。

6. UART FIFO 控制寄存器——UnFCR

　　UnFCR 为只写寄存器，控制 UART 接收和发送 FIFO 的操作，各位的功能描述如表 4.49 所示。

表 4.49 UART FIFO 控制寄存器的位描述

位	名称	功 能	复位值
0	FIFO 使能位	高电平使能对 UART 接收和发送 FIFO 以及 UnFCR[7:1]的访问。该位必须适当置位,以实现正确的 UART 操作。该位的任何变化都将使 UART FIFO 清空,该位清零则 FIFO 禁止,在应用中不能这样使用	1
1	接收 FIFO 复位	该位置 1 则清零 UART 的接收 FIFO 中的所有字节并复位指针逻辑,该位可自动清零	0
2	发送 FIFO 复位	该位置 1 则清零 UART 的发送 FIFO 中的所有字节并复位指针逻辑,该位可自动清零	0
3	DMA 模式选择	当 FIFO 使能位(该寄存器的位 0)被置位时,该位选择 DMA 模式	0
5:4	—	保留位,用户软件不应对其写 1,读出值未定义	NA
7:6	接收触发等级	00:触发等级 0(1 个字符或 0x01h); 01:触发等级 1(4 个字符或 0x04h); 10:触发等级 2(8 个字符或 0x08h); 11:触发等级 3(14 个字符或 0x0Eh)。 这两个位决定在激活中断之前,UART 的 FIFO 必须写入多少个字符	0

通过使用 DMA,用户可选择操作 UART 的发送和/或接收。DMA 模式由 FCR 寄存器中的 DMA 模式选择位决定。只有在 FCR 寄存器中的 FIFO 使能位置位时,该位才会有用。

1) UART 接收 DMA

在 DMA 模式中,当接收 FIFO 有效字节数大于或等于触发点水平,或者在发生字符超时的情况下,接收 DMA 请求就会生效(详情请参考上文对 RX 触发点的描述)。接收 DMA 请求由 DMA 控制器清除。

2) UART 发送 DMA

在 DMA 模式中,当发送 FIFO 变为未满时,发送 DMA 请求就会生效。发送 DMA 请求由 DMA 控制器清除。

7. UART 线控制寄存器——UnLCR

UnLCR 决定发送和接收数据字符的格式,各位的功能描述如表 4.50 所示。

8. UART 线状态寄存器——UnLSR

UnLSR 为只读寄存器,提供了 UART 发送和接收模块的状态信息,UART 线状态寄存器的位描述如表 4.51 所示。

表 4.50　UART 线控制寄存器的位描述

位	名称	功　　能	复位值
0:1	字长选择	00：5 位字符长度； 01：6 位字符长度； 10：7 位字符长度； 11：8 位字符长度	1
2	停止位选择	0：1 个停止位； 1：2 个停止位(如果 UnLCR[1:0]=00 则为 1.5)	0
3	校验位使能	0：禁止奇偶产生和校验； 1：使能奇偶产生和校验	0
5:4	校验位选择	00：奇数校验； 01：偶数校验； 10：强制为 1； 11：强制为 0	NA
6	间隔控制	0：禁止间隔发送；1：使能间隔发送。 当 UnLCR[6]=1 时，输出引脚 UART 的引脚 TxD 强制为逻辑 0	0
7	分频锁存访问位(DLAB)	0：禁止访问除数锁存； 1：使能访问除数锁存	0

表 4.51　UART 线状态寄存器的位描述

位	名称	功　　能	复位值
0	接收数据就绪(RDR)	0：UnRBR 为空；1：UnRBR 包含有效数据。 当 UnRBR 包含未读取的字符时，UnLSR[0]置位；当 UART 的 RBR FIFO 为空时，UnLSR0 清零	0
1	溢出错误(OE)	0：溢出错误状态未激活；1：溢出错误状态激活。 溢出错误条件在错误发生后立即设置。UnLSR 读操作清零 UnLSR[1]。当 UART 的 RSR 已经有新的字符就绪而 UART 的 RBR FIFO 已满时，UnLSR[1]置位。此时 UART 的 RBR FIFO 不会被覆盖，UART 的 RSR 中的字符将丢失	0
2	奇偶错误(PE)	0：奇偶错误状态未激活；1：奇偶错误状态激活。 当接收字符的奇偶位处于错误状态时产生一个奇偶错误。UnLSR 读操作清零 UnLSR[2]。奇偶错误检测时间取决于 UnFCR[0]。奇偶错误与从 UART 的 RBR FIFO 中读出的字符相关	0
3	帧错误(FE)	0：帧错误状态未激活；1：帧错误状态激活。 当接收字符的停止位为 0 时，产生帧错误。UnLSR 读操作清零 UnLSR[3]。帧错误检测时间取决于 UnFCR[0]。帧错误与 UARTn 的 RBR FIFO 中读出的字符相关。当检测到一个帧错误时，接收模块将尝试与数据重新同步并假设错误的停止位实际是一个超前的起始位。但即使没有出现帧错误，它也不能假设下一个接收到的字节是正确的。帧错误与从 UART 的 RBR FIFO 中读出的字符相关	0

位	名称	功　　能	复位值
4	间隔中断(BI)	0: 间隔中断状态未激活; 1: 间隔中断状态激活。 在发送整个字符(起始位、数据、奇偶位和停止位)过程中 RxDn 如果都保持逻辑 0, 则产生间隔中断。当检测到中断条件时, 接收器立即进入空闲状态直到 RxD0 变为全 1 状态。UnLSR 读操作清零该状态位。间隔检测的时间取决于 UnFCR[0]。间隔中断与从 UART 的 RBR FIFO 中读出的字符相关	0
5	发送保持寄存器空 (THRE)	0: UnTHR 包含有效数据; 1: UnTHR 空。 当检测到 UART 的 THR 为空时, THRE 置位, 对 UnTHR 写操作清零该位	1
6	发送器空 (TEMT)	0: UnTHR 和/或 UnTSR 包含有效数据; 1: UnTHR 和 UnTSR 空。 当 UnTHR 和 UnTSR 都为空时, TEMT 置位; 当 UnTSR 或 UnTHR 包含有效数据时, TEMT 清零	1
7	接收 FIFO 错误(RXFE)	0: UnRBR 中没有 UART 接收错误, 或 UnFCR[0]=0; 1: UnRBR 包含至少一个 UART 接收错误。 当一个带有接收错误(例如帧错误、奇偶错误或间隔中断)的字符装入 UnRBR 时, UxLSR7 置位。当读取 UnLSR 寄存器并且 UART 的 FIFO 中不再有错误时, UnLSR7 清零	0

9. UART 发送使能寄存器——UnTER

UnTER 寄存器可以实现软件流控制。当 TxEn=1 时, 只要数据可用, UARTn 发送器就会一直发送数据, 一旦 TxEn 变为 0, UARTn 就会停止数据传输。

UnTER 还可实现软件和硬件流控制。当 TxEn=1 时, 只要数据可用, UARTn 发送器就会一直发送数据, 一旦 TxEn 变为 0, UARTn 就会停止数据传输。表 4.52 描述了如何利用 TxEn 位来实现软件流控制。

表 4.52　UART 发送使能寄存器的位描述

位	名称	功　　能	复位值
6:0	—	保留位, 用户软件不应对其写 1, 读出值未定义	NA
7	TxEn	该位为 1 时(复位后), 一旦先前的数据都被发送出去, 写入 THR 的数据就会在 TxD 引脚上输出。如果在发送某字符时该位被清零, 那么在将该字符发送完毕后就不再发送数据, 直到该位被置"1"。也就是说, 该位为 0 时会阻止字符从 THR 或 TX FIFO 传输到发送移位寄存器。当检测到硬件握手 TX-permit 信号(CTS)变为"假", 或者在接收到 XOFF 字符(DC3)时, 软件通过执行软件握手可以将该位清零。当检测到 TX-permit 信号变为"真"时, 或者在接收到 XON 字符(DC1)时, 软件又能将该位重新置位	1

10. UART FIFO 水平寄存器——UnFIFOLVL

UnFIFOLVL 寄存器是一个只读寄存器，允许软件读取当前的 FIFO 水平状态。发送和接收 FIFO 的数据量(水平)均存放在该寄存器中，各位的功能描述如表 4.53 所示。

表 4.53　UART FIFO 水平寄存器的位描述

位	名称	功　　能	复位值
3:0	接收 FIFO 水平	反映 UART 接收 FIFO 的当前水平：0=空，0xF=FIFO 为满	0
7:4	—	保留位，用户软件不应对其写 1，读出值未定义	NA
11:8	发送 FIFO 水平	反映 UART 发送 FIFO 的当前水平：0=空，0xF=FIFO 为满	0
31:12	—	保留位，用户软件不应对其写 1，读出值未定义	NA

本节未列出的寄存器功能描述请参阅 LPC1700 系列处理器数据手册 UART 相关章节。

4.4.4　基本操作

LPC1700 处理器的 UART0、UART2 和 UART3 具有完全相同的寄存器，只是基地址不同，UART 的基本寄存器功能框图如图 4.4 所示。

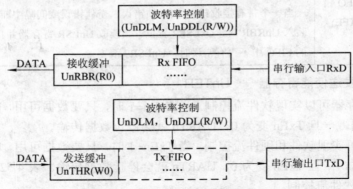

图 4.4　UART 寄存器功能框图

其中，寄存器 UnRBR 与 UnTHR 是同一地址，但物理上是分开的，读操作时为 UnRBR，写操作时为 UnTHR。寄存器 UnDLL 与 UnRBR、UnTHR，UnDLM 与 UnIER 具有相同的地址。如果要访问 UnDLM、UnDLL，分频器锁存访问位 DLAB 必须为 1；若要访问 UnRBR、UnTHR、UnIER，则分频器锁存访问位 DLAB 必须为 0。UnDLM 和 UnDLL 寄存器是波特率发生器的分频器锁存寄存器，用于设置合适的串口波特率；UnRBR 为数据接收缓冲器，用于读取接收到的数据，若 FIFO 使能，串口接收到的数据会压入 FIFO 缓冲；UnTHR 为发送保持寄存器，向此寄存器写入数据时，将会引起串口数据发送，若 FIFO 使能，数据将会压入 FIFO 缓冲。

如前所述，波特率的除数计算如下：

$$UnDLM、UnDLL = \frac{fpclk}{16 \times baud}$$

　　通过线控制寄存器 LCR 可设置串口的工作模式，FCR 则用于 FIFO 的使能或者复位操作。当接收或者发送数据的时候，会产生相应的线状态标志位(LSR)，通过对 IER 进行设置，可实现串口的发送、接收、出错等中断。注意，IER 中的位 0 为接收中断使能，位 1 为发送中断使能，位 2 为线状态中断使能(通信出错中断使能)，若不使能相应的中断，对应的中断不会产生，此时可以通过 LSR 读取串口的状态，以判断串口操作是否完成或是否成功。UART 模式寄存器的功能框图如图 4.5 所示。

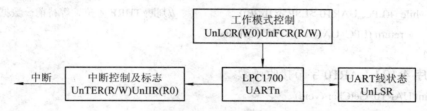

图 4.5　UART 模式寄存器功能框图

UART 的基本操作方法如下：

(1) 设置 I/O 连接到 UARTn；

(2) 设置串口波特率(UnDLM、UnDLL)；

(3) 设置串口工作模式(UnLCR、UnFCR)；

(4) 发送或接收数据(UnTHR、UnRBR)；

(5) 检查串口状态字(UnLSR)或者等待串口中断(UnIIR)。

4.4.5　应用举例

1. 查询方式

　　本示例使用查询方式对 UART0 进行数据传输。在初始化 UART0 时不需要使能任何中断位。UART0 初始化函数代码如程序 4.17 所示。

　　【程序 4.17】UART0 初始化函数。

```
    void UART0_Init (void)
    {
        uint16_t usFdiv;
        /* UART0 */
        LPC_PINCON->PINSEL0 |= (1 << 4);          //设置 P0.2 引脚为 UART0 的 TXD0
        LPC_PINCON->PINSEL0 |= (1 << 6);          //设置 P0.3 引脚为 UART0 的 RXD0

        LPC_UART0->LCR    = 0x83;                 //设置 DLAB 位，允许设置波特率寄存器
        usFdiv = (FPCLK / 16) / UART0_BPS;        //计算波特率
        LPC_UART0->DLM    = usFdiv / 256;
        LPC_UART0->DLL    = usFdiv % 256;
        LPC_UART0->LCR    = 0x03;                 //清除 DLAB 位，允许操作 RBR 与 THR
        LPC_UART0->FCR    = 0x06;                 //使能接收发送 FIFO

    }
```

使用查询方式进行串口数据传输时，用户程序主要通过读取 U0LSR 线状态寄存器，读出的对应位是否置位来判断发送是否完成。UART0 字节发送/接收函数代码如程序 4.18 和程序 4.19 所示。

【程序 4.18】 UART0 字节发送函数。

```
int UART0_SendByte (int ucData)
{
    while (!(LPC_UART0->LSR & 0x20));        //判断 THRE 置位，等待前一数据发送完成
        return (LPC_UART0->THR = ucData);
}
```

【程序 4.19】 UART0 字节接收函数。

```
int UART0_GetChar (void)
{
        while (!(LPC_UART0->LSR & 0x01));    //判断 RBR 置位，等待接收有效数据
        return (LPC_UART0->RBR);
}
```

2. 中断方式

用中断方式使用串口更符合实际应用要求。当串口有接收发送操作完成或者操作错误时产生中断，进入中断服务程序后根据 UnIIR 中断标志寄存器的标志位来判断发生中断的类型，从而执行相应的处理。下面只给出 UART0 中断服务程序和初始化函数。在初始化函数中必须使能中断和挂载中断服务函数。其它串口操作函数与查询方式下一样。

【程序 4.20】 UART0 初始化函数。

```
void uart_init(unsigned int uart_buad)
{
    ……
    LPC_UART->IER = IER_RBR | IER_THRE | IER_RLS;    //使能接收、发送和线状态中断
    NVIC_EnableIRQ(UART0_IRQn);                       //使能 UART0 中断
    ……
}
```

【程序 4.21】 UART0 中断服务程序。

```
void UART0_IRQHandler(void)
{
    unsigned int iir;

        iir = LPC_UART0->IIR;              //读取中断标志
    iir >>= 1;
    iir &= 0x07;                           //保留中断标志
        ……
    if (iir == IIR_RDA)                    //判断中断类型是否为接收数据中断
    {
```

```
        uart_send(LPC_UART0->RBR);                    //回显接收数据
    }
        ……
    }
```

4.5　ADC/DAC

4.5.1　LPC1700 DAC 特性

LPC1700 DAC 具有以下特性：

(1) 具有 10 位数模转换器；

(2) 具有电阻线结构；

(3) 可进行缓冲输出；

(4) 具有掉电模式；

(5) 转换速度及功耗可选。

4.5.2　DAC 引脚描述

表 4.54 所示为数模转换器(DAC)的主要相关引脚。

表 4.54　DAC 引脚描述

引脚名称	类型	功 能 描 述
AOUT	输出	模拟输出，在向 DACR 寄存器写入一个新数值后，该引脚输出电压值为 VALUE/1024×VREF
VREF	参考电压	参考电压，该引脚向 DAC 提供参考电压值
V_{DDA}, V_{SSA}	电源	模拟电源及地，应与数字地与电源隔离

4.5.3　DAC 寄存器描述

DAC 寄存器如表 4.55 所示。需要注意的是，寄存器 PCONP 中没有 DAC 控制位。若要使能 DAC，就必须选择其输出到相关的引脚 P0.26。在访问 DAC 寄存器前须用该方法将 DAC 使能。

表 4.55　DAC 寄存器

名称	功 能 描 述	访问	复位值[1]	地址
DACR	DAC 转换寄存器，该寄存器包含转换成模拟输出值的数字设置值和功耗控制位	读/写	0	0x4008C000
DACCTRL	DAC 控制寄存器，该寄存器控制 DAM 和定时器的操作	读/写	0	0x4008C004
DACCNTVAL	DAC 计数值寄存器，该寄存器包含 DAC DMA/中断定时器的重载值	读/写	0	0x4008C008

注：[1] 复位值只反映了使用位的数值，不包括保留位的内容。

1．DAC 转换寄存器(DACR-0x4008C000)

DAC 转换寄存器可读可写，包含了数模转换数值和性能功耗选择位。寄存器的 0～5 位为保留位，以适应将来更高位数的数模转换器使用。各位功能描述如表 4.56 所示。

表 4.56　DAC 转换寄存器的位描述

位	名称	功 能 描 述	复位值
5:0	—	保留位，用户软件不应对其写 1，读出值未定义	NA
15:6	VALUE	向该位段写入新值后经过设定的转换时间后，在引脚 AOUT 上输出电压值位 VALUE/1024 × VREF	0
16	BIAS	0：设置 DAC 的最大转换时间为 1 微秒，最大电流为 700 微安； 1：设置 DAC 的最大转换时间为 2.5 微秒，最大电流为 350 微安	0
31:17	—	保留位，用户软件不应对其写 1，读出值未定义	NA

2．DAC 控制寄存器(DACCTRL-0x4008C004)

DAC 控制寄存器可读可写，用于使能 DMA 操作并控制 DMA 定时器。各位功能描述如表 4.57 所示。

表 4.57　DAC 控制寄存器位的描述

位	名称	功 能 描 述	复位值
0	INT_DMA_REQ	该位在写 DACR 寄存器时清零，DMA 定时器溢出时该位由硬件置位	0
1	IDBLBUF_ENA	0：DACR 双缓冲被禁止； 1：当该位和 CNT_ENA 都置位时，DACR 寄存器中的双缓冲功能被使能。向 DACR 写数据会先将数据写入预缓冲器，数据在下次定时器超时时被发送到 DACR	0
2	CNT_ENA	0：定时器超时操作被禁止； 1：定时器超时操作被使能	0
3	DMA_ENA	0：DMA 访问被禁止； 1：DMA 突发方式 7 号通道被使能用于 DAC	0
31:4	—	保留位，用户软件不应对其写 1，读出值未定义	NA

3．DAC 计数控制寄存器(DACCNTVAL-0x4008C008)

DAC 计数控制寄存器可读可写，包含 DMA 中断的定时器的重载值。各位功能描述如表 4.58 所示。

表 4.58　DAC 控制寄存器的位描述

位	名称	功 能 描 述	复位值
15:0	VALUE	DMA 中断的定时器的重载值	0

4.5.4　DAC 基本操作

当 DACCTRL 中的 CNT_ENA 置位时，16 位计数器就从 DACCNTVAL 指定的值开始递减计数。计数器达到 0 之后都会重新装入 DACCNTVAL 的值，DMA 请求位 INT_DMA_REQ 也会通过硬件置位。

需要注意的是，DACCTRL 和 DACCNTVAL 中的数据是可读/写的，但定时器本身是不可读/写的。如果 DACCTRL 中的 DMA_ENA 位置位，DAC 的 DMA 请求将提交给 GPDMA。当位 DMA_ENA 被清零且复位后，DAC DMA 请求被禁止(默认)。

仅当 DACCTRL 中的 CNT_ENA 和 DBLBUF 位都置位时双缓冲才会使能。双缓冲使能后，写入 DACR 寄存器的数据都会先装入预缓冲器中，该缓冲器和 DACR 寄存器具有相同地址。当计数器达到 0 且 INT_DMA_REQ 被置位时，预缓冲器中的数据才会装入 DACR 寄存器中。同时，计数器会重新装入 COUNTVAL 寄存器的值。

读取 DACR 寄存器只会返回 DACR 中的内容，不包含预缓冲器的内容。若 CNT_ENA 和 DBLBUF 中有一个置低，写入 DACR 地址的数据就会直接写到 DACR 中。

寄存器 PINSEL1 的 21 和 20 位用于控制 DAC 是否使能以及引脚 P0.26 的状态。当这两位的值为 10 时，DAC 供电并被使能。

DAC 的基本操作顺序为：

(1) 设置 PINSEL1 寄存器，使能 DAC。

(2) 设置 DAC 寄存器的 BIAS 位，选择 DAC 的转换时间。

(3) 在程序中向 DAC 寄存器的 VALUE 位写入需要转换的数字值。

4.5.5　LPC1700 ADC 特性

LPC1700 系列处理器中的模数转换器(ADC)具有如下特性：

(1) 具有 1 个 12 位逐次逼近式模数转换器；

(2) 具有 8 个引脚复用为输入脚；

(3) 支持掉电模式；

(4) 测量范围为(0~3)V；

(5) 12 位转换频率为 200 kHz；

(6) 具有一个或多个输入的突发式转换模式；

(7) 可选择由输入跳变或定时器匹配信号触发转换。

ADC 的基本时钟由 APB 时钟 PCLK 提供。每个转换器包含一个可编程的分频器，它可以将 APB 时钟调整为逐次逼近转换所需的时钟(最大可达 13 MHz)，并且完全满足精度要求的转换需要 65 个 PCLK 时钟周期。

4.5.6　ADC 引脚描述

表 4.59 列出了模数转换器(ADC)的主要相关引脚。

表 4.59　ADC 引脚描述

引脚名称	类型	功能描述
ADD[7:0]	输入	模拟输入。ADC 通道单元可测量输入信号的电压。即使引脚复用寄存器将其设定为 GPIO 端口引脚，这些模拟输入还是连接在引脚上。通过将这些引脚驱动成端口输出来实现 ADC 的简单自测。 注：当使用 ADC 时，模拟输入引脚的信号电平在任何时候都不能大于 V_{DDA}，否则读出的转换值无效。如果在应用中未使用 ADC，则输入引脚用作可承受 5 V 电压的数字 I/O 口。但作为 ADC 输入时，引脚电压不能超过 3.3 V，否则导致转换错误。 例如，AD0.0 和 AD0.1 用作 ADC0 输入引脚，引脚上的电压分别为 4.5 V 和 2.5 V，虽然 AD0.1 输入引脚的电压在正常范围内，但 AD0.0 引脚上过大的电压仍然会导致 AD0.1 读取错误
VREF	参考电压	参考电压，该引脚向 ADC 提供参考电压值
V_{DDA}, V_{SSA}	电源	模拟电源及地，应与数字地与电源隔离

4.5.7　ADC 寄存器描述

表 4.60 所示为 ADC 的相关寄存器。

表 4.60　ADC 寄存器列表

名称	功能描述	访问	复位值[1]	地址
ADCR	ADC 控制寄存器，在使用 ADC 之前必须初始化该寄存器以选择操作模式	读/写	0x1	0x40034000
ADGDR	ADC 全局数据寄存器，包含了最新的 ADC 转换结果	读/写	NA	0x40034004
ADINTEN	ADC 中断使能寄存器，使能 ADC 各个通道的中断	读/写	0x0100	0x4003400C
ADDR0	ADC 通道 0 数据寄存器，该寄存器包含了通道 0 最新的转换结果	读/写	NA	0x40034010
ADDR1	ADC 通道 1 数据寄存器，该寄存器包含了通道 1 最新的转换结果	读/写	NA	0x40034014
ADDR2	ADC 通道 2 数据寄存器，该寄存器包含了通道 2 最新的转换结果	读/写	NA	0x40034018
ADDR3	ADC 通道 3 数据寄存器，该寄存器包含了通道 3 最新的转换结果	读/写	NA	0x4003401C
ADDR4	ADC 通道 4 数据寄存器，该寄存器包含了通道 4 最新的转换结果	读/写	NA	0x40034020

续表

名称	功　能　描　述	访问	复位值[1]	地址
ADDR5	ADC 通道 5 数据寄存器,该寄存器包含了通道 5 最新的转换结果	读/写	NA	0x40034024
ADDR6	ADC 通道 6 数据寄存器,该寄存器包含了通道 6 最新的转换结果	读/写	NA	0x40034028
ADDR7	ADC 通道 7 数据寄存器,该寄存器包含了通道 7 最新的转换结果	读/写	NA	0x4003402C
ADSTAT	ADC 状态寄存器,该寄存器包含了 ADC 完成、溢出以及中断等标志位	只读	0	0x40034030
ADTRM	ADC 调节(Trim)寄存器	读/写	0	0x40034034

注: [1] 复位值只反映了使用位的数值,不包括保留位的内容。

1. ADC 控制寄存器(ADCR-0x40034000)

ADC 控制寄存器可控制 ADC 转换通道选择、转换速率、转换精度、起始条件等信息,寄存器的位描述如表 4.61 所示。

表 4.61　ADC 控制寄存器的位描述

位	名称	描　　述	复位值
7:0	SEL	输入通道选择。从 AD0.7:0 引脚中选择采样和转换输入脚。位 0 选择引脚 AD0.0,位 7 选择引脚 AD0.7。软件控制模式下,这些位中只有一位可被置位。硬件扫描模式下,SEL 可为 1~8 中的任何一个值。SEL 为零时等效于为 0x01	0x01
15:8	CLKDIV	时钟分频。将 APB 时钟(PCLK)进行(CLKDIV 的值+1)分频得到 ADC 转换时钟,转换时钟必须小于或等于 13 MHz。典型地,软件将 CLKDIV 设置为最小值来得到 13 MHz 或稍低于 13 MHz 的时钟,但某些情况下(例如高阻抗模拟电源)可能需要更低的时钟	0
16	BURST	突发模式。如果该位为 0,转换由软件控制,需要 11 个时钟方能完成。如果该位为 1,ADC 以 CLKS 字段选择的速率重复执行转换,并从 SEL 字段中为 1 的位对应的引脚开始扫描(如果必要)。ADC 启动后第一次转换的是 SEL 字段中为 1 的位中的最低有效位对应的模拟输入,然后是为 1 的更高有效位对应的模拟输入(如果可用)。重复转换通过清零该位终止,但该位被清零时并不会中止正在进行的转换	0
20:17	—	保留位,用户软件不应对其写 1,读出值未定义	NA
21	PDN	掉电模式选择: 1——ADC 处于正常工作模式; 0——ADC 处于掉电模式	0
23:22	—	保留位,用户软件不应对其写 1,读出值未定义	NA

续表

位	名称	描　　　述	复位值
26:24	START	启动控制位。当 BURST 位为 0 时，这些位控制着 A/D 转换是否启动和何时启动： 000——不启动(PDN 清零时使用该值)； 001——立即启动转换； 010——EDGE 选择的边沿出现在 P2.10 脚时启动转换； 011——EDGE 选择的边沿出现在 P1.27 脚时启动转换； 100——EDGE 选择的边沿出现在 MAT0.1 时启动转换； 101——EDGE 选择的边沿出现在 MAT0.3 时启动转换； 110——EDGE 选择的边沿出现在 MAT1.0 时启动转换； 111——EDGE 选择的边沿出现在 MAT1.1 时启动转换	0
27	EDGE	边沿选择位。该位只有在 START 字段为 010~111 时有效： 0——在所选 CAP/MAT 信号的下降沿启动转换； 1——在所选 CAP/MAT 信号的上升沿启动转换	0
31:28	—	保留位，用户软件不应对其写 1，读出值未定义	NA

2．ADC 全局数据寄存器(ADGDR-0x40034004)

ADC 全局数据寄存器保存了最近的模数转换结果，包括数据、完成标志、溢出标志和 ADC 使用的通道数。各位的功能描述如表 4.62 所示。

表 4.62　ADC 全局数据寄存器的位描述

位	名称	描　　　述	复位值
3:0	—	保留位，用户软件不应对其写 1，读出值未定义	NA
15:4	V/V$_{REF}$	当 DONE 为 1 时，该字段包含一个二进制数，用来代表 SEL 字段选中的 Ain 脚的电压。该字段根据 V$_{DDA}$ 脚上的电压对 Ain 脚的电压进行划分。该字段为 0 表明 Ain 脚的电压小于、等于或接近于 V$_{SSA}$；该字段为 0x3FF 表明 Ain 脚的电压接近于、等于或大于 V$_{REF}$	NA
23:16	—	保留位，用户软件不应对其写 1，读出值未定义	NA
26:24	CHN	这些位包含的是最低位的 ADC 转换通道编号	NA
29:27	—	保留位，用户软件不应对其写 1，读出值未定义	NA
30	OVERRUN	突发模式下，如果在转换产生最低位的结果前一个或多个转换结果被丢失和覆盖，该位置位。在非 FIFO 操作中，该位通过读 ADDR 寄存器清零	0
31	DONE	A/D 转换结束时该位置位。该位在 ADDR 被读出和 ADCR 被写入时清零。如果 ADCR 在转换过程中被写入，该位置位，启动一次新的转换	0

有两种方法可以读取 ADC 的转换结果。一种是利用全局数据寄存器来读取 ADC 的结果；另一种是读取 ADC 通道数据寄存器。固定使用一种方法非常关键，否则 DONE 和 OVERRUN 标志在 ADGDR 和 ADC 通道数据寄存器之间就不会同步，还可能会引起错误中断或 DMA 操作。

3．ADC 中断使能寄存器(ADINTEN-0x4003400C)

ADC 中断使能寄存器用来控制转换完成时哪个 ADC 通道产生中断。然而，当需要通过对 ADC 通道连续转换来监控传感器时，最近一次的转换结果可根据需要随时由应用程序读出。在这种情况下，ADC 通道转换结束时都不使用中断方式。各位的功能描述如表 4.63 所示。

表 4.63　ADC 中断使能寄存器的位描述

位	名称	描　　述	复位值
7:0	ADINTEN7:0	0：ADC 通道转换结束时不会产生中断； 1：ADC 通道转换结束时产生中断	0
8	ADGINTEN	0：只有个别由 ADINTEN7:0 使能的 ADC 通道才产生中断； 1：使能 ADGDR 的全局 DONE 标志产生中断	1
31:7	—	保留位，用户软件不应对其写 1，读出值未定义	NA

4．ADC 状态寄存器(ADSTAT-0x40034030)

ADC 状态寄存器保存了 ADC 的所有通道的状态位以及 ADC 的中断标志位。各位的功能描述如表 4.64 所示。

表 4.64　ADC 状态寄存器的位描述

位	名称	描　　述	复位值
7:0	Done7:0	该位段为所有 ADC 通道的完成位映射	0
15:8	Overrun7:0	该位段为所有 ADC 通道的溢出位映射。读取 ADSTAT 允许用户程序同时检查全部 ADC 通道状态	0
16	ADINT	该位为中断标志位。如果任何 ADC 通道的完成标志位为 1，则该位置 1。该特性是由 ADINTEN 寄存器来使能的	0
31:17	—	保留位，用户软件不应对其写 1，读出值未定义	NA

5．ADC 数据寄存器(ADDR0～ADDR7-0x40034010～0x4003402C)

ADC 数据寄存器保存对应 ADC 通道的转换结果，同时也包含了完成和溢出等标志位。各位的功能描述如表 4.65 所示。

表 4.65　ADC 数据寄存器位描述

位	名称	描　　述	复位值
5:0	—	保留位，用户软件不应对其写 1，读出值未定义	NA
15:6	V/V$_{REF}$	当 DONE 为 1 时，该字段包含一个二进制数，用来代表 SEL 字段选中的 Ain 脚的电压。该字段根据 V$_{DDA}$ 脚上的电压对 Ain 脚的电压进行划分。该字段为 0 表明 Ain 脚的电压小于、等于或接近于 V$_{SSA}$；该字段为 0x3FF 表明 Ain 脚的电压接近于、等于或大于 V$_{REF}$	NA
29:16	—	保留位，用户软件不应对其写 1，读出值未定义	NA
30	OVERRUN	突发模式下，如果在转换产生最低位的结果前一个或多个转换结果被丢失和覆盖，该位置位。在非 FIFO 操作中，该位通过读 ADDR 寄存器清零	0
31	DONE	A/D 转换结束时该位置位。该位在 ADDR 被读出和 ADCR 被写入时清零。如果 ADCR 在转换过程中被写入，该位置位，启动一次新的转换	0

4.5.8　ADC 基本操作

一旦 ADC 转换开始，就不能被中断。若当前转换未结束，则用户软件写入的新转换命令以及新的边沿触发转换事件都会被忽略。

1．硬件触发转换

如果 ADCR 的突发位为 0 且开始字段的值包含在 010～111 之内，当所选引脚(P2.10 或 P1.27)或定时器匹配信号输入引脚(MAT0.1、MAT0.3、MAT1.0 或者 MAT1.1)发生跳变时，ADC 启动一次转换。也可选择在 4 个匹配信号中任何一个的指定边沿转换，或者在 2 个捕获/匹配引脚中任何一个的指定边沿转换。将所选端口的引脚状态或所选的匹配信号与 ADCR 位 27 相异或所得的结果用作边沿检测逻辑。

2．中断

DONE 标志位为 1 时，中断请求会被提交到 NVIC。软件通过 NVIC 中的 ADC 中断使能位来控制是否产生中断。当 ADDR 被读取时 DONE 标志被清零。

3．精度和数字接收器

必须通过寄存器 PINSEL 选择 AD 转换功能从而读取输入引脚的准确电压。另外，输入引脚要通过 PINMODE 寄存器设置为不使用上拉和下拉电阻的模式，以保证输入电压的准确。当引脚设置为 ADC 模拟输入引脚后，则不具备数字 I/O 功能；将引脚设置为数字 I/O 时，引脚自动与处理器内部 ADC 电路断开。

4.5.9　应用举例

本例使用查询方式进行模数转换。在初始化 ADC 的控制寄存器后，每隔固定时间控制 ADC 做一次转换，程序等待 ADGDR 寄存器中 DONE 位置 1 后读出转换结果。下面介绍两个关键的函数：ADC 初始化函数和 ADC 读数函数。

1．ADC 初始化函数

ADC 初始化函数(ADCInit())用于设置 ADC 的转换时钟，ADC 所使用的模拟输入引脚功能和初始化 ADC 控制寄存器 ADCR。具体代码清单如程序 4.22 所示。

【**程序 4.22**】ADC 初始化函数。

```
void ADC_Init (void)
   {

LPC_PINCON->PINSEL3 &= ~(3UL<<30);
LPC_PINCON->PINSEL3 |= (3UL<<30);              //设置 P1.31 为 ADC0.5 输入引脚

LPC_SC->PCONP |= (1<<12);                      //使能 ADC 模块

LPC_ADC->ADCR = (1<< 5)|                       //选择 ADC 输入通道 5
               (4<< 8)|                        //ADC 工作频率为 25MHz/5
               (1<<21);                        //使能 ADC 模块
   }
```

2. ADC 读取结果相关函数

ADC_StartCnv()函数用于启动 ADC 一次模数转换，ADC_StopCnv()函数用于停止 ADC，ADC_Get()函数用于读取 ADC 当前转换结果。三者的具体代码清单见程序 4.23、程序 4.24 和程序 4.25。

【程序 4.23】ADC 启动函数。

```
void ADC_StartCnv (void)
  {
  LPC_ADC->ADCR &= ～(7<<24);
  LPC_ADC->ADCR | = (1<<24);          //设置 ADC 控制寄存器启动转换
}
```

【程序 4.24】ADC 停止函数。

```
void ADC_StopCnv (void)
{
  LPC_ADC->ADCR &= ～(7<<24);          //设置 ADC 控制寄存器停止转换
}
```

【程序 4.25】ADC 读取结果函数。

```
uint16_t ADC_Get (void)
{
  uint16_t val;
  ADC_StartCnv();                     //调用 ADC 启动函数，开始数模转换

  while (!(LPC_ADC->ADGDR & (1UL<<31)));   //查询 DONE 位，等待转换完成
  adGdr = LPC_ADC->ADGDR;             //读取 ADGDR
  val = (adGdr >> 4) & 0xFFF;         //保留有效的结果数据

  ADC_StopCnv();                      //停止 ADC 转换
  return (val);
}
```

4.6 实 时 时 钟

4.6.1 功能描述

实时时钟(RTC)是一组计数器，用于测量时间，在系统掉电时也可以继续运行。RTC 在掉电模式下消耗的功率极低。LPC1700 系列 Cortex-M3 微控制器中的 RTC 时钟源由独立的 32.768 kHz 的外部晶振提供，该时钟源经过分频后得到一个 1 Hz 的内部时基。RTC 由自带的电源引脚 Vbat 供电，Vbat 可以与蓄电池相连，也可以与外部 3.3 V 电源引脚相连或保持断开。

LPC1700 实时时钟有以下特性：

(1) 提供秒、分、小时、日、月、年和星期。

(2) 超低功耗设计，支持电池供电系统。电池供电操作所需的电流不到 1 μA，还可使用 CPU 电源(如果有的话)。

(3) 容量为 20 字节的电池供电存储器，当 CPU 电源被移除时，RTC 可继续运行。

(4) 独立 32 kHz 超低功耗外部振荡器。

(5) 专用电源引脚可与电池或 CPU3.3 V 的电压相连。

(6) 一个报警输出可以把系统从掉电模式或者只有在 RTC 和电池 RAM 工作时唤醒。

(7) 校准计数器可对时间进行 1 s 分辨率校准。

(8) 可在时间寄存器任意字段的值递增时产生周期性增量中断；也可设置报警寄存器，当报警值与当前时间值匹配时产生报警中断。

4.6.2 结构及引脚

RTC 电源域总体结构如图 4.6 所示，其功能结构框图如图 4.7 所示。

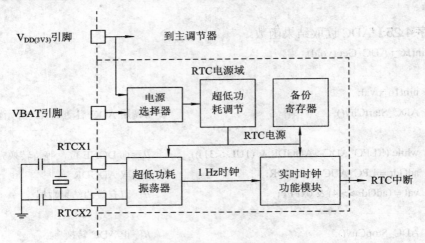

图 4.6　RTC 电源域总体结构

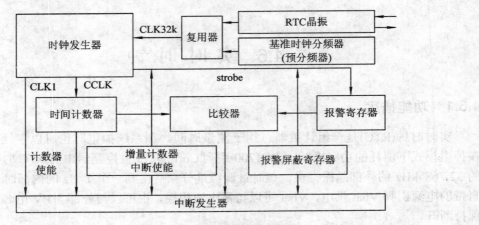

图 4.7　RTC 功能结构框图

RTC 引脚功能描述如表 4.66 所示。

表 4.66　RTC 引脚功能描述

引脚名称	类型	功 能 描 述
RTCX1	输入	RTC 振荡器电路的输入引脚
RTCX2	输出	RTC 振荡器电路的输出引脚 注：如果不使用 RTC，RTCX1/2 引脚可悬空
VBAT	输入	RTC 电源：通常与外部 3 V 电池相连。如果该引脚没供电，则 RTC 仍由内部供电(如果有 $V_{DD(3V3)}$)

4.6.3　寄存器功能描述

按照功能，可将 RTC 寄存器地址空间分成三个部分：第一组为前 8 个地址，供混合寄存器组使用；第二组的地址供定时器计数器组使用；第三组供报警寄存器组使用。RTC 寄存器列表如表 4.67 所示。

表 4.67　RTC 寄存器列表

名称	寄存器位数	描　述	访问	复位值[1]	地址
混合寄存器组					
ILR	2	中断位置寄存器	读/写	0	0x40024000
CCR	3	时钟控制寄存器	读/写	NC	0x40024008
CIIR	8	计数器递增中断寄存器	读/写	0	0x4002400C
AMR	8	报警屏蔽寄存器	读/写	0	0x40024010
RTC_AUXEN	1	RTC 辅助使能寄存器	读/写	0	0x40024058
RTC_AUX	1	RTC 辅助控制寄存器	读/写	0x8	0x4002405C
完整时间寄存器组					
CTIME0	32	完整时间寄存器 0	只读	NC	0x40024014
CTIME1	32	完整时间寄存器 1	只读	NC	0x40024018
CTIME2	32	完整时间寄存器 2	只读	NC	0x4002401C
时间计数器寄存器组					
SEC	6	秒寄存器	读/写	NC	0x40024020
MIN	6	分寄存器	读/写	NC	0x40024024
HOUR	5	小时寄存器	读/写	NC	0x40024028
DOM	5	日期(月)寄存器	读/写	NC	0x4002402C
DOW	3	星期寄存器	读/写	NC	0x40024030
DOY	9	日期(年)寄存器	读/写	NC	0x40024034
MONTH	4	月寄存器	读/写	NC	0x40024038
YEAR	12	年寄存器	读/写	NC	0x4002403C
CALIBRATION	18	校准值寄存器	—	NC	0x40024040

名称	寄存器位数	描　述	访问	复位值[1]	地址
通用寄存器组					
GPREG0	32	通用寄存器 0	读/写	NC	0x40024044
GPREG1	32	通用寄存器 1	读/写	NC	0x40024048
GPREG2	32	通用寄存器 2	读/写	NC	0x4002404C
GPREG3	32	通用寄存器 3	读/写	NC	0x40024050
GPREG4	32	通用寄存器 4	读/写	NC	0x40024054
报警寄存器组					
ALSEC	6	秒报警值	读/写	NC	0x40024060
ALMIN	6	分报警值	读/写	NC	0x40024064
ALHOUR	5	小时报警值	读/写	NC	0x40024068
ALDOM	5	日期(月)报警值	读/写	NC	0x4002406C
ALDOW	3	星期报警值	读/写	NC	0x40024070
ALDOY	9	日期(年)报警值	读/写	NC	0x40024074
ALMON	4	月报警值	读/写	NC	0x40024078
ALYEAR	12	年报警值	读/写	NC	0x4002407C

注: [1] 复位值只用于 RTC 模块上电时, 其它类型的复位对 RTC 模块都没有影响。由于 RTC 可以由 $V_{DD(3V3)}$或 VBAT 供电(只要存在的话), 所以上电复位只在两种电源都关闭, 其中一种电源开启时产生。大部分的寄存器都不受 RTC 上电的影响, 如果 RTC 使能, 这些寄存器必须通过软件来初始化。复位值仅反映使用位中的数据, 不包括保留位的内容。

1. RTC 中断

RTC 中断的产生由中断位置寄存器(ILR)、计数器增量中断寄存器(CIIR)、报警寄存器和报警屏蔽寄存器(AMR)控制。ILR 单独使能 CIIR 和 AMR 中断。CIIR 中的每个位都对应一个时间计数器, 如果使能其中某一位, 那么该位对应的计数器每增加一次就产生一次中断。报警寄存器允许用户设定产生中断的日期和时间。AMR 提供一个屏蔽报警比较的机制, 当所有非屏蔽报警寄存器均与它们对应的时间计数器的值匹配时, 就会产生中断。

如果 RTC 在其自身的振荡器(RTCX1、RTCX2 引脚)频率下工作, 那么 RTC 中断就可以让微控制器退出掉电模式。如果 RTC 中断使能并且允许唤醒系统, 此时出现了其选定的事件时, 处理器将启动 XTAL1/2 引脚相关的振荡器, 经过一定周期后, CPU 被唤醒。要详细了解基于 RTC 的唤醒过程, 请参考第 3.4 节相关内容。

2. 混合寄存器组

1) 中断位置寄存器

中断位置寄存器(ILR-0x4002400)为 2 位寄存器, 各位的描述如表 4.68 所示, 它指定了哪些模块可以产生中断。向一个位写入 1 会清除相应的中断, 写入 0 无效。读取该寄存器并将读出的值回写到寄存器中将会清除检测到的中断。

表 4.68　中断位置寄存器的位描述

位	通用名称	功 能 描 述	复位值
0	RTCCIF	读出 1 时，计数器增量中断模块产生中断。向该位写入 1 清除计数器增量中断	0
1	RTCALF	读出 1 时，报警寄存器产生中断。向该位写入 1 清除报警中断	0
7:2	—	保留位，用户软件不应对其写 1。读出值未定义	NA

2) 时钟控制寄存器

时钟控制寄存器(CCR-0x40024008)是一个 3 位寄存器，它控制时钟分频电路的操作。每一位的功能如表 4.69 所示。

表 4.69　时钟控制寄存器的位描述

位	通用名称	功 能 描 述	复位值
0	CLKEN	时钟使能。当该位为 1 时，时间计数器使能；为 0 时，时间计数器都被禁止，这时可对其进行初始化	NC
1	CTCRST	CTC 复位。为 1 时，时钟节拍计数器复位。在 CCR[1]变为 0 之前，它将一直保持复位状态	0
3:2	—	保留位，用户软件不应对其写 1。读出值未定义	NA
4	CCALEN	校准计数器使能位。 为 1 时，校准寄存器被禁止并复位为 0。 为 0 时，校准计数器使能并开始计数，频率为 1 Hz。当校准计数值等于校准寄存器中的值时，计数器复位并重新向校准寄存器的值开始递增计数	NC
7:5	—	保留位，用户软件不应对其写 1。读出值未定义	NA

当 CLKEN 为 0 时可对时间计数器(SEC、MIN、HOUR、DOM、DOW、DOY、MONTH 和 YEAR)进行设置。

3) 计数器增量中断寄存器

计数器增量中断寄存器(CIIR-0x4002400C)可使计数器每次增加时产生一次中断，各位的描述如表 4.70 所示。在中断位置寄存器的位 0(RTCCIF)写入 1 之前，该中断一直保持有效。

表 4.70　计数器增量中断寄存器的位描述

位	通用名称	功 能 描 述	复位值
0	IMSEC	为 1 时，秒值的增加产生一次中断	NA
1	IMMIN	为 1 时，分值的增加产生一次中断	NA
2	IMHOUR	为 1 时，小时值的增加产生一次中断	NA
3	IMDOM	为 1 时，日期(月)值的增加产生一次中断	NA
4	IMDOW	为 1 时，星期值的增加产生一次中断	NA
5	IMDOY	为 1 时，日期(年)值的增加产生一次中断	NA
6	IMMON	为 1 时，月值的增加产生一次中断	NA
7	MYEAR	为 1 时，年值的增加产生一次中断	NA

4) 报警屏蔽寄存器

报警屏蔽寄存器(AMR-0x40024010)允许用户屏蔽任意报警寄存器，各位的描述如表 4.71 所示。对于报警功能来说，要产生中断，非屏蔽的报警寄存器必须匹配对应的时间计数值。只有当计数器之间的比较第一次从不匹配到匹配时才会产生中断。向中断位置寄存器的位 1(RTCALF)写入 1 会清除报警中断。如果所有屏蔽位都置位，报警将被禁止。

表 4.71　报警屏蔽寄存器的位描述

位	通用名称	功　能　描　述	复位值
0	AMRSEC	为 1 时，秒值不与报警寄存器比较	0
1	AMRMIN	为 1 时，分值不与报警寄存器比较	0
2	AMRHOUR	为 1 时，小时值不与报警寄存器比较	0
3	AMRDOM	为 1 时，日(月)值不与报警寄存器比较	0
4	AMRDOW	为 1 时，星期值不与报警寄存器比较	0
5	AMRDOY	为 1 时，日期(年)值不与报警寄存器比较	0
6	AMRMON	为 1 时，月值不与报警寄存器比较	0
7	AMRYEAR	为 1 时，年值不与报警寄存器比较	0

5) RTC 辅助控制寄存器

RTC 辅助控制寄存器(RTC_AUX-0x4002405C)保存了一个附加中断标志，该标志与实时时钟本身无关。在 LPC1700 系列 Cortex-M3 微控制器中，该附加的中断标志着 RTC 振荡器是否有效。该寄存器各位描述如表 4.72 所示。

表 4.72　RTC 辅助控制寄存器的位描述

位	通用名称	功　能　描　述	复位值
3:0	—	保留位，用户软件不应对其写 1。读出值未定义	NA
4	RTC_OSCF	RTC 振荡器失效探测标志。 读：该位在 RTC 振荡器停止时置位，或在 RTX 电源首次启动时置位。该位置位时，中断产生，RTC_AUXEN 中的位 RTC_OSCFEN 也会置位，NVIC 中的 RTC 中断被使能。 写：向该位写入 1 会清除这个标志	1
7:5	—	保留位，用户软件不应对其写 1。读出值未定义	NA

6) RTC 辅助使能寄存器

RTC 辅助使能寄存器(RTC_AUXEN-0x40024058)控制辅助控制器的中断源是否被使能。该寄存器各位描述如表 4.73 所示。

表 4.73　RTC 辅助使能寄存器的位描述

位	通用名称	功　能　描　述	复位值
3:0	—	保留位，用户软件不应对其写 1。读出值未定义	NA
4	RTC_OSCFEN	振荡器失效探测中断使能。 为 0 时，RTC 振荡器失效探测中断被禁止。 为 1 时，RTC 振荡器失效探测中断被使能。请参见"RTC 辅助控制寄存器"小节	1
7:5	—	保留位，用户软件不应对其写 1。读出值未定义	NA

3．完整时间寄存器组

完整时间寄存器组包括 3 个寄存器，分别为完整时间寄存器 0、完整时间寄存器 1 和完整时间寄存器 2。只需执行 3 次读操作即可读出所有时间计数器的值。

完整时间寄存器为只读寄存器，要更新时间计数器的值，必须通过时间计数器 (SEC、MIN、HOUR、DOM、DOW、DOY、MONTH 和 YEAR)进行设置。时间计数器的值可选择以一个完整的格式读出，每个寄存器中的时间信息最低位分别位于 bit0、bit8、bit16 和 bit24。

1) 完整时间寄存器 0(CTIME0-0x40024014)

该寄存器包含的时间信息为秒、分、小时和星期，其位描述如表 4.74 所示。

表 4.74　完整时间寄存器 0 的位描述

位	通用名称	功 能 描 述
5:0	秒	秒值，该值的范围为 0～59
7:6	—	保留位，用户软件不应对其写 1。读出值未定义
13:8	分钟	分值，该值的范围为 0～59
15:14	—	保留位，用户软件不应对其写 1。读出值未定义
20:16	时钟	小时值，该值的范围为 0～23
23:21	—	保留位，用户软件不应对其写 1。读出值未定义
26:24	星期	星期值，该值的范围为 0～6
31:27	—	保留位，用户软件不应对其写 1。读出值未定义

2) 完整时间寄存器 1(CTIME1-0x40024018)

该寄存器包含的时间信息为日期(月)、月和年，其位描述如表 4.75 所示。

表 4.75　完整时间寄存器 1 的位描述

位	通用名称	功 能 描 述
4:0	日	日期(月)值，该值的范围为 1～28、29、30 或 31
7:5	—	保留位，用户软件不应对其写 1。读出值未定义
11:8	月	月值，该值的范围为 1～12
15:12	—	保留位，用户软件不应对其写 1。读出值未定义
27:16	年	年值，该值的范围为 0～4095
31:28	—	保留位，用户软件不应对其写 1。读出值未定义

3) 完整时间寄存器 2(CTIME2-0x4002401C)

该寄存器仅包含日期(年)，其位描述如表 4.76 所示。

表 4.76　完整时间寄存器 2 的位描述

位	通用名称	功 能 描 述
11:0	日期(年)	日期(年)值，该值的范围为 1～365(闰年为 366)
31:12	—	保留位，用户软件不应对其写 1。读出值未定义

4. 时间计数器组

时间计数器(Time Counter)包含 8 个可读写寄存器，用于 RTC 日历时间初始化，具体寄存器如表 4.77 所示，各个寄存器关系及数值范围如表 4.78 所示。

表 4.77　时间计数器寄存器列表

通用名称	位数	功　能　描　述	访问	地址
SEC	6	秒值，该值的范围为 0～59	读/写	0x40024020
MIN	6	分值，该值的范围为 0～59	读/写	0x40024024
HOUR	5	小时值，该值的范围为 0～23	读/写	0x40024028
DOM	5	日期(月)值，该值的范围为 1～28,29,30 或 31[1]	读/写	0x4002402C
DOW	3	星期值，该值的范围为 0～6[1]	读/写	0x40024030
DOY	9	日期(年)值，该值的范围为 1～365(闰年为 366)[1]	读/写	0x40024034
MONTH	4	月值，该值的范围为 1～12	读/写	0x40024038
YEAR	12	年值，该值的范围为 0～4095	读/写	0x4002403C

注：[1]这些值只能在适当的时间间隔处递增且在定义的溢出点复位。为了使这些值有意义，它们不能进行计算且必须被正确初始化。

表 4.78　计数器关系及其值

计数器	使　能	最小值	最大值
秒	Clk1(见 RTC 结构图 4.13)	0	59
分	秒	0	59
小时	分	0	23
日期(月)	小时	1	28，29，30，31
星期	小时	0	6
日期(年)	小时	1	365 或 366(闰年)
月	日期(月)	1	12
年	月或日期(年)	0	4096

1) 关于闰年的计算

RTC 执行一个简单的位比较，需看年计数器的最低两位是否为 0，如果为 0，那么 RTC 认为这一年为闰年。RTC 认为所有能被 4 整除的年份都为闰年。这个算法从 1901 年到 2099 年都是准确的，但在 2100 年出错，2100 年并不是闰年。闰年对 RTC 的影响只是改变 2 月份的长度、日期(月)和年的计数值。

2) 校准寄存器

校准寄存器(CALIBRATION-0x40024040)可用于时间计数器的校准。各位描述如表 4.79 所示。

表 4.79　校准寄存器的位描述

位	通用名称	功　能　描　述	复位值
16:0	CALVAL	如果校准使能，校准计数器会向该值递增计数。最大值为 131 072，对应的计数时间长达 36.4 小时。如果 CALVAL=0，校准功能禁止	NC
17	CALDIR	校准方向。 写 1：逆向校准。当 CALVAL 等于校准计数值时，RTC 定时器会停止递增 1 秒。 写 0：正向校准。当 CALVAL 等于校准计数值时，RTC 定时器会向前递增 2 秒	NC
31:12	—	保留位，用户软件不应对其写 1。读出值未定义	NA

3) 校准过程

校准逻辑可周期性地使计数器值不递增 1 或增加 2 来调整时间计数器。这样就可以在特定电压和适当的温度下对 RTC 振荡器直接进行校准，无需通过外部仪器来调节 RTC 振荡器。

建议使用如下方法来确定校准值 CALVAL：在对 RTC 进行调节的情况下利用 CLKOUT 的特性来观察 RTC 振荡器的频率，在 1 秒钟时间结束之前计算出观察到的时钟数，用这个值确定 CALVAL。如果 RTC 振荡器需要通过外部调节，那么观察 RTC 振荡器频率的这种方法也有助于外部调节过程。

(1) 向后校准。使能 RTC 定时器，在寄存器 CCR 中设置校准(CLKEN 位置 1，CCALEN 位清 0)。把校准寄存器中的校准值设置成大于等于 1 的值，并将位 CALDIR 设为 1。

● 每隔一个时钟周期(1 Hz)SEC 定时器和校准计数器加 1；

● 在校准计数值达到 CALVAL 时，出现校准匹配，所有 RTC 定时器停止运行一个周期，这样定时器就不会在下个周期后递增 1；

● 若在出现校准匹配的同时也可能出现报警匹配，则报警中断会被延迟一个周期以免产生两次报警中断。

(2) 向前校准。使能 RTC 定时器，在寄存器 CCR 中进行校准(置位 CLKEN，CCALEN 设为 0)。把校准寄存器中的校准值设置成大于等于 1 的值，并将位 CALDIR 设为 0。

● 每隔一个时钟周期(1 Hz)SEC 定时器和校准计数器加 1；

● 在校准计数值达到 CALVAL 时，校准匹配出现，RTC 定时器加 2；

● 当出现校准事件时，寄存器 ALSEC 的 LSB 值会强制变为 1，这样报警中断就不会在秒值跳跃时丢失。

5. 通用寄存器组

通用寄存器组(GPREG[0-4]-0x400240[44/48/4C/50/54])可在主电源断开时保存重要的信息。芯片复位时，不会影响寄存器中的值。该组寄存器的位描述如表 4.80 所示。

表 4.80　通用寄存器的组位描述

位	通用名称	功　能　描　述	复位值
31:0	GP0～GP4	通用寄存器	N/A

6. 报警寄存器组

报警寄存器组的位描述如表 4.81 所示。这些寄存器的值与时间计数器相比较，如果未屏蔽的报警寄存器都与它们对应的时间计数器相匹配，那么将产生一次中断。向中断位置寄存器的位 1(RTCALF)写入 1 清除中断。

表 4.81　报警寄存器组的位描述

名称	位数	功　能　描　述	访问	地址
ALSEC	6	秒报警值	读/写	0x40024060
ALMIN	6	分报警值	读/写	0x40024064
ALHOUR	5	小时报警值	读/写	0x40024068
ALDOM	5	日期(月)报警值	读/写	0x4002406C
ALDOW	3	星期报警值	读/写	0x40024070
ALDOY	9	日期(年)报警值	读/写	0x40024074
ALMON	4	月报警值	读/写	0x40024078
ALYEAR	12	年报警值	读/写	0x4002407C

4.6.4　RTC 使用注意事项

若使用了 RTC，就必须将 VBAT 与独立的电源相连(通常是外部蓄电池)，否则 VBAT 应该悬空。如果有 $V_{DD(3V3)}$，即便 VBAT 没有与电源连接，内部(CPU)也会一直为 RTC 域供电；如果 $V_{DD(3V3)}$ 和 VBAT 都不可用，则 RTC 的时间值和备份寄存器中的内容将丢失；如果时钟源失效、被中断或改变，RTC 也会停止运行。

4.6.5　应用举例

本实例使用 RTC 的基本计时功能。程序通过设置基本年、月、日和时间，每间隔 1 s 读取 RTC 的实时时间和日期并通过串口打印。在此只给出对 RTC 操作的几个函数代码。

1. RTC 初始化函数

RTC 初始化函数(RTCInit())通过设置 PCONP 寄存器的 PCRTC 位打开 RTC 电源，并设置 RTC 的相关配置寄存器。具体代码清单如程序 4.26 所示。

【程序 4.26】RTC 初始化函数。

```
void RTCInit( void )
{
    alarm_on = 0;
    LPC_SC->PCONP |= (1 << 9);                    //设置 PCRTC 位，打开 RTC

    if ( LPC_RTC->RTC_AUX & (0x1<<4) )
    {
        LPC_RTC->RTC_AUX |= (0x1<<4);             //清除振荡器失效探测中断标志位
    }
```

```
        LPC_RTC->AMR = 0;                          //设置所有报警寄存器参与报警比较
        LPC_RTC->CIIR = 0;                         //没有任何增量中断
        LPC_RTC->CCR = 0;                          //设置 RTC 为禁止状态
        return;

    }
```

2. RTC 时间设置函数

RTC 时间设置函数(RTCSetTime())用于设置 RTC 的日期与时间。主要是对 RTC 模块的时间计数器设置。该函数参数为一个时间结构体 RTCTime，结构体及函数定义清单如程序 4.27 和 4.28 所示。

【程序 4.27】时间结构体。

```
        typedef struct {
            uint32_t RTC_Sec;                      /* Second value - [0,59] */
            uint32_t RTC_Min;                      /* Minute value - [0,59] */
            uint32_t RTC_Hour;                     /* Hour value - [0,23] */
            uint32_t RTC_Mday;                     /* Day of the month value - [1,31] */
            uint32_t RTC_Mon;                      /* Month value - [1,12] */
            uint32_t RTC_Year;                     /* Year value - [0,4095] */
            uint32_t RTC_Wday;                     /* Day of week value - [0,6] */
            uint32_t RTC_Yday;                     /* Day of year value - [1,365] */
        } RTCTime;
```

【程序 4.28】RTC 时间设置函数。

```
        void RTCSetTime( RTCTime Time )
        {
            LPC_RTC->SEC = Time.RTC_Sec;
            LPC_RTC->MIN = Time.RTC_Min;
            LPC_RTC->HOUR = Time.RTC_Hour;
            LPC_RTC->DOM = Time.RTC_Mday;
            LPC_RTC->DOW = Time.RTC_Wday;
            LPC_RTC->DOY = Time.RTC_Yday;
            LPC_RTC->MONTH = Time.RTC_Mon;
            LPC_RTC->YEAR = Time.RTC_Year;
            return;

        }
```

3. RTC 启动与停止函数

在设置完时间与日期后调用 RTCStart()函数开始 RTC 计时；调用 RTCStop()函数可停止 RTC 计时。具体代码清单如程序 4.29 与 4.30 所示。

【程序 4.29】RTC 启动函数。

```
        void RTCStart( void )
```

```
    {
        LPC_RTC->CCR |= CCR_CLKEN;
        LPC_RTC->ILR = ILR_RTCCIF;
        return;
    }
```

【程序 4.30】RTC 停止函数。

```
    void RTCStop( void )
    {
        LPC_RTC->CCR &= ~CCR_CLKEN;
        return;
    }
```

4. RTC 读取函数

RTCGetTime()函数读取 RTC 的时间计数器寄存器内容并返回一个时间结构体 RTCTime。具体代码如程序清单 4.31 所示。

【程序 4.31】RTC 读取函数。

```
    RTCTime RTCGetTime( void )
    {
        RTCTime LocalTime;

        LocalTime.RTC_Sec = LPC_RTC->SEC;
        LocalTime.RTC_Min = LPC_RTC->MIN;
        LocalTime.RTC_Hour = LPC_RTC->HOUR;
        LocalTime.RTC_Mday = LPC_RTC->DOM;
        LocalTime.RTC_Wday = LPC_RTC->DOW;
        LocalTime.RTC_Yday = LPC_RTC->DOY;
        LocalTime.RTC_Mon = LPC_RTC->MONTH;
        LocalTime.RTC_Year = LPC_RTC->YEAR;
        return ( LocalTime );
    }
```

4.7　其它接口

本节将简略介绍 LPC1700 系列处理器基本外设接口的模块特点及工作原理，相关寄存器的详细描述请读者参阅处理器数据手册。

4.7.1　GPDMA 控制器

1. GPDMA 控制器概述

通用 DMA 控制器(GPDMA)允许外设到存储器、存储器到外设、外设到外设及存储器到存储器之间的数据传输。每个 DMA 流都可以为单个源和目标提供单向串行化 DMA 传输。例如，一个双向数据端口需要一个发送流和一个接收流。数据传输的源和目标可以是存储区或外设。GPDMA 有以下的特性：

- 8 个 DMA 通道，每个通道可支持一个单向传输。
- GPDMA 提供 16 根 DMA 请求线。
- 单次 DMA 和突发 DMA 请求信号。每个连接到 DMA 控制器的外设可以提交一个突发 DMA 请求或一个单次 DMA 请求。DMA 突发大小通过编程 DMA 控制器来设置。
- 支持存储器到存储器、存储器到外设、外设到存储器及外设到外设的传输。
- DMA 支持的外设有 SSP、I^2S、UART、A/D 转换器和 D/A 转换器。DMA 还可以通过定时器匹配事件触发，还支持存储器到存储器的传输和 GPIO 端口传输。
- 通过使用链表来支持分散/聚集的 DMA，这就意味着源区和目标区不一定要占用连续的存储区。
- 硬件 DMA 通道支持优先级。
- AHB 总线从机 DMA 编程接口。可以通过 AHB 总线从机接口对 DMA 控制寄存器进行设置来对 DMA 控制器进行编程。
- 具有一个管理传输数据的 AHB 总线主机。这个接口在 DMA 请求有效时传输数据。
- 32 位的 AHB 主机总线宽度。
- 源和目标区可设置为递增寻址或非递增寻址。
- DMA 突发传输大小可编程。对 DMA 突发传输的大小进行编程，可以提高传输数据的效率。
- 每个通道内部包含有一个 4 字大小的 FIFO。
- 支持 8、16 和 32 位宽的传输。
- 支持大端和小端模式。复位后 DMA 默认为小端模式。
- DMA 操作完成或出现错误时，可向处理器产生中断请求信号。
- 原始的中断状态，无论是否屏蔽中断，都可以读出 DMA 错误和 DMA 计数的中断状态。
- DMA 可以工作于睡眠模式。在睡眠模式中 DMA 不能访问闪存。

2. GPDMA 控制器结构描述

LPC1700 系列处理器的 GPDMA 控制器结构框图如图 4.8 所示。

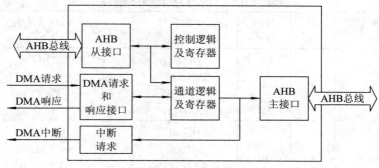

图 4.8　GPDMA 控制器结构框图

DMA 控制器的功能介绍如下：

1) AHB 从机接口

通过 AHB 从机接口对 DMA 控制器的所有传输都是 32 位宽度。不支持 8 位和 16 位访问，否则会导致异常出现。

2) 控制逻辑和寄存器组

寄存器模块保存 AHB 接口写入或读出的数据。

3) DMA 请求和响应接口

有关 DMA 请求和响应接口的信息请见"DMA 系统连接"小节的内容。

4) 通道逻辑和通道寄存器组

通道逻辑和通道寄存器组包含了每个 DMA 通道所需的寄存器和逻辑。

5) 中断请求

中断请求向 ARM 处理器产生中断。

6) AHB 主机接口

DMA 控制器包含 1 个 AHB 主机接口。每个 AHB 主机都能够处理下列类型的 AHB 传输：

● 分离、重试和从机的错误响应。如果一个外设执行一次分离或重试传输，GPDMA 停止并等待传输结束。

● 锁定每个流的源和目的传输。

● 为每个流的传输设置保护位。

7) 总线和传输宽度

AHB 总线的物理宽度是 32 位。源和目标的传输宽度可以不同，也可以相同，还可以比物理总线宽度更窄。DMA 控制根据需要打包或拆分数据。

8) 字节顺序特性

DMA 控制器可处理小端和大端寻址。

在内部，DMA 控制将所有数据当作一个字节流来处理，而不是 16 位或 32 位的数据量。这就意味着，当执行源和目标传输字节顺序不同的混合字节时，可以观察到 32 位数据内的字节交换。

注：如果不需要字节交换，请避免在源和目标地址之间使用不同的字节顺序。

表 4.82 所示为不同的源和目标组合的字节顺序特性。

表 4.82　DMA 字节顺序特性

源字节顺序	目标字节顺序	源宽度	目标宽度	源传输编号/字节通道	源数据	目标传输编号/字节通道	目标数据
小端	小端	8	8	1/[7:0]	21	1/[7:0]	21212121
				2/[15:8]	43	2/[15:8]	43434343
				3/[23:16]	65	3/[23:16]	65656565
				4/[31:24]	87	4/[31:24]	87878787
小端	小端	8	16	1/[7:0]	21		
				2/[15:8]	43	1/[15:0]	43214321
				3/[23:16]	65	2/[31:16]	87658765
				4/[31:24]	87		

续表一

源字节顺序	目标字节顺序	源宽度	目标宽度	源传输编号/字节通道	源数据	目标传输编号/字节通道	目标数据
小端	小端	8	32	1/[7:0] 2/[15:8] 3/[23:16] 4/[31:24]	21 43 65 87	1/[31:0]	87654321
小端	小端	16	8	1/[7:0]1/[15:8] 2/[23:16]2/[31:24]	21 43 65 87	1/[7:0] 2/[15:8] 3/[23:16] 4/[31:24]	21212121 43434343 65656565 87878787
小端	小端	16	16	1/[7:0]1/[15:8] 2/[23:16]2/[31:24]	21 43 65 87	1/[7:0]1/[15:8] 2/[23:16]2/[31:24]	43214321 87658765
小端	小端	16	32	1/[7:0]1/[15:8] 2/[23:16]2/[31:24]	21 43 65 87	1/[7:0] 1/[15:8] 1/[23:16] 1/[31:24]	87654321
小端	小端	32	8	1/[7:0] 1/[15:8] 1/[23:16] 1/[31:24]	21 43 65 87	1/[7:0] 2/[15:8] 3/[23:16] 4/[31:24]	21212121 43434343 65656565 87878787
小端	小端	32	16	1/[7:0] 1/[15:8] 1/[23:16] 1/[31:24]	21 43 65 87	1/[7:0]1/[15:8] 2/[23:16]2/[31:24]	43214321 87658765
小端	小端	32	32	1/[7:0] 1/[15:8] 1/[23:16] 1/[31:24]	21 43 65 87	1/[7:0] 1/[15:8] 1/[23:16] 1/[31:24]	87654321
大端	大端	8	8	1/[31:24] 2/[23:16] 3/[15:8] 4/[7:0]	12 34 56 78	1/[31:24] 2/[23:16] 3/[15:8] 4/[7:0]	12121212 34343434 56565656 78787878

源字节顺序	目标字节顺序	源宽度	目标宽度	源传输编号/字节通道	源数据	目标传输编号/字节通道	目标数据
大端	大端	8	16	1/[31:24] 2/[23:16] 3/[15:8] 4/[7:0]	12 34 56 78	1/[15:0] 2/[31:16]	12341234 56785678
大端	大端	8	32	1/[31:24] 2/[23:16] 3/[15:8] 4/[7:0]	12 34 56 78	1/[31:0]	12345678
大端	大端	16	8	1/[31:24] 1/[23:16] 2/[15:8] 2/[7:0]	12 34 56 78	1/[31:24] 2/[23:16] 3/[15:8] 4/[7:0]	12121212 34343434 56565656 78787878
大端	大端	16	16	1/[31:24] 1/[23:16] 2/[15:8] 2/[7:0]	12 34 56 78	1/[15:0] 2/[31:16]	12341234 56785678
大端	大端	16	32	1/[31:24] 1/[23:16] 2/[15:8] 2/[7:0]	12 34 56 78	1/[31:0]	12345678
大端	大端	32	8	1/[31:24] 1/[23:16] 1/[15:8] 1/[7:0]	12 34 56 78	1/[31:24] 2/[23:16] 3/[15:8] 4/[7:0]	12121212 34343434 56565656 78787878
大端	大端	32	16	1/[31:24] 1/[23:16] 1/[15:8] 1/[7:0]	12 34 56 78	1/[15:0] 2/[31:16]	12341234 56785678
大端	大端	32	32	1/[31:24] 1/[23:16] 1/[15:8] 1/[7:0]	12 34 56 78	1/[31:0]	12345678

9) 错误标志

DMA 传输过程中的错误标志是由外设标记的。在传输过程中，外设在 AHB 总线上产生一个错误响应，并直接将错误标志标记出来。在当前的传输结束后，DMA 控制器自动禁止 DMA 流，此时也会产生一个错误条件并向 CPU 发送中断信号，该中断可以被屏蔽。

10) 通道硬件

GPDMA 含有 2 个硬件通道，每个通道都是独立的，包含独立的源和目标控制器及 FIFO。这就比只带有一个硬件通道(该通道由几个 DMA 流共用)的 DMA 控制器具有更快的响应速度，而且简化了控制逻辑。

11) DMA 请求优先级

DMA 通道的优先级固定。DMA 通道 0 的优先级最高，DMA 通道 7 的优先级最低。

当 DMA 传输通道 7 的数据时，通道 0 变得有效，则它将先传输完通道 7 中 FIFO 的数据，然后再传输通道 0 的数据。最差情况下通道 0 需要等待 4 字长的时间。

建议：存储器到存储器的传输使用优先级最低的通道。

12) 中断的产生

DMA 将所有中断相"或"后，再连接到中断控制器。

3. DMA 系统连接

1) DMA 请求信号

外设利用 DMA 请求信号来请求数据传输。DMA 请求信号指示需要的是一个单次数据传输还是突发数据传输。可用的 DMA 请求信号有：

- DMACBREQ[15:0]——突发请求信号。这些信号使能已编程的突发长度的数据的传输。

- DMACSREQ[15:0]——单次传输请求信号。这些信号使能一个单次数据传输。DMA 控制器实现与外设之间的单次传输。

- DMACLBREQ[15:0]——最后一个突发请求信号。

- DMACLSREQ[15:0]——最后一个单次传输请求信号。

需要注意的是，该器件的外设不支持"最后"类型的请求，大多数外设不支持单次请求和突发请求。

2) DMA 响应信号

DMA 响应信号指示 DMA 请求信号启动的传输是否已经结束。响应信号也可以用来指示一个完整的数据包是否已经完成传输。DMA 控制器的响应信号有：

- DMACCLR[15:0]——DMA 清除或应答信号。DMA 控制器利用 DMACCLR 信号来响应外设的 DMA 请求。

3) DMA 系统连接

支持 DMA 的外设与 GPDMA 的连接取决于外设中 DMA 的具体功能。表 4.83 所示为 LPC1700 处理器支持 DMA 传输的外设所使用的 DMA 请求编号。通道 8～15 的 UART 和定时器 DMA 请求可通过寄存器 DMAREQSEL 来选择，该寄存器请参考 DMA 寄存器列表。

表 4.83　DMA 连 接

外设功能	DMA 单次传输请求输入 (DMACSREQ)	DMA 突发传输请求输入 (DMACBREQ)
SSP0 Tx	0	0
SSP0 Rx	1	1
SSP1 Tx	2	2
SSP1 Rx	3	3
ADC	4	4
I^{2}S 通道 0	—	5
I^{2}S 通道 1	—	6
DAC	—	7
UART0 Tx/MAT0.0	—	8
UART0 Rx/MAT0.1	—	9
UART1 Tx/MAT1.0	—	10
UART1 Rx/MAT1.1	—	11
UART2 Tx/MAT2.0	—	12
UART2 Rx/MAT2.1	—	13
UART3 Tx/MAT3.0	—	14
UART3 Rx/MAT3.1	—	15

4．GPDMA 控制器寄存器描述

LPC1700 系列处理器的寄存器列表如表 4.84 所示。

表 4.84　GPDMA 寄存器列表

名称	描　述	复位值	访问	地址
通用寄存器				
DMACIntStatus	中断状态寄存器	0x0	只读	0x5000 4000
DMACIntTCStatus	中断终端计数状态寄存器	0x0	只读	0x5000 4004
DMACIntTCClear	中断终端计数状态清除寄存器	—	只写	0x5000 4008
DMACIntErrStat	中断错误状态寄存器	0x0	只读	0x5000 400C
DMACIntErrClr	中断错误清除寄存器	—	只写	0x5000 4010
DMACRawIntTCStat	原始中断终端计数状态寄存器	0x0	只读	0x5000 4014
DMACRawIntErrStat	原始中断错误状态寄存器	0x0	只读	0x5000 4018
DMACEnbldChns	使能通道寄存器	0x0	只读	0x5000 401C
DMACSoftBReq	软件突发请求寄存器	0x0000	读/写	0x5000 4020
DMACSoftSReq	软件单次请求寄存器	0x0000	读/写	0x5000 4024
DMACSoftLBReq	软件上次突发请求寄存器	0x0000	读/写	0x5000 4028
DMACSoftLSReq	软件上次单次请求寄存器	0x0000	读/写	0x5000 402C
DMACConfig	配置寄存器	0x00000000	读/写	0x5000 4030
DMACSync	同步寄存器	0x0000	读/写	0x5000 4034
DMAREQSEL	为通道 8～15 选择 UART 或 DMA 请求	0x0	读/写	0x4000 1C4
通道 0 寄存器				
DMACC0SrcAddr	通道 0 源地址寄存器	0x00000000	读/写	0x5000 4100
DMACC0DestAddr	通道 0 目的地址寄存器	0x00000000	读/写	0x5000 4104
DMACC0LLI	通道 0 链表项寄存器	0x00000000	读/写	0x5000 4108
DMACC0Control	通道 0 控制寄存器	0x00000000	读/写	0x5000 410C
DMACC0Config	通道 0 配置寄存器	0x0000[1]	读/写	0x5000 4110

续表

名称	描　述	复位值	访问	地址
通道 1 寄存器				
DMACC1SrcAddr	通道 1 源地址寄存器	0x00000000	读/写	0x5000 4120
DMACC1DestAddr	通道 1 目的地址寄存器	0x00000000	读/写	0x5000 4124
DMACC1LLI	通道 1 链表项寄存器	0x00000000	读/写	0x5000 4128
DMACC1Control	通道 1 控制寄存器	0x00000000	读/写	0x5000 412C
DMACC1Config	通道 1 配置寄存器	0x0000[1]	读/写	0x5000 4130
通道 2 寄存器				
DMACC2SrcAddr	通道 2 源地址寄存器	0x00000000	读/写	0x5000 4140
DMACC2DestAddr	通道 2 目的地址寄存器	0x00000000	读/写	0x5000 4144
DMACC2LLI	通道 2 链表项寄存器	0x00000000	读/写	0x5000 4148
DMACC2Control	通道 2 控制寄存器	0x00000000	读/写	0x5000 414C
DMACC2Config	通道 2 配置寄存器	0x0000[1]	读/写	0x5000 4150
通道 3 寄存器				
DMACC3SrcAddr	通道 3 源地址寄存器	0x00000000	读/写	0x5000 4160
DMACC3DestAddr	通道 3 目的地址寄存器	0x00000000	读/写	0x5000 4164
DMACC3LLI	通道 3 链表项寄存器	0x00000000	读/写	0x5000 4168
DMACC3Control	通道 3 控制寄存器	0x00000000	读/写	0x5000 416C
DMACC3Config	通道 3 配置寄存器	0x0000[1]	读/写	0x5000 4170
通道 4 寄存器				
DMACC4SrcAddr	通道 4 源地址寄存器	0x00000000	读/写	0x5000 4180
DMACC4DestAddr	通道 4 目的地址寄存器	0x00000000	读/写	0x5000 4184
DMACC4LLI	通道 4 链表项寄存器	0x00000000	读/写	0x5000 4188
DMACC4Control	通道 4 控制寄存器	0x00000000	读/写	0x5000 418C
DMACC4Config	通道 4 配置寄存器	0x0000[1]	读/写	0x5000 4190
通道 5 寄存器				
DMACC5SrcAddr	通道 5 源地址寄存器	0x00000000	读/写	0x5000 41A0
DMACC5DestAddr	通道 5 目的地址寄存器	0x00000000	读/写	0x5000 41A4
DMACC5LLI	通道 5 链表项寄存器	0x00000000	读/写	0x5000 41A8
DMACC5Control	通道 5 控制寄存器	0x00000000	读/写	0x5000 1AC
DMACC5Config	通道 5 配置寄存器	0x0000[1]	读/写	0x5000 41B0
通道 6 寄存器				
DMACC6SrcAddr	通道 6 源地址寄存器	0x00000000	读/写	0x5000 41C0
DMACC6DestAddr	通道 6 目的地址寄存器	0x00000000	读/写	0x5000 41C4
DMACC6LLI	通道 6 链表项寄存器	0x00000000	读/写	0x5000 41C8
DMACC6Control	通道 6 控制寄存器	0x00000000	读/写	0x5000 1CC
DMACC6Config	通道 6 配置寄存器	0x0000[1]	读/写	0x5000 41D0
通道 7 寄存器				
DMACC7SrcAddr	通道 7 源地址寄存器	0x00000000	读/写	0x5000 41E0
DMACC7DestAddr	通道 7 目的地址寄存器	0x00000000	读/写	0x5000 41E4
DMACC7LLI	通道 7 链表项寄存器	0x00000000	读/写	0x5000 41E8
DMACC7Control	通道 7 控制寄存器	0x00000000	读/写	0x5000 41EC
DMACC7Config	通道 7 配置寄存器	0x0000[1]	读/写	0x5000 41F0

注：[1]该寄存器的 bit17 是一个只读状态标志位。

4.7.2　PWM 接口

1. PWM 接口概述

LPC1700 系列处理器包含一个脉宽调制(PWM)接口和一个电机控制专用脉宽调制(MCPWM)接口。本节将简要介绍 PWM 接口的特性及寄存器描述，有关 MCPWM 接口的内容请参考处理器数据手册相关章节。

PWM 接口特性如下：

(1) 计数器或定时器操作(可以使用内部外设时钟或其中一个捕获输入作为时钟源)。

(2) 7 个匹配寄存器，可实现 6 个单边沿控制或 3 个双边沿控制的 PWM 输出，或两种类型的混合输出。匹配寄存器允许如下操作：

● 匹配时定时器继续工作，可在匹配时选择产生中断；

● 匹配时停止定时器，可选择产生中断；

● 匹配时复位定时器，可选择产生中断。

(3) 支持单边沿控制和双边沿控制的 PWM 输出。单边沿控制 PWM 输出在每个周期开始时总是为高电平；双边沿控制 PWM 输出可在一个周期内的任何位置产生边沿，这样就可以产生正或负脉冲。

(4) 脉冲周期和脉冲宽度可以是定时器计数的任何值，这就允许在分辨率和重复率之间灵活地权衡。所有 PWM 输出都以相同的重复率发生。

(5) 双边沿控制的 PWM 输出可编程为正脉冲或负脉冲。

(6) 匹配寄存器的更新与脉冲的输出同步，以防止错误脉冲的产生。而软件必须在新的匹配值生效之前将它们释放。

(7) 在 PWM 模式没有使能时，PWM 定时器可作为标准定时器使用。

(8) 带可编程 32 位预分频器的 32 位定时器/计数器。

(9) 当输入信号跳变时，2 条 32 位的捕获通道可取得定时器的瞬间值，捕获事件可选择产生中断。

PWM 基于标准的定时器模块并继承了定时器的所有特性，但是 LPC1766 只将 PWM 功能输出到引脚，它可以对外设时钟(PCLK)进行计数，可选择产生中断或在出现指定的计数值时执行其它操作(参考 7 个匹配寄存器)。PWM 功能是一个附加特性，建立在匹配寄存器的基础之上。

PWM 可以分别控制上升沿和下降沿的位置的特性使得它可以用于更多的应用中。例如：多相电机控制，通常需要 3 个非重叠的 PWM 输出，可单独控制 3 个输出的脉冲宽度和位置。

两个匹配寄存器可用于提供单边沿控制的 PWM 输出。其中一个匹配寄存器(PWMMR0)控制 PWM 的频率(通过匹配时将计数器复位来实现)，另一个寄存器控制 PWM 边沿的位置。此外，单边沿控制的 PWM 输出只需要增加 1 个匹配寄存器即可，因为所有 PWM 输出的频率都相同。当 PWMMR0 出现匹配时，几个单边沿控制的 PWM 输出都会在每个 PWM 周期的开头出现上升沿。

3 个匹配寄存器可用于提供一个双边沿控制的 PWM 输出。其中，PWMMR0 匹配寄存器控制着 PWM 的频率。其它匹配寄存器控制两个 PWM 边沿的位置。每增加 1 个双边沿控制的 PWM 输出，需要增加 2 个匹配寄存器，因为所有 PWM 输出的频率都相同。

使用双边沿控制的 PWM 输出时，指定的匹配寄存器控制输出的上升沿和下降沿。这样就产生了正脉冲(上升沿先于下降沿)和负脉冲(下降沿先于上升沿)。

图 4.9 所示为 PWM 接口结构框图。

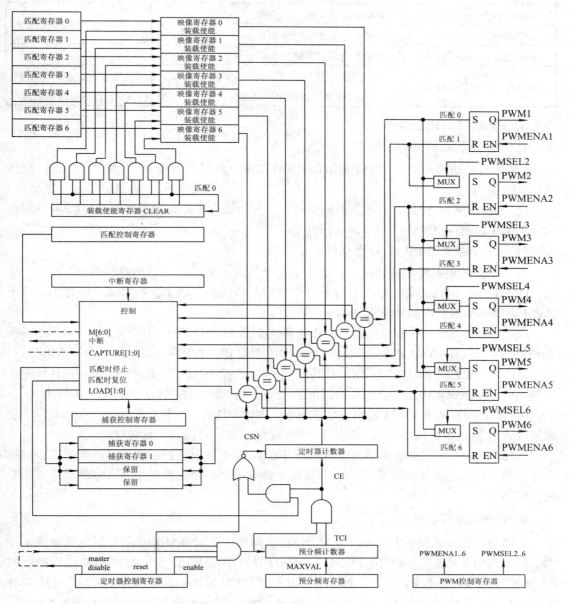

图 4.9　PWM 接口结构框图

2．PWM 接口引脚描述

PWM 接口引脚描述如表 4.85 所示。

表 4.85　PWM 接口引脚描述

引脚名称	类型	引脚描述
PWM1[1]	输出	PWM 通道 1 的输出引脚
PWM1[2]	输出	PWM 通道 2 的输出引脚
PWM1[3]	输出	PWM 通道 3 的输出引脚
PWM1[4]	输出	PWM 通道 4 的输出引脚
PWM1[5]	输出	PWM 通道 5 的输出引脚
PWM1[6]	输出	PWM 通道 6 的输出引脚
PCAP[1:0]	输入	捕获输入。捕获引脚上的一次跃变可以被配置成为加载定时器计数值到相应的捕获寄存器，和可以选择产生一个中断。PWM1 有两条捕获引脚

3. PWM 接口输出规则

1) 单边沿控制的 PWM 输出规则

(1) 所有单边沿控制的 PWM 输出在 PWM 周期开始时都为高电平，除非它们的匹配值等于 0。

(2) 每个 PWM 输出在到达其匹配值时都会变为低电平。如果没有发生匹配(即匹配值大于 PWM 速率)，PWM 将一直保持高电平。

2) 双边沿控制的 PWM 输出规则

当一个新的周期将要开始时，使用以下 5 个规则来决定下一个 PWM 输出的值：

(1) 在一个 PWM 周期结束时(与下一个 PWM 周期的开始重合的时间点)，使用下一个 PWM 周期的匹配值，例外见规则 3。

(2) 匹配值等于 0 或等于当前 PWM 速率(与匹配通道 0 的值相同)时，两者等效。例外见规则 3。例如，在 PWM 周期开始时的下降沿请求与 PWM 周期结束时的下降沿请求等效。

(3) 当匹配值正在改变时，如果有其中一个"旧"匹配值等于 PWM 速率，并且新的匹配值不等于 0 或 PWM 速率，则旧的匹配值不等于 0，那么旧的匹配值将再次被使用。

(4) 如果同时请求 PWM 输出置位和清零，则清零优先。当置位和清零匹配值相同，或者置位或清零值等于 0，并且其它值等于 PWM 速率时，可能发生这种状况。

(5) 如果匹配值超出范围(大于 PWM 速率值)，将不会发生匹配事件，匹配通道对输出不起作用。也就是说 PWM 输出将一直保持一种状态，可以为低电平、高电平或是"无变化"输出。

4. PWM 波形举例

下面举一实例来说明 PWM 值与波形输出之间的关系。PWM 输出的逻辑电路如图 4.10 所示，可利用多路复用引脚(由 PWM 控制寄存器的 PWMSEL 位控制)选择单边沿控制的 PWM 或双边沿控制的 PWM。表 4.86 所示为不同 PWM 输出的匹配寄存器选项。支持 N−1 个单边沿 PWM 输出或(N−1)/2 个双边沿 PWM 输出，其中 N 为匹配寄存器 0 的计数个数。如果需要，PWM 也可以是混合边沿类型的输出。

图 4.10 所示的波形显示了 PWM 周期输出，并指出了在下列条件下的 PWM 输出波形：

● 定时器配置为 PWM 模式(计数器复位为 1)；

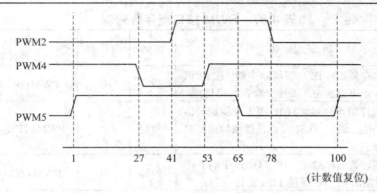

图 4.10　PWM 波形举例

- 匹配寄存器 0 配置为在发生匹配事件时的复位定时器；
- 配置与 PWM 输出引脚相关的匹配寄存器 MRx，使其在发生匹配事件时(TC 与 MRx 值相同)翻转引脚电平；
- 控制位 PWMSEL2 和 PWMSEL4 置 1，表示 PWM2 和 PWM4 为双边沿输出，PWM5 为单边沿输出。

PWM 匹配寄存器设置关系如表 4.68 所示，本例匹配寄存器值如下：
- MR0=100(设置 PWM 速率值)
- MR1=41，MR2=78(PWM2 输出)
- MR3=53，MR4=27(PWM4 输出)
- MR5=65(PWM5 输出)

MR0 设置为 100，即当 TC 寄存器与 MR0 匹配时，所有单边沿输出引脚(PWM5)复位为 1，双边沿输出不变(PWM2，PWM4)；MR1 设置为 41，MR2 设置为 78，控制 PWM2 在 TC 与 MR1 匹配时置 1，TC 与 MR2 匹配时清 0；MR3 设置为 53，MR4 设置为 27，控制 PWM4 在 TC 与 MR4 匹配时清 0，TC 与 MR3 匹配时置 1；PWM5 在 TC 与 MR5 匹配时清 0。由此得到图 4.10 所示的 PWM 输出波形。

表 4.86 所示为通过设置匹配寄存器 0~6，使 PWM0~PWM6 输出不同边沿波形的对应关系。

表 4.86　PWM 输出与匹配寄存器关系

PWM 输出引脚	单边沿输出(PWMSELn=0)		双边沿输出(PWMSELn=1)	
	输出置 1	输出清 0	输出置 1	输出清 0
PWM1	MR0	MR1	MR0	MR1
PWM2	MR0	MR2	MR1	MR2
PWM3	MR0	MR3	MR2	MR3
PWM4	MR0	MR4	MR3	MR4
PWM5	MR0	MR5	MR4	MR5
PWM6	MR0	MR6	MR5	MR6

5. PWM 接口寄存器描述

PWM 接口寄存器具体描述如表 4.87 所示。

表 4.87 PWM 接口寄存器列表

通用名称	功 能 描 述	访问	复位值	PWM1 寄存器地址和名称
IR	中断寄存器。写 IR 可以清除中断。读 IR 可以识别 8 个可能的中断源哪一个在等待处理	读/写	0	PWM1IR - 0x40018000
TCR	定时器控制寄存器。TCR 用于控制定时器计数器功能。通过 TCR 可以使能或禁止定时器计数器	读/写	0	PWM1TCR - 0x40018004
TC	定时器计数器。32 位 TC 每经过 PR+1 个 PCLK 周期加 1。TC 通过 TCR 进行控制	读/写	0	PWM1TC - 0x40018008
PR	预分频寄存器。TC 每经过 PR+1 个 PCLK 周期加 1	读/写	0	PWM1PR - 0x4001800C
PC	预分频计数器。每当 32 位 PC 的值增加到等于 PR 中保存的值时，TC 加 1	读/写	0	PWM1PC - 0x40018010
MCR	匹配控制寄存器。MCR 用于控制在匹配时是否产生中断或复位 TC	读/写	0	PWM1MCR - 0x40018014
MR0	匹配寄存器 0。MR0 可通过 MCR 设定为在匹配时复位 TC，停止 TC 和 PC，和/或产生中断。此外，MR0 和 TC 的匹配将所有单边沿模式的 PWM 输出置位，并置位双边沿模式下的 PWM1 输出	读/写	0	PWM1MR0 - 0x40018018
MR1	匹配寄存器 1。MR1 可通过 MCR 设定为在匹配时复位 TC，停止 TC 和 PC，和/或产生中断。此外，MR1 和 TC 的匹配将清零单边沿模式或双边沿模式下的 PWM1，并置位双边沿模式下的 PWM2 输出	读/写	0	PWM1MR1 - 0x4001801C
MR2	匹配寄存器 2。MR2 可通过 MCR 设定为在匹配时复位 TC，停止 TC 和 PC，和/或产生中断。此外，MR2 和 TC 的匹配将清零单边沿模式或双边沿模式下的 PWM2，并置位双边沿模式下的 PWM3 输出	读/写	0	PWM1MR2 - 0x40018020
MR3	匹配寄存器 3。MR3 可通过 MCR 设定为在匹配时复位 TC，停止 TC 和 PC，和/或产生中断。此外，MR3 和 TC 的匹配将清零单边沿模式或双边沿模式下的 PWM3，并置位双边沿模式下的 PWM4 输出	读/写	0	PWM1MR3 - 0x40018024
CCR	捕获控制寄存器。CCR 控制当捕获发生时哪个捕获输入的边沿用于加载捕获寄存器，并且决定是否产生中断	读/写	0	PWM1CCR - 0x40018028
CR0	捕获寄存器 0。当在 CAPn.0 输入上有一个事件发生时，PWMn 的 CR0 将加载 TC 的值	只读	0	PWM1CR0 - 0x4001802C
CR1	捕获寄存器 1。参见 CR0 的描述	只读	0	PWM1CR1 - 0x40018030
CR2	捕获寄存器 2。参见 CR0 的描述	只读	0	PWM1CR2 - 0x40018034
CR3	捕获寄存器 3。参见 CR0 的描述	只读	0	PWM1CR3 - 0x40018038

通用名称	功 能 描 述	访问	复位值	PWM1 寄存器地址和名称
MR4	匹配寄存器 4。MR4 可通过 MCR 设定为在匹配时复位 TC，停止 TC 和 PC，和/或产生中断。此外，MR4 和 TC 的匹配将清零单边沿模式或双边沿模式下的 PWM4，并置位双边沿模式下的 PWM5 输出	读/写	0	PWM1MR4 - 0x40018040
MR5	匹配寄存器 5。MR5 可通过 MCR 设定为在匹配时复位 TC，停止 TC 和 PC，和/或产生中断。此外，MR5 和 TC 的匹配将清零单边沿模式或双边沿模式下的 PWM5，并置位双边沿模式下的 PWM6 输出	读/写	0	PWM1MR5 - 0x40018044
MR6	匹配寄存器 6。MR6 可通过 MCR 设定为在匹配时复位 TC，停止 TC 和 PC，和/或产生中断。此外，MR6 和 TC 的匹配将清零单边沿模式或双边沿模式下的 PWM6	读/写	0	PWM1MR6 - 0x40018048
PCR	控制寄存器。使能 PWM 输出并选择 PWM 通道类型为单边沿或双边沿控制	读/写	0	PWM1PCR - 0x4001804C
LER	锁存使能寄存器。使能使用新的 PWM 匹配值	读/写	0	PWM1LER - 0x40018050
CTCR	计数控制寄存器。CTCR 选择定时器模式或计数器模式，并且在计数器模式下选择信号或边沿用于计数	读/写	0	PWM1CTCR - 0x40018070

4.7.3　QEI 接口

1．QEI 接口概述

正交编码器(Quadrature Encoder Interface，QEI)又名双通道增量式编码器，用于将线性位移转换成 2 个脉冲信号，通过监控脉冲的数目和 2 个脉冲信号的相对相位，用户可以跟踪旋转的位置、方向和速度。此外还有第三个通道，即索引信号，可用来对位置计数器进行复位。正交编码器接口模块对正交编码器轮产生的代码进行解码，将它们解释成位置对时间的积分，并确定旋转的方向。另外，它还能够捕获编码器轮运转时的大致速度。QEI 接口框图如图 4.11 所示。LPC1700 系列处理器 QEI 接口具有如下特性：

- 使用位置积分器来跟踪编码器的位置；
- 根据转动轴的方向进行递增/递减计数；
- 可选择 2X 模式或 4X 模式；
- 使用内置定时器来捕获速度；
- 速度比较功能，当捕获的速度小于比较速度时产生中断；
- 使用 32 位寄存器来保存位置和速度；
- 3 个位置比较寄存器，可产生中断；
- 用于分辨率计数的索引计数器；
- 索引比较寄存器，可产生中断；

- 可结合索引和位置中断来产生整个位移或局部旋转位移的中断；
- 带可编程编码器输入信号延迟的数字滤波器；
- 可接收已解码的输入信号(时钟和方向)；
- 与 APB 相连。

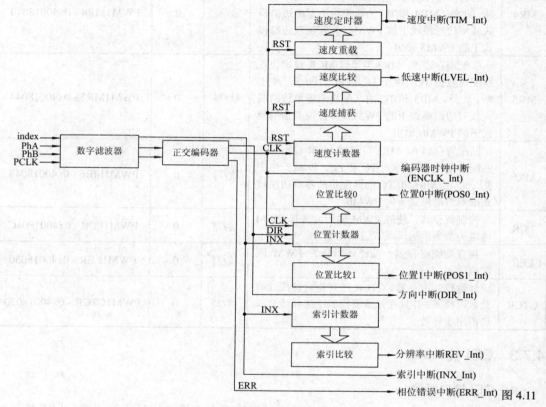

QEI 接口框图　图 4.11

2. 功能概述

QEI 模块对正交编码器轮产生的 2 位格雷码进行解码，将它们解释成位置对时间的积分，并确定旋转的方向。此外，它还可以捕获编码器轮运转时的大致速度。

1) 输入信号

QEI 模块支持两种信号操作模式：正交相位模式和时钟/方向模式。在正交相位模式中，编码器产生 2 个相位差为 90°的时钟信号；它们的边沿关系被用来确定旋转方向。在时钟/方向模式中，编码器产生一个时钟信号和一个方向信号，分别表示步长和旋转方向。

这两种模式的选择由 QEI 控制寄存器(QEICON)中的 SigMode 位确定。当 SigMode=1 时，正交编码器被旁路，PhA 引脚为方向信号，PhB 引脚为计数器的时钟信号；当 SigMode=0 时，正交编码器对 PhA 和 PhB 进行解码。在此模式中，正交编码器会产生旋转方向和计数器的时钟信号。两种模式中的方向信号都受方向反转位(DIRINV)的影响。

2) 位置捕获

位置积分器的捕获模式可设成在 A 相信号的上升沿和下降沿或在 A 相和 B 相的上升沿

和下降沿对位置计数器进行更新。在 A 相和 B 相的上升和下降沿更新位置计数器可提供更高精度的数据(更多位置计数)，但位置计数器的计数范围却相对变少了。

可以单独使能位置积分器和速度捕获。另外，相位信号也可以解释为时钟信号和方向信号，将它们作为某些编码器的输出。

位置计数器遇到下列一种情况时将自动复位：

(1) 计数值达到最大值时(QEIMAXPOS)，再加 1 就会将复位计数器复位为 0；

(2) 如果索引位复位，检测到索引脉冲时也会使位置计数器复位为 0。

3) 速度捕获

速度捕获包含一个可配置的定时器和一个捕获寄存器。定时器在给定的时间周期内对相位边沿进行计数(使用与位置积分器相同的配置)。当速度定时器(QEITIME)溢出时，速度计数器(QEIVEL)的值存入捕获寄存器中(QEICAP)，这时速度计数器清零，速度定时器会加载速度寄存器中的值，最后产生速度中断(TIM_Int)。在给定时间内所计得的边沿数目与编码器的速度直接成正比。将复位速度位(RESV)置位和速度定时器溢出时的效果一样，只不过前者不会产生速度中断。

4) 速度比较

除了速度捕获之外，速度测量系统还有一个可配置的速度比较寄存器(VELCOMP)。每出现一次速度捕获事件后，速度捕获寄存器的值就会和速度比较寄存器的值做比较。如果捕获的速度小于比较值，产生中断，速度比较中断使能位置位。这可以用来检测电动机的转动轴是否停止或转速太慢。

3. 引脚描述

QEI 接口引脚描述如表 4.88 所示。

4. 寄存器描述

QEI 接口寄存器如表 4.89 所示。

表 4.88　QEI 接口引脚描述

名　称	方　向	描　述
MCFB0[1]	输入	作为正交编码器接口的相 A 输入(PHA)
MCFB1[1]	输入	作为正交编码器接口的相 B 输入(PHB)
MCFB2[1]	输入	作为正交编码器接口的索引脉冲输入(IDX)

注：[1] 正交编码器接口利用相同的引脚作为机电控制 PWM 的反馈输入引脚类似使用，并在这些引脚选定了机电控制 PWM 功能时将它们连接起来。如果作为机电控制器的部分来使用，QEI 就是可直接反馈给 MCPWM 的备用接口。

表 4.89　QEI 接口寄存器列表

名　称	描　述	访问	地址
控制寄存器			
QEICON	QEI 控制寄存器	只写	0x400B C000
QEICONF	QEI 配置寄存器	读/写	0x400B C008
QEISTAT	QEI 状态寄存器	只读	0x400B C004

续表

名　称	描　　述	访问	地址
位置、索引和定时器寄存器			
QEIPOS	位置寄存器	只读	0x400B C00C
QEIMAXPSOS	最大位置值寄存器	读/写	0x400B C010
CMPOS0	位置比较寄存器 0	读/写	0x400B C014
CMPOS1	位置比较寄存器 1	读/写	0x400B C018
CMPOS2	位置比较寄存器 2	读/写	0x400B C01C
INXCNT	索引计数寄存器	只读	0x400B C020
INXCMP	索引比较寄存器	读/写	0x400B C024
QEILOAD	速度定时器重载寄存器	读/写	0x400B C028
QEITIME	速度定时器寄存器	只读	0x400B C02C
QEIVEL	速度计数器寄存器	只读	0x400B C030
QEICAP	速度捕获寄存器	只读	0x400B C034
VELCOMP	速度比较寄存器	读/写	0x400B C038
FILTER	数字滤波器寄存器	读/写	0x400B C03C
中断寄存器			
QEIINTSTAT	中断状态寄存器	只读	0x400B CFE0
QEISET	中断状态设置寄存器	只写	0x400B CFEC
QEICLR	中断状态清除寄存器	只写	0x400B CFE8
QEIIE	中断使能寄存器	只读	0x400B CFE4
QEIIES	中断使能置位寄存器	只写	0x400B CFDC
QEIIEC	中断使能清除寄存器	只写	0x400B CFD8

习　题

4.1　简单说明 LPC1700 系列芯片使用 GPIO 引脚的处理流程。

4.2　设置 GPIO 引脚时，如何控制某个引脚单独输入/输出？当需要知道某个引脚当前的输出状态时，应读取哪个寄存器？

4.3　LPC1700 具有几个定时器，怎样使用？

4.4　简述使能看门狗的流程。

4.5　编写一个程序，利用 RTC 实现电子闹钟的功能。

4.6　编写程序，利用 UART 与 PC 主机实现文件传输。

4.7　请说明 ADC 中的全局数据寄存器(ADGDR)与数据寄存器(ADDRn)的关系。

4.8　简述 PWM 的接口输出规则。

第 5 章　LPC1700 系列处理器通信接口技术

本章将介绍 LPC1700 系列处理器高级通信接口特性、工作原理及操作方法。高级接口包括 I^2C 总线接口、以太网接口、SPI 总线接口、CAN 总线接口、USB 总线接口和 I^2S 总线接口等。

5.1　I^2C 总线接口

5.1.1　I^2C 接口特性

LPC1700 系列处理器中的 I^2C 接口具有如下特性：

(1) 标准 I^2C 总线接口，可配置为主机、从机或者主/从机；

(2) 同时发送的主机之间进行仲裁，避免了串行总线数据的冲突；

(3) 可编程时钟能够实现 I^2C 传输速率控制；

(4) 主、从机之间双向数据传输；

(5) 串行时钟同步可作为一个握手机制来挂起和恢复串行传输；

(6) I^2C0 接口支持快速模式，运行速度高达 1 MHz；

(7) 采用监控模式时可观察所有 I^2C 总线通信量，不用考虑从机地址；

(8) 接口工作于从机模式时，可识别多达 4 个不同的从机地址；

(9) I^2C0 是一个标准的 I^2C 总线接口(开漏引脚)，支持多主机操作，并允许挂接在 I^2C 总线上的运行器件在退出 I^2C 总线功能时掉电；

(10) I^2C1 接口和 I^2C2 接口使用标准的 I/O 引脚，专用于单主机 I^2C 总线，不支持挂接在 I^2C 总线上的运行器件在退出 I^2C 总线功能时掉电，也不支持多主机 I^2C 操作。

5.1.2　I^2C 总线引脚及应用

LPC1700 系列处理器的 3 个 I^2C 接口都相同，具有 I/O 特性的引脚除外。这 3 个接口中只有 I^2C0 符合完整 I^2C 规范，I^2C0 接口可关断与总线上某个器件的连接，并且不会影响 I^2C 总线上的其它器件。此功能有时很有用，但它实际上限制了 I^2C 接口不使用时相同引脚的交替使用。当微控制器中包含多个 I^2C 接口时该功能几乎不用，因此，需利用标准端口来实现 I^2C1 接口和 I^2C2 接口，并且当其它器件之间没有 I^2C 总线操作时，不支持关断器件功能。标准的 I/O 口也可以改变 I^2C 总线的上拉特性，且不支持多主机 I^2C 操作。在系统设计过程中指定 I^2C 接口的用途时需要注意这点。当引脚用于 I^2C 通信时，I^2C1 接口和 I^2C2

接口的相关引脚应当为开漏极模式。3 个接口引脚描述如表 5.1 所示。

表 5.1   I²C 接口引脚描述

引脚名称	类型	功能描述
SDA0[1]	输入/输出	I²C0 串行数据
SCL0[1]	输入/输出	I²C0 串行时钟
SDA1	输入/输出	I²C1 串行数据
SCL1	输入/输出	I²C1 串行时钟
SDA2	输入/输出	I²C2 串行数据
SCL2	输入/输出	I²C2 串行时钟

注: [1] SDA0 和 SCL0 为开漏输出以符合 I²C 规范。要想使引脚支持快速模式 Plus，必须将寄存器 I²CPADCFG 中对应的位置位。

I²C 接口可与外部 I²C 标准部件连接，如串行 RAM、LCD、音调发生器以及其它微控制器等。总线连接原理图如图 5.1 所示。

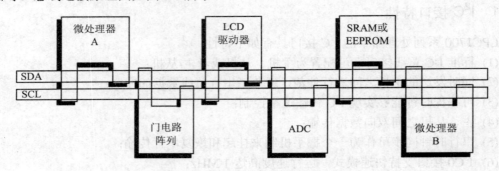

图 5.1   I²C 连接原理图

5.1.3   I²C 总线基本原理

I²C 总线上共有两类设备：主机设备(Master)和从机设备(Slave)，每个设备都有唯一的设备地址用于总线寻址。主机负责启动总线、产生时钟、控制其它从机设备接收或发送数据，此时任何被寻址的设备均被认为是从机，且 I²C 总线的控制完全由挂接在总线上的主机送出的地址和数据决定。总线上设备的角色并不是一成不变的，根据其功能用户程序(也有的受硬件限制)可使其工作于主机、从机或者是主/从机角色。

根据 I²C 总线通信数据中方向位(R/W)状态的不同，I²C 总线上存在以下两种类型的数据传输：

(1) 主发送器向从接收器发送数据。主机发送的第一个字节是从机地址与方向位(W)，接下来是数据字节流。从机每接收到一个字节返回一个应答位(ACK)。主机通过应答位判断从机是否接收到数据。

(2) 从发送器向主接收器发送数据。第一个字节由主机发送，内容为从地址加方向位(R)，然后从机返回一个应答位(ACK)，接下来从机向主机发送数据字节。主机每接收到一个字节返回一个应答位(ACK)，接收完最后一个字节，主机返回一个非应答位(NACK)，即命令从机不要再发送数据。此过程中主机产生所有的同步脉冲、起始信号(START)和结束信号(STOP)。一次传送在一个 STOP 信号或者一个重复的 START 信号后结束。由于一个重复的 START 信号也是下一次串行传输的开始，故此时 I²C 总线不会被释放。

5.1.4　I²C 操作模式

LPC1700 系列处理器的每个 I²C 接口都是面向字节的，具有四种操作模式：主机发送模式、主机接收模式、从机发送模式和从机接收模式。本节只介绍主机角色的 I²C 接口操作模式与使用方法，从机的相关介绍请参阅 LPC1700 处理器 I²C 接口相关章节。

在一个给定的应用中，I²C 模块可以是主机、从机或两者兼有。在从机模式时，I²C 硬件寻找自己的从机地址和通用呼叫地址。当这些地址中的一个被检测到时，会发出一个中断请求。如果处理器想成为总线主机，则该硬件需等待，直至总线被释放才能进入主机模式，以避免打断从机操作。如果在主机模式下，当总线仲裁失败时，I²C 模块会立即转换成从机模式，在同一串行传输中检测自己的从机地址。

1.　主机发送模式

主机发送模式下数据由主机发送到从机，其总线通信格式如图 5.2 所示。在进入主发送模式之前，I2CONSET 寄存器必须按照表 4.72 进行初始化。I2EN 位必须置为 1 以使能 I²C 功能。如果 AA 位为 0，当其它设备为总线主机时，处理器的 I²C 接口不会响应任何地址，因此不可能进入从机模式。STA、STO 和 SI 位必须为 0，当向 I2CONCLR 寄存器的 SIC 位写入 1 时 SI 位会被清 0。主机设备的设置如表 5.2 所示。

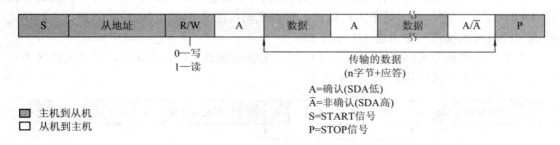

图 5.2　主机发送模式的通信格式

表 5.2　用于设置主机设备的 I2CONSET 寄存器

位	7	6	5	4	3	2	1	0
符号	—	I2EN	STA	STO	SI	AA	—	—
值	—	1	0	0	0	0	—	—

传输的第一个字节包含接收器件的 7 位从机地址和 1 位数据方向位。这种模式的数据方向位(R/W)应设为 0，表示写。数据是 8 位同时发送的，每个字节发送完后，会收到一个确认位。START 和 STOP 信号输出分别表示一次串行传输的开始和结束。

软件设置 STA 位为 1 后，I²C 接口进入到主机发送模式。当总线一旦空闲就会发出

START 信号。在 START 信号发送后，SI 位会被置 1，并且状态寄存器 I2STAT 的状态代码为 0x08，这个状态代码用于引导状态服务机，加载从机地址和写数据位到 I2DAT 寄存器，然后清除 SI 位。当向 I2CONCLR 寄存器的 SIC 位写入 1 时 SI 位会被清 0。

从机地址和 R/W 位发送完毕，并且收到一个确认位后，SI 位会被重新置位，其状态代码在主机模式情况下可能是 0x18、0x20 或 0x38。主机模式状态代码对应的操作可参考后面的表 5.7 与表 5.8。

2．主机接收模式

在主机接收模式中，接收来自从机发送的数据，其总线通信格式如图 5.3 所示。传输初始化方法与主发送模式相同。当 START 信号发送后，用户程序必须将从机地址和数据方向位加载到 I^{2}C 的数据寄存器 I2DAT 中，然后清除 SI 位。在这种情况下，数据方向位(R/W)应该设为 1，表示读操作。

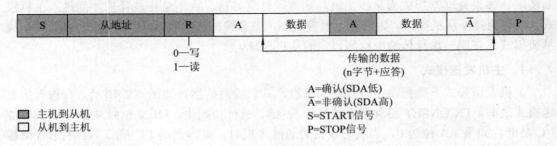

图 5.3　主机接收模式的总线通信格式

当从机地址和数据方向位发送，且主机收到一个确认位后，SI 位被置位。状态寄存器 I2STAT 会显示状态代码。对于主机模式，状态代码可能是 0x40、0x48 或 0x38。主机模式状态代码对应的操作可参考表 5.7 与表 5.8。

当主机发送重复 START 信号后，I^{2}C 接口重新转换到主机发送模式，主机接收转为主机发送模式的总线通信格式如图 5.4 所示。

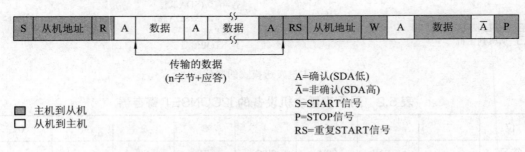

图 5.4　主机接收转为主机发送模式的总线通信格式

5.1.5　I^{2}C 接口寄存器描述

由于 LPC1700 处理器中的 I^{2}C 接口支持从机模式下多地址与总线监听模式，所以增加了 I2ADDR1~3、I2MASK0~3、MMCTRL 和 DATA_BUFFER 寄存器。I^{2}C 接口所有寄存器如表 5.3 所示。

表5.3　I²C 接口寄存器总表

通用名称	描　述	访问	复位值[1]	I²Cn 寄存器名称及地址
I2CONSET	I²C 控制置位寄存器。将 1 写入该寄存器的某个位时，I²C 控制寄存器的相应位会被置位；写入 0 对 I²C 控制寄存器的相应位没有影响	读/写	0x00	I2C0CONSET - 0x4001 C000 I2C1CONSET - 0x4005 C000 I2C2CONSET - 0x400A 0000
I2STAT	I²C 状态寄存器。在 I²C 操作期间，该寄存器提供详细的状态代码，允许软件决定下一步所需的操作	只读	0xF8	I2C0STAT - 0x4001 C004 I2C1STAT - 0x4005 C004 I2C2STAT - 0x400A 0004
I2DAT	I²C 数据寄存器。在主机发送或从机发送模式下，要发送的数据写入该寄存器；在主机接收或从机接收模式下，接收到的数据可以从该寄存器中读取	读/写	0x00	I2C0DAT - 0x4001 C008 I2C1DAT - 0x4005 C008 I2C2DAT - 0x400A 0008
I2ADR0	I²C 从机地址寄存器0。包含从机模式下 I²C 接口操作的7位从机地址，在主机模式下不使用。最低位决定从机是否响应通用呼叫地址(7个0位)	读/写	0x00	I2C0ADR0 - 0x4001 C00C I2C1ADR0 - 0x4005 C00C I2C2ADR0 - 0x400A 000C
I2SCLH	SCL占空比寄存器高半字。决定I²C 时钟的高电平时间	读/写	0x04	I2C0SCLH - 0x4001 C010 I2C1SCLH - 0x4005 C010 I2C2SCLH - 0x400A 0010
I2SCLL	SCL占空比寄存器低半字。决定I²C 时钟的低电平时间。I2SCLL 和 I2SCLH一起决定由I²C产生的时钟频率，以及从机模式下使用的某些时间	读/写	0x04	I2C0SCLL - 0x4001 C014 I2C1SCLL - 0x4005 C014 I2C2SCLL - 0x400A 0014
I2CONCLR	I²C 控制清零寄存器。将 1 写入该寄存器的某个位时，I²C 控制寄存器的相应位会被复位；写入 0 对 I²C 控制寄存器的相应位没有影响	只写	NA	I2C0CONCLR - 0x4001 C018 I2C1CONCLR - 0x4005 C018 I2C2CONCLR - 0x400A 0018
MMCTRL	监控模式控制寄存器	读/写	0x00	I2C0 MMCTRL - 0x4001 C01C I2C1 MMCTRL - 0x4005 C01C I2C2 MMCTRL - 0x400A 001C
I2ADR1	I²C 从机地址寄存器1。包含从机模式下I²C 接口操作的7位从机地址，在主机模式下不使用。最低位决定从机是否响应通用呼叫地址(7个0位)	读/写	0x00	I2C0ADR1 - 0x4001 C020 I2C1ADR1 - 0x4005 C020 I2C2ADR1 - 0x400A 0020
I2ADR2	I²C 从机地址寄存器2。包含从机模式下I²C 接口操作的7位从机地址，在主机模式下不使用。最低位决定从机是否响应通用呼叫地址(7个0位)	读/写	0x00	I2C0ADR2 - 0x4001 C024 I2C1ADR2 - 0x4005 C024 I2C2ADR2 - 0x400A 0024

续表

通用名称	描　　述	访问	复位值[1]	I²Cn 寄存器名称及地址
I2ADR3	I²C从机地址寄存器3。包含从机模式下I²C接口操作的7位从机地址，在主机模式下不使用。最低位决定从机是否响应通用呼叫地址(7个0位)	读/写	0x00	I2C0ADR3 - 0x4001 C028 I2C1ADR3 - 0x4005 C028 I2C2ADR3 - 0x400A 0028
I2DATA_BUFFER	数据缓冲寄存器。每次从总线接收到 9 个位(8 个数据位和一个应答位或一个非应答位)之后，移位寄存器I2DAT 中的高 8 位就会自动送入该寄存器中	只读	0x00	I2C0DATA_BUFFER - 0x4001 C02C I2C1 DATA_BUFFER - 0x4005 C02C I2C2 DATA_BUFFER - 0x400A 002C
I2MASK0	I²C 从机地址屏蔽寄存器 0。该寄存器与 I2ADR0 寄存器联合决定从机地址匹配。当使用通用呼叫地址(7 个 0 位)时该寄存器无效	读/写	0x00	I2C0 MASK0 - 0x4001 C030 I2C1 MASK0 - 0x4005 C030 I2C2 MASK0 - 0x400A 0030
I2MASK1	I²C 从机地址屏蔽寄存器 1。该寄存器与 I2ADR1 寄存器联合决定从机地址匹配。当使用通用呼叫地址(7 个 0 位)时该寄存器无效	读/写	0x00	I2C0 MASK1 - 0x4001 C034 I2C1 MASK1 - 0x4005 C034 I2C2 MASK1 - 0x400A 0034
I2MASK2	I²C 从机地址屏蔽寄存器 2。该寄存器与 I2ADR2 寄存器联合决定从机地址匹配。当使用通用呼叫地址(7 个 0 位)时该寄存器无效	读/写	0x00	I2C0 MASK2 - 0x4001 C038 I2C1 MASK2 - 0x4005 C038 I2C2 MASK2 - 0x400A 0038
I2MASK3	I²C 从机地址屏蔽寄存器 3。该寄存器与 I2ADR3 寄存器联合决定从机地址匹配。当使用通用呼叫地址(7 个 0 位)时该寄存器无效	读/写	0x00	I2C0 MASK3 - 0x4001 C03C I2C1 MASK3 - 0x4005 C03C I2C2 MASK3 - 0x400A 003C

注：[1] 复位值只反映了使用位的数值，不包括保留位的内容。

1. I²C 控制置位寄存器

I2CONSET 寄存器用于设置 I²C 控制寄存器 I2CON 中的位，而 I2CON 寄存器又控制着 I²C 接口的操作。将 1 写入该寄存器的某个位时，I²C 控制寄存器 I2CON 的相应位会被置位；写入 0 对 I²C 控制寄存器的相应位没有影响。

LPC1700 系列处理器的三个 I²C 接口各自对应的 I2CONSET 寄存器名为 I2C0CONSET、I2C1CONSET 和 I2C2CONSET，对应地址分别为 0x4001C000、0x4005C000 和 0x400A0000。该寄存器包含 8 个位，每一位的含义如表 5.4 所示。

表 5.4　I²C 控制置位寄存器 I2CONSET 的位描述

位	符号	描　述	复位值
0	—	保留，用户软件不要向其写入 1。从保留位读出的值未定义	NA
1	—	保留，用户软件不要向其写入 1。从保留位读出的值未定义	NA
2	AA	声明确认标志	
3	SI	I²C 中断标志	0
4	STO	停止标志	0
5	STA	开始标志	0
6	I2EN	I²C 接口使能	0
7	—	保留，用户软件不要向其写入 1。从保留位读出的值未定义	NA

(1) AA。声明确认标志。该位置 1 时，在 SCL 线的确认时钟脉冲内，出现下面的任意条件之一将产生一个确认信号 ACK(SDA 线为低电平)：

① 接收到从机地址寄存器中的地址。

② 当 I2ADR 中的通用呼叫位(GC)置位时，接收到通用呼叫地址。

③ 当 I²C 接口处于主机接收模式时，接收到一个数据字节。

④ 当 I²C 接口处于可寻址的从机接收模式时，接收到一个数据字节。

向 I2CONCLR 寄存器中的 AAC 位写入 1，会使 AA 位清零。当 AA 为 0 时，在 SCL 线的确认时钟脉冲内，出现下列情况之一时将返回一个非确认信号 NACK(SDA 线为高电平)：

① 当 I²C 接口处于主机接收模式时，接收到最后一个数据字节。

② 当 I²C 接口处于可寻址的从机接收模式时，接收到最后一个数据字节。

(2) SI。I²C 中断标志。当 I²C 状态改变时该位置位。但进入到状态码 F8 时不会置位 SI，因为在这种情况下没有任何中断服务程序可以执行。

当 SI 置位，SCL 线上串行时钟的低周期会展宽，并且串行传输被挂起。当 SCL 为高时则不受 SI 标志状态的影响。SI 必须通过软件向 I2CONCLR 寄存器的 SIC 位写入 1 来实现复位。

(3) STO。停止(STOP)标志。设置该位，在主机模式下使 I²C 接口发送一个 STOP 信号，或是在从机模式下从一个错误条件中恢复。当 STO=1 时，主机模式下，一个 STOP 信号会被发送到 I²C 总线上，当总线检测到 STOP 信号时 STO 会自动清零。

在从机模式下，置位 STO 位可以从错误状态中恢复。这种情况下不向总线发送 STOP 信号。硬件的表现就如同接收到一个 STOP 信号并切换到不可寻址的从机接收模式。STO 标志由硬件自动清零。

当 STA 和 STO 都被置位时，如果 I²C 接口处于主机模式，I²C 接口会向总线发送一个 STOP 信号，然后再发送一个 START 信号；如果 I²C 接口处于从机模式，则产生一个内部 STOP 信号，但不发送到总线上。

(4) STA。开始(START)标志。设置该位使 I²C 接口进入主机模式并发送一个 START 信号，或者如果已经处于主机模式，则发送一个重复 START 信号。

当 STA 为 1，且 I²C 接口还没有进入主机模式时，I²C 接口将进入主机模式，检测总线，并在总线空闲时产生一个 START 信号。如果总线忙，则等待下一个 STOP 信号(释放总线)，并在延迟内部时钟发生器的半个时钟周期后产生一个 START 信号。如果 I²C 接口已经处于主机模式并已经发送或接收了数据，I²C 接口会发送一个重复 START 信号。STA 可以在任何时候置位，包括 I²C 接口处于被寻址的从机模式时。

向 I2CONCLR 寄存器中的 STA 位写入 1 可以使 STA 位清零。当 STA=0 时，不会产生 START 信号或复重复的 START 信号。

(5) I2EN。I²C 接口使能。当该位是 1 时，使能 I²C 接口。通过向 I2CONCLR 寄存器中的 I2ENC 位写入 1 可以将 I2EN 位清零；当 I2EN 为 0 时，I²C 接口被禁止，SDA 和 SCL 输入信号被忽略，I²C 接口处于"不可寻址"的从机状态，且 STO 位被强行置"0"。

I2EN 不能用于临时释放 I²C 总线，因为当 I2EN 复位时，I²C 总线的状态会丢失，可以利用 AA 标志来代替。

2. I²C 控制清零寄存器

I2CONCLR 寄存器用于清零 I²C 控制寄存器 I2CON 中的位。将 1 写入该寄存器的某个位时，I²C 控制寄存器的相应位会被清零；写入 0 对 I²C 控制寄存器的相应位没有影响。

LPC1700 系列处理器的三个 I²C 接口，各自对应的 I2CONCLR 寄存器名分别为 I2C0CONCLR、I2C1CONCLR 和 I2C2CONCLR，对应地址分别为 0x4001C018、0x4005C018 和 0x400A0018。该寄存器包含 8 个位，每一位的含义如表 5.5 所示。

表 5.5　I²C 控制清零寄存器 I2CONCLR 的位描述

位	符号	描　述	复位值
0	—	保留，用户软件不要向其写入 1。从保留位读出的值未定义	NA
1	—	保留，用户软件不要向其写入 1。从保留位读出的值未定义	NA
2	AAC	声明确认标志清零位。向该位写入 1 清零 I2CONSET 寄存器中的 AA 位；写入 0 无效	0
3	SIC	I²C 中断标志清零位。向该位写入 1 清零 I2CONSET 寄存器中的 SI 位；写入 0 无效	0
4	—	保留，用户软件不要向其写入 1。从保留位读出的值未定义	NA
5	STAC	开始标志清零位。向该位写入 1 清零 I2CONSET 寄存器中的 STA 位；写入 0 无效	0
6	I2ENC	I²C 接口使能清零位。向该位写入 1 清零 I2CONSET 寄存器中的 I2EN 位；写入 0 无效	0
7	—	保留，用户软件不要向其写入 1。从保留位读出的值未定义	NA

3. I²C 状态寄存器

每个 I²C 状态寄存器都反映了相应 I²C 接口的状况。该寄存器是一个只读寄存器。

LPC1700 系列处理器的三个 I²C 接口，各自对应的 I2STAT 寄存器名分别为 I2C0STAT、I2C1STAT 和 I2C2STAT，对应地址分别为 0x4001C004、0x4005C004 和 0x400A0004。该寄存器包含 8 个位，每一位的含义如表 5.6 所示。

表 5.6　I²C 状态寄存器 I2STAT 的位描述

位	符号	描　　述	复位值
2:0	—	这些位未使用，且总是 0	0
7:3	Status	这些位提供 I²C 接口当前的状态信息	0x1F

最低 3 位总是 0。作为一个字节，状态寄存器的内容代表一种状态代码，共有 26 种可能存在的状态代码。当代码为 0xF8 时，无可用的相关信息，SI 位不会被置位。所有其它 25 种状态代码都对应一个已定义的 I²C 总线状态。当进入其中一种状态时，SI 位会被置位。主机模式下的完整状态代码可参见表 5.7～表 5.9。

表 5.7　主机发送模式下的状态代码

状态代码 (I2STAT)	I²C 总线硬件状态	应用软件的响应					I²C 硬件下一步执行的操作
		读/写 I2DAT	写 I2CON				
			STA	STO	SI	AA	
0x08	已发送 START 信号	装载 SLA+W	x	0	0	x	发送 SLA+W，接收 ACK 位
0x10	已发送重复 START 信号	装载 SLA+W	x	0	0	x	发送 SLA+W，接收 ACK 位
		装载 SLA+R	x	0	0	x	发送 SLA+R，I²C 切换到主机接收模式
0x18	已发送 SLA+W，接收到 ACK 信号	装载数据字节	0	0	0	x	发送数据字节，接收 ACK 位
		无 I2DAT 操作	1	0	0	x	发送重复 START 信号
		无 I2DAT 操作	0	1	0	x	发送 STOP 信号，复位 STO 标志位
		无 I2DAT 操作	1	1	0	x	发送 STOP 信号，接着发送 START 信号，复位 STO 标志位
0x20	已发送 SLA+W，接收到 NACK 信号	装载数据字节	0	0	0	x	发送数据字节，接收 ACK 位
		无 I2DAT 操作	1	0	0	x	发送重复 START 信号
		无 I2DAT 操作	0	1	0	x	发送 STOP 信号，复位 STO 标志位
		无 I2DAT 操作	1	1	0	x	发送 STOP 信号，接着发送 START 信号，复位 STO 标志位
0x28	已发送 I2DAT 中数据字节，接收到 ACK 信号	装载数据字节	0	0	0	x	发送数据字节，接收 ACK 位
		无 I2DAT 操作	1	0	0	x	发送重复 START 信号
		无 I2DAT 操作	0	1	0	x	发送 STOP 信号，复位 STO 标志位
		无 I2DAT 操作	1	1	0	x	发送 STOP 信号，接着发送 START 信号，复位 STO 标志位
0x30	已发送 I2DAT 中数据字节，接收到 NACK 信号	装载数据字节	0	0	0	x	发送数据字节，接收 ACK 位
		无 I2DAT 操作	1	0	0	x	发送重复 START 信号
		无 I2DAT 操作	0	1	0	x	发送 STOP 信号，复位 STO 标志位
		无 I2DAT 操作	1	1	0	x	发送 STOP 信号，接着发送 START 信号，复位 STO 标志位
0x38	在 SLA+R/W 或数据字节中仲裁失败	无 I2DAT 操作	0	0	0	x	释放 I²C 总线，进入到不可寻址的从机模式
		无 I2DAT 操作	1	0	0	x	当总线变空闲时，发送 START 信号

注：表中 SLA 为从机地址，下表同。

表 5.8　主机接收模式下的状态代码

状态代码 (I2STAT)	I²C 总线硬件状态	应用软件的响应					I²C 硬件下一步执行的操作
		读/写 I2DAT	写 I2CON				
			STA	STO	SI	AA	
0x08	已发送 START 信号	装载 SLA+R	x	0	0	x	发送 SLA+R，接收 ACK 位
0x10	已发送重复 START 信号	装载 SLA+R	x	0	0	x	发送 SLA+R，接收 ACK 位
		装载 SLA+W	x	0	0	x	发送 SLA+W，I²C 切换到主机发送模式
0x38	NACK 位中仲裁失败	无 I2DAT 操作	0	0	0	x	释放 I²C 总线，I²C 模块进入从机模式
		无 I2DAT 操作	1	0	0	x	当总线空闲后发送 START 信号
0x40	已发送 SLA+R，接收到 ACK 信号	无 I2DAT 操作	0	0	0	0	接收数据字节，返回非 ACK 位
		无 I2DAT 操作	0	0	0	1	接收数据字节，返回 ACK 位
0x48	已发送 SLA+R，接收到 NACK 信号	无 I2DAT 操作	1	0	0	x	发送重复 START 信号
		无 I2DAT 操作	0	1	0	x	发送 STOP 信号，复位 STO 标志位
		无 I2DAT 操作	1	1	0	x	发送 STOP 信号，接着发送 START 信号，复位 STO 标志位
0x50	已接收数据字节，已返回 ACK 信号	读数据字节	0	0	0	0	接收数据字节，返回非 ACK 位
		读数据字节	0	0	0	1	接收数据字节，返回 ACK 位
0x58	已接收数据字节，已返回 NACK 信号	读数据字节	1	0	0	x	发送重复 START 信号
		读数据字节	0	1	0	x	发送 STOP 信号，复位 STO 标志位
		读数据字节	1	1	0	x	发送 STOP 信号，接着发送 START 信号，复位 STO 标志位

表 5.9　不同性质的状态代码

状态代码 (I2STAT)	I²C 总线硬件状态	应用软件的响应					I²C 硬件下一步执行的操作
		读/写 I2DAT	写 I2CON				
			STA	STO	SI	AA	
0xF8	无可用相关信息，SI=0	无 I2DAT 操作	无 I2CON 操作				等待或处理当前的传输
0x00	在主机或选择的从机模式中，由于非法的 START 信号或 STOP 信号，使得总线发生错误。当干扰导致 I²C 进入一个未定义的状态时，也可以产生 0x00 状态	无 I2DAT 操作	0	1	0	x	在主机或可寻址主机模式中只有内部硬件受影响。在所有情况下，总线被释放，而 I²C 切换到不可寻址从机模式，STO 复位

4. I²C 数据寄存器

该寄存器包含要发送的数据或者是刚接收到的数据。当 SI 位被置位，且没有进行数据移位操作时，CPU 可以对其进行读/写操作。在 SI 位被置位期间，I2DAT 中的数据保持稳定。I2DAT 中的数据移位总是从右至左进行的：第一个发送的是最高位(位 7)，在接收字节时，第一个接收到的位存放在 I2DAT 的最高位。

LPC1700 系列处理器的三个 I²C 接口各自对应的 I2DAT 寄存器名分别为 I2C0DAT、I2C1DAT 和 I2C2DAT，对应地址分别为 0x4001C008、0x4005C008 和 0x400A0008。该寄存器包含 8 个位，每一位的含义如表 5.10 所示。

表 5.10　I²C 数据寄存器 I2DAT 的位描述

位	符号	描述	复位值
7:0	Data	该寄存器保留着刚接收到的数据或要被发送的数据	0

5. I²C 监控模式寄存器

I²C 监控模式寄存器控制监控模式的使能，它可以使 I²C 模块监控 I²C 总线的通信量，并且不需要实际参与通信或干扰 I²C 总线。

LPC1700 系列处理器的三个 I²C 接口各自对应的 I2MMCTRL 寄存器名分别为 I2C0MMCTRL、I2C1MMCTRL 和 I2C2MMCTRL，对应地址分别为 0x4001C01C、0x4005C01C 和 0x400A001C。该寄存器各位功能描述如表 5.11 所示。

表 5.11　I²C 监控模式寄存器 I2MMCTRL 位描述

位	名称	描述	复位值
0	MM_ENA	监控模式使能位。 0：监控模式禁止。 1：I²C 模块将进入监控模式。在该模式下，SDA 输出被强制为高电平，避免了 I²C 模块向 I²C 数据总线输出任何类型的数据(包括应答)，根据 ENA_SCL 位的状态，输出也可以被强制为高电平，可避免模块控制 I²C 时钟线	0
1	ENA_SCL	SCL 输出使能位。 0：当模块在监控模式下，该位被清零时，SCL 输出将强制为高电平。可防止模块控制 I²C 时钟线。 1：当该位置位时，I²C 模块可对时钟线实行相同的操作，即正常操作。这意味着，I²C 会当作一个从机设备，I²C 模块可以扩展时钟线(将它保持为低电平)，直到它有时间响应 I²C 中断为止[1]	0
2	—	保留位，用户软件不应对其写 1。读出值未定义	NA
3	MATCH_ALL	地址匹配选择位。 0：当该位清零时，中断只会在其中一个从机地址寄存器出现匹配时产生。也时就是说，模块会作为一个普通的从机响应，直到有地址识别。 1：当该位置位且 I²C 在监控模式下时，只要接收到任意一个从机地址，就会产生中断。这将使器件监控总线上的所有通信数据	0

注：[1] 当 ENA_SCL 位被清零且 I²C 接口不能再延迟总线时，中断响应时间就变得很重要了。为了在

此情况下能给予器件更多响应 I^2C 中断的时间，需使用一个数据缓冲器来保存接收到的数据(请参考"I^2C 数据缓冲器寄存器"小节)，保存时间为一个完整的 9 位字传输时间。

当 MM_ENA 位为 0(即 I^2C 接口不在监控模式中)时，ENA_SCL 和 MATCH_ALL 位无效。

1) 监控模式中的中断

模块处于监控模式下时所有中断正常出现。这意味着：首次中断将出现在发现有从机地址匹配时(如果 MATCH_ALL 置位，则接收到任意一个从机地址就会产生中断，否则中断只会在 4 个从机地址寄存器中的一个出现匹配时产生)。

发现地址匹配后，对于从机发送模式，接口每接收一个字节，中断产生一次；对于从机接收模式，则接口认为是某个从机接收字节以后，产生中断。在第二种情况下，数据寄存器实际上保存了总线上其它从机发送的数据，该从机实际上是被主机寻址的。

当产生从机地址接收或从机地址匹配中断后，处理器就可以读取数据寄存器得到实际总线上传输的数据了。

2) 监控模式中的仲裁丢失

在监控模式中，I^2C 模块不能响应总线主机的信息请求或发送应答，而是由总线上的其它从机来响应的。这很可能导致仲裁丢失。

用户软件应当注意：监控模式中的模块不应当对任何检测到的仲裁状态丢失做出响应。

6. I^2C 数据缓冲寄存器

在监控模式中，如果 ENA_SCL 位未置位，I^2C 模块就不能延长时钟(使总线迟延)。也就是说，处理器读取总线数据的时间有限。如果处理器以正常速度读取 I2DAT 移位寄存器，那么在新数据更新接收数据之前，它可能只有 1 位时间来响应中断。

为了给予处理器更多的响应时间，系统增加了一个新的 8 位只读寄存器 I2DATA_BUFFER。总线接口每接收到第 9 个位(8 个数据位+应答位或非应答位)后，寄存器 I2DAT 的最高 8 位会自动发送到 I2DATA_BUFFER。这意味着处理器会有 9 个位的传输时间来响应中断，并且在更新接收数据之前读取数据。

处理器仍可直接读取 I2DAT，I2DAT 无论如何是不会改变的。

即便 I2DATA_BUFFER 主要用于监控模式(ENA_SCL=0)，在任何一种操作模式下它都可以随时读取。

LPC1700 系列处理器的三个 I^2C 接口各自对应的 I2DATA_BUFFER 寄存器名分别为 I2C0DATA_BUFFER、I2C1DATA_BUFFER 和 I2C2DATA_BUFFER，对应地址分别为 0x4001C02C、0x4005C02C 和 0x400A002C。该寄存器各位功能描述如表 5.12 所示。

表 5.12　I^2C 数据缓冲寄存器 I2DATA_BUFFER 的位描述

位	符号	描　　述	复位值
7:0	Data	该寄存器保存 I2DAT 移位寄存器的最高 8 位	0

7. I^2C 从机地址寄存器

I^2C 从机地址寄存器可读可写，但只有在 I^2C 接口被设置成从机模式时有用。在主机模式下，这类寄存器无效。I2ADR 的最低位是通用呼叫位(GC)，当该位被置位时，通用呼叫地址(0x00)被识别。

LPC1700 系列处理器的三个 I^{2}C 接口各自拥有四个从机地址寄存器。I^{2}C0 的 I2ADR 寄存器对应地址为 I2C0ADR[0,1,2,3]-0x4001C0[0C,20,24,28]；I^{2}C1 的 I2ADR 寄存器对应地址为：I2C1ADR[0,1,2,3]-0x4005C0[0C,20,24,28]；I^{2}C2 的 I2ADR 寄存器对应地址为 I2C2ADR[0,1,2,3]-0x400A00[0C,20,24,28]。每个寄存器包含 8 个位，每一位的含义如表 5.13 所示。

表 5.13　I^{2}C 从机地址寄存器 I2ADR 的位描述

位	符号	描　　述	复位值
0	GC	通用呼叫使能位	0
7:1	Address	从机模式 I^{2}C 器件的地址	0x00

8. I^{2}C 从机地址屏蔽寄存器

从机地址屏蔽寄存器都含有 7 个有效位(7:1)。这些寄存器中的任意位置位都会引起接收地址相应位的自动比较(当它与屏蔽寄存器关联的 I2ADDRn 寄存器比较时)。换句话说，就是在确定地址匹配时不会考虑寄存器 I2ADDRn 中被屏蔽的位。

复位时所有屏蔽寄存器中的位被清零，处理器不响应任何从机地址。

当与通用呼叫地址(0000000)比较时，屏蔽寄存器失效。

屏蔽寄存器中的位(31:8)和(0)不使用也不能写入值，这些位总是 0。

当出现地址匹配中断时，处理器必须读取数据寄存器(I2DAT)来确定实际引起匹配的接收地址。

LPC1700 系列处理器的三个 I^{2}C 接口各自拥有四个从机地址屏蔽寄存器。I^{2}C0 的 I2MASK 寄存器对应地址为 I2C0MASK[0,1,2,3]-0x4001C0[30,34,38,3C]；I^{2}C1 的 I2MASK 寄存器对应地址为 I2C1MASK[0,1,2,3]-0x4005C0[30,34,38,3C]；I^{2}C2 的 I2MASK 寄存器对应地址为 I2C2MASK[0,1,2,3]-0x400A00[30,34,38,3C]。该寄存器各位功能描述如表 5.14 所示。

表 5.14　I^{2}C 从机地址屏蔽寄存器 I2MASK 的位描述

位	符号	描　　述	复位值
0	—	保留位，用户软件不应对其写 1。读出值未定义	NA
7:1	MASK	从机地址比较屏蔽位	0x00
31:8	—	保留位，用户软件不应对其写 1。读出值未定义	NA

9. I^{2}C SCL 占空比高半字寄存器

LPC1700 系列处理器的三个 I^{2}C 接口各自对应的 I2SCLH 寄存器名分别为 I2C0SCLH、I2C1SCLH 和 I2C2SCLH，对应地址分别为 0x4001C010、0x4005C010 和 0x400A0010。该寄存器包含 16 个位，每一位的含义如表 5.15 所示。

表 5.15　I^{2}C 数据寄存器 I2SCLH 的位描述

位	符号	描　　述	复位值
15:0	SCLH	SCL 周期计数值高半字	0x0004

10. I^{2}C SCL 占空比低半字寄存器

LPC1700 系列处理器的三个 I^{2}C 接口各自对应的 I2SCLL 寄存器名分别为 I2C0SCLL、

I2C1SCLL 和 I2C2SCLL，对应地址分别为 0x4001C014、0x4005C014 和 0x400A0014。该寄存器包含 16 个位，每一位的含义如表 5.16 所示。

表 5.16　I²C 数据寄存器 I2SCLL 的位描述

位	符号	描　　述	复位值
15:0	SCLL	SCL 周期计数值低半字	0x0004

11. 选择适当的 I²C 数据率和占空比

软件必须通过对 I2SCLH 和 I2SCLL 寄存器进行设置来选择适当的数据率和占空比。I2SCLH 定义 SCL 高电平所保持的 PCLK 周期数；I2SCLL 定义 SCL 低电平的 PCLK 周期数。频率由下面的公式决定(f_{PCLK} 是 PCLK 的频率)：

$$I^2C_{位频率} = \frac{f_{PCLK}}{I2CSCLH + I2CSCLL}$$

I2SCLL 和 I2SCLH 的值不一定要相同。软件通过设置这两个寄存器来得到 SCL 不同的占空对。例如，I²C 总线规范定义了 400 kHz I²C 速率的 SCL 低电平和高电平的不同的值。寄存器的值必须确保 I²C 数据率在 0~400 kHz 之间。每个寄存器的值都必须大于或等于 4。表 5.17 给出了基于 PCLK 频率和 I2SCLL 和 I2SCLH 的 I²C 总线速率的例子。

表 5.17　I²C 时钟频率设置对照表

I2SCLL+	I²C PCLK(MHz)对应的位频率(kHz)						
I2SCLH	1	5	10	16	20	40	60
8	125						
10	100						
25	40	200	400				
50	20	100	200	320	400		
100	10	50	100	160	200	400	
160	6.25	31.25	62.5	100	125	250	375
200	5	25	50	80	100	200	300
400	2.5	12.5	25	40	50	100	150
800	1.25	6.25	12.5	20	25	50	75

I2SCLL 和 I2SCLH 的值不一定要相同。通过设定这两个寄存器可以得到 SCL 的不同占空比。例如，I²C 总线规范定义在快速模式下和在快速模式 Plus 下的 SCL 低电平时间和高电平时间是不同的。

5.1.6　应用举例

本应用使用 LPC1700 处理器的 I²C0 接口对 E²PROM 器件 AT24C02 进行查询方式读写，介绍 LPC1700 处理器 I²C 接口的编程方法。程序将 I²C 接口设置为主机模式，分别执行主机发送模式(向 E²PROM 中写数据)和主机接收模式(从 E²PROM 中读数据)完成对 AT24C02 的读写操作。有关 AT24C02 的具体细节请参考相关芯片数据手册。

1. 头文件中相关宏定义

在头文件中定义了 AT24C02 器件的 I²C 总线地址，I²C 接口控制寄存器中 AA、SI、STO、STA、I2EN 等位的掩码，便于程序的使用与理解。具体定义如程序清单 5.1 所示。

【程序 5.1】 头文件宏定义。

```
/* 定义 EEPROM AT24C02 的从机地址*/
#define AT24C02_SLA        0xA0


/* I²C 接口的控制设置寄存器 I2CONSET 各位定义 */
#define I2CONSET_AA         0x00000004
#define I2CONSET_SI         0x00000008
#define I2CONSET_STO        0x00000010
#define I2CONSET_STA        0x00000020
#define I2CONSET_I2EN       0x00000040
/* I²C 接口的控制清除寄存器 I2CONCLR 各位定义*/
#define I2CONCLR_AAC        0x00000004
#define I2CONCLR_SIC        0x00000008
#define I2CONCLR_STAC       0x00000020
#define I2CONCLR_I2ENC      0x00000040
```

2. I²C 接口初始化函数

I2CInit 函数初始化处理器 I²C 模块，包括选择 I²C 总线引脚功能，设置 I²C 接口为主设备角色并使能 I²C 总线模块。具体代码如程序清单 5.2 所示。

【程序 5.2】 I²C 接口初始化函数。

```
void I2CInit(void)
{
    LPC_SC->PCONP |= (1 << 19);              //打开 I²C 接口电源
    LPC_PINCON->PINSEL1 &=  ~0x03C00000;
    LPC_PINCON->PINSEL1 |= 0x01400000;       //将 P0.27 与 P0.28 设置为 I²C 总线 SDA
                                             //与 SCL 引脚
    LPC_I2C0->I2CONCLR = I2CONCLR_AAC | \     //清除控制寄存器中各个位
I2CONCLR_SIC | I2CONCLR_STAC | I2CONCLR_I2ENC;

    LPC_I2C0->I2SCLL    = 40;                 //设置 I²C 总线工作时钟
    LPC_I2C0->I2SCLH    = 40;
    LPC_I2C0->I2CONSET = I2CONSET_I2EN;       //使能 I²C 接口为主机模式
}
```

3. I²C 接口写字节函数

I2CWriteByte 函数实现向从器件 AT24C02 的特定地址写入 1 个字节数据。函数的两个参数为要写入的数据和 AT24C02 的存储器地址。具体代码如程序清单 5.3 所示。

【程序 5.3】 I^{2}C 接口写字节函数。

```
uint8_t I2CWriteByte(uint8_t data, uint8_t address)
{
    LPC_I2C0->I2CONCLR = (I2CONCLR_STAC|I2CONCLR_SIC|I2CONCLR_AAC);
    LPC_I2C0->I2CONSET = I2CONSET_I2EN;          //使能 I²C 接口为主机模式
    LPC_I2C0->I2CONSET = I2CONSET_STA;           //发送 START 信号

    while(LPC_I2C0->I2STAT != 0x8);              //通过状态寄存器判断操作是否成功
    LPC_I2C0->I2DAT = AT24C02_SLA+0;             //设置 AT24C02 地址与写操作位
    LPC_I2C0->I2CONCLR = (I2CONCLR_SIC|I2CONCLR_STAC);
                                                 //清零 SI 位以发送 SLA+W
    while(LPC_I2C0->I2STAT != 0x18);             //通过状态寄存器判断操作是否成功
    LPC_I2C0->I2DAT = address;                   //写入字节地址到 AT24C02
    LPC_I2C0->I2CONCLR = I2CONCLR_SIC;           //清零 SI 位以发送字节地址

    while(LPC_I2C0->I2STAT != 0x28);             //通过状态寄存器判断操作是否成功
    LPC_I2C0->I2DAT = data;                      //写入字节数据到 AT24C02
    LPC_I2C0->I2CONCLR = I2CONCLR_SIC;           //清零 SI 位以发送字节数据

    delayMs(0,1);

    LPC_I2C0->I2CONCLR = I2CONCLR_SIC;
    LPC_I2C0->I2CONSET = I2CONSET_STO;           //设置 STO 位以停止发送

    delayMs(0,80);                               //函数返回前延时等待 AT24C02 写入数据

    return 1;
}
```

4. I^{2}C 接口读字节函数

I2CReadByte 函数实现从 AT24C02 的特定地址处读取一个字节数据。函数参数为读取的字节地址，返回值为读出的字节数据。具体代码如程序清单 5.4 所示。

【程序 5.4】 I^{2}C 接口读字节函数。

```
uint8_t I2CReadByte(uint8_t address)
{
    uint8_t data;

    LPC_I2C0->I2CONCLR = (I2CONCLR_STAC|I2CONCLR_SIC|I2CONCLR_AAC);
    LPC_I2C0->I2CONSET = I2CONSET_I2EN;              //使能 I²C 接口为主机模式
```

```
LPC_I2C0->I2CONSET = I2CONSET_STA;              //发送 START 信号

while(LPC_I2C0->I2STAT != 0x08);                //状态代码必须是 0x08
LPC_I2C0->I2DAT = AT24C02_SLA;                  //写入设备地址与写操作位
LPC_I2C0->I2CONCLR = (I2CONCLR_SIC|I2CONCLR_STAC);
                                               //清零 SI 位以发送 SLA+W
while(LPC_I2C0->I2STAT != 0x18);                //状态代码必须是 0x18
LPC_I2C0->I2DAT = address;                      //写入要读出的 AT24C02 字节地址
LPC_I2C0->I2CONCLR = I2CONCLR_SIC;              //清零 SI 位以发送字节地址

while(LPC_I2C0->I2STAT != 0x28);                //状态代码必须是 0x28
LPC_I2C0->I2CONSET = I2CONSET_STO;              //停止写 AT24C02 操作
LPC_I2C0->I2CONCLR = I2CONCLR_SIC;
LPC_I2C0->I2CONSET = I2CONSET_STA;              //重发送 START 信号，开始真正读取操作

while(LPC_I2C0->I2STAT != 0x8);
LPC_I2C0->I2DAT = AT24C02_SLA +1;               //发送设备地址与读操作位
LPC_I2C0->I2CONCLR = (I2CONCLR_SIC|I2CONCLR_STAC);
                                               //清零 SI 位以执行读操作
while(LPC_I2C0->I2STAT != 0x40);
LPC_I2C0->I2CONCLR = I2CONCLR_SIC;
while(LPC_I2C0->I2STAT != 0x58);                //等待接收数据字节，回送非 ACK
data = LPC_I2C0->I2DAT;                          //读出字节数据

LPC_I2C0->I2CONCLR = (I2CONCLR_SIC|I2CONCLR_AAC);
LPC_I2C0->I2CONSET = I2CONSET_STO;              //设置 STO 位以发送 STOP 信号
return data;
}
```

5. 测试主函数

测试主函数连续调用 I^2C 写函数，并调用 I^2C 读函数验证数据，最终在串口输出结果。具体代码如程序 5.5 所示。

【程序 5.5】测试主函数。

```
int main (void)
{
    uint8_t i,chr_i2c;
    ……
    I2CInit();
    for(i=0;i<255;i++)I2CWriteByte(i,i);                //连续调用写函数写入 AT24C02
```

```
UART0_SendString("Reading AT24C02:\r\n");
for(i=0;i<255;i++)
{
        chr_i2c = I2CReadByte(i);                    //调用读函数验证数据
        if(chr_i2c != i)
        {
                UART0_SendString("Found a error!\r\n");
                return -1;
        }
        UART0_SendByte(chr_i2c);
        delayMs(0,100);
    }
    UART0_SendString("\r\nI2C test successed!\r\n");
}
```

5.2　以 太 网 接 口

5.2.1　以太网接口概述

　　LPC1700 系列处理器的以太网模块包含一个功能齐全的 10 Mb/s 或 100 Mb/s 以太网 MAC(媒体访问控制器)，以太网 MAC 通过使用 DMA 硬件加速功能来优化其性能。以太网模块具有大量的控制寄存器组，可以提供半双工/全双工操作、流控制、控制帧、重发硬件加速、接收包过滤以及 LAN 上的系统唤醒等功能。利用分散-集中式(Scatter-Gather)DMA 进行自动的帧发送和接收操作，减轻了 CPU 的负荷。

　　以太网模块是一个驱动 AHB 总线矩阵的 AHB 主设备。通过总线矩阵，它可以访问片上所有的 RAM 存储器。建议以太网使用 RAM 的方法是专门使用其中一个 RAM 模块来处理以太网帧通信。那么该模块只能由以太网和 CPU，或者是 GPDMA 进行访问，从而获取以太网功能的最大带宽。

　　以太网模块使用 RMII(简化的媒体独立接口)和片上 MIIM(媒体独立接口管理)串行总线，也被称为 MDIO(管理数据输入/输出)，以实现与片外以太网物理层(PHY)芯片之间的连接。

5.2.2　以太网接口特性

　　(1) 以太网标准支持特性：

　　● 支持 10 M 或 100 Mb/s 物理层(PHY)器件，包括 10Base-T、100Base-TX、100Base-FX 和 100Base-T4 规范；

　　● 与 IEEE 标准 802.3 完全兼容；

　　● 与 802.3x 全双工流控和半双工背压流控完全兼容；

- 灵活的发送帧和接收帧选项；
- 支持 VLAN 帧。

(2) 存储器管理特性：

- 独立的发送和接收缓冲区存储器，映射为共享的 SRAM；
- 带有分散/集中式 DMA 的 DMA 管理器以及帧描述符队列；
- 通过缓冲和预取来实现存储器通信的优化。

(3) 以太网增强的功能：

- 接收进行过滤；
- 发送和接收均支持多播帧和广播帧；
- 发送操作可选择自动插入 FCS(CRC)；
- 可选择在发送操作时自动进行帧填充；
- 发送和接收均支持超长帧传输，允许帧长度为任意值；
- 多种接收模式；
- 出现冲突时自动后退并重传帧信息；
- 通过时钟切换实现功率管理；
- 支持"由 LAN 唤醒"的功率管理功能，以便将系统唤醒，该功能可使用接收过滤器或魔法帧检测过滤器来实现。

(4) 物理接口特性：

- 通过标准的简化 MII(RMII)接口来连接外部物理层(PHY)芯片；
- 通过媒体独立接口管理(MIIM)接口可对物理层(PHY)芯片内寄存器进行访问。

5.2.3　以太网接口结构及引脚描述

LPC1700 系列处理器的以太网模块结构框图如图 5.5 所示。

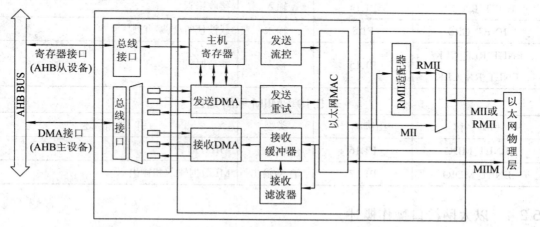

图 5.5　以太网模块结构框图

以太网模块结构框图由以下部分构成：

(1) 主机寄存器模块：包含软件使用的寄存器组，并处理 AHB 对以太网模块的访问。主机寄存器连接发送和接收数据通路，以及 MAC 连接。

(2) DMA 到 AHB 接口：提供 AHB 主设备的连接，允许以太网模块访问以太网 SRAM 读描述字、写状态和读/写数据缓冲器。

(3) 以太网 MAC 和相连的 RMII 适配器：MAC 到片外物理层的接口。

(4) 发送数据通路，包括：

① 发送 DMA 管理器，负责从存储器中读描述字和数据，并将状态写入存储器。

② 发送重试模块处理以太网重发和放弃的情况。

③ 发送流量控制模块能插入以太网暂停帧。

(5) 接收数据通道，包括：

① 接收 DMA 管理器，负责从存储器中读描述字和数据，并将状态写入存储器。

② 以太网 MAC 通过分析帧头来检测帧的类型。

③ 接收滤波器可以设置不同的过滤方案来滤除一些特定的以太帧。

④ 接收缓冲区实现对接收帧的延迟，允许在存储到存储器之前过滤掉一些特定的以太帧。

LPC1700 系列处理器的以太网模块使用简化媒体独立接口(RMII)及媒体独立接口管理引脚(MIIM)与外部的物理层(PHY)芯片连接。其中 RMII 用于传输以太网帧数据；MIIM 用于 CPU 对 PHY 芯片的配置及管理。

RMII 接口引脚如表 5.18 所示，MIIM 接口引脚如表 5.19 所示。

表 5.18　RMII 引脚描述

引脚名称	引脚编号	类型	引 脚 描 述
ENET_TX_EN	P1.4	输出	发送数据使能
ENET_TXD[1:0]	P1.[1:0]	输出	发送数据，2 位
ENET_RXD[1:0]	P1.[10:9]	输入	接收数据，2 位
ENET_RX_ER	P1.14	输入	接收错误
ENET_CRS	P1.8	输入	载波侦听/数据有效
ENET_REF_CLK/ ENET_RX_CLK	P1.15	输入	参考时钟

表 5.19　MIIM 引脚描述

引脚名称	引脚编号	类型	引 脚 描 述
ENET_MDC	P1.16	输出	MIIM 时钟
ENET_MDIO	P1.17	输入/输出	MI 数据输入和输出

5.2.4　以太网接口操作概述

1. 以太网 DMA 引擎

以太网模块通过加速的 DMA 硬件来优化性能。位于 AHB 总线上的独立的分散/集中式 DMA 引擎可大大减轻 CPU 的数据传输负担。

以太网 DMA 引擎将每个以太网帧(或片段)用一个描述符(Descriptor)和一个状态字来表

示。存放在存储器中的描述符包括以太网帧片段的相关信息，一个片段可以是一个完整的帧或一个极小的数据量。每个描述符都含有一个指针，指向相关的以太网帧数据存储器地址，描述符还含有缓冲区的大小以及如何发送或接收片段的详细设置。状态字则保存了DMA 引擎处理该帧后(发送或接收)的结果。有关描述及状态字的定义参见 5.2.7 小节。

在进行以太网数据通信前，驱动程序必须先初始化好描述符与状态字，然后由 DMA 引擎根据各个描述的要求处理对应的以太网帧，最后将结果保存在对应的状态字中。用户程序根据描述符与状态字对以太网数据进一步处理。

2．描述符队列与状态字队列概述

由于每个以太网帧需要一个描述符与一个状态字匹配，因此将描述符和状态字都各自维护为循环队列。根据发送和接收方向的不同，在 MAC 模块中共有 4 个循环队列：发送描述符队列、发送状态字队列、接收描述符队列和接收状态字队列。其中发送方向的两个队列与接收方向的两个队列的长度必须相同。另外，由于描述符队列与状态字队列都保存在 RAM 中，为了提高以太网操作性能，建议存放描述与状态的 RAM 不要与其它模块公用。

根据循环队列的工作特性，队列的队尾(数据入队列端)称为生产者(producer)，队列的队头(数据出队列端)称为消费者(consumer)。针对 MAC 模块发送方向的两个队列，DMA 引擎为消费者，即从队列取出描述符进行以太帧发送；驱动程序为生产者，即把以太帧复制到缓冲区，并将描述符入队列。而针对 MAC 模块接收方向的两个队列，DMA 引擎为生产者，即把 MAC 接收到的以太帧复制到缓冲区，并将描述符入队列；驱动程序为消费者，即从队列取出描述符，根据描述符将以太帧复制到用户空间。

为了方便程序操作循环队列，MAC 模块将队头和队尾索引保存在寄存器中。其中 DMA 引擎硬件维护 TxConsumeIndex 和 RxProduceIndex 队列索引；驱动程序软件维护 TxProduceIndex 和 RxConsumeIndex 队列索引。程序通过读取这些索引就可对循环队列进行操作，找到对应的以太帧数据。DMA 引擎处理完以太帧后会自动更新索引(包括索引越界检查)，以供驱动程序使用；驱动程序处理完以太帧后则需要程序对索引进行更新(包括越界检查)，以供 DMA 引擎使用。

MAC 模块的循环队列与队列索引的关系如图 5.6 所示。

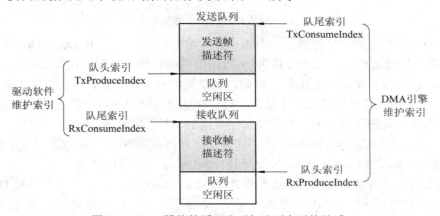

图 5.6　MAC 模块的循环队列与队列索引的关系

5.2.5 帧描述符与状态字

本节给出了 DMA 引擎使用的接收/发送描述符和状态字的格式定义。每个以太帧可由一个或多个片段组成，每个片段对应一个描述符和一个状态字。以太网模块中的 DMA 管理器能够将一个以太帧中的多个片段进行分散(用于接收)或集中(用于发送)。为了方便操作，MAC 硬件将所有帧描述符和状态字组织成循环队列，由 DMA 引擎和驱动程序共同操作，从而完成以太网帧的发送与接收。

1. 接收描述符和状态字

图 5.7 描述了接收描述符和状态字在内存中的构成情况。

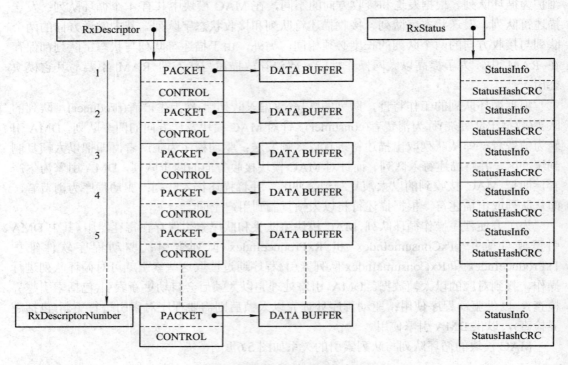

图 5.7 接收描述符和状态字的分布

接收描述符存放在存储器的一个数组中。数组的基址存放在 RxDescriptor 寄存器中，并且与4字节地址边界对齐(最低2位为0)。数组中描述符的个数存放在RxDescriptorNumber寄存器中，该寄存器使用减 1 编码。例如，如果数组有 8 个元素，则该寄存器的值应该是 7。还有一个与描述符平行的状态字数组。对于描述符数组中的每个描述符，状态字数组中均有一个相关的状态区域对应。接收状态字数组的基址存放在 RxStatus 寄存器中，并且该基址必须与 8 字节地址边界对齐(最低 3 位为 0)。在操作过程中(当接收通道使能时)，不可再对 RxDescriptor、RxStatus 和 RxDescriptorNumber 寄存器进行修改。

队列索引寄存器 RxConsumeIndex 和 RxProduceIndex 用于定义下一个将被 DMA 硬件和驱动程序软件使用的描述符单元。这两个寄存器从 0 开始计数，在计数值到达 RxDescriptorNumber 寄存器中的值时应该重置为0。接收描述符队列队头索引(RxProduceIndex)

包含了将要被 DMA 引擎接收的帧所对应的描述符索引，该索引由 DMA 引擎维护。接收描述符队列队尾索引(RxConsumeIndex)包含了驱动程序下一个将要读取的帧所对应的描述符索引，该索引由驱动程序维护。当 RxProduceIndex 与 RxConsumeIndex 相等时，接收缓冲区为空；当 RxProduceIndex+1 等于 RxConsumeIndex 时(需要考虑循环队列索引的翻转)，接收缓冲区满。新接收的以太帧将产生缓冲区溢出错误，除非软件驱动程序处理一个或多个描述符，释放接收描述符队列空间。

每个接收描述符占两个字(8 个字节)存储空间。同样，每个状态字也占两个字(8 个字节)存储空间。每个接收描述符均由一个"数据包指针域(PACKET)"和一个"控制字(CONTROL)"组成。指针域指向用来存放接收以太帧或帧片段的缓冲区基地址；控制字包含硬件接收帧的控制信息。接收描述符的构成如表 5.20 所示。

表 5.20　接收描述符的构成

符号	地址偏移量	字节	描　　述
PACKET	0x0	4	用来保存接收以太帧数据的缓冲区基地址，该地址为 32 位字边界对齐地址
CONTROL	0x4	4	控制字信息

接收描述符控制字各个位的定义如表 5.21 所示。

表 5.21　接收描述符控制字的位描述

位	符号	功　　能
10:0	Size	数据缓冲区的字节数。这是设备驱动程序为一帧或帧片段保留的缓冲区字节数，即被"数据包区域"指向的缓冲区的字节数。Size 的值采用的是减 1 编码，例如，如果缓冲区为 8 字节，则 Size 的值为 7
30:11	—	未使用
31	Interrupt	该位表示当该帧或帧片段中的数据以及相关的状态信息已提交给存储器时，是否确实产生了一个 RxDone 中断

状态字数组中的每个接收状态字均由两个字(共 8 个字节)组成。接收状态字的构成如表 5.22 所示。

表 5.22　接收状态字的构成

符号	地址偏移量	字节	描　　述
StatusInfo	0x0	4	由 MAC 硬件返回的接收状态字标志
StatusHashCRC	0x4	4	由目标地址 Hash CRC 和源地址 Hash CRC 构成

StatusInfo 字包含的是由 MAC 返回的标志和由接收通道产生的反映接收状态的标志。StatusInfo 字的位描述如表 5.23 所示。

StatusHashCRC 包含的是两个串联的 9 位 Hash CRC，这两个 CRC 是通过计算接收帧中的目标地址和源地址得来的。在检测到目标地址和源地址之后，只对 StatusHashCRC 进行一次计算，然后保存该值，供同一帧中的所有片段使用。StatusHashCRC 字的位描述如表 5.24 所示。

表 5.23　StatusInfo 字的位描述

位	符　号	功　能
10:0	RxSize	传输给一个片段缓冲区的实际数据的字节数。换句话说，它是 DAM 管理器针对一个描述符实际写入的帧或片段的字节数。该值可能与描述符控制区域中 Size 位(表示器件驱动程序分配的缓冲区大小)的值有所不同。该字段采用减 1 编码，例如，如果缓冲区有 8 个字节，则 RxSize 的值为 7
17:11	—	未使用
18	ControlFrame	表示这是一个用于流控制的控制帧，它可以是一个暂停帧，也可以是一个带有不支持的操作码的帧
19	VLAN	表示接收到的是一个 VLAN 帧
20	FailFilter	表示这帧信息的 Rx 过滤失败。这样的帧将不能正常地保存到存储器中。但由于缓冲区大小的限制，帧中可能已有一部分信息保存到了存储器。一旦发现某帧的 Rx 过滤失败，就将该帧的剩余部分丢弃，而不保存到存储器中。但如果命令寄存器(Command)中的 PassRxFilter 位置位，则整帧都将保存到存储器中
21	Multicast	当接收到一个多播帧时置位
22	Broadcast	当接收到一个广播帧时置位
23	CRCError	接收到的帧有一个 CRC 错误
24	SymbolError	在接收过程中，物理芯片通过物理层接口报告有一个位错误
25	LengthError	该帧的帧长度区域指定了一个有效的帧长度，但它与实际的数据长度不相等
26	RangeError[1]	接收到的包超出了包长度的最大限制
27	AlignmentError	当检测到 dribble 位和一个 CRC 错误时，将"对齐错误"作上标记。这与 IEEE std.802.3/条款 4.3.2 是一致的
28	Overrun	接收缓冲区溢出。适配器不能接收数据流
29	NoDescriptor	没有新的接收描述符可用，并且对于当前的接收描述符中的缓冲区大小来说，帧信息太长
30	LastFrag	该位置位表示这个描述符是一帧中的最后一个片段。如果一帧只由一个片段组成，则该位也是置位的
31	Error	表示在该帧的接收过程中出现错误。它是 AlignmentError、RangeError、LengthError、SymbolError、CRCError 和 Overrun 逻辑"或"的结果

注：[1] EMAC 不区分帧类型和帧长度。例如，当接收到 IP(0x8000)或 ARP(0x0806)包时，EMAC 将帧类型与最大长度进行比较并给出"长度超出范围"错误。事实上，该位不是一个错误指示，而仅仅是由芯片产生的、关于接收帧状态的一个说明。

表 5.24 StatusHashCRC 字的位描述

位	符 号	功 能
8:0	SAHashCRC	从源地址中计算而得的 Hash CRC
15:9	—	未使用
24:16	DAHashCRC	从目标地址中计算而得的 Hash CRC
31:25	—	未使用

对于具有多个片段的帧，该帧中除了最后一个片段之外的所有片段中的 AlignmentError、RangeError、LengthError、SymbolError、CRCError 位的值都是 0。同样，FailFilter、Multicast、Broadcast、VLAN、ControlFrame 位的值是未定义的。而该帧中最后一个片段的状态是从 MAC 中将上述位的值复制过来而得的。所有片段都将具有有效的 LastFrag、RxSize、Error、Overrun 和 NoDescriptor 位。

2．发送描述符和状态字

图 5.8 描述了发送描述符和状态字在内存中的构成情况。

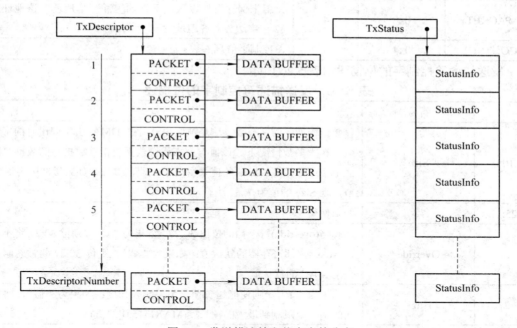

图 5.8 发送描述符和状态字的分布

发送描述符存放在存储器的一个数组中。数组的基地址存放在 TxDescriptor 寄存器中，并且与 4 字节地址边界对齐(最低 2 位为 0)。数组中描述符的个数存放在 TxDescriptorNumber 寄存器中，该寄存器使用减 1 编码。对于描述符数组中的每个元素，状态字数组中均有一个相关的状态区域与之对应。发送状态字数组的基址存放在 TxStatus 寄存器中，并且该地址也必须是 4 字节地址边界对齐(最低 2 位为 0)。在操作过程中(当发送通道使能时)，不可再对 TxDescriptor、TxStatus 和 TxDescriptorNumber 寄存器进行修改。

队列索引寄存器 TxConsumeIndex 和 TxProduceIndex，用于定义下一个将被 DMA 硬件

和驱动程序软件使用的描述符单元。这两个寄存器从 0 开始计数，在计数值到达
TxDescriptorNumber 寄存器中的值时应重置为 0。发送描述符队列队头索引(TxProduceIndex)
包含了驱动程序下一个将要填充的帧所对应的描述符的索引，该索引由驱动程序维护。发
送描述符队列队尾索引(TxConsumeIndex)包含了将要被 DMA 引擎发送的帧所对应的描述
符索引，该索引由 DMA 引擎维护。当 TxProduceIndex 等于 TxConsumeIndex 时，发送缓
冲区为空；当 TxProduceIndex+1 等于 TxConsumeIndex 时(需要考虑循环队列索引的翻转)，
发送缓冲区满，软件驱动程序不能再添加新的描述符，直到 DMA 引擎发送了一个或多个
帧，释放发送描述符队列空间为止。

　　每个发送描述符在存储器中占两个字(8 个字节)，每个状态字在存储器中占 1 个字(4 个
字节)。每个发送描述符均由一个"数据包指针域"和一个"控制字"组成。指针域指向保
存了要发送的以太帧的缓冲区基地址；控制字包含硬件发送帧的控制信息。发送描述符的
构成如表 5.25 所示。

表 5.25　发送描述符的构成

符号	地址偏移量	字节	描　　述
PACKET	0x0	4	用来保存发送以太帧数据的缓冲区基地址，该地址为 32 位字边界对齐地址
CONTROL	0x4	4	控制字信息

　　发送描述符控制字的位描述如表 5.26 所示。

表 5.26　发送描述符控制字的位描述

位	符号	功　　能
10:0	Size	数据缓冲区的字节数。这是帧或片段需被 DMA 引擎取出时的字节数。在大多数情况下，该值与由描述符数据包指针域指向的数据缓冲区中字节数相等。Size 的值采用减 1 编码，例如，如果缓冲区为 8 字节，则 Size 的值为 7
25:11	—	未使用
26	Override	忽略(override)每一帧的位段 30:27。如果为"真"，则位 30:27 将不考虑 MAC 内部寄存器的默认值；如果为"假"，则位 30:27 将被忽略并使用 MAC 的默认值
27	Huge	如果为"真"，则使能超长帧，不限制帧长度；如果为"假"，将发送的字节数限制到最大的帧长度(MAXF[15:0]的值)
28	Pad	如果为"真"，将短帧填充到 64 字节
29	CRC	如果为"真"，将一个硬件 CRC 添加到帧内
30	Last	如果为"真"，表示这是用于发送帧中最后一个片段的描述符；如果为"假"，则表示该描述对应的片段为该帧的中间某个片段
31	Interrupt	该位表示当该帧或帧片段中的数据以及相关的状态信息已提交给存储器时，是否确实产生了一个 RxDone 中断

　　每个发送状态字由 1 个 StatusInfo 字组成，它包含的是由 MAC 返回的标志和由发送通
道产生的反映发送状态的标志。StatusInfo 字的位描述如表 5.27 所示。

表 5.27　StatusInfo 字的位描述

位	符号	功　能
20:0	—	未使用
24::21	CollisionCount	这个包遭遇的冲突次数,该值可高达重新发送的最大值
25	Defer	这个包由于媒体被占据而遭遇延迟。该延迟不是一个错误,除非出现延迟超出限制的情况
26	ExcessiveDefer	这个包遭遇的延迟超出了最大的延迟限制而被中止
27	ExcessiveCollision	表示这个包超出了最大的冲突限制而被中止
28	LateCollision	冲突窗口超出范围,导致发送包中止
29	Underrun	由于适配器没有产生发送数据而出现 Tx 下溢
30	NoDescriptor	发送流由于描述符不可用而被中断
31	Error	发送过程中出现的错误。它是 Underrun、LateCollision、ExcessiveCollision、ExcessiveDefer 逻辑"或"的结果

对于具有多个片段的帧,该帧中除了最后一个片段之外的所有片段中的 LateCollision、ExcessiveCollision、ExcessiveDefer、Defer 和 CollisionCount 位的值都为 0。该帧中最后一个片段的状态是从 MAC 中将上述位的值复制过来而得的。所有片段都将具有有效的 Error、NoDescriptor 和 Underrun 位。

3. 使用注意事项

1) 所有权

设备驱动软件和以太网硬件都能同时对描述符队列执行读/写操作,以"产生"和"消费"描述符。在两者同时请求使用描述符队列时,AHB 总线仲裁将使硬件具有更高的优先级。一个描述符的"拥有者"可以是设备驱动软件也可以是以太网硬件。只有描述符的"拥有者"才能对描述符进行读/写操作。通常,描述符和状态字的"使用"和"拥有"顺序是:首先,设备驱动程序"拥有"并建立描述符队列;其次,设备驱动软件将描述符/状态字的"拥有权"传递给以太网模块,这时以太网模块会读取描述符并将操作结果(发送或接收)写入状态字;然后,以太网模块将描述符的"拥有权"传递回设备驱动程序,驱动程序"消费"描述符与状态字信息,并重复利用描述符以供其它帧使用。软件必须预先分配好用来存放描述符队列的存储区。

软件通过将 TxProduceIndex/RxConsumeIndex 索引寄存器加 1(驱动程序必须考虑索引翻转问题),将描述符和状态字的"拥有权"移交给硬件。硬件通过更新 TxConsumeIndex/RxProduceIndex 索引寄存器来将描述符和状态字的"拥有权"移交给软件。

将一个描述符移交给了接收和发送 DMA 硬件之后,设备驱动软件则不能修改描述符或通过将 TxProduceIndex/RxConsumeIndex 寄存器减 1 来收回描述符,因为硬件可能已经预取了这些描述符。此时,设备驱动软件必须等待,直到以太帧发送完成,否则设备驱动程序必须将发送和/或接收通道进行软复位,从而将描述符队列复位。

2) 索引增长及翻转

为了循环使用描述符队列缓冲区,以太网模块将其维护为循环队列。在软件或硬件操作完一个描述符时，索引是线性增长的，即每操作一个描述符/状态字，索引增加 1。

索引翻转(wrap-around)是指当索引值超出队列长度范围时，应该将其重置回 0，即队列的首个描述符。特别强调由 DMA 引擎维护的 TxConsumeIndex/RxProduceIndex 索引自动完成增长和翻转，TxProduceIndex/RxConsumeIndex 索引的增长和翻转必须由驱动程序软件来维护。

3) 队列状态判断

判断描述符队列的状态对于用户程序来说至关重要。当队列为空时，队列的消费者一方将停止工作；当队列为满时，队列的生产者一方将停止工作。注意，在以太网模块中根据接收和发送方向的不同，描述队列的消费和生产者角色是不同的。

根据循环队列的特点及队列的队头和队尾相对位置则可判断队列的状态。

队列空条件：

ConsumeIndex == ProduceIndex

队列满条件：

ConsumeIndex ==(ProduceIndex + 1)%队列长度

队列空条件是两个索引值相等；为了与队列空条件相区别，预留一个空元素表示队列满状态。考虑到索引翻转问题，在生产者索引加 1 后要对队列长度值取模，保证索引值不会越界。

4) 中断位

描述符有一个可通过软件进行编程的中断位。当以太网模块正在处理一个描述符并发现该位处于置位状态时，它通过将 IntStatus 寄存器中的 RxDoneInt 或 TxDoneInt 位传递给中断输出引脚来触发一个中断(将状态字保存到存储器之后)。如果描述符中的中断位没有置位，则 RxDoneInt 和 TxDoneInt 不置位也不触发中断(注意：IntEnable 中的对应位必须置位才能触发中断)，这样可以灵活地管理描述符队列。例如，设备驱动程序能够添加 10 帧信息给发送描述符队列，可将队列中描述符编号 5 的中断位置位。这样可以在发送完编号为 5 的描述符后触发中断，调用中断服务程序。设备驱动程序能够在不打断连续的帧传输的情况下向描述符数组添加另一组帧描述符信息。

5) 帧片段处理

为保证在存放帧信息时具有最大的灵活性，可以将帧信息分为多个帧片段，这些片段可以放在存储器的不同位置。此时，可以为每个帧片段分配一个描述符。因此，描述符能够指向一帧或一帧中的一个片段。通过分散/集中式 DMA 引擎，可以使用这些片段：发送帧由存储器中的多个片段集中而得，接收帧可以分散到存储器的多个片段中。

通过将片段连接在一起，可以在小存储器空间中创建长帧。片段的另一个使用是：对位于不同地点的帧头和帧有效负载进行定位，从而可以在不执行数据复制操作的情况下将它们连接起来。

对于发送操作，使用发送描述符控制字中的 Last 位来指示该片段是否为一帧信息中的最后一个片段；对于接收操作，使用状态字的 StatusInfo 区域中的 LastFrag 位指示该片段是否为这帧信息中的最后一个片段。如果 LastFrag 位为 0，那么下一个描述符属于同一个以太网帧；如果 LastFrag 位为 1，则下一个描述符是一个新的以太网帧。

5.2.6　以太网帧操作举例

1. 以太网模块初始化

复位后，以太网软件驱动程序需对以太网模块进行初始化。在初始化过程中，软件需完成以下内容：

- 将软件复位条件(SOFT RESET)从 MAC 中移除；
- 通过 MAC 的 MIIM 接口配置物理层芯片(PHY)；
- 选择 MAC 为 RMII 模式；
- 在内存中初始化发送和接收描述符队列以及配置相关索引寄存器，供 DMA 引擎和驱动程序软件使用；
- 配置 MAC 模块中的 MAC 寄存器(MAC1、MAC2 等)；
- 使能接收和发送数据通道。

根据使用的物理层芯片不同，软件需通过 MIIM 接口来初始化物理层芯片中的寄存器。软件通过对 MAC 的 MCFG、MCMD、MADR 寄存器进行编程来读/写物理层芯片内部寄存器。写数据应该写入 MWTD 寄存器，读数据和 MIIM 接口状态信息可以从 MRDD 和 MIND 寄存器中读取。

以太网模块支持使用 RMII 接口的物理层芯片。在初始化过程中，软件必须通过对命令寄存器(Command)进行设置来选择 RMII 模式。

在切换到 RMII 模式之前，默认的软件复位条件(SOFT RESET 位)必须清零。在该操作过程中必须保证以太网模块参考时钟信号(enet_ref_clk)有效，并将其连接到以太网模块上。

MAC 驱动软件通过在存储器中划分"描述符队列"和"状态字队列"来完成对发送和接收 DMA 引擎的初始化。发送和接收各自有专门的描述符和状态字队列，这些队列的基址需在 TxDescriptor/TxStatus 和 RxDescriptor/RxStatus 寄存器中指定。队列中描述符的数目要与状态字队列中的数目相等。

需注意的是：发送描述符、接收描述符和接收状态字每个都占 8 个字节，而发送状态字则占 4 个字节。所有的描述符队列和发送状态字队列中的元素地址必须是 4 字节边界对齐，接收状态字队列的元素地址必须是 8 字节边界对齐。如果队列中的元素地址没有严格按照规定的字节边界对齐，则 DMA 引擎将无法正确操作描述符和状态字内容。描述符队列中描述符的数目需使用减1编码写入 TxDescriptorNumber/RxDescriptorNumber 寄存器中。例如，如果描述符队列中有 4 个描述符，则该寄存器的值应为 3。

建立了描述符队列后，初始化程序要在使能接收数据通道之前为接收描述符分配帧缓冲区。接收描述符的数据包指针域(PACKET)保存了该描述符对应帧的缓冲区的基址。接收描述符控制字域包含的是接收帧缓冲区大小，该值也使用减 1 编码。

接收通道有一个可配置的帧过滤功能，用于丢弃或忽略指定的以太网帧。帧过滤功能也应该在初始化过程中配置。

在发出硬件复位之后，MAC 中的软件复位位将生效。使能以太网模块之前必须将软件复位条件移除。有两处接收功能需使能：一个是接收 DMA 管理器需使能；另一个是 MAC 的接收数据通道需使能。为防止接收 DMA 引擎出现溢出，在通过将 MAC1 寄存器中的

RECEIVE ENABLE 位置位来使能 MAC 中的接收通道之前，应先通过使命令寄存器中的 RxEnable 位置位来将接收 DMA 引擎使能。

发送 DMA 引擎可在任何时候通过置位命令寄存器(Command)中的 TxEnable 位来使能。在将数据通道使能之前，用户可以对 MAC 中的几个选项进行设置，例如自动流控制、发送到接收的回送(用于验证以太网通信)、全双工/半双工模式等。

在没有对接收和发送通道进行(软)复位的情况下，描述符队列的基址和长度不可以修改。

2．以太网接收实例

本节以 MAC 模块接收以太帧为例，说明 DMA 引擎与驱动程序在以太网通信中操作描述符队列及相关索引寄存器的过程。实例中，假设 MAC 模块需要接收一个长度为 19 个字节的以太帧。该帧被分成 3 个片段(FRAGMENT)，前两片长 8 个字节，最后一片长为 3 个字节。图 5.9 所示为 DMA 引擎连续接收完三个以太帧片段后，接收队列处于满状态，以及接收队列相关寄存器的状态。

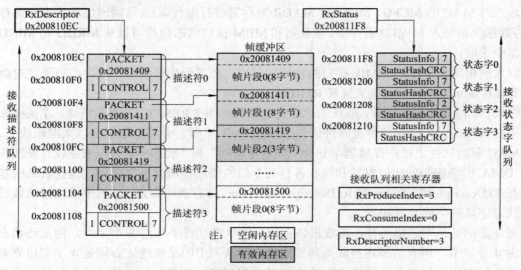

图 5.9　接收描述符队列及相关寄存器示例

复位之后，DMA 寄存器的值将为 0。在初始化过程中，设备驱动软件在存储器中分配描述符数组和状态数组。上述例子的描述符队列分配了 4 个描述符。该队列为 4×2×4 字节，并且是 4 字节地址对齐。描述符的数目与状态字数目相等，因此，状态字队列也由 4 个元素组成，状态字队列为 4×2×4 字节，并且是 8 字节地址边界对齐。设备驱动软件将描述符队列的基址(0x2008 10EC)写入 RxDescriptor 寄存器，将状态字队列的基址(0x2008 11F8)写入 RxStatus 寄存器。设备驱动软件还将描述符和状态数目减 1(值为 3)写入 RxDescriptorNumber 寄存器。

分配了描述符队列后，下面将为每个描述符分配帧片段缓冲区。每个帧片段缓冲区的范围为 1 字节～2 k 字节之间(控制字中的 Size 占 11 位)。片段缓冲区的基址存放在描述符的 Packet 指针域；片段缓冲区长度存放在描述符控制字的 Size 域中。描述符控制字的 Interrupt 域可以设置为：接收帧片段并处理完描述符时，立即产生一个中断。在上例中，帧片段缓冲区为 8 字节，因此，描述符控制字的 Size 域值为 7。注意：在该例中，片段缓冲区实际上是一段连续的存储器空间，本例帧缓冲区范围为 0x20081409～0x2008141B，共19 字节。即使当帧信息分布在多个片段上时，它通常也是一个线性连续的存储器空间，而在描述符队列中的其它描述符对应帧缓冲区可以不与该帧缓冲区连续。

设备驱动软件应通过向命令寄存器(Command)的 RxEnable 位写入"1"来使能 DMA 接收引擎功能。此后，通过向 MAC 配置寄存器 MAC1 的 RECEIVE ENABLE 位写入"1"来使能 MAC 接收通道。这两个位的设置顺序不能颠倒，否则可能引起 DMA 接收缓冲区溢出错误。现在，以太网模块将启动以太网帧的接收操作。为减小处理器的中断负担，通过置位 IntEnable 寄存器中的相关位系统可以将某些中断禁止。

在 DMA 引擎接收使能之后，它将发起描述符读操作。在上述例子中，描述符数目为 4。最初队列索引 RxProduceIndex 和 RxConsumeIndex 初始值为 0。由于队列处于满状态时必须保留一个空描述符，故 DMA 引擎只能最多使用 3 个描述符。驱动软件在执行队列判满条件时应注意循环队列索引翻转问题。

在使能 MAC 中的接收功能之后，数据接收将从下一帧开始进行，即如果当 RMII 接口正在接收一帧信息的同时接收功能使能，则该帧信息将被丢弃，接收操作从下一帧开始。以太网模块将以太帧中的导言(Preamble)和帧起始定界符(SFD)从该帧剥离。如果该帧信息通过了接收过滤，则 DMA 引擎将根据第一个描述符的数据包指针域内容将帧剩余内容保存至数据缓冲区中。

本例假设该帧信息有 19 个字节。考虑到该例中指定了缓冲区的大小，因此，该帧信息将分布在 3 个数据缓冲区中。在将最初的 8 个字节写入第一个片段缓冲区之后，接着写入的是第一个片段缓冲区的状态字信息并且 DMA 引擎将继续填充第二个片段缓冲区。由于要接收多个片段，因此第一个片段的状态字中，StatusInfo 字中的 LastFrag 位为 0，RxSize区域设置为 7(实际接收 8 个字节，采用减 1 编码)。在将另外 8 个字节写入第二个片段之后，DMA 引擎将继续对第三个片段执行写操作。第二个片段的状态与第一个片段的状态相同：LastFrag=0，RxSize=7。在将 3 个字节写入第三个片段缓冲区之后，帧信息到达末尾，接着硬件写入第三个片段的状态字信息，其状态为：LastFrag 位设为 1(表示该片段为当前帧最后一片)且 RxSize 等于 2(实际接收 3 个字节，采用减 1 编码)，即第三个片段缓冲区的 5 个字节是未使用的。

DMA 引擎使用存储器接口中的一个内部"标签协议"来检验接收数据和状态是否已提交给存储器。在将片段的状态提交给存储器之后触发 RxDoneInt 中断，该中断促使设备驱动程序查询状态字信息。在该例中，所有描述符的控制字中的 Interrupt 位都是置位的，即所有描述符将在数据和状态字提交给存储器之后产生一个中断。

本例中，当设备驱动软件没有读取描述符和以太帧信息时，DMA 引擎不能再读取新的描述符，因为此时描述符队列处于满状态(尽管队列中还有一个描述符没有使用)。只有在设备驱动软件将接收数据传送给应用软件，并且将 RxConsumeIndex 加 1 之后，以太网模块才能继续读取描述符并接收数据。本例中，设备驱动程序将 3 个片段组成的完整帧传递给应用软件，因此，驱动程序需要将 RxConsumeIndex 加 3，从而同时释放 3 个描述符。

RMII 接口上的每个字节数据(4 个二进制数据)在接收前要延时 128 个或 136 个处理器周期，该延时用于帧接收过滤模块对帧的过滤检测。接着以太网模块将帧导言、帧起始定界符和数据 CRC 剥离并校验 CRC。为了限制缓冲区的 NoDescriptor 错误，操作时将对 3 个描述符进行缓冲。RxProduceIndex 的值只在状态字信息已提交给了存储器(是否提交由内部"标签协议"来检验)之后才更新。设备驱动软件将处理接收数据，此后，设备驱动程序将更新 RxConsumeIndex。

5.2.7　寄存器描述

　　LPC1700 系列处理器以太网模块的寄存器分为 4 大类，包括 MAC 寄存器类 17 个寄存器、控制寄存器类 17 个寄存器、接收滤波器类 5 个寄存器，以及模块控制寄存器类 5 个寄存器，共计 44 个寄存器。表 5.28 给出了寄存器名称、地址和功能描述信息。寄存器所需的全部 AHB 地址空间为 4 KB。

表 5.28　以太网接口寄存器定义

符号	地址	读/写	描述
MAC 寄存器			
MAC1	0x5000 0000	读/写	MAC 配置寄存器 1
MAC2	0x5000 0004	读/写	MAC 配置寄存器 2
IPGT	0x5000 0008	读/写	Back-to-Back 包间空隙寄存器
IPGR	0x5000 000C	读/写	非 Back-to-Back 包间空隙寄存器
CLRT	0x5000 0010	读/写	冲突窗口/重试寄存器
MAXF	0x5000 0014	读/写	最大帧寄存器
SUPP	0x5000 0018	读/写	PHY 支持寄存器
TEST	0x5000 001C	读/写	测试寄存器
MCFG	0x5000 0020	读/写	MII(媒介独立接口)管理配置寄存器
MCMD	0x5000 0024	读/写	MII 管理命令寄存器
MADR	0x5000 0028	读/写	MII 管理地址寄存器
MWTD	0x5000 002C	只写	MII 管理写数据寄存器
MRDD	0x5000 0030	只读	MII 管理读数据寄存器
MIND	0x5000 0034	只读	MII 管理指示寄存器
—	0x5000 0038～0x5000 003C	—	保留，用户软件不能向保留位写入 1，从保留位中读出的数据未定义
SA0	0x5000 0040	读/写	站地址寄存器 0
SA1	0x5000 0044	读/写	站地址寄存器 1
SA2	0x5000 0048	读/写	站地址寄存器 2
—	0x5000 004C～0x5000 00FC	—	保留，用户软件不能向保留位写入 1，从保留位中读出的数据未定义
控制寄存器			
Command	0x5000 0100	读/写	命令寄存器
Status	0x5000 0104	只读	状态寄存器
RxDescriptor	0x5000 0108	读/写	接收描述符基址寄存器
RxStatus	0x5000 010C	读/写	接收状态字基址寄存器
RxDescriptorNumber	0x5000 0110	读/写	接收描述符数量寄存器

续表

符　号	地　址	读/写	描　述
控制寄存器			
RxProduceIndex	0x5000 0114	只读	接收生产索引寄存器
RxConsumeIndex	0x5000 0118	读/写	接收消费索引寄存器
TxDescriptor	0x5000 011C	读/写	发送描述符基址寄存器
TxStatus	0x5000 0120	读/写	发送状态字基址寄存器
TxDescriptorNumber	0x5000 0124	读/写	发送描述符数量寄存器
TxProduceIndex	0x5000 0128	读/写	发送生产索引寄存器
TxConsumeIndex	0x5000 012C	只读	发送消费索引寄存器
—	0x5000 0130～0x5000 0154	—	保留,用户软件不能向保留位写入 1,从保留位中读出的数据未定义
TSV0	0x5000 0158	只读	发送状态字向量 0 寄存器
TSV1	0x5000 015C	只读	发送状态字向量 1 寄存器
RSV	0x5000 0160	只读	接收状态字向量寄存器
—	0x5000 0164～0x5000 016C	—	保留,用户软件不能向保留位写入 1,从保留位中读出的数据未定义
FlowControlCounter	0x5000 0170	读/写	流量控制计数寄存器
FlowControlStatus	0x5000 0174	只读	流量控制状态寄存器
—	0x5000 0178～0x5000 01FC	—	保留,用户软件不能向保留位写入 1,从保留位中读出的数据未定义
接收滤波寄存器			
RxFilterCtrl	0x5000 0200	读/写	接收过滤器控制寄存器
RxFilterWoLStatus	0x5000 0204	只读	接收过滤器 WoL 状态寄存器
RxFilterWoLClear	0x5000 0208	只写	接收过滤器 WoL 清除寄存器
—	0x5000 020C	—	保留,用户软件不能向保留位写入 1,从保留位中读出的数据未定义
HashFilterL	0x5000 0210	读/写	哈希过滤器表低位寄存器
HashFilterH	0x5000 0214	读/写	哈希过滤器表高位寄存器
—	0x5000 0218～0x5000 0FDC	—	保留,用户软件不能向保留位写入 1,从保留位中读出的数据未定义
模块控制寄存器			
IntStatus	0x5000 0FE0	只读	中断状态寄存器
IntEnable	0x5000 0FE4	读/写	中断使能寄存器
IntClear	0x5000 0FE8	只写	中断清除寄存器
IntSet	0x5000 0FEC	只写	中断设置寄存器
—	0x5000 0FF0	—	保留,用户软件不能向保留位写入 1,从保留位中读出的数据未定义
PowerDown	0x5000 0FF4	读/写	掉电寄存器
—	0x5000 0FF8	—	保留,用户软件不能向保留位写入 1,从保留位中读出的数据未定义

在硬复位或软复位后，通过控制寄存器中的 RegReset 位，所有寄存器将清零，除非一些特别说明的情况。

一些寄存器在读操作时会通过 AHB 接口返回一个零，这些寄存器有一些未使用的位。如果这些寄存器也可写，则对未使用的位进行写操作不会产生副作用。

寄存器还包括在以太网中的 MAC 寄存器，在核心中的控制 DMA 传输、流控制和滤波的寄存器。从保留寄存器和保留位中读数据会得到不确定的数据，写保留寄存器和保留位不会有副作用。对只写寄存器进行读操作，系统会通过 AHB 接口返回读错误。若对只读寄存器进行写操作，则系统通过 AHB 接口返回写错误。

1. 以太网 MAC 寄存器的定义

1) MAC 配置寄存器 1(MAC1-0x5000 0000)

MAC 配置寄存器 1(MAC1)的位描述如表 5.29 所示。

表 5.29 MAC 配置寄存器 1 的位描述

位	符 号	功 能	复位值
0	RECEIVE ENABLE	该位置 1 允许接收帧。在内部 MAC 将该控制位与接收流同步	0
1	PASS ALL RECEIVE FRAMES	该位使能(置 1)时，MAC 不管帧类型(正常还是控制)所有帧都能通过；禁止时，MAC 控制帧无法通过	0
2	RX FLOW CONTROL	该位使能(置 1)时，MAC 在接收到 PAUSE 流量控制帧后停止传输；禁止时，MAC 将忽略接收到的 PAUSE 流量控制帧	0
3	TX FLOW CONTROL	该位使能(置 1)时，允许发送 PAUSE 流量控制帧。当禁止时，阻止流量控制帧	0
4	LOOPBACK	设置该位将使 MAC 发送接口回送到 MAC 接收接口。清除该位将进行正常操作	0
7:5	—	未使用	0x0
8	RESET TX	设置该位将使发送功能逻辑复位	0
9	RESET MCS / TX	设置该位复位 MAC 控制子层/发送逻辑。MCS 逻辑执行流量控制	0
10	RESET RX	设置该位将使以太接收逻辑复位	0
11	RESET MCS / RX	设置该位复位 MAC 控制子层/接收逻辑。MCS 逻辑执行流量控制	0
13:12	—	保留，用户软件不能向保留位写入 1，从保留位中读出的数据未定义	0x0
14	SIMULATION RESET	设置该位将复位发送功能中的随机数发生器	0
15	SOFT RESET	设置该位将复位除主机接口以外的所有 MAC 模块	0
31:16	—	保留，用户软件不能向保留位写入 1，从保留位中读出的数据未定义	0x0

2) MAC 配置寄存器 2(MAC2-0x5000 0004)

MAC 配置寄存器 2(MAC2)的位描述如表 5.30 所示。

表 5.30　MAC 配置寄存器 2 的位描述

位	符号	功　能	复位值
0	FULL-DUPLEX	使能(置 1)时，MAC 工作于全双工模式；禁止时，MAC 工作于半双工模式	0
1	FRAME LENGTH CHECKING	使能(置 1)时，发送帧和接收帧的长度都要和 Length/Type 域 (如果 Length/Type 域表示长度的话)比较。每个接收帧长度是否匹配会在 StatusInfo 字中给出	0
2	HUGE FRAME ENABLE	使能(置 1)时，允许发送和接收任意长度的帧	0
3	DELAYED CRC	该位决定 IEEE 802.3 的帧私有头部信息中的字节数。为 1 时，加入四个字节的头部信息(CRC 校验码不算)；为 0 时，没有私有头部信息	0
4	CRC ENABLE	设置该位将在每帧附加 CRC 校验码，而不管组帧是否有此要求。如果设置了 PAD/CRC ENABLE，则该位必须设置；如果递交 MAC 的帧包含了 CRC，则该位清零	0
5	PAD / CRC ENABLE	设置该位使 MAC 填充所有短帧。如果递交给 MAC 的帧具有有效长度，则清除该位。该位与 AUTO PAD ENABLE 和 VLAN PAD ENABLE 一起使用，详见表 5.31(填充操作)	0
6	VLAN PAD ENABLE	设置该位使 MAC 填充所有短帧为 64 字节，并添加有效 CRC。更多有用的填充特征请参考表 5.31(填充操作)。注意：如果 PAD/CRC ENABLE 清除，该位无效	0
7	AUTO DETECT PAD ENABLE	设置该位，则无论帧是否有标签，MAC 自动检测帧类型(通过将源地址后两个字节与 0x8100(VLAN 协议 ID)内容比较得到)，并作相应填充。注意：如果 PAD/CRC ENABLE 清除，该位无效	0
8	PURE PREAMBLE ENFORCEMENT	使能(置 1)时，MAC 校验同步码内容，以确保其包含了 0x55，并且是无错误的。一个头部错误的包将被抛弃。当禁止时，不执行头部检查	0
9	LONG PREAMBLE ENFORCEMENT	使能(置 1)时，MAC 只允许接收头部长度少于 12 个字节的包；禁止时，MAC 允许按照标准接收具有任意头部长度的包	0
11:10	—	保留，用户软件不能向保留位写入 1，从保留位中读出的数据无定义	0x0
12	NO BACKOFF	使能(置 1)时，MAC 在冲突后立即重传，而不执行标准中的二进制指数退避算法	0
13	BACK PRESSURE / NO BACKOFF	使能(置 1)时，MAC 在背压的情况下偶发冲突后，会马上重传而不退避，以减少再次冲突的机会，确保传输帧得以发送	0
14	EXCESS DEFER	使能(置 1)时，MAC 将根据标准无限地延迟载波；禁止时，MAC 在过多的延迟限制到来时执行中断	0
31:15	—	保留，用户软件不能向保留位写入 1，从保留位中读出的数据未定义	0x0

MAC2 的位填充操作如表 5.31 所示。

表 5.31 填 充 操 作

类型	自动检测填充使能 MAC2[7]	VLAN 填充使能 MAC2[6]	填充/CRC 使能 MAC2[5]	动 作
任意	X	X	0	没有填充或 CRC 检查
任意	0	0	1	填充至 60 字节，附加 CRC
任意	X	1	1	填充至 64 字节，附加 CRC
任意	1	0	1	如果没有标签，填充至 60 字节，附加 CRC。如果 VLAN 已标签，填充至 64 字节，附加 CRC

3) Back-to-Back 包间空隙寄存器(IPGT-0x5000 0008)

Back-to-Back 包间空隙寄存器(IPGT)的位描述如表 5.32 所示。

表 5.32 Back-to-Back 包间空隙寄存器的位描述

位	符 号	功 能	复位值
6:0	BACK-TO-BACK INTER-PACKET-GAP	可编程的域，表示半字节的时间偏移，即在任意包传输结束到下一个包开始传输之间最小的时间间隔。在全双工模式下，该寄存器的值应为半字节时间减 3；在半双工模式下，该寄存器的值应为半字节时间减 6。在全双工时，建议设置为 0x15(21d)，表示最小的空闲帧间隔为 960 ns(100 Mb/s 模式下)或 9.6 μs (10 Mb/s 模式下)；在半双工时，建议设置为 0x12(18d)，表示最小的空闲帧间隔为 960 ns(100 Mb/s 模式下)或 9.6 μs (10 Mb/s 模式下)	0x0
31:7	—	保留，用户软件不能向保留位写入 1，从保留位中读出的数据未定义	0x0

4) 非 Back-to-Back 包间空隙寄存器(IPGR - 0x5000 000C)

非 Back-to-Back 包间空隙寄存器(IPGR)的位描述如表 5.33 所示。

表 5.33 非 Back-to-Back 包间空隙寄存器的位描述

位	符 号	功 能	复位值
6:0	NON-BACK-TO-BACK INTER-PACKET-GAP PART2	可编程域，表示非 Back-to-Back 包间空隙。建议值为 0x12(18d)，表示最小的包间空隙为 960 ns(100 Mb/s 模式下)或 9.6 μs (10 Mb/s 模式下)	0x0
7	—	保留，用户软件不能向保留位写入 1，从保留位中读出的数据未定义	0x0
14:8	NON-BACK-TO-BACK INTER-PACKET-GAP PART1	可编程域，表示可选的载波监听窗口(参考了 IEEE 802.3/4.2.3.2.1 中的"载波防御")。如果载波在 IPG1 计时内被检测到，MAC 延迟为载波；如果载波在 IPGR1 后变得活跃，MAC 继续计时 IPG2 并继续传输，有意地产生冲突，以确保公平地使用传媒。其取值范围为 0x0～IPGR2。建议值为 0xC(12d)	0x0
31:15	—	保留，用户软件不能向保留位写入 1，从保留位中读出的数据未定义	0x0

5) 冲突窗口/重传寄存器(CLRT-0x5000 0010)

冲突窗口/重传寄存器(CLRT)的位描述如表 5.34 所示。

表 5.34　冲突窗口/重传寄存器的位描述

位	符　号	功　　能	复位值
3:0	RETRANSMISSION MAXIMUM	可编程域，指定在冲突后，丢弃包(由于多次重传)前重传尝试的次数。标准指定的重传尝试限制为 0xF(15d)。见 IEEE 802.3/4.2.3.2.5	0xF
7:4	—	保留，用户软件不能向保留位写入 1，从保留位中读出的数据未定义	0x0
13:8	COLLISION WINDOW	可编程域，表示在正确配置的网络中，产生冲突的时隙或冲突窗口。默认值为 0x37(55d)，表示在同步码和 SFD 后的一个 56 字节的窗口	0x37
31:14	—	保留，用户软件不能向保留位写入 1，从保留位中读出的数据未定义	NA

6) 最大帧寄存器(MAXF - 0x5000 0014)

最大帧寄存器(MAXF)的位描述如表 5.35 所示。

表 5.35　最大帧寄存器的位描述

位	符　号	功　　能	复位值
15:0	MAXIMUM FRAME LENGTH	该复位值为 0x0600，表示接收帧最长为 1536 字节。一个未标记最大长度的以太帧为 1518 字节。一个标记帧加上 4 个字节为 1522 字节。如果想要最大长度限制小一点，可以对这 16 位编程	0x0600
31:16	—	未使用	0x0

7) 物理链路支持寄存器(SUPP-0x5000 0018)

物理链路(PHY)支持寄存器(SUPP)的位描述如表 5.36 所示。SUPP 寄存器在精简的独立媒介接口(RMII 接口)上提供额外的控制。

表 5.36　物理链路支持寄存器的位描述

位	符号	功　　能	复位值
7:0	—	未使用	0x0
8	SPEED	该位为当前的操作速度配置精简独立媒介接口(RMII)逻辑。置 1 时，100 Mb/s 模式被选用；清 0 时，10 Mb/s 模式被选用	0
31:9	—	未使用	0x0

SUPP 寄存器中未使用的位应设为 0。

8) 测试寄存器(TEST - 0x5000 001C)

测试寄存器(TEST)的位描述如表 5.37 所示，这些位仅用于测试。

表 5.37　测试寄存器的位描述

位	符　号	功　　能	复位值
0	SHORTCUT PAUSE QUANTA	该位减少有效的暂停(PAUSE)量，从 64 字节时间减少为 1 字节时间	0
1	TEST PAUSE	该位使 MAC 控制子层禁止传输，正如接到一个具有非零暂停时间参数的 PAUSE 接收控制帧一样	0
2	TEST BACKPRESSURE	设置该位将使 MAC 在链路上插入反压。反压使先导码传输，产生载波监听。在反压中，将发出系统中一个传输包	0
31:3	—	未使用	0x0

9) MII 管理配置寄存器(MCFG - 0x5000 0020)

MII 管理配置寄存器(MCFG)的位描述如表 5.38 所示。

表 5.38　MII 管理配置寄存器的位描述

位	符　号	功　　能	复位值
0	SCAN INCREMENT	设置该位使 MII 管理硬件在连续物理地址中执行读周期。设置时，MII 管理硬件将从地址 1 到 PHYADDESS[4:0]中的值指明的地址执行读周期。清除该位允许连续读同一物理地址	0
1	SUPPRESS PREAMBLE	设置该位使 MII 管理硬件执行读/写操作而没有 32 位前导区域。清除该位执行正常读写。一些物理层支持制约前导功能	0
5:2	CLOCK SELECT	该域由时钟分频逻辑用来建立 MII 管理时钟(MDC)，MDC 在 IEEE 802.3u 定义下不能超过 2.5 MHz。然而，有点物理层支持时钟最高可以达到 12.5 MHz	0
14:6	—	未使用	0x0
15	RESET MII MGMT	该位重置 MII 管理硬件	0
31:16	—	未使用	0x0

时钟选择编码的值的定义如表 5.39 所示。

表 5.39　时钟选择编码的值的定义

时钟选择	Bit5	Bit4	Bit3	Bit2	最大 AHB 时钟
主时钟 4 等分	0	0	0	x	10
主时钟 6 等分	0	0	1	0	15
主时钟 8 等分	0	0	1	1	20
主时钟 10 等分	0	1	0	0	25
主时钟 14 等分	0	1	0	1	35
主时钟 20 等分	0	1	1	0	50
主时钟 28 等分	0	1	1	1	70
主时钟 36 等分	1	0	0	0	80
主时钟 40 等分	1	0	0	1	90
主时钟 44 等分	1	0	1	0	100
主时钟 48 等分	1	0	1	1	120
主时钟 52 等分	1	1	0	0	130
主时钟 56 等分	1	1	0	1	140
主时钟 60 等分	1	1	1	0	150
主时钟 64 等分	1	1	1	1	160

10) MII 管理命令寄存器(MCMD - 0x5000 0024)

MII 管理命令寄存器(MCMD)的位描述如表 5.40 所示。

表 5.40　MII 管理命令寄存器的位描述

位	符　号	功　　　能	复位值
0	READ	该位引发 MII 管理硬件执行一次读周期。读取的数据在寄存器 MRDD(MII 管理读数据)中返回	0
1	SCAN	该位使 MII 管理硬件执行连续读循环。该功能对于诸如检测网络失效有用	0
31:2	—	未使用	0x0

11) MII 管理地址寄存器(MADR-0x5000 0028)

MII 管理地址寄存器(MADR)的位描述如表 5.41 所示。

表 5.41　MII 管理地址寄存器的位描述

位	符　号	功　　　能	复位值
4:0	REGISTER ADDRESS	该域为 5 位管理循环的寄存器地址域,最多可以访问 32 个寄存器	0x0
7:5	—	未使用	0x0
12:8	PHY ADDRESS	该域为 5 位管理循环的物理地址域,最多可访问 31 个寄存器(0 为保留)	0x0
31:13	—	未使用	0x0

12) MII 管理写数据寄存器(MWTD-0x5000 002C)

MII 管理写数据寄存器(MWTD)为只写寄存器,各位描述如表 5.42 所示。

表 5.42　MII 管理写数据寄存器的位描述

位	符　号	功　　　能	复位值
15:0	WRITE DATA	当对该字段执行写操作时,MII 使用这 16 位数据以及在 MII 管理地址寄存器(MADR)中预先配置的物理和寄存器地址来执行写周期	0x0
31:16	—	未使用	0x0

13) MII 管理读数据寄存器(MRDD-0x5000 0030)

MII 管理读数据寄存器(MRDD)为只读寄存器,各位描述如表 5.43 所示。

表 5.43　MII 管理读数据寄存器的位描述

位	符　号	功　　　能	复位值
15:0	READ DATA	在一次 MII 管理读循环后,16 位的数据将从中读出	0x0
31:16	—	未使用	0x0

14) MII 管理指示寄存器(MIND - 0x5000 0034)

MII 管理指示寄存器(MIND)为只读寄存器,各位描述如表 5.44 所示。

表 5.44　MII 管理指示寄存器的位描述

位	符 号	功 能	复位值
0	BUSY	当返回"1"时，表明 MII 管理正在执行 MII 读或写周期	0
1	SCANNING	当返回"1"时，表明一次扫描操作(连续 MII 管理读周期)正在进行	0
2	NOT VALID	当返回"1"时，表明 MII 管理读周期未完成，Read Data 值无效	0
3	MII Link Fail	当返回"1"时，表明 MII 管理与物理层连接已经失效	0
31:4	—	未使用	0x0

以下为两个通过 MII 管理控制器访问 PHY 的实例。

(1) 在没有使用扫描的情况下执行物理层芯片写操作时，步骤如下：

① 向 MCMD 写入 0；

② 将物理层芯片地址和寄存器地址写入 MADR；

③ 将数据写入 MWTD；

④ 等待 MIND 中的"BUSY"位清零，操作结束。

(2) 在没有使用扫描的情况下执行物理层芯片读操作时，步骤如下：

① 向 MCMD 写入 1；

② 将物理层芯片地址和寄存器地址写入 MADR；

③ 等待 MIND 中的"BUSY"位清零；

④ 向 MCMD 写入 0；

⑤ 从 MRDD 中读取数据，操作结束。

15) 站地址寄存器 0(SA0 - 0x5000 0040)

站地址寄存器 0(SA0)的位描述如表 5.45 所示。站地址用于完成地址过滤和发送暂停控制帧。

表 5.45　站地址寄存器 0 的位描述

位	符 号	功 能	复位值
7:0	STATION ADDRESS，第二字节	该域保存站地址的第二字节	0x0
15:8	STATION ADDRESS，第一字节	该域保存站地址的第一字节	0x0
31:16	—	未使用	0x0

16) 站地址寄存器 1(SA1 - 0x5000 0044)

站地址寄存器 1(SA1)的位描述如表 5.46 所示。

表 5.46　站地址寄存器 1 的位描述

位	符 号	功 能	复位值
7:0	STATION ADDRESS，第四字节	该域保存站地址的第四字节	0x0
15:8	STATION ADDRESS，第三字节	该域保存站地址的第三字节	0x0
31:16	—	未使用	0x0

17) 站地址寄存器 2(SA2 - 0x5000 0048)

站地址寄存器 2(SA2)的位描述如表 5.47 所示。

表 5.47　站地址寄存器 2 的位描述

位	符　号	功　能	复位值
7:0	STATION ADDRESS，第六字节	该域保存站地址的第六字节	0x0
15:8	STATION ADDRESS，第五字节	该域保存站地址的第五字节	0x0
31:16	—	未使用	0x0

2．控制寄存器定义

1) 命令寄存器(Command - 0x5000 0100)

命令寄存器(Command)的位描述如表 5.48 所示。

表 5.48　命令寄存器的位描述

位	符　号	功　能	复位值
0	RxEnable	使能接收	0
1	TxEnable	使能发送	0
2	—	未使用	0
3	RegReset	写入"1"时，所有数据通路和主机寄存器都被复位。MAC 需要单独复位	0
4	TxReset	写入"1"时，发送数据通路被复位	0
5	RxReset	写入"1"时，接收数据通路被复位	0
6	PassRuntFrame	写入"1"时，长度小于 64 字节的帧可以通过进入内存，除非存在 CRC 错误。写入"0"时，这种帧被滤掉	0
7	PassRxFilter	写入"1"时，禁止接收过滤，即所有接收到的帧均写入内存	0
8	TxFlowControl	使能 IEEE 802.3 31 条款规定的流量控制机制，在全双工方式下发送暂停帧或在半双工方式下发送连续的前导码	0
9	RMII	写入"1"时，RMII 模式被选择；写入"0"时，MII 模式被选择。该位在以太网初始化期间必须被置为"1"	0
10	FullDuplex	写入"1"时，表示全双工操作	0
31:11	—	未使用	0x0

所有位均可读写，但 TxReset 和 RxReset 为只写位，对其读操作都将返回 0。

2) 状态寄存器(Status - 0x5000 0104)

状态寄存器(Status)为只读寄存器，各位的描述如表 5.49 所示。

表 5.49　状态寄存器的位描述

位	符　号	功　能	复位值
0	RxStatus	为 1，接收信道活跃；为 0，接收信道不活跃	0
1	TxStatus	为 1，发送信道活跃；为 0，发送信道不活跃	0
31:2	—	未使用	0x0

这些值代表了接收/发送通道的状态。状态为 1 时，信道活跃，意味着：

(1) 在发送或接收帧信息的同时，通道使能，且命令寄存器中的 Rx/TxEnable 位置位，否则通道是禁止的；

(2) 对于发送信道，发送队列不为空，即 ProduceIndex != ConsumeIndex；

(3) 对于接收信道，接收队列未满，即 ProduceIndex + 1 != ConsumeIndex。

如果通道被命令寄存器中的 Rx/TxEnable 位软件复位而禁止，并且通道已将当前帧的状态和数据提交给了存储器，则该通道的状态由活动变为静止。如果"发送队列"为空，或者"接收队列"为满，并且状态和数据都已提交给了存储器，则通道状态变为静止。

3) 接收描述符基地址寄存器(RxDescriptor-0x5000 0108)

接收描述符基地址寄存器(RxDescriptor)的位描述如表 5.50 所示。

表 5.50　接收描述符基地址寄存器的位描述

位	符　号	功　　能	复位值
1:0	—	固定为"00"	—
31:2	RxDescriptor	接收描述符基地址的最高有效位	0x0

接收描述符基地址是一个字边界对齐的字节地址，即该地址最低有效位 1:0 固定为"00"。该寄存器包含了接收描述符队列的最低起始地址。

4) 接收状态字基地址寄存器(RxStatus - 0x5000 010C)

接收状态字基地址寄存器(RxStatus)的位描述如表 5.51 所示。

表 5.51　接收状态字基地址寄存器的位描述

位	符　号	功　　能	复位值
2:0	—	固定为"000"	—
31:3	RxStatus	接收状态字基地址的最高有效位	0x0

接收状态字基地址是一个双字边界对齐的字节地址，即该地址最低有效位 2:0 固定为"000"。该寄存器包含了接收状态字队列的最低起始地址。

5) 接收描述符数量寄存器(RxDescriptorNumber - 0x5000 0110)

接收描述符数量寄存器(RxDescriptorNumber)的位描述如表 5.52 所示。

表 5.52　接收描述符数量寄存器的位描述

位	符号	功　　能	复位值
15:0	RxDescriptorNumber	RxDescriptor 为基地址的描述符队列中接收描述符的数目。描述符的数量减 1 进行编码	0x0
31:16	—	未使用	0x0

接收描述符数量寄存器定义了在描述符队列中接收描述符的数量，即队列长度。其中 RxDescriptor 是队列基地址。描述符的数量与状态字的数量必须一致。寄存器使用减 1 值编码，即如果队列有 8 个有效接收描述符，则该值为 7。

6) 接收产生索引寄存器(RxProduceIndex - 0x5000 0114)

接收产生索引寄存器(RxProduceIndex)为只读寄存器，各位描述如表 5.53 所示。

表 5.53　接收产生索引寄存器的位描述

位	符　号	功　　能	复位值
15:0	RxProduceIndex	下一次将被接收通道填充的描述符的索引	0x0
31:16	—	未使用	0x0

接收产生索引寄存器定义了下一次将被硬件接收处理填充的描述符，即接收描述符循环队列的队尾。在接收到一帧信息之后，硬件将该索引加 1。一旦与 RxDescriptorNumber 的值相等，该寄存器的值自动回 0。如果 RxProduceIndex+1 的值等于 RxConsumIndex，则描述符队列为满状态。此时，接收任何额外帧都将引起缓冲区溢出错误。

7) 接收消费索引寄存器(RxConsumeIndex-0x5000 0118)

接收消费索引寄存器(RxConsumeIndex)的位描述如表 5.54 所示。

表 5.54　接收消费索引寄存器的位描述

位	符　号	功　　能	复位值
15:0	RxConsumeIndex	下一次将被接收软件处理的描述符的索引	0x0
31:16	—	未使用	0x0

接收消费索引寄存器定义了下一次将被软件接收驱动程序处理的描述符，即接收描述符循环队列的队头。当 RxProduceIndex 等于 RxConsumIndex 时，接收数组为空。如果数组不为空，软件就可处理由 RxConsumIndex 指向的描述符，即以太网帧。在处理完一帧信息之后，软件应让 RxConsumIndex 加 1。一旦与 RxDescriptorNumber 的值相等，则该值必须由软件设置回 0。如果 RxProduceIndex+1 等于 RxConsumIndex，则描述队列为满状态。此时，接收任何额外帧都将引起缓冲溢出错误。

8) 发送描述符基地址寄存器(TxDescriptor - 0x5000 011C)

发送描述符基地址寄存器(TxDescriptor)的位描述如表 5.55 所示。

表 5.55　发送描述符基地址寄存器的位描述

位	符　号	功　　能	复位值
1:0	—	固定为 "00"	—
31:2	TxDescriptor	发送描述符基地址的最高有效位	0x0

发送描述符基地址是一个字边界对齐的字节地址，即该地址最低有效位 1:0 固定为"00"。该寄存器包含了发送描述符队列的最低地址。

9) 发送状态字基地址寄存器(TxStatus- 0x5000 0120)

发送状态字基地址寄存器(TxStatus)的位描述如表 5.56 所示。

表 5.56　发送状态字基地址寄存器的位描述

位	符　号	功　　能	复位值
1:0	—	固定为 "00"	—
31:2	xStatus	发送状态字基地址的最高有效位	0x0

发送状态字基地址是一个字边界对齐的字节地址，即该地址最低有效位 1:0 固定为"00"。该寄存器包含了发送状态字队列的最低起始地址。

10) 发送描述符数量寄存器(TxDescriptorNumber - 0x5000 0124)

发送描述符数量寄存器(TxDescriptorNumber)的位描述如表 5.57 所示。

表 5.57　发送描述符数量寄存器的位描述

位	符　号	功　　能	复位值
15:0	TxDescriptorNumber	TxDescriptor 为基地址的描述符队列中发送描述符的数目。描述符的数量减 1 进行编码	0x0
31:16	—	未使用	0x0

发送描述符数量寄存器定义了在描述符队列中发送描述符的数量，即队列长度。其中 **TxDescriptor** 是队列基地址。描述符的数量与状态字的数量必须一致。寄存器使用减 1 值编码，即如果队列有 8 个有效发送描述符，则该值为 7。

11) 发送产生索引寄存器(TxProduceIndex-0x5000 0128)

发送产生索引寄存器(TxProduceIndex)的位描述如表 5.58 所示。

表 5.58　发送产生索引寄存器的位描述

位	符　号	功　　能	复位值
15:0	TxProduceIndex	下一次将被发送软件驱动程序填充的描述符的索引	0x0
31:16	—	未使用	0x0

发送产生索引寄存器定义了下一次将被软件发送驱动程序填充的描述符。如果 **TxProduceIndex** 的值等于 TxConsumeIndex，则描述符数组为空。如果发送硬件使能，则只要描述符数组不为空，发送硬件就可以启动帧发送操作。软件处理完一帧之后会将 **TxProduceIndex** 加 1，一旦 TxProduceIndex 与 TxDescriptorNumber 相等，则该值必须由软件设置回 0。如果 TxProduceIndex+1 等于 TxConsumeIndex，则描述符队列为满，软件应停止产生新的描述符，直到硬件已发送一部分帧并更新 TxConsumeIndex。

12) 发送消费索引寄存器(TxConsumeIndex - 0x50000 012C)

发送消费索引寄存器(TxConsumeIndex)为只读寄存器，各位描述如表 5.59 所示。

表 5.59　发送消费索引寄存器的位描述

位	符　号	功　　能	复位值
15:0	TxConsumeIndex	下一次将被发送通道发送的描述符的索引	0x0
31:16	—	未使用	0x0

发送消费索引寄存器定义了下一次将被 DMA 控制器处理发送的描述符。当发送完一帧之后，硬件将 TxConsumIndex 加 1。如果 TxConsumIndex 与 TxDescriptorNumber 的值相等，则该寄存器由 DMA 硬件重置为 0；如果 TxConsumIndex 等于 TxProduceIndex，则描述符数组为空，发送通道将停止发送，直到软件产生新的描述符。

13) 发送状态字向量寄存器 0(TSV0 - 0x5000 0158)

发送状态字向量寄存器 0(TSV0)为只读寄存器。发送状态字向量寄存器存放的是由 MAC 硬件返回的最新发送状态结果。由于状态字向量超过 4 个字节，因此分布在两个寄存器 TSV0 和 TSV1 中。这两个寄存器是供调试使用的，因为驱动软件和以太网模块之间的通信主要通过帧描述符来实现。只要 MAC 硬件的内部状态有效，状态寄存器的内容就是有效的，并且仅当发送和接收处理都停止时才执行读操作。该寄存器的位描述如表 5.60 所示。

表 5.60 发送状态字向量寄存器 0 的位描述

位	符 号	功 能	复位值
0	CRC error	包中附加的 CRC 与内部形成的 CRC 不一致	0
1	Length check error	表示帧长域与实际数据项长度不一致，且不是一个字节域	0
2	Length out of range[1]	表示帧类型/长度域大于 1500 字节	0
3	Done	包发送已完成	0
4	Multicast	包的目的地址是一个多播地址	0
5	Broadcast	包的目的地址是一个广播地址	0
6	Packet Defer	包至少延迟一次尝试，但少于 Excessive Defer	0
7	Excessive Defer	极端情况，包延迟 6071 个四位元的时间(100 Mb/s)或 24287 个位的时间(10 Mb/s)	0
8	Excessive Collision	由于超过最大允许的冲突次数，包被丢弃	0
9	Late Collision	冲突发生的时间超过了冲突窗口的定义，该窗口时间为 512 位发送的时间	0
10	Giant	帧中的字节计数大于 TSV1 中计数域可表示的传输字节	0
11	Underrun	主机方发生缓冲区溢出	0
27:12	Total bytes	传送中包含的冲突尝试的总字节数	0x0
28	Control frame	该帧为控制帧	0
29	Pause	该帧为控制帧，且具有有效 PAUSE 操作码	0
30	Backpressure	载波监听方法背压先行应用	0
31	VLAN	帧长/类型域包含了 VLAN 的协议标识，即 0x8100	0

注：[1] MAC 硬件并不区分帧类型和帧长，例如，当 IP(0x8000)或 ARP(0x0806)包被接收时，EMAC 比较帧类型和最大长度，并给出"长度超出范围"错误。实际上，该位并不是一个错误指示，而只是一个芯片对接收帧状态的认定。

14) 发送状态字向量寄存器 1(TSV1- 0x5000 015C)

发送状态字向量寄存器 1(TSV1)为只读寄存器，作用与 TSV0 相同。该寄存器的位描述如表 5.61 所示。

表 5.61 发送状态字向量寄存器 1 的位描述

位	符 号	功 能	复位值
15:0	Transmit byte count	发送帧中的字节总数，不包括冲突的字节数	0x0
19:16	Transmit collision count	当前帧在发送过程中尝试的冲突数。该值无法达到冲突次数的最大值(16)	0x0
31:20	—	未使用	0x0

15) 接收状态字向量寄存器(RSV-0x5000 0160)

接收状态字向量寄存器(RSV)为只读寄存器。接收状态字向量寄存器存放的是由 MAC 硬件返回的最新接收状态结果。该寄存器是供调试使用的,因为驱动软件和以太网模块之间的通信主要通过帧描述符来实现。只要 MAC 硬件的内部状态有效,状态寄存器的内容就是有效的,并且仅当发送和接收处理都停止时才执行读操作。该寄存器的位描述如表 5.62 所示。

表 5.62 接收状态字向量寄存器的位描述

位	符 号	功 能	复位值
15:0	Received byte count	表示接收帧的长度	0x0
16	Packet previously ignored	表示丢掉一个包	0
17	RXDV event previously seen	表示最近的接收事件长度不够,不能认为是一个有效包	0
18	Carrier event previously seen	表示从最近的接收统计开始到某个时候载波事件被发现	0
19	Receive code violation	表示 MII 数据没有表示有效的接收码	0
20	CRC error	包中附加的 CRC 与内部形成的 CRC 不一致	0
21	Length check error	表示帧长域与实际数据项长度不一致,且不是一个字节域	0
22	Length out of range[1]	表示帧类型/长度域大于 1518 字节	0
23	Receive OK	包具有有效 CRC 且无符号错误	0
24	Multicast	包的目的地址是一个多播地址	0
25	Broadcast	包的目的地址是一个广播地址	0
26	Dribble Nibble	表示在包传输完成后,接收到另外的 1 至 7 个位。会形成一个四位元组,称为 dribble nibble,但不发送出去	0
27	Control frame	该帧为控制帧	0
28	Pause	该帧为控制帧,且具有有效 PAUSE 操作码	0
29	Unsupported Opcode	该帧识别为控制帧,但含有未知操作码	0
30	VLAN	帧长/类型域包含了 VLAN 的协议标识,即 0x8100	0
31	—	未使用	0x0

注: [1] MAC 硬件并不区分帧类型和帧长,例如,当 IP(0x8000)或 ARP(0x0806)包被接收时,EMAC 比较帧类型和最大长度,并给出"长度超出范围"错误。实际上,该位并不是一个错误指示,而只是一个芯片对接收帧状态的认定。

16) 流量控制计数寄存器(FlowControlCounter- 0x5000 0170)

流量控制计数寄存器(FlowControlCounter)的位描述如表 5.63 所示。

表 5.63　流量控制计数寄存器的位描述

位	符　号	功　　能	复位值
15:0	MirrorCounter	在全双工模式中，指明在补发 Pause 控制帧之前的循环次数	0x0
31:16	PauseTimer	在全双工模式中，指明插入暂停流量控制帧中暂停计时器域的值；在半双工模式中，指明背压循环的次数	0x0

17) 流量控制计数寄存器(FlowControlStatus-0x5000 0174)

流量控制计数寄存器(FlowControlStatus)的位描述如表 5.64 所示。

表 5.64　流量控制计数寄存器的位描述

位	符　号	功　　能	复位值
15:0	MirrorCounter	在全双工模式中，该寄存器表示数据通路的 mirror 计数器，该计数器的计数上限是 FlowControlCounter 寄存器的 MirrorCounter 域的值；在半双工模式中，该寄存器计数直至达到 FlowControlCounter 寄存器的 PauseTimer 位段的值	0x0
31:16	—	未使用	0x0

3．接收过滤寄存器的定义

1) 接收过滤控制寄存器(RxFilterCtrl- 0x5000 0200)

接收过滤控制寄存器(RxFilterCtrl)的位描述如表 5.65 所示。

表 5.65　接收过滤控制寄存器的位描述

位	符　号	功　　能	复位值
0	AcceptUnicastEn	写入 "1" 时，所有单播帧被接收	0
1	AcceptBroadcastEn	写入 "1" 时，所有广播帧被接收	0
2	AcceptMulticastEn	写入 "1" 时，所有多播帧被接收	0
3	AcceptUnicastHashEn	写入 "1" 时，通过不完全 hash 过滤器的单播帧被接收	0
4	AcceptMulticastHashEn	写入 "1" 时，通过不完全 hash 过滤器的多播帧被接收	0
5	AcceptPerfectEn	写入 "1" 时，目的地址与站地址相同的帧被接收	0
11:6	—	保留，用户软件不能向保留位写入 1，从保留位中读出的数据未定义	NA
12	MagicPacketEnWoL	写入 "1" 时，magic 包过滤的结果如果为匹配，将产生一个 WoL 中断	0
13	RxFilterEnWoL	写入 "1" 时，完全地址匹配过滤器与不完全 hash 过滤器的结果如果匹配时，将产生一个 WoL 中断	0
31:14	—	未使用	0x0

2) 接收过滤 WoL 状态寄存器(RxFilterWoLStatus-0x5000 0204)

接收过滤 WoL(Wake-up on LAN)状态寄存器(RxFilterWoLStatus)为只读寄存器，各位描述如表 5.66 所示。

表 5.66　　接收过滤 WoL 状态寄存器的位描述

位	符　号	功　　能	复位值
0	AcceptUnicastWoL	值为"1"时，一个单播帧产生 WoL	0
1	AcceptBroadcastWoL	值为"1"时，一个广播帧产生 WoL	0
2	AcceptMulticastWoL	值为"1"时，一个多播帧产生 WoL	0
3	AcceptUnicastHashWoL	值为"1"时，一个通过非完美散列过滤的单播帧产生 WoL	0
4	AcceptMulticastHashWoL	值为"1"时，一个通过非完美散列过滤的多播帧产生 WoL	0
5	AcceptPerfectWoL	值为"1"时，完全地址匹配过滤产生 WoL	0
6	—	未使用	0
7	RxFilterWoL	值为"1"时，接收帧产生 WoL	0
8	MagicPacketWoL	值为"1"时，magic 包过滤产生 WoL	0
31:9	—	未使用	0x0

该寄存器中的位记录了产生 WoL 的原因。这些位可通过对 RxFilterWoLClear 寄存器执行写操作来清零。

3) 接收过滤 WoL 清除寄存器(RxFilterWoLClear - 0x5000 0208)

接收过滤 WoL 清除寄存器(RxFilterWoLClear)为只写寄存器，各位描述如表 5.67 所示。

表 5.67　　接收过滤 WoL 清除寄存器的位描述

位	符　号	功　　能	复位值
0	AcceptUnicastWoLClr		0
1	AcceptBroadcastWoLClr		0
2	AcceptMulticastWoLClr	当"1"写入这些位(0～5)的其中一个时，	0
3	AcceptUnicastHashWoLClr	RxFilterWoL 状态寄存器中相应的状态位被清除	0
4	AcceptMulticastHashWoLClr		0
5	AcceptPerfectWoLClr		0
6	—	未使用	0x0
7	RxFilterWoLClr	当"1"写入这些位(7 和/或 8)的其中一个时，	0
8	MagicPacketWoLClr	RxFilterWoL 状态寄存器中相应的状态位被清除	0
31:9	—	未使用	0x0

4) 哈希过滤表最低有效位寄存器(HashFilterL - 0x5000 0210)

哈希过滤表最低有效位寄存器(HashFilterL)的位描述如表 5.68 所示。

表 5.68　　哈希过滤表最低有效位寄存器的位描述

位	符号	功　　能	复位值
31:0	HashFilterL	用于接收过滤的不完全过滤器 hash 表的位 31:0	0x0

5) 哈希过滤表最高有效位寄存器(HashFilterH - 0x5000 0214)

哈希过滤表最高有效位寄存器(HashFilterH)的位描述如表 5.69 所示。

表 5.69　哈希过滤表最高有效位寄存器的位描述

位	符号	功　　能	复位值
31:0	HashFilterH	用于接收过滤的不完全过滤器 hash 表的位 63:32	0x0

4．模块控制寄存器定义

1) 中断状态寄存器(IntStatus-0x5000 0FE0)

中断状态寄存器(IntStatus)为只读寄存器，各位描述如表 5.70 所示。注意，所有的位均为异步触发的，以便在时钟被禁止时，唤醒事件能够产生中断。

表 5.70　中断状态寄存器的位描述

位	符　号	功　　能	复位值
0	RxOverrunInt	当接收队列出现致命上溢错误时，将该位置位。通过 Rx 软件复位可以清除该位。如果不是致命上溢错误不会将该位置 1	0
1	RxErrorInt	接收出错时将该位置 1 触发中断，这些接收错误包括：AlignmentError 对齐错误，RangeError 范围错误，LengthError 长度错误，SymbolError 符号错误，CRC ErrorCRC 错误或 NoDescriptor 无描述符错误或 Overrun 溢出等	0
2	RxFinishedInt	当所有接收描述符都被处理后，也就是接收进行到 ProduceIndex 与 ConsumeIndex 相等的时候，将该位置 1 触发中断	0
3	RxDoneInt	当一个接收描述符被处理完，且该描述符的控制域中的中断位被置 1 时将该位置 1 触发中断	0
4	TxUnderrunInt	当发送队列出现致命下溢错误时，将该位置位。通过 Tx 软件复位可以清除该位。如果不是致命下溢错误不会将该位置 1	0
5	TxErrorInt	发送出错时将该位置 1 触发中断，这些发送错误包括：迟到的冲突、冲突超过最大限定、延迟超过最大限定、非描述符错误或下溢等	0
6	TxFinishedInt	当所有发送描述符都被处理后，也就是当发送进行到 ProduceIndex 与 ConsumeIndex 相等时，将该位置 1 触发中断	0
7	TxDoneInt	当一个发送描述符被处理完，且该描述符的控制域中的中断位被置 1 时将该位置 1 触发中断	0
11:8	—	未使用	0x0
12	SoftInt	软件写"1"到 IntSet 寄存器的 SoftintSet 位时将该位置 1 触发中断	0
13	WakeupInt	被接收过滤器发现 Wakeup 事件后将该位置 1，触发中断	0
31:14	—	未使用	0x0

中断状态寄存器为只读寄存器，通过 IntSet 寄存器可实现置位操作，通过 IntClear 寄存器可实现复位操作。

2) 中断使能寄存器(IntEnable- 0x5000 0FE4)

中断使能寄存器(IntEnable)的位描述如表 5.71 所示。

表 5.71　中断使能寄存器的位描述

位	符　号	功　　能	复位值
0	RxOverrunIntEn	允许对接收缓存溢出或描述符欠载位置进行中断触发	0
1	RxErrorIntEn	允许对接收错误进行中断触发	0
2	RxFinishedIntEn	当所有接收描述符都被处理后，即当发送进行到 ProduceIndex 与 ConsumeIndex 相等位置时，允许进行中断触发	0
3	RxDoneIntEn	当一个接收描述符被处理完，而描述符的 Control 域中的中断位被设置时，允许中断触发	0
4	TxUnderrunIntEn	允许在发送序列中对致命的欠载错误进行中断设置	0
5	TxErrorIntEn	允许对传输错误进行中断触发	0
6	TxFinishedIntEn	当所有发送描述符都被处理后，即当发送进行到 ProduceIndex 与 ConsumeIndex 相等位置时，允许中断触发	0
7	TxDoneIntEn	当一个接收描述符被处理完，而描述符的 Control 域中的中断位被设置时，允许中断触发	0
11:8	—	未使用	0x0
12	SoftIntEn	软件写"1"到 IntSet 寄存器的 SoftintSet 位时，允许由 IntStatus 寄存器中的 SoftInt 位产生中断触发	0
13	WakeupIntEn	允许接收过滤发现的 Wakeup 事件产生中断触发	0
31:14	—	未使用	0x0

3) 中断清除寄存器(IntClear- 0x5000 0FE8)

中断清除寄存器(IntClear)为只写寄存器，各位描述如表 5.72 所示。

表 5.72　中断清除寄存器的位描述

位	符　号	功　　能	复位值
0	RxOverrunIntClr		0
1	RxErrorIntClr		0
2	RxFinishedIntClr		0
3	RxDoneIntClr	当"1"写入这些位(0~7)的其中一个时，将清除中断状态寄存器中相应的状态位	0
4	TxUnderrunIntClr		0
5	TxErrorIntClr		0
6	TxFinishedIntClr		0
7	TxDoneIntClr		0
11:8	—	未使用	0x0
12	SoftIntClr	当"1"写入这些位(12 和/或 13)的其中一个时，清除中断状态寄存器中相应的状态位	0
14	WakeupIntClr		0
31:14	—	未使用	0x0

中断清除寄存器是只写的，写 1 到寄存器中的某一位中，将清除状态寄存器中对应的位，写 0 则不会影响中断状态。

4) 中断设置寄存器(IntSet - 0x5000 0FEC)

中断设置寄存器(IntSet)为只写寄存器，各位描述如表 5.73 所示。

表 5.73　中断设置寄存器的位描述

位	符　号	功　能	复位值
0	RxOverrunIntSet		0
1	RxErrorIntSet		0
2	RxFinishedIntSet		0
3	RxDoneIntSet	当"1"写入这些位(0~7)的其中一个时，将设置中断状	0
4	TxUnderrunIntSet	态寄存器中相应的状态位	0
5	TxErrorIntSet		0
6	TxFinishedIntSet		0
7	TxDoneIntSet		0
11:8	—	未使用	0x0
12	SoftIntSet	当"1"写入这些位(12 和/或 13)的其中一个时，设置中	0
14	WakeupIntSet	断状态寄存器中相应的状态位	0
31:14	—	未使用	0x0

中断设置寄存器是只写的。写 1 到寄存器中的某一位中，将设置状态寄存器中对应的位，写 0 则不会影响中断状态。

5) 掉电寄存器(PowerDown - 0x5000 0FF4)

掉电寄存器(PowerDown)用于阻止 AHB 对所有寄存器(除了 PowerDown 寄存器)的访问。该寄存器各位描述如表 5.74 所示。

表 5.74　掉电寄存器的位描述

位	符　号	功　能	复位值
30:0	—	未使用	0x0
31	PowerDownMACAHB	为真时，所有的 AHB 访问(除了对 PowerDown 寄存器访问)将返回读或写错误	0

当位 31 置位时，对 MACAHB 接口上(访问 PowerDown 寄存器除外)的所有读和写访问都将返回一个错误。

5.2.8　以太网接口驱动程序举例

以太网接口驱动程序主要完成以太网接口的初始化,描述符队列的初始化以及与 DMA 引擎交互完成以太网帧的接收和发送等工作。本节将分析以太网接口驱动程序的关键函数及相关宏定义。另外，本例程驱动使用的物理层芯片是 DP83848 以太网物理层收发芯片，有关 DP83848 芯片操作细节请参考相关数据手册。

本节的驱动程序函数按照功能主要分为 13 个接口函数，集中在 EMAC.c 文件中，相关宏定义集中在 EMAC.h 文件中。这些接口函数如表 5.75 所示。

表 5.75　以太网驱动程序接口函数列表

函数原型	功　　能
物理层芯片操作函数	
void write_PHY (int PhyReg, int Value)	向物理层芯片 PhyReg 寄存器写入 Value 值
unsigned short read_PHY (unsigned char PhyReg)	读取物理层芯片 PhyReg 寄存器内容
描述符状态字队列初始化函数	
void rx_descr_init (void)	在内存中初始化接收描述符状态字队列
void tx_descr_init (void)	在内存中初始化发送描述符状态字队列
MAC 初始化函数	
void Init_EMAC(void)	初始化以太网模块
以太帧接收相关函数	
unsigned short StartReadFrame(void)	读取接收描述符队列信息
void CopyFromFrame_EMAC(void *Dest, unsigned short Size)	从缓冲区读取一个完整的接收帧数据
unsigned short ReadFrame_EMAC(void)	从缓冲区读取一个字节帧数据
void EndReadFrame(void)	结束帧读取并维护接收队列索引
以太帧发送相关函数	
void RequestSend(unsigned short FrameSize)	读取发送描述符队列信息
void CopyToFrame_EMAC(void *Source, unsigned int Size)	向缓冲区写入一个完整的发送帧并维护发送队列索引
void WriteFrame_EMAC(unsigned short Data)	向缓冲区写入一个字节帧数据
判接收队列状态函数	
unsigned int CheckFrameReceived(void)	判断接收描述符队列是否有接收帧

1．描述队列及物理层芯片相关宏定义

为了方便程序使用描述符和状态字队列，驱动程序将队列的基地址、队列长度等信息声明为宏定义。描述符和状态字队列相关宏定义如程序清单 5.6 所示。

【程序 5.6】描述符和状态字队列相关宏定义。

```
/*定义接收和发送队列长度 */
#define NUM_RX_FRAG         4              //Num.of RX Fragments 4*1536= 6.0kB
#define NUM_TX_FRAG         3              //Num.of TX Fragments 3*1536= 4.6kB
#define ETH_FRAG_SIZE       1536           //定义帧片段长度为 1536 字节
#define ETH_MAX_FLEN        1536           //Max. Ethernet Frame Size
/*定义接收和发送队列基地址以及帧接收发送缓冲区基地址 */
#define RX_DESC_BASE        0x20080000
#define RX_STAT_BASE        (RX_DESC_BASE + NUM_RX_FRAG*8)
```

```
#define TX_DESC_BASE              (RX_STAT_BASE + NUM_RX_FRAG*8)
#define TX_STAT_BASE              (TX_DESC_BASE + NUM_TX_FRAG*8)
#define RX_BUF_BASE               (TX_STAT_BASE + NUM_TX_FRAG*4)
#define TX_BUF_BASE               (RX_BUF_BASE  + NUM_RX_FRAG*ETH_FRAG_SIZE)
#define RX_BUF(i)                 (RX_BUF_BASE + ETH_FRAG_SIZE*i)
#define TX_BUF(i)                 (TX_BUF_BASE + ETH_FRAG_SIZE*i)
/*定义描述符和状态字队列中每个元素的基地址，便于驱动程序读取各描述符*/
#define RX_DESC_PACKET(i)    (*(unsigned int *)(RX_DESC_BASE    + 8*i))
#define RX_DESC_CTRL(i)      (*(unsigned int *)(RX_DESC_BASE+4 + 8*i))
#define RX_STAT_INFO(i)      (*(unsigned int *)(RX_STAT_BASE    + 8*i))
#define RX_STAT_HASHCRC(i)   (*(unsigned int *)(RX_STAT_BASE+4 + 8*i))
#define TX_DESC_PACKET(i)    (*(unsigned int *)(TX_DESC_BASE    + 8*i))
#define TX_DESC_CTRL(i)      (*(unsigned int *)(TX_DESC_BASE+4 + 8*i))
#define TX_STAT_INFO(i)      (*(unsigned int *)(TX_STAT_BASE    + 4*i))
```

程序清单 5.7 给出了物理层芯片 DP83848 的相关宏定义。DP83848 芯片内部寄存器的功能定义及使用方法请参见芯片数据手册。

【程序 5.7】DP83848 的相关宏定义。

```
#define DP83848C_DEF_ADR     0x0100          //DP83848 设备缺省设备地址
#define DP83848C_ID          0x20005C90      // DP83848 设备标示符
/* DP83848 芯片内部部分寄存器*/
#define PHY_REG_BMCR         0x00            //基本模式控制寄存器
#define PHY_REG_BMSR         0x01            //基本模式状态寄存器
#define PHY_REG_IDR1         0x02            //芯片标示寄存器 1
#define PHY_REG_IDR2         0x03            //芯片标示寄存器 2
```

2．MAC 初始化函数

Init_EMAC()函数用于初始化以太网模块，包括 LPC1700 处理器引脚配置，MAC 模块时钟配置，物理芯片 DP83848 的初始化及配置，设置以太网 MAC 地址及接收发送通道，初始化描述符和状态字队列等工作。详细代码如程序清单 5.8 所示。

【程序 5.8】MAC 初始化函数。

```
void Init_EMAC(void)
{
    unsigned int regv,tout,id1,id2;

    /* 使能 MAC 模块电源控制*/
    LPC_SC->PCONP |= 0x40000000;
    /*选择 MAC 引脚功能*/
    LPC_PINCON->PINSEL2 = 0x50150105;
    LPC_PINCON->PINSEL3 = (LPC_PINCON->PINSEL3 &  ~0x0000000F) | 0x00000005;
```

```
/*复位 MAC 模块通道及相关寄存器*/
LPC_EMAC->MAC1 = MAC1_RES_TX | MAC1_RES_MCS_TX | MAC1_RES_RX |
MAC1_RES_MCS_RX | MAC1_SIM_RES | MAC1_SOFT_RES;
LPC_EMAC->Command = CR_REG_RES | CR_TX_RES | CR_RX_RES | CR_PASS_RUNT_FRM;

for (tout = 100; tout; tout--);                          //短延时
/*初始化 MAC 配置寄存器*/
LPC_EMAC->MAC1 = MAC1_PASS_ALL;
LPC_EMAC->MAC2 = MAC2_CRC_EN | MAC2_PAD_EN;
LPC_EMAC->MAXF = ETH_MAX_FLEN;
LPC_EMAC->CLRT = CLRT_DEF;
LPC_EMAC->IPGR = IPGR_DEF;
/* 使能 RMII 接口*/
LPC_EMAC->Command = CR_RMII | CR_PASS_RUNT_FRM;
/*通过写 DP83848 内部寄存器，复位 DP83848 芯片*/
write_PHY (PHY_REG_BMCR, 0x8000);

/* 延时等待 DP83848 芯片复位完成*/
for (tout = 0; tout < 0x100000; tout++) {
  regv = read_PHY (PHY_REG_BMCR);
  if (!(regv & 0x8000)) {                                //复位成功推出循环
    break;
  }
}

/* 读取 DP83848 芯片 ID*/
id1 = read_PHY (PHY_REG_IDR1);
id2 = read_PHY (PHY_REG_IDR2);
if (((id1 << 16) | (id2 & 0xFFF0)) == DP83848C_ID) {
  /* 配置物理层芯片 DP83848*/
  /*设置使能物理层芯片自动协商功能*/
  write_PHY (PHY_REG_BMCR, PHY_AUTO_NEG);
  /*循环等待自动协商功能设置完成*/
  for (tout = 0; tout < 0x100000; tout++) {
    regv = read_PHY (PHY_REG_BMSR);
    if (regv & 0x0020) {                                 //自动协商设置完成
      break;
    }
  }
}
```

```
}
/*检测物理层芯片连接状态*/
for (tout = 0; tout < 0x10000; tout++) {
  regv = read_PHY (PHY_REG_STS);
  if (regv & 0x0001) {                          //连接成功
    break;
  }
}
/*  配置物理层芯片工作模式*/
if (regv & 0x0004){                             //全双工模式
  LPC_EMAC->MAC2      |= MAC2_FULL_DUP;
  LPC_EMAC->Command |= CR_FULL_DUP;
  LPC_EMAC->IPGT       = IPGT_FULL_DUP;
}
else {                                          //半双工模式
  LPC_EMAC->IPGT = IPGT_HALF_DUP;
}


/*配置以太网工作速度*/
if (regv & 0x0002) {                            //10 MB 带宽
  LPC_EMAC->SUPP = 0;
}
else {                                          //100 MB 带宽
  LPC_EMAC->SUPP = SUPP_SPEED;
}


/*设置 MAC 主机地址，共 48 bit*/
LPC_EMAC->SA0 = (MYMAC_1 << 8) | MYMAC_2;
LPC_EMAC->SA1 = (MYMAC_3 << 8) | MYMAC_4;
LPC_EMAC->SA2 = (MYMAC_5 << 8) | MYMAC_6;


/*初始化接收、发送描述符队列*/
rx_descr_init ();
tx_descr_init ();


/*设置帧过滤接收位广播包及完全匹配帧通过*/
LPC_EMAC->RxFilterCtrl = RFC_BCAST_EN | RFC_PERFECT_EN;


/*使能 MAC 模块中断*/
```

```
        LPC_EMAC->IntEnable = INT_RX_DONE | INT_TX_DONE;

        /*清零所有中断标志位*/
        LPC_EMAC->IntClear   = 0xFFFF;

        /*使能 MAC 的收发通道以及使能 DMA 引擎*/
        LPC_EMAC->Command    |= (CR_RX_EN | CR_TX_EN);
        LPC_EMAC->MAC1        |= MAC1_REC_EN;

    }
```

3. 物理层芯片操作函数

read_PHY()与 write_PHY()函数实现处理器通过 MIIM 接口配置 DP83848 芯片的目的。详细代码见程序清单 5.9 和 5.10 所示。

【程序 5.9】物理层芯片读函数定义。

```
    unsigned short read_PHY (unsigned char PhyReg)

    {

        unsigned int tout;
        /*写入物理层芯片寄存器地址及读操作命令*/
        LPC_EMAC->MADR = DP83848C_DEF_ADR | PhyReg;
        LPC_EMAC->MCMD = MCMD_READ;
        /*循环等待 MIIM 接口操作完毕*/

        tout = 0;
        for (tout = 0; tout < MII_RD_TOUT; tout++) {
          if ((LPC_EMAC->MIND & MIND_BUSY) == 0) {
            break;
          }
        }
        LPC_EMAC->MCMD = 0;
        return (LPC_EMAC->MRDD);

    }
```

【程序 5.10】物理层芯片写函数定义。

```
    void write_PHY (int PhyReg, int Value)

    {

        unsigned int tout;
        /*写入物理层芯片寄存器地址及寄存器值，引发 MIIM 写操作*/
        LPC_EMAC->MADR = DP83848C_DEF_ADR | PhyReg;
        LPC_EMAC->MWTD = Value;
        /*循环等待 MIIM 接口操作完毕*/
        tout = 0;
```

```
        for (tout = 0; tout < MII_WR_TOUT; tout++) {
            if ((LPC_EMAC->MIND & MIND_BUSY) == 0) {
                break;
            }
        }
    }
}
```

4. 描述符队列初始化函数

rx_descr_init()与 tx_descr_init()函数对接收和发送描述符、状态字队列进行初始化，并初始化描述符的数据包指针和控制字域。详细代码如程序清单 5.11 和 5.12 所示。

【**程序 5.11**】接收描述队列初始化函数定义。

```
        void rx_descr_init (void)
        {
            unsigned int i;
            /*调用宏定义初始化接收队列中各个描述及状态字*/
            for (i = 0; i < NUM_RX_FRAG; i++) {
                RX_DESC_PACKET(i)   = RX_BUF(i);
                RX_DESC_CTRL(i)     = RCTRL_INT | (ETH_FRAG_SIZE-1);
                RX_STAT_INFO(i)     = 0;
                RX_STAT_HASHCRC(i) = 0;
            }
            /*根据用户程序设置接收队列基地址、长度*/
            LPC_EMAC->RxDescriptor       = RX_DESC_BASE;
            LPC_EMAC->RxStatus           = RX_STAT_BASE;
            LPC_EMAC->RxDescriptorNumber = NUM_RX_FRAG-1;
            /*设置接收队列队头索引*/
            LPC_EMAC->RxConsumeIndex    = 0;
        }
```

【**程序 5.12**】发送描述队列初始化函数定义。

```
        void tx_descr_init (void)
        {
            unsigned int i;
            /*调用宏定义初始化发送队列中各个描述及状态字*/
            for (i = 0; i < NUM_TX_FRAG; i++) {
                TX_DESC_PACKET(i) = TX_BUF(i);
                TX_DESC_CTRL(i)     = 0;
                TX_STAT_INFO(i)     = 0;
            }
```

```
/*根据用户程序设置发送队列基地址、长度*/
LPC_EMAC->TxDescriptor       = TX_DESC_BASE;
LPC_EMAC->TxStatus           = TX_STAT_BASE;
LPC_EMAC->TxDescriptorNumber = NUM_TX_FRAG-1;
/*设置发送队列队尾索引*/
LPC_EMAC->TxProduceIndex = 0;
}
```

5. 以太帧接收相关函数

函数 StartReadFrame()、CopyFromFrame_EMAC()、ReadFrame_EMAC()以及 EndReadFrame()
为驱动程序操作接收描述符队列进行以太帧接收的工作。详细代码如程序清单 5.13、5.14、
5.15 和 5.16 所示。

【程序 5.13】StartReadFrame()函数定义。

```
unsigned short StartReadFrame(void)
{
    unsigned short RxLen;
    unsigned int idx;
    /*根据队列索引找到相关描述符，得到接收帧基地址及帧长度*/
    idx = LPC_EMAC->RxConsumeIndex;
    RxLen = (RX_STAT_INFO(idx) & RINFO_SIZE) - 3;
    rptr = (unsigned short *)RX_DESC_PACKET(idx);
    return(RxLen);
}
```

【程序 5.14】CopyFromFrame_EMAC()函数定义。

```
void CopyFromFrame_EMAC(void *Dest, unsigned short Size)
{
    unsigned short * piDest;
    /*根据得到的帧基地址及帧长将接收拷贝至用户空间*/
    piDest = Dest;
    while (Size > 1) {
        *piDest++ = ReadFrame_EMAC();
        Size -= 2;
    }
    /*保证帧复制时的完整性*/
    if (Size) {
        *(unsigned char *)piDest = (char)ReadFrame_EMAC();
    }
}
```

【程序 5.15】ReadFrame_EMAC()函数定义。

```
unsigned short ReadFrame_EMAC(void)
{
    return (*rptr++);                           //复制一个字节帧数据至用户空间
}
```

【程序 5.16】 EndReadFrame()函数定义。

```
void EndReadFrame(void) {
    unsigned int idx;
    /*处理完当前接收描述后更新队列索引*/
    idx = LPC_EMAC->RxConsumeIndex;
    /*处理索引翻转问题，索引值等于队列长度时重置为 0*/
    if (++idx == NUM_RX_FRAG) idx = 0;
    LPC_EMAC->RxConsumeIndex = idx;
}
```

6. 以太帧发送相关函数

函数 RequestSend()、CopyToFrame_EMAC()、与 WriteFrame_EMAC()为驱动程序操作发送描述符队列进行以太帧发送的工作。为了简化操作，每个以太帧不分片处理。详细代码如程序清单 5.17、5.18 和 5.19 所示。

【程序 5.17】 RequestSend()函数定义。

```
void RequestSend(unsigned short FrameSize)
{
    unsigned int idx;
    /*根据队列索引找到相关描述符，设置发送帧基地址、帧长度及 LAST 标志*/
    idx  = LPC_EMAC->TxProduceIndex;
    tptr = (unsigned short *)TX_DESC_PACKET(idx);
    TX_DESC_CTRL(idx) = FrameSize | TCTRL_LAST;
}
```

【程序 5.18】 CopyToFrame_EMAC()函数定义。

```
void CopyToFrame_EMAC(void *Source, unsigned int Size)
{
    unsigned short * piSource;
    unsigned int idx;
    /*将用户空间的待发送帧复制到描述符所指缓冲区*/
    piSource = Source;
    Size = (Size + 1) & 0xFFFE;      // round Size up to next even number
    while (Size > 0) {
        WriteFrame_EMAC(*piSource++);
        Size -= 2;
    }
```

```
/*处理完描述及帧后，更新发送队列索引*/
idx = LPC_EMAC->TxProduceIndex;
/*处理索引翻转问题，索引值等于队列长度时重置为0*/
if (++idx == NUM_TX_FRAG) idx = 0;
LPC_EMAC->TxProduceIndex = idx;
}
```

【程序 5.19】WriteFrame_EMAC()函数定义。

```
void WriteFrame_EMAC(unsigned short Data)
{
    *tptr++ = Data;                              //用户空间复制帧数据到帧缓冲区
}
```

7. 判接收队列状态函数

CheckFrameReceived()函数用于驱动程序判断接收描述符队列是否还有未读入的以太帧。详细代码如程序清单 5.20 所示。

【程序 5.20】判接收队列状态函数定义。

```
unsigned int CheckFrameReceived(void)
{
    /*通过接收队列索引值关系判断是否有未处理接收帧*/
    if (LPC_EMAC->RxProduceIndex != LPC_EMAC->RxConsumeIndex)
        return(1);
    else
        return(0);
}
```

5.3　SPI 接口与串口闪存

5.3.1　SPI 接口概述

　　SPI 接口是一种同步全双工串行通信接口。在同一总线上可以连接多个主机(MASTER)或者从机(SLAVE)，但同一次传输过程中只能有一个主机和一个从机进行通信。在一次数据传输过程中，主机通常向从机发送 8 位或 16 位数据，从机通常向主机返回一个字节数据。

　　LPC1700 系列处理器有 1 个 SPI 接口，并遵循串行外设接口(SPI)规范，支持同步、串行、全双工通信，还支持 SPI 主机和从机。其最大数据位速率为输入时钟速率的 1/8，每次传输可以是 8 位或 16 位。

5.3.2　SPI 接口引脚

　　LPC1700 系列处理器的 SPI 接口占用 4 条引脚，分别是 SCK、SSEL、MISO 和 MOSI，其具体描述见表 5.76。

表 5.76　SPI 接口引脚描述

引脚名称	类型	引　脚　描　述
SCK	输入/输出	串行时钟，用于同步 SPI 接口间数据传输的时钟信号。该时钟总是由主机驱动并且从机接收的。时钟可编程为高有效或低有效。它只在数据传输时才被激活，其它任何时候都处于非激活状态或三态
SSEL	输入	从机选择。SPI 从机选择信号是一个低有效信号，用于指示被选择参与数据传输的从机。每个从机都有各自的从机选择输入信号。在数据处理之前，SSEL 必须为低电平并在整个处理过程中保持低电平，如果在数据传输中 SSEL 信号变为高电平，传输将被中止。这种情况下，从机返回到空闲状态并将接收到的数据丢弃。该信号不直接由主机驱动，可通过软件使用一个通用 I/O 口来驱动
MISO	输入/输出	主入从出。MISO 信号是一个单向的信号，它将数据从从机传输到主机。当器件为从机时，串行数据从该端口输出；当器件为主机时，串行数据从该端口输入。当从机没有被选择时，从机将该信号置为高阻态
MOSI	输入/输出	主出从入。MOSI 信号是一个单向的信号，它将数据从主机传输到从机。当器件为主机时，串行数据从该端口输出；当器件为从机时，串行数据从该端口输入

5.3.3　SPI 接口寄存器描述

　　LPC1700 系列处理器 SPI 接口共有 5 个寄存器，所有寄存器都可以按 8 位、16 位或 32 位宽度访问，寄存器列表如表 5.77 所示。

表 5.77　SPI 接口寄存器列表

名称	描　　述	访问	复位值[1]	地址
S0SPCR	SPI 控制寄存器，该寄存器控制 SPI 接口的操作	读/写	0x00	0x40020000
S0SPSR	SPI 状态寄存器，该寄存器显示 SPI 接口的状态	只读	0x00	0x40020004
S0SPDR	SPI 数据寄存器，这个双向寄存器为 SPI 接口提供发送和接收数据	读/写	0x00	0x40020008
S0SPCCR	SPI 时钟计数寄存器，该寄存器控制主机 SCK 的频率	读/写	0x00	0x4002000C
S0SPINT	SPI 中断标志，该寄存器包含 SPI 接口的中断标志	读/写	0x00	0x4002001C

注：[1]复位值仅指已使用位中保存的数据，不包括保留位的内容。

1.　SPI 控制寄存器(S0SPCR – 0x4002 0000)

　　SPI 控制寄存器用于设定 SPI 接口的工作方式。该寄存器各位描述如表 5.78 所示。

表 5.78　SPI 控制寄存器的位描述

位	符　号	功　　能	复位值
1:0	—	保留，用户软件不能向保留位写入 1，从保留位中读出的数据未定义	NA
2	BitEnable	该位置 0，SPI 控制器每次传输 8 位数据；该位置 1，SPI 控制器每次发送和接收的位数由 11:8 位选择	0
3	CPHA (Clock Phase)	SPI 总线时钟相位控制位，决定了 SPI 传输时数据和时钟的关系，并定义了从机传输起始和结束的条件。该位置 0，数据在 SCK 有效周期的第一个时钟沿采样。传输从 SSEL 信号激活时开始，并在 SSEL 信号无效时结束；该位置 1，数据在 SCK 有效周期的第二个时钟沿采样。当 SSEL 信号激活时，传输从第一个时钟沿开始并在最后一个时钟采样沿结束。 注：SCK 信号有效的极性由 CPOL 定义。SPI 接口在 CPHA 与 CPOL 的不同传输方式如图 5.10 所示	0
4	CPOL (Clock Polarity)	SPI 总线时钟极性控制位。该位置 0，时钟信号 SCK 为高电平有效；该位置 1，时钟信号 SCK 为低电平有效。 注：SPI 总线只有在 SCK 信号有效时传输数据。SPI 接口在 CPHA 与 CPOL 的不同传输方式如图 5.10 所示	0
5	MSTR	工作模式选择控制位。该位置 0，SPI 接口工作于从机模式(SLAVE)；该位置 1，SPI 接口工作于主机模式(MASTER)	0
6	LSBF	字节数据发送顺序控制位。该位置 0，SPI 接口先传输字节的 MSB(位 7)；该位置 1，SPI 接口先传输字节的 LSB(位 0)	0
7	SPIE	该位置 0，SPI 接口中断被禁止；该位置 1，每次 SPIF 位有效时产生硬件中断	0
11:8	BITS	当 BitEnable 位为 1 时，这个字段控制每次传输的位数： 1000——每次传输 8 位； 1001——每次传输 9 位； 1010——每次传输 10 位； 1011——每次传输 11 位； 1100——每次传输 12 位； 1101——每次传输 13 位； 1110——每次传输 14 位； 1111——每次传输 15 位； 0000——每次传输 16 位	0
15:12	—	保留，用户软件不能向保留位写入 1，从保留位中读出的数据未定义	NA

图 5.10 为 SPI 总线根据 CPHA 与 CPOL 位的设置组合。该图分三个部分，第一部显示了 CPOL 位在不同设置时的传输方式，第二、三部分为 CPHA 位在不同设置时的传输方式。实际的传输情况为第一、二或第一、三情况的组合，共 4 种数据传输方式。

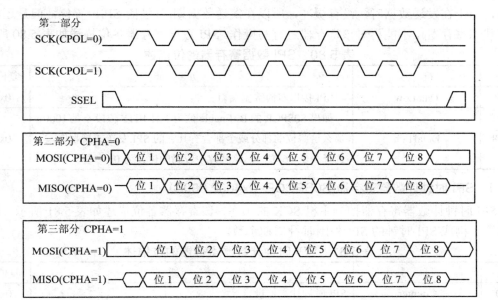

图 5.10　SPI 总线传输方式

2. SPI 状态寄存器(S0SPSR – 0x4002 0004)

SPI 状态寄存器反映了 SPI 总线当前的操作状态。该寄存器各位描述如表 5.79 所示。

表 5.79　SPI 状态寄存器的位描述

位	符号	功　　能	复位值
2:0	—	保留，用户软件不能向保留位写入 1，从保留位中读出的数据未定义	NA
3	ABRT	从机中止。该位为 1 时表示发生了从机中止，当读取该寄存器时，该位清零	0
4	MODF	模式错误。该位为 1 时，表示发生了模式错误，如果要清零 MODF 位，首先读取该寄存器，再写 SPI 控制寄存器	0
5	ROVR	读溢出。该位为 1 时，表示发生了读溢出，当读取该寄存器时，该位清零	0
6	WCOL	写冲突。该位为 1 时，表示发生了写冲突，如果要清零 WCOL 位，先读取该寄存器，再写 SPI 数据寄存器	0
7	SPIF	SPI 传输完成标志。该位为 1 时，表示一次 SPI 数据传输完成：在主机模式下，该位在传输的最后一个周期置位；在从机模式下，该位在 SCK 的最后一个数据采样边沿置位。如果要清零该位，首先读取该寄存器，然后再访问 SPI 数据寄存器。 注：SPIF 并不是 SPI 中断标志，SPI 中断标志位于 SPINT 寄存器中	0

3. SPI 数据寄存器(S0SPDR – 0x4002 0008)

SPI 数据寄存器为 SPI 提供数据的发送和接收。发送数据通过将数据写入该寄存器来实现，SPI 接收的数据可以从该寄存器中读出。处于主机模式时，写该寄存器将启动 SPI 数据传输，由于在发送数据时，没有缓冲，所以在发送数据期间(包括 SPIF 置位，但是还没有读取状态寄存器)，不能再对该寄存器进行写操作。SPI 数据寄存器各位描述如表 5.80 所示。

表 5.80　SPI 数据寄存器的位描述

位	符　号	功　　能	复位值
7:0	DataLow	SPI 接口双向数据端口	0x0
15:8	DataHigh	如果 S0SPCR 的 BitEnable 位为 1 且 BITS 位段不是 1000，那么这些位的部分或全部含有其它的 SPI 发送或接收位。当选择少于 16 位时，这些位中较高的位读为 0	0x0

4. SPI 时钟计数器寄存器(S0SPCCR–0x4002 000C)

SPI 时钟计数器寄存器控制主机 SCK 的频率，该寄存器各位描述如表 5.81 所示。寄存器显示了构成 SPI 时钟的 SPI 外围时钟周期个数。

表 5.81　SPI 时钟计数器寄存器的位描述

位	符　号	功　　能	复位值
7:0	Counter	SPI 时钟计数器设定	0x0

在主机模式下，该寄存器的值必须为大于等于 8 的偶数。如果寄存器的值不符合上述条件，可能导致产生不可预测的动作。SPI 接口的 SCK 速率可通过 PCLK_SPI/SPCCR0 计算得出。SPI 外设时钟是由 PCLKSEL0 寄存器中对应 PCLK_SPI 的位来决定的。

在从机模式下，由主机提供的 SPI 时钟速率不能大于 SPI 外设时钟的 1/8，否则 S0SPCCR 寄存器的值无效。SPI 外设时钟的选择参见第 3、4 节相关内容。

5. SPI 测试控制寄存器(SPTCR – 0x4002 0010)

SPI 测试控制寄存器仅用于验证操作，在正常操作中不应使用。该寄存器各位描述如表 5.82 所示。

表 5.82　SPI 测试控制寄存器的位描述

位	符　号	功　　能	复位值
0	—	保留，用户软件不能向保留位写入 1，从保留位中读出的数据未定义	NA
7:1	Test	SPI 测试模式。该位为 0 时，SPI 正常操作；该位为 1 时，SCK 将总是打开，并且与主模式选择和数据的有效设置无关	0

6. SPI 测试状态寄存器(SPTSR – 0x4002 0014)

SPI 测试状态寄存器中的位仅用于验证操作。在正常操作中不应使用该寄存器。该寄存器是 SPI 状态寄存器(S0SPSR)的复制。这两个寄存器的不同点在于：读该寄存器不会清零这些状态位，写 1 该寄存器的各位则会产生中断请求。该寄存器各位描述如表 5.83 所示。

表 5.83　SPI 测试状态寄存器的位描述

位	符号	功能	复位值
2:0	—	保留，用户软件不能向保留位写入 1，从保留位中读出的数据未定义	NA
3	ABRT	从机中止	0
4	MODF	模式错误	0
5	ROVR	读溢出	0
6	WCOL	写冲突	0
7	SPIF	SPI 传输完成标志	0

7. SPI 中断寄存器(S0SPINT – 0x4002 001C)

SPI 中断寄存器包含了 SPI 接口的中断标志。该寄存器各位描述如表 5.84 所示。

表 5.84　SPI 中断寄存器的位描述

位	符号	功能	复位值
0	SPI Interrupt Flag	SPI 中断标志。由 SPI 接口置位以产生中断。向该位写入 1 清零。 注：当 SPIE=1 并且 SPIF 和 WCOL 至少有一个位为 1 时该位置位。但是，只有当 SPI 中断位置位并且 SPI 中断在 NVIC 中被使能时，SPI 中断才能由中断处理程序处理	0
7:1	—	保留，用户软件不能向保留位写入 1，从保留位中读出的数据未定义	NA

5.3.4　SPI 接口结构框图

LPC1700 处理器 SPI 接口结构框图如图 5.11 所示。

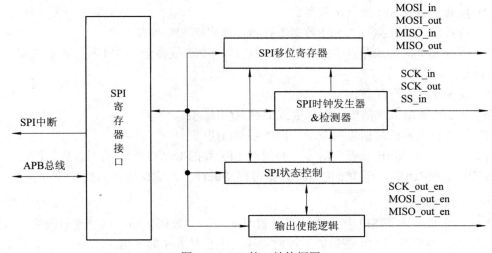

图 5.11　SPI 接口结构框图

5.3.5　SPI 接口操作

1. SPI 接口寄存器综述

一般用户程序使用以下 4 个寄存器来控制 SPI 接口外设。SPI 接口寄存器描述见第 5.3.3 节。

(1) SPI 控制寄存器(S0SPCR)：包含一些可编程位来控制 SPI 接口功能。在 SPI 总线数据传输开始前必须对该寄存器正确配置。

(2) SPI 状态寄存器(S0SPSR)：只读寄存器，反映了 SPI 接口的各种状态，包括普通功能以及异常状况。该寄存器的主要用途是检测数据传输的结束，可通过判断 SPIF 位是否置位来实现。其它位用于指示异常状况，这些异常状况如表 5.79 所示。

(3) SPI 数据寄存器(S0SPDR)：用于发送和接收数据字节。串行数据实际的发送和接收是通过 SPI 模块逻辑中的内部移位寄存器来实现的。在发送时，数据会被写入 SPI 数据寄存器。数据寄存器和内部移位寄存器之间没有缓冲区。写数据寄存器会使数据直接进入内部移位寄存器，因此数据只能在上一次数据发送完成后写入该寄存器；读数据是带有缓冲区的，当传输结束时，接收到的数据被转移到一个单字节缓冲区中，读 SPI 数据寄存器将返回读缓冲区的值。

(4) SPI 时钟计数器寄存器(S0SPCCR)：当 SPI 模块处于主机模式下时，S0SPCCR 用于控制时钟频率，该寄存器必须在数据传输之前设定；处于从机模式下时，该寄存器无效。

SPI 所使用的 I/O 接口为标准的 CMOS I/O 引脚。SPI 引脚并没有提供开漏极选项的设计。当器件被设置为从机时，其 I/O 引脚只有在被有效的 SSEL 信号选中时才会被激活。

2. 主机模式

下面的步骤描述了 SPI 接口设置为主机时如何处理数据传输。该处理假设前一次的数据传输已经结束。

(1) 设置 SPI 时钟计数器寄存器，得到相应的时钟频率。

(2) 按要求设置 SPI 控制寄存器。

(3) 将被发送的数据写入 SPI 数据寄存器，即启动 SPI 数据传输。

(4) 等待 SPI 状态寄存器中的 SPIF 位置 "1"。SPIF 位将会在 SPI 数据传输的最后一个时钟周期之后置位。

(5) 读 SPI 状态寄存器。

(6) 从 SPI 数据寄存器中读取接收到的数据(可选项)。

(7) 如果有更多的数据需要发送，则跳到第(3)步。

注：如果要将 SPIF 状态位清零，必须对 SPI 数据寄存器进行读/写操作。因此，如果要将 SPIF 状态位清零，至少要对 SPI 数据寄存器进行一次读操作或写操作。

3. 从机模式

下面的步骤描述了 SPI 接口设置为从机时如何处理数据传输。该处理假设前一次数据传输已结束，要求驱动 SPI 逻辑的系统时钟速度至少是 SPI 的 8 倍。

(1) 按要求设置 SPI 控制寄存器。

(2) 将要发送的数据写入 SPI 数据寄存器(可选)。注意，这只能在 SPI 传输空闲时执行。

(3) 等待 SPI 状态寄存器中的 SPIF 位置"1"。SPIF 位将在 SPI 数据传输的最后一个采样时钟沿后置位。

(4) 读 SPI 状态寄存器。

(5) 从 SPI 数据缓冲区中读出接收到的数据(可选)。

(6) 如果有更多的数据要发送，则跳到第(2)步。

注：如果要将 SPIF 状态位清零，必须对 SPI 数据寄存器进行读/写操作。因此，如果要将 SPIF 状态位清零，至少要对 SPI 数据寄存器进行一次读操作或写操作。

4．异常状况

1) 读溢出

当 SPI 模块内部读缓冲区未被读取，又接收到新的数据时，就会发生读溢出。状态寄存器中的 SPIF 位被激活表示读缓冲区内装入了有效数据。当一次传输结束时，SPI 功能模块将接收的数据保存到读缓冲区中。如果 SPIF 置位(读缓冲区已满)，新接收的数据会丢失，而状态寄存器的读溢出(ROVR)位将置位。

2) 写冲突

如前面所述，写操作时，SPI 总线接口与内部移位寄存器之间没有写缓冲区。因此，只能在 SPI 总线空闲期间向 SPI 数据寄存器写入数据。从启动传输到 SPIF 置位(包括读取状态寄存器)，这段时间内不能向 SPI 数据寄存器写入数据。如果在这段时间内写 SPI 数据寄存器，写入的数据将会丢失，状态寄存器中的写冲突位(WCOL)置位。

3) 模式错误

当 SPI 模块为主机时，如果检测到 SSEL 信号被激活，则表示另一个主机将该器件的 SPI 模块选择为从机。这种状态称为模式错误。当检测到一个模式错误时，状态寄存器的模式错误位(MODF)有效，SPI 接口时钟驱动信号无效，SPI 接口转换为从机模式。

如果 SPI 模块设为主机模式，SSEL 引脚可作为通用 GPIO 使用。如果指定作为 SSEL 功能，则 SPI 模块为主机模式时 SSEL 信号无效。

4) 从机中止

从机模式下，如果 SSEL 信号在传输结束前变为高电平，从机模式传输将被认为中止。此时，正在处理的发送或接收数据都将丢失，状态寄存器的从机中止(ABRT)位置位。

5.3.6　串口闪存操作举例

1．串口闪存概述

本例以 SST 公司 25 系列串行接口闪存芯片 SST25VF016B 作为操作对象。介绍使用 LPC1700 处理器 SPI 接口对其进行读/写的方法。SST25VF016B 芯片主要特性如下：

(1) 使用 4 线 SPI 总线连接，节省空间；

(2) 接口符合 SPI 规范的模式 0 和模式 3 工作方式；

(3) 总线最高工作频率为 50 MHz；

(4) 存储容量为 2 MB，可按 4 KB 扇区或 32 KB/64 KB 块方式组织；

(5) 用软件设置状态字对各个块进行编程保护；

(6) 芯片擦出时间为 35 ms，字节编程时间为 7 μs；

(7) 可进行自动地址增加编程(AAI)，该方式可提高多字节编程的速度。

2．引脚描述

SST25VF016B 芯片引脚描述如表 5.85 所示。

表 5.85　　SST25VF016B 芯片的引脚描述

引脚符号	引脚名称	描　　述
SCK	串行时钟	由 SPI 接口提供的时钟信号。命令、地址或输入数据在时钟信号的上升沿锁存，输出数据则在下降沿移出
SI	串行数据输入	用于传输总线的命令、地址和输入数据
SO	串行数据输出	用于传输总线的输出数据
CE#	芯片使能	芯片使能信号。芯片操作过程中该信号必须保持低电平有效
WP#	写保护	该引脚用于使能或禁能状态寄存器中的 BPL(块保护锁存)位
HOLD#	保持	用于在不复位芯片时，暂停闪存芯片的串行通信
V_{DD}	电源	提供 2.7 V～3.6 V 电源
V_{SS}	地	

闪存与 LPC1700 处理器的引脚连接如表 5.86 所示。

表 5.86　　闪存与 LPC1700 处理器的引脚连接

闪存引脚	处理器端口引脚	端口引脚功能
CE#	P0.16	GPIO
SCK	P0.15	SCK
SO	P0.17	MISO
SI	P0.18	MOSI

在此应用中，处理器为 SPI 总线主机模式，提供时钟信号并控制闪存芯片的操作。闪存芯片为从机模式。

3．操作命令概述

SST25VF016B 芯片提供的内部命令用于芯片的数据读、写(擦出或编程)和配置。每个命令由若干总线周期构成，每个总线周期由 8 位构成。命令的内容包括操作码、数据和地址。需要特别注意的是，在对芯片进行写操作前(包括字节编程、多字节 AAI 编程、扇区擦除、块擦除、写状态寄存器或芯片擦除等操作)，必须执行写使能指令(WREN)，将芯片置于可写的状态。每当写操作结束，芯片又回到只读的状态。例如，在对芯片进行擦出后，在下一个字节编程前，依然要执行写使能命令。芯片在字节编程前必须进行擦除操作，擦除后内容为全 1。

另外，不论构成命令的总线周期数为多少，在整个命令执行过程中 CE 信号必须始终保持低有效。SST25VF016B 芯片的主要内部命令描述如表 5.87 所示。

表 5.87　SST25VF016B 芯片的主要内部命令描述

命令	描述	操作码周期[1]	地址周期	伪周期	数据周期	最高频率
读	25 MHz 速度读	0000 0011b(03H)	3	0	1～∞	25 MHz
高速读	50 MHz 速度读	0000 1011b(0BH)	3	1	1～∞	50 MHz
扇区擦除	4 KB 扇区擦除	0010 0000b(20H)	3	0	0	50 MHz
芯片擦除	2 MB 全片擦除	0110 0000b(60H)或 1100 0111b(C7H)	0	0	0	50 MHz
字节编程	向芯片写入 1 个字节	0000 0010b(02H)	3	0	1	50 MHz
AAI编程	自动地址递增字节编程	1010 1101b(ADH)	3	0	2～∞	50 MHz
RDSR	读状态寄存器	0000 0101b(05H)	0	0	1～∞	50 MHz
EWSR	使能写状态字寄存器	0101 0000b(50H)	0	0	0	50 MHz
WRSR	写状态字寄存器	0000 0001b(01H)	0	0	1	50 MHz
WREM	写使能	0000 0110b(06H)	0	0	0	50 MHz
WRDI	写禁能	0000 0100b(04H)	0	0	0	50 MHz
RDID	读芯片 ID	1001 0000b(90H)或 1010 1011b(ABH)	3	0	1～∞	50 MHz

注：[1] 一个总线周期由 8 个 SPI 时钟周期构成。

软件状态寄存器提供了 SST25VF016B 芯片的各种状态，用于软件判断芯片操作是否结束或芯片存储块是否写保护等。状态寄存器的位描述如表 5.88 所示，其存储块保护位描述如表 5.89 所示。

表 5.88　状态寄存器的位描述

位	名称	功　　能	操作	复位值
0	BUSY	1：内部写操作正在执行； 0：无内部写操作	只读	0
1	WEL	1：芯片处于写使能状态； 0：芯片处于只读状态	只读	0
2	BP0	指示当前芯片存储块的写保护状态，详见表 5.89	读/写	1
3	BP1	指示当前芯片存储块的写保护状态，详见表 5.89	读/写	1
4	BP2	指示当前芯片存储块的写保护状态，详见表 5.89	读/写	1
5	BP3	指示当前芯片存储块的写保护状态，详见表 5.89	读/写	0
6	AAI	1：芯片处于自动地址递增编程模式； 0：芯片处于字节编程模式	只读	0
7	BPL	1：状态寄存器的 BP0～BP3 为只读位； 0：状态寄存器的 BP0～BP3 为读/写位	读/写	0

表 5.89　状态寄存器存储块保护位描述

写保护水平	状态寄存器存储块保护位				被保护地址范围
	BP3	BP2	BP1	BP0	16 Mb
无	x	0	0	0	无
高1/32	x	0	0	1	1F0000H～1FFFFFH
高1/16	x	0	1	0	1E0000H～1FFFFFH
高1/8	x	0	1	1	1C0000H～1FFFFFH
高1/4	x	1	0	0	180000H～1FFFFFH
高1/2	x	1	0	1	100000H～1FFFFFH
所有块	x	1	1	0	000000H～1FFFFFH
所有块	x	1	1	1	000000H～1FFFFFH

图 5.12 所示为软件向 SST25VF016B 芯片写入状态寄存器的 SPI 总线操作。该操作由 EWSR(命令码 50H 或 06H)和 WRSR(命令码 01H)两个命令组成。

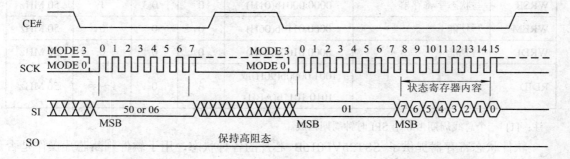

图 5.12　写芯片状态寄存器命令

4. 程序举例

本节给出使用 LPC1700 系列处理器 SPI 接口操作串口闪存芯片 SST25VF016B 的驱动程序。程序包括 SPI 接口的初始化、SPI 总线读/写函数以及闪存芯片基本操作的函数等内容。

1) SPI 接口初始化函数

SPI_Init()函数设置 SPI 接口引脚功能、时钟频率以及 SPI 总线工作模式。详细代码如程序清单 5.21 所示。

【程序 5.21】SPI 接口初始化函数。

```
void SPI_Init(char fdiv)
{
    LPC_PINCON->PINSEL0 &= 0x0fffffff;
    LPC_PINCON->PINSEL0 |= 0xc0000000;          //配置 SPI 接口引脚
    LPC_PINCON->PINSEL1 &= 0xffffff00;
    LPC_PINCON->PINSEL1 |= 0x3c;
    LPC_GPIO0->FIODIR = 0x10000;                //P0.16 连接串口闪存 CE#片选信号
```

```
    LPC_GPIO0->FIOSET = 0x10000;
    if(fdiv < 8) fdiv = 8;                              //速率最高为 Fpclk 八分频
    LPC_SPI->SPCCR = fdiv & 0xFE;
    LPC_SPI->SPCR = SPI_MODE;                           //选择处理器为 SPI 总线主机模式
}
```

2) SPI 总线读/写函数

SPI 总线读/写函数完成 1 个字节数据的接收或发送。需要注意的是，在使用 SPI 接口读数据时，必须先向从机写一个伪数据(任意值)，用以维护总线时钟信号，然后才能读取数据。SPI 总线写函数如程序清单 5.22 所示，读函数如程序清单 5.23 所示。

【程序 5.22】 SPI 总线写函数。

```
    char MSendData(char data)
    {
        char temp=0;
        LPC_SPI->SPDR = data;                          //将数据写入 SPDR 开始 SPI 总线传输
        while(0==(LPC_SPI->SPSR&0x80));                 //等待 SPIF 置位，等待数据发送结束
        temp = (char)LPC_SPI->SPDR;                     //回读接收数据(可选操作)
        return temp;
    }
```

【程序 5.23】 SPI 总线读函数。

```
    char MReadData(void)
    {
        char temp=0;
        LPC_SPI->SPDR = 0xff;                           //发送伪数据(任意值)，维护时钟信号
        while(0==(LPC_SPI->SPSR&0x80));                 //等待 SPIF 置位，等待数据发送结束
        temp = (char)LPC_SPI->SPDR;                     //读取 SPI 接收数据
        return(temp);
    }
```

3) 串口闪存 SST25VF016B 相关函数

程序清单 5.24 与 5.25 所示为写 SST25VF016B 芯片状态字命令的相关函数。

【程序 5.24】 写状态寄存器使能函数。

```
    #define FLASHCEH    LPC_GPIO0->FIOSET = 0x10000     //P0.16 连接 CE#引脚
    #define FLASHCEL    LPC_GPIO0->FIOCLR = 0x10000
    void EWSR(void)
    {
        FLASHCEL;                                       //使能芯片 CE#信号
        MSendData(0x50);                                //发送写状态寄存器使能命令
        FLASHCEH;
    }
```

【程序 5.25】 写状态寄存器函数。

```
void WRSR(char byte)
{
    FLASHCEL;                          //使能芯片 CE#信号
    MSendData(0x01);                   //发送写状态寄存器命令
    MSendData(byte);                   //向状态寄存器写入控制信息
    FLASHCEH;
}
```

在对串口芯片进行字节或 AAI 编程前，必须通过写状态寄存器的 BPx 和 BPL 位，改变芯片的块保护设置。对整片芯片或特定块进行擦除后才能进行写操作。需要特别注意，在字节编程结束后，芯片自动处于只读模式，此时如果要继续编程则需要先执行写使能命令。

写使能命令函数如程序清单 5.26 所示。

【程序 5.26】 写使能命令函数。

```
void WREN(void)
{
    FLASHCEL;                          //使能芯片 CE#信号
    MSendData(0x06);                   //发送 WREN 命令
    FLASHCEH;
}
```

芯片擦除命令函数如程序清单 5.27 所示。

【程序 5.27】 芯片擦除命令函数。

```
void Chip_Erase(void)
{
    FLASHCEL;                          //使能芯片 CE#信号
    MSendData(0x60);                   //发送芯片擦除命令
    Wait_Busy();                       //等待操作完成
    FLASHCEH;
}
```

芯片判忙函数用于判断芯片当前写操作是否完成。该函数一般在字节编程、擦除操作之后调用，等待芯片操作结束。详细代码如程序清单 5.28 所示。

【程序 5.28】 芯片判忙函数。

```
void Wait_Busy(void)
{
    while ((Read_Status_Register() & 0x03) == 0x03)    //读取状态寄存器判断芯片状态
        Read_Status_Register();
}
```

字节编程函数如程序清单 5.29 所示。

【程序 5.29】 字节编程函数。

```
void Byte_Program(unsigned long Dst, unsigned char byte)
{
    WREN();
    FLASHCEL;                                    //使能芯片 CE#信号
    MSendData(0x02);                             //发送字节编程命令
    MSendData(((Dst & 0xFFFFFF) >> 16));         //发送编程地址信息，共 3 个字节
    MSendData(((Dst & 0xFFFF) >> 8));
    MSendData(Dst & 0xFF);
    MSendData(byte);                             //发送编程数据
    Wait_Busy();                                 //调用判忙函数，等待写操作完成
    FLASHCEH;
}
```

芯片读字节函数如程序清单 5.30 所示。

【程序 5.30】芯片读字节函数。

```
unsigned char Read(unsigned long Dst)
{
    unsigned char byte = 0;

    FLASHCEL;                                    //使能芯片 CE#信号
    MSendData(0x03);                             //发送读命令
    MSendData(((Dst & 0xFFFFFF) >> 16));         //发送读地址信息，共 3 个字节
    MSendData(((Dst & 0xFFFF) >> 8));
    MSendData(Dst & 0xFF);
    byte = MReadData();                          //读取 SPI 接收数据
    FLASHCEH;
    return byte;
}
```

5.4 CAN 总线接口

5.4.1 CAN 总线接口概述

CAN(Controller Area Network，控制器局域网络)是一种为串行数据通信定义的高性能通信协议。由于具有片上 CAN 控制器，LPC1700 系列处理器可以构建提供分布式实时控制、具有极高安全性、功能强大的控制器局域网络。它可以在汽车电子、工业环境、高速网络以及低价位多路联机的应用中发挥很大的作用。实际应用系统具有传输线精简、诊断和监控能力高的特性。

LPC1700 系列处理器的 CAN 模块可以同时支持多个 CAN 总线，允许器件在各种多个 CAN 总线应用中用作网关、交换机或路由器。芯片内部包含两个 CAN 控制器，分别命名

为 CAN1 和 CAN2，它们都完全符合 CAN 总线 2.0B 规范，具有下列特性：

(1) 通用 CAN 总线特性。

- 兼容 CAN 规范 2.0B、ISO11898-1；
- 具有多主机结构，带有无破坏性的位仲裁；
- 为高优先级报文确保了等待时间；
- 传输速率可编程(高达 1 Mb/s)；
- 具有多播和广播报文功能；
- 数据长度为 0～8 字节；
- 具有强大的错误处理能力；
- 非归零(NRZ)编码/译码，带有位填充功能。

(2) CAN 控制器特性。

- 具有 2 个 CAN 控制器和总线；
- 支持 11 位和 29 位的标识符；
- 具有双重接收缓冲器和三态发送缓冲器；
- 具有可编程的错误报警界限和可读/写的错误计数器；
- 可进行仲裁丢失捕获和错误代码捕获(带有详细的位位置)；
- 可进行单次触发的发送(不会重复发送)；
- 具有只听模式(无应答，无活动错误标志)；
- 具有"自身"报文接收(自接收请求)。

(3) 接收滤波器特性。

- 快速的硬件实现搜索算法，支持大量的 CAN 标识符；
- 全局接收滤波器识别所有 CAN 总线的 11 位和 29 位的接收标识符；
- 允许 11 位和 29 位 CAN 标识符的明确定义和分组定义；
- 接收滤波器可为被选中的标准标识符提供 FullCAN-style 自动接收。

CAN 模块由两部分组成：控制器和接收滤波器。所有的寄存器和 RAM 的访问宽度都为 32 位字。一个 CAN 控制器模块的结构框图如图 5.13 所示。

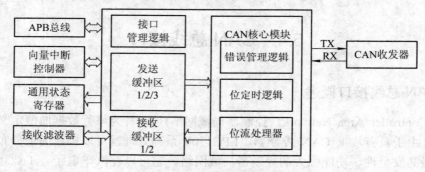

图 5.13　CAN 控制器模块结构框图

CAN 控制器是一个带有发送和接收缓冲器的标准串行接口，但不包含接收滤波器。接收滤波器是独立的器件，可对所有 CAN 通道的 CAN 标识符进行过滤。除了报文缓冲和接收过滤之外，CAN 控制器的功能与 PeliCAN 类似。

CAN 控制器模块包括了连接到下列模块的接口：

- APB 总线接口；
- 接收滤波器；
- 嵌套向量中断控制器(NVIC)；
- CAN 收发器；
- 通用状态寄存器。

LPC1700 系列处理器的 CAN 控制器各占用两条引脚，分别是 TD 和 RD，引脚描述如表 5.90 所示。

表 5.90　CAN 控制器引脚描述

名称	类型	描　　述
RD1，RD2	输入	串行输入：来自 CAN 收发器
TD1，TD2	输出	串行输出：输出到 CAN 收发器

5.4.2　CAN 模块内存映射表

CAN 控制器和接收滤波器占用了一部分 APB 总线插槽，详见表 5.91。

表 5.91　CAN 模块内存映射

地址范围	用　　途
0x4003 8000～0x4003 87FF	接收滤波器 RAM
0x4003 C000～0x4003 C017	接收滤波器寄存器
0x4004 0000～0x4004 000B	核心 CAN 寄存器
0x4004 4000～0x4004 405F	CAN 控制器 1 寄存器
0x4004 8000～0x4004 805F	CAN 控制器 2 寄存器
0x400F C110～0x400F C114	CAB 唤醒和睡眠寄存器

5.4.3　CAN 控制器寄存器描述

CAN 块包括的寄存器如表 5.92 和表 5.93 所示。

表 5.92　CAN 接收滤波器和核心 CAN 寄存器列表

名称	描　　述	访问	复位值	地址
AFMR	接收滤波器寄存器	读/写	1	0x4003C000
SFF_sa	标准帧独立起始地址寄存器	读/写	0	0x4003C004
SFF_GRP_sa	标准帧群组起始地址寄存器	读/写	0	0x4003C008
EFF_sa	扩展帧独立起始地址寄存器	读/写	0	0x4003C00C
EFF_GRP_sa	扩展帧群组起始地址寄存器	读/写	0	0x4003C010
ENDofTable	AF 表结束寄存器	读/写	0	0x4003C014
LUTerrAd	查找表(LUT)错误地址寄存器	只读	0	0x4003C018
LUTerr	查找表(LUT)错误寄存器	只读	0	0x4003C01C
CANTxSR	CAN 核心发送状态寄存器	只读	0x00030300	0x40040000
CANRxSR	CAN 核心接收状态寄存器	只读	0	0x40040004
CANMSR	CAN 核心杂项状态寄存器	只读	0	0x40040008

表 5.93　CAN1 和 CAN2 控制寄存器列表

名称	描　　述	访问	CAN1 寄存器 名称和地址	CAN2 寄存器 名称和地址
MOD	控制 CAN 控制器的操作模式	读/写	CAN1MOD 0x40044000	CAN2MOD 0x40048000
CMR	影响 CAN 控制器状态的命令位	只写	CAN1CMR 0x40044004	CAN2CMR 0x40048004
GSR	全局控制状态和错误计数器	只读	CAN1GSR 0x40044008	CAN2GSR 0x40048008
ICR	中断状态、仲裁失败捕获、错误代码捕获	只读	CAN1ICR 0x4004400C	CAN2ICR 0x4004800C
IER	中断使能	读/写	CAN1IER 0x40044010	CAN2IER 0x40048010
BTR	总线定时	读/写	CAN1BTR 0x40044014	CAN2BTR 0x40048014
EWL	错误警告限制	读/写	CAN1EWL 0x40044018	CAN2EWL 0x40048018
SR	状态寄存器	只读	CAN1SR 0x4004401C	CAN2SR 0x4004801C
RFS	接收帧状态	读/写	CAN1RFS 0x40044020	CAN2RFS 0x40048020
RID	接收的标识符	读/写	CAN1RID 0x40044024	CAN2RID 0x40048024
RDA	接收的数据字节 1~4	读/写	CAN1RDA 0x40044028	CAN2RDA 0x40048028
RDB	接收的数据字节 5~8	读/写	CAN1RDB 0x4004402C	CAN2RDB 0x4004802C
TFI1	发送帧信息(Tx缓冲区1)	读/写	CAN1TFI1 0xE0044030	CAN2TFI1 0xE0048030
TID1	发送标识符(Tx 缓冲区 1)	读/写	CAN1TID1 0x40044034	CAN2TID1 0x40048034
TDA1	发送数据字节 1~4(Tx 缓冲区 1)	读/写	CAN1TDA1 0x40044038	CAN2TDA1 0x40048038
TDB1	发送数据字节 5~8(Tx 缓冲区 1)	读/写	CAN1TDB1 0x4004403C	CAN2TDB1 0x4004803C
TFI2	发送帧信息(Tx缓冲区2)	读/写	CAN1TFI2 0x40044040	CAN2TFI2 0x40048040

名称	描　　述	访问	CAN1 寄存器 名称和地址	CAN2 寄存器 名称和地址
TID2	发送标识符(Tx 缓冲区 2)	读/写	CAN1TID2 0x40044044	CAN2TID2 0x40048044
TDA2	发送数据字节 1～4(Tx 缓冲区 2)	读/写	CAN1TDA2 0x40044048	CAN2TDA2 0x40048048
TDB2	发送数据字节 5～8(Tx 缓冲区 2)	读/写	CAN1TDB2 0x4004404C	CAN2TDB2 0x4004804C
TFI3	发送帧信息(Tx缓冲区3)	读/写	CAN1TFI3 0x40044050	CAN2TFI3 0x40048050
TID3	发送标识符(Tx 缓冲区 3)	读/写	CAN1TID3 0x40044054	CAN2TID3 0x40048054
TDA3	发送数据字节 1～4(Tx 缓冲区 3)	读/写	CAN1TDA3 0x40044058	CAN2TDA3 0x40048058
TDB3	发送数据字节 5～8(Tx 缓冲区 3)	读/写	CAN1TDB3 0x4004405C	CAN2TDB3 0x4004805C

5.4.4　CAN 控制器操作

1) 错误处理

CAN 控制器根据 CAN 规范 2.0B 的规定对传输中的错误进行计数和处理。发送和接收错误计数器每当检测到错误时就会递增,而操作无误时会递减。如果发送错误计数器的值为 255 时又有一个错误出现,那么 CAN 控制器就被强制进入一个称为总线关闭(Bus-off)的状态。在这个状态中,下列寄存器位被置位:CANxSR 的 BS 位、CANxIR 的 BEI 和 EI 位(如果它们使能)以及 CANxMOD 的 RM 位。RM 复位则禁能 CAN 控制器。而且这时,发送错误计数器被设置为 127,接收错误计数器被清零。再次启动节点时必须软件清零 RM 位,然后发送错误计数器递减计数 128 次证明主机是否在总线空闲条件下(11 个连续的隐性位)。软件可通过读取 Tx 错误计数器来监控这个递减计数,当递减计数结束时,CAN 控制器清零 CANxSR 的 BS 和 ES 位,置位 CANxICR 的 EI 位(如果 IER 的 EIE 位为 1)。

如果 CANxMOD 中的 RM 位为 1,就可以写 Tx 和 Rx 错误计数器。向 Tx 错误计数器写入 255 将强制 CAN 控制器进入总线关闭状态。如果总线关闭(CANxSR 的 BS 位)为 1,向 Tx 错误计数器写入 0～254 之间的任何值都将清除总线关闭状态。当软件清除 CANxMOD 的 RM 位后,恢复操作之前只需要一个总线空闲条件(11 个连续的隐性位)。

2) 睡眠模式

如果 CAN 模式寄存器的 SM 位为 1,没有 CAN 挂起中断,也没有 CAN 总线活动,则 CAN 控制器将进入睡眠模式。软件只能在 CAN 模式寄存器的 RM 位为 0 时才能置位 SM。软件还可以置位 CAN 中断使能寄存器的 WUIE 位来使能唤醒中断事件。

CAN 控制器被唤醒(如果 CAN 中断使能寄存器的 WUIE 位置 1，则 CAN 中断寄存器中的 WUI 位置 1)后将执行下面两种情况之一：① 设置 CAN 总线的占有位；② 软件清零 CAN 模式寄存器的 SM 位。CAN 控制器被唤醒后，它必须重新检测到 CAN 总线空闲条件(11 个连续的隐性位)以后才能接收报文。软件在设置 SM 位时，如果有中断被挂起或者 CAN 总线是活跃的，则 CAN 控制器立即被唤醒。

当发生唤醒事件时，软件必须执行以下操作：

① 向 CAN_SLEEP_CLR 寄存器的相应位写入 1；

② 向 CAN1MOD 和/或 CAN2MOD 寄存器的 SM 位写入 0；

③ 向 CAN_WAKE_FLAGS 寄存器的相应位写入 1。如果该步骤执行失败，之后就无法进入掉电模式。

3) 中断

每个 CAN 控制器可产生三种中断请求：接收、发送和其它状态。发送中断是 3 个 Tx 缓冲器发送中断相或的结果。每个控制器的每个接收和发送中断请求都在嵌套向量中断控制器(NVIC)中被分配有自己的通道，并有它们各自的中断服务程序。来自所有 CAN 控制器的其它状态中断和接收滤波器 LUTerr 条件相或后使用一个 NVIC 通道。

4) 发送优先级

如果 CANxMOD 寄存器的 TPM 位为 0，多个使能的 Tx 缓冲器就根据它们的 CAN 标识符(TID)的值来竞争报文发送权；如果 TPM 为 "1"，Tx 缓冲器就根据它们的 CANxTFS 寄存器的位[7:0]的 PRIO 字段来竞争发送权。在这两种情况下，二进制值最小的字段对应的缓冲器拥有优先权。如果 2 个(或 3 个)发送使能的缓冲器拥有相同的最小值，则编号最小的缓冲器最先发送。

在发送每个报文之间，CAN 控制器会在多个使能的 Tx 缓冲器中进行动态选择。

5.5   USB 接口

5.5.1   USB 总线概述

LPC1700 系列处理器包含一个 USB 设备接口(Device)、一个 USB 主机接口(Host)和一个 USB OTG 接口(On-The-Go)。本节将简要介绍 USB 设备接口的特性、工作原理及相关寄存器。USB 主机接口和 USB OTG 接口相关介绍请参考芯片数据手册。

通用串行总线(USB)为 4 线串行总线，支持一个主机与一个或多个外设(最多 127 个)之间的通信。主控制器通过一个基于令牌的协议为连接的设备分配 USB 带宽。USB 总线支持设备的热插拔与动态配置。主控制器启动所有的事务处理。

主机将事务安排在 1 ms 的帧中。每帧都包含一个帧开始(SOF)标记和与设备端点进行往返数据传输的事务。每一个设备最多可以具有 16 个逻辑端点或 32 个物理端点。针对端点定义了 4 种传输类型：控制传输可用来对设备进行配置。中断传输则用于周期数据传输。批量传输在对传输速率没有严格要求时使用。同步传输保证了传输时间，但没有纠错功能。

LPC1700 系列处理器的 USB 设备控制器能够与 USB 主控制器之间进行全速(12 Mb/s)数据交换。USB 设备接口特性如下：

(1) 完全兼容 USB 2.0 全速规范；

(2) 支持 32 个物理(16 个逻辑)端点；

(3) 支持控制、批量、中断和同步端点；

(4) 运行时，可调整使用的端点；

(5) 运行时，可通过软件选择端点最大包长度(可达到 USB 规范规定的最大长度)；

(6) 支持 SoftConnect 和 GoodLink 特性；

(7) 所有非控制端点支持 DMA 传输；

(8) 允许 CPU 控制和 DMA 模式之间的动态切换；

(9) 实现了批量端点和同步端点上的双缓冲。

5.5.2　USB 设备接口结构描述

USB 设备接口内部结构如图 5.14 所示。

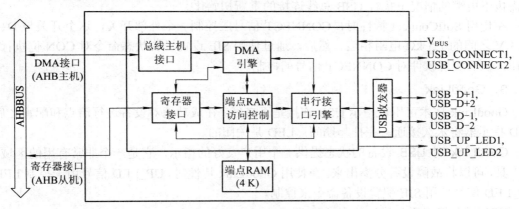

图 5.14　USB 设备接口结构框图

1. 模拟收发器

USB 设备控制器有一个内置的模拟收发器(ATX)。USB ATX 发送/接收 USB 总线的双向 D+和 D-信号。

2. 串行接口引擎(SIE)

SIE 实现全速 USB 协议层。从速度角度来看，它完全是线缆硬连接的(hardwired)，不需要任何固件干涉。SIE 对 EP_RAM 中的端点缓冲区与 USB 总线之间的数据传输进行处理。该模块的功能包括：同步模式识别、并行/串行转换、位填充/解除填充、CRC 校验/产生、PID 验证/生成、地址识别和握手信号的评估/生成等。

3. 端点 RAM(EP_RAM)

每个端点缓冲区都以基于 FIFO 的 SRAM 形式实现。专用于此用途的 SRAM 称做端点 RAM(EP_RAM)。每个已实现的端点在 EP_RAM 中都有一个保留空间。所需的总的 EP_RAM 空间由使用的端点数、端点的最大包长度以及端点是否支持双缓冲来决定。

4．EP_RAM 访问控制

EP_RAM 访问控制逻辑对 EP_RAM 和能够访问 EP_RAM 的 3 个源之间的数据传输进行处理。这 3 个源指的是 CPU(通过寄存器接口进行访问)、SIE 和 DMA 引擎。

5．DMA 引擎和总线主机接口

当某个端点的 DMA 引擎使能时，它在 AHB 总线上的 RAM 与 EP_RAM 中的端点缓冲区之间传输数据。所有端点共用一个 DMA 通道，在传输数据时，DMA 引擎通过总线主机接口作为 AHB 总线上的主机运行。

6．寄存器接口

寄存器接口允许 CPU 控制 USB 设备控制器的操作。而且在将发送数据写入控制器以及从控制器中读取接收数据时也会用到寄存器接口。

7．SoftConnect

USB 连接可通过一个 1.5 kΩ 上拉电阻将 D+(对于全速设备)拉为高电平来实现。在确立与 USB 连接之前，软件可以使用 SoftConnect 特性来完成其初始化序列。该特性还可以在无需拔下电缆的情况下执行 USB 总线连接的重新初始化。

在使用 SoftConnect 特性时，CONNECT 信号应控制一个外部开关，这个开关与 D+和+3.3 V 之间的 1.5 kΩ 电阻相连。然后，通过使用 SIE 设置设备状态命令对 CON 位执行写操作，从而实现软件对 CONNECT 信号的控制。

8．GoodLink

GoodLink 技术可用于指示 USB 连接是否良好。在成功地对设备进行清点和配置之后，LED 指示器将永久接通。在挂起期间，LED 是关闭的。

GoodLink 对 USB 设备的状态提供一个用户友好的指示，它是一个非常有用的区域诊断工具，可以将故障设备分离出来。在使用 GoodLink 特性时，UP_LED 信号用于控制 LED。UP_LED 信号使用 SIE 配置设备命令来控制。

USB 设备接口引脚描述如表 5.94 所示。

表 5.94　USB 设备引脚描述

名称	方向	描　　述
V_{BUS}	输入	V_{BUS} 状态输入。当通过相关 PINSEL 寄存器禁止该功能时，该信号在内部被置为 HIGH
USB_CONNECT	输出	SoftConnect 控制信号
USB_UP_LED	输出	GoodLink LED 控制信号
USB_D+	输入/输出	正向差分数据
USB_D-	输入/输出	负向差分数据

5.5.3　固定的端点配置

表 5.95 列出了 USB 设备接口所支持的端点配置。可利用端点使用寄存器来使用端点并进行配置。

表 5.95　固定的端点配置

逻辑端点	物理端点	端点类型	方向	数据包长度(字节)	双缓冲
0	0	控制	输出	8,16,32,64	无
0	1	控制	输入	8,16,32,64	无
1	2	中断	输出	1~64	无
1	3	中断	输入	1~64	无
2	4	批量	输出	8,16,32,64	有
2	5	批量	输入	8,16,32,64	有
3	6	同步	输出	1~1023	有
3	7	同步	输入	1~1023	有
4	8	中断	输出	1~64	无
4	9	中断	输入	1~64	无
5	10	批量	输出	8,16,32,64	有
5	11	批量	输入	8,16,32,64	有
6	12	同步	输出	1~1023	有
6	13	同步	输入	1~1023	有
7	14	中断	输出	1~64	无
7	15	中断	输入	1~64	无
8	16	批量	输出	8,16,32,64	有
8	17	批量	输入	8,16,32,64	有
9	18	同步	输出	1~1023	有
9	19	同步	输入	1~1023	有
10	20	中断	输出	1~64	无
10	21	中断	输入	1~64	无
11	22	批量	输出	8,16,32,64	有
11	23	批量	输入	8,16,32,64	有
12	24	同步	输出	1~1023	有
12	25	同步	输入	1~1023	有
13	26	中断	输出	1~64	无
13	27	中断	输入	1~64	无
14	28	批量	输出	8,16,32,64	有
14	29	批量	输入	8,16,32,64	有
15	30	批量	输出	8,16,32,64	有
15	31	批量	输入	8,16,32,64	有

5.5.4　USB 设备接口操作概述

　　USB 总线事务在设备端点和主机之间传输数据。事务的方向由主机一方定义。OUT 事务指的是将数据从主机传送到设备；IN 事务指的是将数据从设备传送到主机。所有的事务都由主控制器启动。

对于 OUT 事务，USB ATX 接收 USB 总线的双向 D+和 D-信号。串行接口引擎(SIE)从 ATX 中接收串行数据并将它转换为并行数据流。并行数据会被写入 EP_RAM 对应的端点缓冲区中。

对于 IN 事务，SIE 从 EP_RAM 的端点缓冲区中读取并行数据，将它转换为串行数据，并使用 USB ATX 将它传输到 USB 总线上。

一旦数据接收或发送完成，就可以对端点缓冲区进行读和写操作。这一点该如何实现由端点的类型和工作模式决定。每个端点有两种工作模式：从模式(CPU 控制的)和 DMA 模式。

在从模式中，CPU 使用寄存器接口在 RAM 和端点缓冲区之间传输数据。在 DMA 模式中，DMA 在 RAM 和端点缓冲区之间传输数据。

5.5.5 USB 设备接口寄存器描述

USB 设备接口控制器可以通过 CPU 直接访问，而且串行接口引擎(SIE)还有一些其它的寄存器可以通过 SIE 命令寄存器间接访问。USB 设备接口寄存器描述如表 5.96 所示。

表 5.96 USB 设备寄存器列表

名称	描 述	访问	复位值	地址
端口选择寄存器				
USBPortSel	USB 端口选择	读/写	0x00000000	0x5000C110
时钟控制寄存器				
USBClkCtrl	USB 时钟控制	读/写	0x00000000	0x5000CFF4
USBClkSt	USB 时钟状态	只读	0x00000000	0x5000CFF8
设备中断寄存器				
USBIntSt	USB 中断状态	读/写	0x00000000	0x5000C1C0
USBDevIntSt	USB 设备中断状态	只读	0x00000010	0x5000C200
USBDevIntEn	USB 设备中断使能	读/写	0x00000000	0x5000C204
USBDevIntClr	USB 设备中断清除	只写	0x00000000	0x5000C208
USBDevIntSet	USB 设备中断设置	只写	0x00000000	0x5000C20C
USBDevIntPri	USB 设备中断优先级	只写	0x00	0x5000C22C
端点中断寄存器				
USBEpIntSt	USB 端点中断状态	只读	0x00000000	0x5000C230
USBEpIntEn	USB 端点中断使能	读/写	0x00000000	0x5000C234
USBEpIntClr	USB 端点中断清除	只写	0x00000000	0x5000C238
USBEpIntSet	USB 端点中断设置	只写	0x00000000	0x5000C23C
USBEpIntPri	USB 端点中断优先权	只写	0x00000000	0x5000C240

名称	描　述	访问	复位值	地址
端点实现寄存器				
USBReEp	USB 实现端点	读/写	0x00000003	0x5000C244
USBEpInd	USB 端点索引	只写	0x00000000	0x5000C248
USBMaxPSize	USB 最大包尺寸	读/写	0x00000008	0x5000C24C
USB 传输寄存器				
USBRxData	USB 接收数据	只读	0x00000000	0x5000C218
USBRxPLen	USB 接收包长	只读	0x00000000	0x5000C220
USBTxData	USB 发送数据	只写	0x00000000	0x5000C21C
USBTxPLen	USB 发送包长	只写	0x00000000	0x5000C224
USBCtrl	USB 控制	读/写	0x00000000	0x5000C228
SIE 命令寄存器				
USBCmdCode	USB 命令代码	只写	0x00000000	0x5000C210
USBCmdData	USB 命令数据	只读	0x00000000	0x5000C214
DMA 寄存器				
USBDMARSt	USB DMA 请求状态	只读	0x00000000	0x5000C250
USBDMARClr	USB DMA 请求清除	只写	0x00000000	0x5000C254
USBDMARSet	USB DMA 请求设置	只写	0x00000000	0x5000C258
USBUDCAH	USB UDCA 头	读/写	0x00000000	0x5000C280
USBEpDMASt	USB 端点 DMA 状态	只读	0x00000000	0x5000C284
USBEpDMAEn	USB 端点 DMA 使能	只写	0x00000000	0x5000C288
USBEpDMADis	USB 端点 DMA 禁止	只写	0x00000000	0x5000C28C
USBDMAIntSt	USB DMA 中断状态	只读	0x00000000	0x5000C290
USBDMAIntEn	USB DMA 中断使能	读/写	0x00000000	0x5000C294
USBEoTIntSt	USB 传输结束中断状态	只读	0x00000000	0x5000C2A0
USBEoTIntClr	USB 传输结束中断清除	只写	0x00000000	0x5000C2A4
USBEoTIntSet	USB 传输结束中断设置	只写	0x00000000	0x5000C2A8
USBNDDRIntSt	USB 新 DD 请求中断状态	只读	0x00000000	0x5000C2AC
USBNDDRIntClr	USB 新 DD 请求中断清除	只写	0x00000000	0x5000C2B0
USBNDDRIntSe	USB 新 DD 请求中断设置	只写	0x00000000	0x5000C2B4
USBSysErrIntSt	USB 系统错误中断状态	只读	0x00000000	0x5000C2B8
USBSysErrIntClr	USB 系统错误中断清除	只写	0x00000000	0x5000C2BC
USBSysErrIntSet	USB 系统错误中断设置	只写	0x00000000	0x5000C2C0

5.5.6　USB 设备控制器的初始化

LPC1700 系列 Cortex-M3 微控制器 USB 设备控制器的初始化步骤如下：

(1) 通过置位 PCONP 的 PCUSB 位来使能设备控制器。

(2) 配置和使能 PLL 及时钟分频器以提供 48 MHz 的 usbclk 和所需的 cclk 频率。为了使设备控制器中的同步逻辑能够正确操作，最小的 cclk 频率为 18 MHz。确定 PLL 设置和配置的步骤请参考"确定 PLL0 设置的过程"。

(3) 通过置位 USBClkCtrl 寄存器中 DEV_CLK_EN 和 AHB_CLK_EN 位来使能设备控制器时钟。查询 USBClkSt 寄存器中对应的时钟位直到它们被置位。

(4) 通过向对应的 PINSEL 寄存器执行写操作来使能 USB 引脚功能。

(5) 使用对应的 PINMODE 寄存器将 V_{BUS} 引脚上的上拉电阻禁能。

(6) 针对 EP0 和 EP1 设置 USBEpIn 和 USBMaxPSize 寄存器，并等待直到 USBDevIntSt 寄存器中的 EP_RLZED 位置位，表示端点 EP0 和 EP1 已实现。

(7) 使能端点中断(从模式)：

① 使用 USBEpIntClr 将所有端点中断清零；

② 使用 USBDevIntClr 将所有设备中断清零；

③ 通过置位 USBEpIntEn 中的对应位，使能所需端点的从模式操作；

④ 使用 USBEpIntPri 设置每个已使能的中断的优先级；

⑤ 使用 SIE 设置模式命令对所需的中断模式进行配置；

⑥ 使用 USBDevIntEn(通常是 DEV_STAT、EP_SLOW，也可能是 EP_FAST)使能设备中断。

(8) 配置 DMA(DMA 模式)：

① 使用 USBEpDMADis 禁止所有端点的 DMA 操作；

② 使用 USBDMARClr 清除所有挂起的 DMA 请求；

③ 使用 USBEoTIntClr、USBNDDRIntClr 和 USBSysErrIntClr 清除所有的 DMA 中断；

④ 在系统存储器中准备 UDCA；

⑤ 将所需的 UDCA 地址(如 0x7FD0 0000)写入 USBUDCAH；

⑥ 使用 USBEpDMAEn 将所需端点的 DMA 操作使能；

⑦ 置位 USBDMAIntEn 中的 EOT、DDR 和 ERR 位。

(9) 通过将对应的地址写入相关的向量表单元并使能 NVIC 中的 USB 中断，来安装 NVIC 中的 USB 中断处理器。

(10) 使用 SIE 设置地址命令将默认的 USB 地址设置为 0x0，DEV_EN 设为 1。总线复位也可以实现上述设置。

(11) 使用 SIE 设置设备状态命令将 CON 位设为 1，以便将 CONNECT 激活。

端点的配置根据软件应用程序进行更改。默认情况下，除了控制端点 EP0 和 EP1 外，所有的端点都是禁能的。其它端点在从主机中接收到 SET_CONFIGURATION 或 SET_INTERFACE 设备请求之后使用软件使能和配置。

5.5.7　串行接口引擎命令描述

串行接口引擎(SIE)的函数和寄存器使用命令来访问。命令由命令代码组成，接着是可选的数据字节(可以是读操作或写操作)。在执行上述访问时将使用 USBCmdCode(见 USB

命令代码寄存器表)和 USBCmdData(见 USB 命令数据寄存器表)寄存器。

一次完整的访问包含两个阶段：

(1) 命令阶段：对 USBCmdCode 寄存器执行写操作，将 CMD_PHASE 字段设置为 0x05(命令)，将 CMD_CODE 字段设置为所需的命令代码。在命令执行完时，USBDevIntSt 寄存器中的 CCEMPTY 位置位。

(2) 数据阶段(可选)：如果执行写操作，则将 USBCmdCode 寄存器中的 CMD_PHASE 字段设置为 0x01(写)，将 CMD_WDATA 字段设置为所需的写数据。写操作完成时，USBDevIntSt 寄存器中的 CCEMPTY 位置位。如果执行读操作，则将 USBCmdCode 寄存器中的 CMD_PHASE 字段设置为 0x02(读)，CMD_CODE 字段利用读对应的命令代码来设置。读操作完成时，USBDevIntSt 寄存器中的 CDFULL 位将置位，表示 USBCmdData 寄存器中的数据在执行读操作时是可用的。在寄存器为多字节的情况下，首先访问的是最低有效字节。

程序清单 5.31 是读取当前帧编号的命令的例子(读 2 个字节)。

【程序 5.31】SIE 读取当前帧编号的例子。

```
USBDevIntClr = 0x30;              //将 CCEMPTY 和 CDFULL 清零
USBCmdCode = 0x00F50500;          //CMD_CODE=0xF5, CMD_PHASE=0x05(命令)
while (!(USBDevIntSt & 0x10));     //等待 CCEMPTY
USBDevIntClr = 0x10;              //清除 CCEMPTY 中断位
USBCmdCode = 0x00F50200;          //CMD_CODE=0xF5, CMD_PHASE=0x02(读)
while (!(USBDevIntSt & 0x20));     //等待 CDFULL
USBDevIntClr = 0x20;              //清除 CDFULL
CurFrameNum = USBCmdData;          //读帧编号的 LSB 字节
USBCmdCode = 0x00F50200;          //CMD_CODE=0xF5, CMD_PHASE=0x02(读)
while (!(USBDevIntSt & 0x20));     //等待 CDFULL
Temp = USBCmdData;                //读帧编号的 MSB 字节
USBDevIntClr = 0x20;              //清除 CDFULL 中断位
CurFrameNum = CurFrameNum | (Temp << 8);
```

程序清单 5.32 是设置地址命令的例子(写 1 个字节)。

【程序 5.32】SIE 设置地址命令的例子。

```
USBDevIntClr = 0x10;              //清除 CCEMPTY
USBCmdCode = 0x00D00500;          //CMD_CODE=0xD0, CMD_PHASE=0x05(命令)
while (!(USBDevIntSt & 0x10));     //等待 CCEMPTY
USBDevIntClr = 0x10;              //清除 CCEMPTY
USBCmdCode = 0x008A0100;          //CMD_WDATA=0x8A(DEV_EN=1, DEV_ADDR=0xA),
                                  //CMD_PHASE=0x01(写)
while (!(USBDevIntSt & 0x10));     //等待 CCEMPTY
USBDevIntClr = 0x10;              //清除 CCEMPTY
```

串行接口引擎(SIE)可执行命令如表 5.97 所示。

表 5.97　串行接口引擎可执行命令列表

命令名称	接受者	指令码	数据阶段
设备命令			
设置地址	设备	D0	写 1 个字节
配置设备	设备	D8	写 1 个字节
设置模式	设备	F3	写 1 个字节
读取当前帧号	设备	F5	读 1 个或 2 个字节
读测试寄存器	设备	FD	读 2 个字节
设置设备状态	设备	FE	写 1 个字节
获得设备状态	设备	FE	读 1 个字节
获得错误代码	设备	FF	读 1 个字节
读错误状态	设备	FB	读 1 个字节
端点命令			
选择端点	端点 0	00	读 1 个字节(可选)
	端点 1	01	读 1 个字节(可选)
	端点 xx	xx	读 1 个字节(可选)
选择端点/清除中断	端点 0	40	读 1 个字节
	端点 1	41	读 1 个字节
	端点 xx	xx+40	读 1 个字节
设置端点状态	端点 0	40	写 1 个字节
	端点 1	41	写 1 个字节
	端点 xx	xx+40	写 1 个字节
清空缓冲区	所有端点	F2	读 1 个字节(可选)
确认缓冲区	所有端点	FA	无

5.6　I²S 接口

5.6.1　I²S 接口概述

I²S 总线为数字音频应用提供了一个标准的通信接口。

I²S 总线规范定义 I²S 接口为一条 3 线串行总线,其中包括 1 根数据线、1 根时钟线和 1 根字选择信号线。基本的 I²S 连接具有一个主机(主机角色固定)和一个从机。LPC1700 系列处理器的 I²S 模块提供了彼此独立的发送和接收通道,每个通道都可作为主机或从机。I²S 接口特性如下:

(1) I²S 输入通道可工作在主机和从机模式下;

(2) I²S 输出通道可工作在主机和从机模式下,而与 I²S 输入通道无关;

(3) I²S 接口能处理 8、16 和 32 位的数据字;

(4) 支持单声道和立体声道音频数据的传输;

(5) 支持采样频率范围(实际上)为 16 kHz～96 kHz(16 kHz、22.05 kHz、32 kHz、44.1 kHz、48 kHz、96 kHz)的数据传输;

(6) 发送通道和接收通道具有独立的主机时钟输入/输出,支持高达 512 fs 的时钟;

(7) 在主机模式下,字选择周期可配置(I^{2}S 输入和 I^{2}S 输出各自独立配置);

(8) 提供两个 8 字(32 字节)的 FIFO 数据缓冲区,一个用于发送,一个用于接收;

(9) 当缓冲区深度超过预设触发深度时(可编程的边界时),产生中断请求;

(10) 两个 DMA 请求由可编程的缓冲区深度控制,这两个 DMA 请求被连接到通用 DMA 模块;

(11) 可对 I^{2}S 输入和 I^{2}S 输出通道分别执行复位、停止和静音操作。

I^{2}S 分别通过发送通道和接收通道来执行串行数据的输出和输入。在单声道和立体声道音频数据传输中,这两个通道都支持 8、16 和 32 位 NXP Inter IC 格式的音频数据。配置、数据访问和控制由 APB 总线来执行。数据流通过 8 字节深度的 FIFO 进行缓冲。

在从机模式或主机模式中,I^{2}S 接收级和发送级可独立操作。在 I^{2}S 模块中,模式间的差别在于决定数据发送时序的字选择(WS)信号。在 WS 改变后,数据字在发送时钟的下一个下降沿开始。在立体声道模式下,WS 为低时发送左声道数据,WS 为高时发送右声道数据;在单声道模式中,相同的数据发送两次,WS 为低时发送一次,WS 为高时再发送一次。

(1) 在主机模式中(ws_sel=0),字选择通过 9 位计数器在接口内部执行。该计数器的半周期计数值可在控制寄存器中设置。

(2) 在从机模式中(ws_sel=1),字选择从相关的总线引脚输入。

(3) 当 I^{2}S 总线有效时,主机连续发送字选择信号、接收时钟和发送时钟信号,从机连续发送数据。

(4) 分别通过发送和接收通道的停止或静音控制位来禁能 I^{2}S。

(5) 停止位将禁止通过发送通道或接收通道访问 FIFO,并把发送通道置于静音模式下。

(6) 静音控制位将发送通道置于静音模式。在静音模式下,发送通道 FIFO 正常操作,但输出被废除或由 0 替换。该位不影响接收通道,数据接收可正常进行。

5.6.2　引脚描述

I^{2}S 接口引脚描述如表 5.98 所示。

表 5.98　I^{2}S 接口引脚描述

引脚名称	类型	引脚描述
I2SRX_CLK	输入/输出	接收时钟。用于同步接收通道上的数据传输。由主机驱动从机接收,与 I^{2}S 总线规范中的信号 SCK 对应
I2SRX_WS	输入/输出	接收字选择。选择接收数据的通道。由主机驱动从机接收,与 I^{2}S 总线规范中的信号 WS 对应。 WS=0 表示通道 1(左通道)正在接收数据; WS=1 表示通道 2(右通道)正在接收数据

引脚名称	类型	引 脚 描 述
I2SRX_SDA	输入/输出	接收数据。串行数据，先接收 MSB。由发送器驱动接收器读取，与 I^{2}S 总线规范中的信号 SD 对应
RX_MCLK	输入/输出	用于 I^{2}S 接收通道的可选主机时钟输入或输出
I2STX_CLK	输入/输出	发送时钟，用于同步发送通道上的数据传输。由主机驱动从机接收，与 I^{2}S 总线规范中的信号 SCK 对应
I2STX_WS	输入/输出	发送字选择。选择发送数据的通道。由主机驱动从机接收，与 I^{2}S 总线规范中的信号 WS 对应。 WS=0 表示数据正被发送到通道 1(左通道)； WS=1 表示数据正被发送到通道 2(右通道)
I2STX_SDA	输入/输出	发送数据。串行数据，先发送 MSB。由发送器驱动、接收器读取，相对于 I^{2}S 总线规范中的信号 SD 而言
TX_MCLK	输入/输出	用于 I^{2}S 发送通道的可选主机时钟输入/输出

I^{2}S 总线的几种配置如图 5.15 所示。

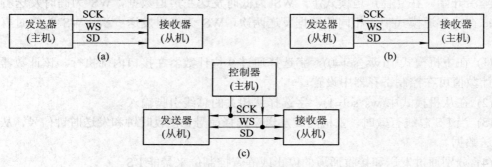

图 5.15　I^{2}S 简单配置图

I^{2}S 总线的时序如图 5.16 所示。

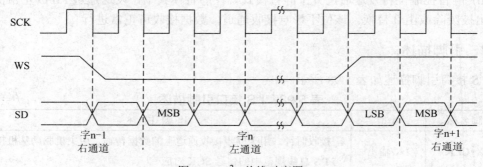

图 5.16　I^{2}S 总线时序图

5.6.3　I^{2}S 接口寄存器描述

LPC1700 系列处理器 I^{2}S 接口的寄存器描述如表 5.99 所示。

表 5.99 I²S 接口寄存器描述

名　称	描　　述	访问	复位值	地址
I2SDAO	数字音频输出寄存器，包括 I²S 发送通道的控制位	读/写	0x87E1	0x400A 8000
I2SDAI	数字音频输入寄存器，包括 I²S 接收通道的控制位	读/写	0x87E1	0x400A 8004
I2STXFIFO	发送 FIFO。8×32 位的发送 FIFO 的访问寄存器	只写	0	0x400A 8008
I2SRXFIFO	接收 FIFO。8×32 位的接收 FIFO 的访问寄存器	只读	0	0x400A 800C
I2SSTATE	状态反馈寄存器，包含 I²S 接口的状态信息	只读	0	0x400A 8010
I2SDMA1	DMA 配置寄存器 1，包含 DMA 请求 1 的控制信息	读/写	0	0x400A 8014
I2SDMA2	DMA 配置寄存器 2，包含 DMA 请求 2 的控制信息	读/写	0	0x400A 8018
I2SIRQ	中断请求控制寄存器，包含控制 I²S 中断请求如何产生的位	读/写	0	0x400A 801C
I2STXRATE	发送 MCLK 分频器。该寄存器确定 I²S TX MCLK 速率，通过指定 PCLK 的分频值来实现（以便产生 MCLK）	读/写	—	0x400A 8020
I2SRXRATE	接收 MCLK 分频器。该寄存器确定 I²S RX MCLK 速率，通过指定 PCLK 的分频值来实现（以便产生 MCLK）	读/写	—	0x400A 8024
I2STXBITRATE	发送位速率分频器。该寄存器确定 I²S 发送位速率，通过指定 TX_MCLK 的分频值产生发送位时钟来完成	读/写	—	0x400A 8028
I2SRXBITRATE	接收位速率分频器。该寄存器确定 I²S 接收位速率，通过指定 RX_MCLK 的分频值产生接收位时钟来完成	读/写	—	0x400A 802C
I2STXMODE	发送模式控制	读/写	—	0x400A 8030
I2SRXMODE	接收模式控制	读/写	—	0x400A 8034

习　　题

5.1　假设一条 I²C 总线上有多个主机。当多个主机同时发动传输时，I²C 总线是如何仲裁的？

5.2　查阅 LPC1700 的数据手册，简述以太网数据拆包的顺序。

5.3　请简要说明 LPC1700 处理器以太网控制器如何保存一个接收的以太帧。

5.4　请说明在以太帧接收描述符队列和发送描述符队列中生产者和消费者各是什么？

5.5　请简述 SPI 接口时钟频率是如何得到的。

5.6　简要说明 LPC1700 处理器 CAN 控制器的特性。

5.7　请回答 LPC1700 系列处理器包含哪些 USB 接口。

第 6 章　嵌入式实时操作系统

6.1　嵌入式实时操作系统基础

6.1.1　嵌入式实时操作系统简介

　　一般情况下，嵌入式操作系统可以分为两类：一类是面向控制、通信等领域的实时操作系统，如 Windriver 公司的 VxWorks、isi 公司的 psos、qnx 系统软件公司的 qnx、ati 公司的 nucleus 等；另一类是面向消费电子产品的非实时操作系统，这类产品包括个人数字助理(PDA)、移动电话、机顶盒、电子书、webphone 等。常用的操作系统有 Windows CE、Android、PalmOS 等。

　　早期的嵌入式系统中没有操作系统的概念，程序员编写嵌入式程序通常直接面对裸机及裸设备。在这种情况下，通常把嵌入式程序分成两部分，即前台程序和后台程序，也就是通常所说的前、后台系统。前台程序通过中段来处理事件，其结构一般为无限循环；后台程序则掌管整个嵌入式系统软、硬件资源的分配、管理以及任务的调度，是一个系统管理调度程序。一般情况下，后台程序也叫任务级程序，前台程序也叫事件处理级程序。在程序运行时，后台程序检查每个任务是否具备运行条件，通过一定的调度算法来完成相应的操作。对于实时性要求特别严格的操作通常由中断来完成，仅在中断服务程序中标记事件的发生，不再做任何工作就退出中断。经过后台程序的调度，转由前台程序完成事件的处理，这样就不会造成因在中断服务程序中处理费时的事件而影响后续和其它中断。

　　实际上，前后台系统的实时性比预计的要差。这是因为前、后台系统认为所有的任务具有相同的优先级别，即是平等的，而且任务的执行又是通过 FIFO 队列排队，因而对那些实时性要求高的任务不可能立刻得到处理。另外，由于前台程序是一个无限循环的结构，一旦在这个循环体中正在处理的任务崩溃，使得整个任务队列中的其它任务得不到机会被处理，从而造成整个系统的崩溃。由于这类系统结构简单，几乎不需要 RAM/ROM 的额外开销，因而简单的嵌入式应用被广泛使用。

　　实时(Real-Time)系统是指能在确定的时间内执行其功能并对外部的异步事件做出响应的计算机系统。其操作的正确性不仅依赖于逻辑设计的正确程度，而且与这些操作进行的时间有关。"在确定的时间内"是该定义的核心。也就是说，实时系统对响应时间有严格要求。

　　实时系统对逻辑和时序的要求非常严格，如果逻辑和时序出现偏差将会引起严重后果。实时系统有两种类型：软实时系统和硬实时系统。软实时系统仅要求事件响应是实时的，并不要求限定某一任务必须在多长时间内完成；而在硬实时系统中，不仅要求任务响应要实时，而且要求在规定的时间内完成事件的处理。通常，大多数实时系统是两者的结合。实时应用软件的设计一般比非实时应用软件的设计困难。实时系统的技术关键是如何保证系统的实时性。

实时操作系统(Real Time Operating System，RTOS)是指具有实时性，能支持实时控制系统工作的操作系统。其首要任务是调度一切可利用的资源完成实时控制任务，其次才着眼于提高计算机系统的使用效率，其重要特点是要满足对时间的限制和要求。实时操作系统具有如下功能：任务管理(多任务和基于优先级的任务调度)、任务间同步和通信(信号量和邮箱等)、存储器优化管理(含 ROM 的管理)、实时时钟服务、中断管理服务。实时操作系统具有规模小、中断被屏蔽的时间很短、中断处理时间短以及任务切换很快的特点。

6.1.2　嵌入式实时操作系统基本概念

1. 任务

任务(Task)跟操作系统中"进程"的概念类似，是程序的一种动态表现，是程序的一次执行过程。在嵌入式操作系统中，任务体现为具有独立功能的无限循环程序段的一次运行活动。

任务的概念跟程序的概念是不同的。程序是静止的，存在于 ROM、硬盘等外部设备中。任务是运动的，存在于内存中，拥有睡眠、就绪、运行、阻塞、挂起等多种状态。相同程序的多次执行是可以的，这就形成了多个优先级不同的任务，每一个任务都是独立的。在实时系统中，把应用程序的设计过程分割为多个任务，每个任务都有自己的优先级，并在操作系统的调度下协调运行。程序 6.1 为一个典型的用户任务程序代码。

【程序 6.1】一个典型的用户任务程序。

```
void usertask(void *param)
{
    int I = (int *(param));

    for(;;)
    {
        printf("%d\r\n",i);
        OSTimeDly(OS_TICKS_PER_SEC);
    }
}
```

由代码可见，这个任务由一个无限循环的程序段构成，执行简单的信息输出和延时操作。

2. 多任务

实时操作系统是多任务(MultiTasking)的操作系统，也就是说，系统中需要支持多个任务同时执行。

任务的类型有：用户任务，由用户自己编制，如程序 5.1 中的 usertask；也有一些操作系统提供的系统任务，如 μC/OS-Ⅱ中的空闲任务和统计任务等。

由于实时操作系统可以实现多任务的运行，相对于其它的单任务系统，其优点是可以大大提高 CPU 的利用率，又使得应用程序可以分成多个程序模块，实现模块化，应用程序更易于设计和维护。

在嵌入式系统应用场合，多任务系统的使用非常普遍。例如：在一个 ARM 信号采集处理系统中，需要同时采集 16 路信号，又要对多路信号进行处理和传输。这样，可以在实时操作系统中创建 16 个任务负责 16 路信号的采集，创建一个任务对信号进行处理，再创建一个任务负责数据的传输。程序 6.2 为一个典型的多任务程序代码。

【程序 6.2】 一个典型的多任务程序。

```
{ int main(int agrc, char **argv)
{
    OSInit();
    OSTaskCreate(TaskStart,0,&TaskStk[0][TASK_STK_SIZE-1],TaskStart_Prio);
    OSTaskCreate(usertask,2,&TaskStk[2][TASK_STK_SIZE-1],2);
    OSTaskCreate(usertask,3,&TaskStk[3][TASK_STK_SIZE-1],3);
    OSStart();
    return 0;
}
```

在本例中可以看到，程序首先调用 OSInit()执行操作系统初始化，然后调用 OSTaskCreate()创建了三个任务，分别是一个初始任务 TaskStart 和两个用户任务 usertask，最后调用 OSStart()启动系统。

程序 6.1 中编写的一个程序段 usertask 在实际执行时可以成为两个单独的、同时执行的任务，其任务优先级分别为 2 和 3，这两个任务虽然执行同一个程序段，但却是两个不同的任务实体，由操作系统执行任务调度分别执行。这是一个典型的一个程序对应多个任务的范例。

为了保证多任务系统的正确运行，在编写任务程序段时应尽可能使用可重入函数。可重入函数可以被一个以上的任务调用，而不必担心数据的破坏。可重入函数在任何时候都可以被中断，一段时间以后又可以运行，而相应数据不会丢失。实现可重入函数的方法是只使用局部变量，即变量保存在 CPU 寄存器或堆栈中。

3. 任务的状态

在多任务实时操作系统中，由于多个任务的交替执行，分别使用系统的处理器、存储器、IO 设备等资源，系统中的多个任务在执行过程必然处于不同的状态中。

实时操作系统中的任务一般有三种状态：运行态(Executing)、就绪态(Ready)和挂起态(Suspended)。

(1) 运行态：任务获得 CPU 控制权，进入 CPU 执行。

(2) 就绪态：由于 CPU 只有一个，未能进入运行态的任务进入任务等待队列，等待通过任务调度而转为运行状态。

(3) 挂起态：由于任务执行过程中需要某些资源(有可能是硬件资源或某些特定事件)，

但资源暂时得不到满足，于是任务发生阻塞(Block)，移出任务等待队列，等待满足资源事件的发生而唤醒，从而再次转为就绪态等待调度。

在嵌入式系统中，由于 CPU 通常都只有一个，因此在任何时刻，系统中只能有一个任务进入 CPU 处于运行状态，其它的任务则分别处于就绪态和挂起态。它们一般按优先级别，通过时间片轮转分别获得对 CPU 的访问权。

4．任务调度

调度(scheduler)是操作系统的主要职责之一，它决定在多个任务中哪个该运行了。对于实时操作系统，任务调度直接影响其实时性能。常用的调度算法有时间片轮转、短作业优先、优先级调度等。不同的 RTOS 可能支持其中的一种或几种。

基于优先级的调度算法可分为可抢占型和不可抢占型两类。

(1) 可抢占型。指 RTOS 内核可以抢占正在运行任务的 CPU 使用权并将使用权交给进入就绪态的优先级更高的任务，是内核抢了 CPU 让别的任务运行。

(2) 不可抢占型。指 RTOS 使用某种算法并决定让某个任务运行后，就把 CPU 的控制权完全交给该任务，直到它主动将 CPU 控制权还回来。不可抢占型 RTOS 可以保证调度的公平，减少调度次数，从而减少系统由于任务切换而带来的开销。但它的缺点在于：当系统来了一个优先级高的要求实时的就绪任务，如果系统中占用 CPU 最长任务的执行时间不能确定，那么，整个系统的实时性就不能确定。

相比较而言，可抢占型 RTOS 的实时性好，优先级高的任务只要具备了运行的条件，或者说进入了就绪态，就可以立即运行。也就是说，除了优先级最高的任务，其它任务在运行过程中都可能随时被比它优先级高的任务中断，让后者运行。通过这种方式的任务调度保证了系统的实时性，但是，如果任务之间抢占 CPU 控制权处理不好，就会产生优先级反转甚至系统崩溃、死机等严重后果。

5．任务通信与同步

在多任务实时系统中，一项工作可能需要多个任务共同完成，它们之间必须协调动作、互相配合，必要时还要交换信息。实时操作系统提供了任务间的通信与同步机制来解决这个问题。任务间的同步与通信一般要实现：任务对共享资源的互斥访问；任务与另一个任务进行同步处理；任务与其它任务交换数据。

为了实现多任务间的互斥与同步，必须引入临界区的概念。临界区(Critical Section)指任务程序段中不可分割、不可中断的一部分代码。程序进入临界区往往是因为要访问临界资源，即一次仅允许一个任务使用的共享资源。因此，任务一旦进入临界区，就不允许任何中断进入。在进入临界区之前要关中断，而临界区代码执行完以后要立即开中断。在任务切换时，要保护地址、指令、数据等寄存器堆栈。

在使用临界区时，一般不允许其运行时间过长，只要进入临界区的任务还没有离开，其它所有试图进入此临界区的任务都会被挂起而进入到挂起状态，并会在一定程度上影响程序的运行性能。尤其需要注意的是，不要将等待用户输入或是其它一些外界干预的操作包含到临界区。如果进入了临界区却一直没有释放，同样也会引起其它任务的长时间等待。

常用的任务同步和通信的方式有：全局变量、信号量、邮箱、消息队列和事件标志组等。

6. 存储管理

存储管理提供对内存资源的合理分配和存储保护功能。

一般操作系统的存储管理非常复杂，虚拟管理被广泛地使用。嵌入式操作系统的存储管理通常比较简单，在具体的嵌入式应用中，任务的数量和各自可能使用的内存容量是可以在开发时预测的，因此嵌入式操作系统通常采用静态内存分配。对于动态内存分配通常的做法也是从缓冲区中动态分配一块固定大小的内存，在使用完毕后就释放。一般来说，嵌入式操作系统的存储管理没有垃圾收集的功能。

在一个复杂的应用系统中，可能会有几种情况的组合，应视具体情况处理。例如，在一个有多个处理器，且既有硬实时应用又有软实时应用和非实时应用的嵌入式系统中，设计时可以在硬实时部分采用静态内存分配，软实时部分采用动态内存分配，而在非实时部分采用虚拟存储技术，并且使这三种应用分别运行在不同的处理器上。

在一般的操作系统中，每个应用程序都有自己的地址空间，不能任意访问其它应用程序的地址空间。这样，当一个应用程序崩溃时，不会对其它程序产生影响。尽管存储器芯片价格已经很便宜，但因受应用环境的限制，不能大量使用存储器，这时嵌入式操作系统的代码量就受到严格限制。例如有的嵌入式操作系统只有几 KB，导致其在处理内存保护方面就非常薄弱，这样的嵌入式操作系统一般应用于一些即使系统崩溃，也不会致造成重大损失的领域，例如手持式电话。但某些嵌入式应用则对内存保护有非常严格的要求，例如在武器系统中，就要求嵌入式操作系统具有内存保护的功能。

大多数嵌入式操作系统对内存空间没有保护，各个进程实际上共享一个运行空间。一个进程在执行前，系统必须为它分配足够的连续地址空间，然后全部载入主存储器的连续空间。

由此可见，嵌入式系统的开发人员必须参与系统的内存管理。从编译内核开始，开发人员必须告诉系统这块开发板到底拥有多少内存；在开发应用程序时，必须考虑内存的分配情况并关注应用程序需要运行空间的大小。另外，由于采用实存储器管理策略，用户程序同内核以及其它用户程序在一个地址空间，程序开发时要保证不侵犯其它程序的地址空间，以使得程序不至于破坏系统的正常工作，或导致其它程序的运行异常。因而，嵌入式系统的开发人员对软件中的一些内存操作要格外谨慎。

7. 定时器和中断管理

实时操作系统要求用户提供定时中断以完成延时与超时控制等功能。实时系统中时钟是必不可少的硬件设备，它用来产生周期性的时钟节拍信号。在实时系统中，时钟节拍一般在 10 次/秒～100 次/秒之间。时钟节拍的选择取决于用户应用程序的精度要求，过高的时钟节拍会使系统的额外负担过重。

实时操作系统的设计中，在实时时钟的基础上由用户自定义时钟节拍(Tick)的大小，一个 Tick 值是用户应用系统的最小时间单位。时钟节拍就是每秒的 Tick 数，Tick 值的设定必须使时钟节拍是整数。当用户定义 Tick 为 10 ms 以后，系统的时钟节拍就是 100 Hz。系统每隔 10 ms，实时时钟就会产生一个硬件中断，通知系统执行与定时或等待延时相关的操作。实时操作系统的时钟节拍主要完成维护系统的日历时间、任务的有限等待计时、软定时器管理以及时间片轮转的时间控制。

　　实时操作系统的时钟管理提供了系统对绝对日期的支持。由于一秒钟是用户定义的 Tick 值的整数倍，所以通过计数经过的 Tick 数就可以对系统日期进行维护。实时时钟管理不仅提供绝对日期的功能，也是系统中任务有限等待的计时。每经过一个 Tick 值，时钟中断服务程序就通知每个有限等待的任务减少一个 Tick 值。通过这种中断服务程序，实时时钟也可以完成软定时器和时间片轮转的时间计数功能。

　　实时操作系统的中断管理与一般操作系统的中断管理大体相同。中断管理负责中断的初始化、现场的保存和恢复、中断栈的嵌套管理等。

8．内核

　　内核是操作系统中最核心的部分。它一般在系统启动后常驻内存，主要实现任务管理、存储管理、IO 设备管理、定时器管理和中断管理等功能。

6.2　μC/OS-Ⅱ内核原理

　　μC/OS-Ⅱ读做"micro COS2"，意为"微控制器操作系统版本 2"。μC/OS-Ⅱ是著名的、源码公开的实时内核，可用于各类 8 位、16 位和 32 位单片机或 DSP。从 μC/OS 算起，该内核已有 10 多年的应用，在诸多领域得到了广泛应用。

　　μC/OS-Ⅱ的前身是 μC/OS，最早出自于 1992 年美国嵌入式系统专家 Jean J.Labrosse 在《嵌入式系统编程》杂志的 5 月和 6 月刊上刊登的文章连载，并把 μC/OS 的源码发布在该杂志的论坛上。

　　μC/OS 和 μC/OS-Ⅱ是专门为计算机的嵌入式应用设计的，绝大部分代码是用 C 语言编写的。CPU 硬件相关部分是用汇编语言编写的，总量约 200 行的汇编语言部分被压缩到最低限度，目的是便于移植到任何一种其它的 CPU 上。用户只要有标准的 ANSI C 交叉编译器，有汇编器、连接器等软件工具，就可以将 μC/OS-Ⅱ嵌入到开发的产品中。μC/OS-Ⅱ具有执行效率高、占用空间小、实时性能优良和可扩展性强等特点，最小内核可编译至 2 KB。μC/OS-Ⅱ已经移植到了几乎所有知名的 CPU 上。

　　严格地说，μC/OS-Ⅱ只是一个实时操作系统内核，它仅仅包含了任务调度、任务管理、时间管理、内存管理和任务间的通信和同步等基本功能，没有提供输入/输出管理、文件系统、网络等额外的服务，但由于 μC/OS-Ⅱ良好的可扩展性和源码开放性，使得这些非必需的功能完全可以由用户自己根据需要分别实现。

　　μC/OS-Ⅱ的目标是实现一个基于优先级调度的抢占式的实时内核，并在这个内核上提供最基本的系统服务，如信号量、邮箱、消息队列、内存管理及中断管理等。

　　μC/OS-Ⅱ具有如下主要特点：

　　(1) 源代码开放。μC/OS-Ⅱ全部以源代码的方式提供给使用者(约 5500 行)。该源码清晰易读、结构协调，且注解详尽、组织有序。

　　(2) 可移植(Portable)。μC/OS-Ⅱ的源代码绝大部分是用移植性很强的 ANSI C 编写的，与微处理器硬件相关的部分是用汇编语言写的。μC/OS-Ⅱ可以移植到许多不同的微处理器上，条件是：该微处理器具有堆栈指针，具有 CPU 内部寄存器入栈、出栈指令，使用的 C 编译器必须支持内嵌汇编，或者该 C 语言可扩展和可链接汇编模块，使得关中断和开中断能在 C 语言程序中实现。

(3) 可固化(ROMable)。μC/OS-Ⅱ是为嵌入式应用而设计的。意味着只要具备合适的系列软件工具(C 编译、汇编、链接以及下载/固化)，就可以将 μC/OS-Ⅱ嵌入到产品中作为产品的一部分。

(4) 可裁减(Scalable)。可裁减指可以只使用 μC/OS-Ⅱ中应用程序需要的系统服务。可裁减性是靠条件编译实现的，只需要在用户的应用程序中定义那些 μC/OS-Ⅱ中的功能应用程序需要的部分就可以了。

(5) 可抢占性(Preemptive)。μC/OS-Ⅱ是完全可抢占型的实时内核，即 μC/OS-Ⅱ总是运行就绪条件下优先级最高的任务。

(6) 多任务。μC/OS-Ⅱ可以管理 64 个任务。赋予每个任务的优先级必须是不相同的，这就是说，μC/OS-Ⅱ不支持时间片轮转调度法(该调度法适用于调度优先级平等的任务)。

(7) 可确定性。绝大多数 μC/OS-Ⅱ的函数调用和服务的执行时间都具有可确定性。也就是说，用户能知道 μC/OS-Ⅱ的函数调用与服务执行了多长时间。进而可以说，除了函数 OSTimeTick()和某些事件标志服务外，μC/OS-Ⅱ系统服务的执行时间不依赖于用户应用程序任务数目的多少。

(8) 任务栈。每个任务都有自己单独的栈。μC/OS-Ⅱ允许每个任务有不同的栈空间，以便降低应用程序对 RAM 的需求。

(9) 系统服务。μC/OS-Ⅱ提供许多系统服务，比如信号量、互斥信号量、事件标志、消息邮箱、消息队列、时间管理等。

(10) 中断管理。中断可以使正在执行的任务暂时挂起。如果优先级更高的任务被该中断唤醒，则高优先级的任务在中断嵌套全部退出后立即执行，中断嵌套层数可以达 255 层。

(11) 稳定性和可靠性。μC/OS-Ⅱ的每一种功能、每一个函数以及每一行代码都经过了考验和测试，具有足够的安全性与稳定性，能用于人命攸关、安全性条件极为苛刻的系统中。

2000 年 7 月，μC/OS-Ⅱ在一个航空项目中得到了美国联邦航空管理局对商用飞机符合 RTCADO - 178B 标准的认证。这一结论表明，该操作系统的质量得到了认证，可以在任何应用中使用。

要强调的是，μC/OS 不是开放源码的免费软件，这是和 Linux 完全不一样的。开发和研究者可以通过购买 Micrium 公司的 μC/OS-Ⅱ的书籍，得到 μC/OS-Ⅱ源代码，但是仅可以作为个人和学校学习使用，所有与 μC/OS-Ⅱ直接或间接相关的商业目的行为，都必须购买使用 μC/OS-Ⅱ及系列产品的商业授权。除了 μC/OS-Ⅱ以外，Micrium 公司的其它软件如 μC/GUI、μC/FS、μC/TCP-IP、μC/USB 等的销售模式都是购买使用授权才可以拥有源代码，但不能将源代码用于产品的设计、培训、教学和生产。

目前，μC/OS 已经发展到了 μC/OS-Ⅲ。μC/OS-Ⅲ是一个全新的实时内核，除了提供熟悉的一系列系统服务外，它还全面修订了 API 接口，使 μC/OS-Ⅲ更直观、更容易使用。该产品可以广泛应用于通信、工业控制、仪器仪表、汽车电子、消费电子及办公自动化设备等的设计开发。

μC/OS-Ⅱ内核主要对用户任务进行调度和管理，并为任务间共享资源提供服务。其包含的模块有任务管理、任务调度、任务间通信、时间管理、内核初始化等。

μC/OS-Ⅱ内核体系结构如图 6.1 所示。由图可以看到，μC/OS-Ⅱ内核的核心是对任务的管理、调度及同步与通信等操作，然后通过与应用程序层接口的 API 函数给用户编写的任务提供支持。本书并非专门的 μC/OS-Ⅱ教材，因此对 μC/OS-Ⅱ内核的实现不做过多介绍，只是对 μC/OS-Ⅱ内核的基本概念、常用的 API 函数、基本移植方法做一个基本的描述，力图使嵌入式系统的初学者在学习后能尽快地使用该系统进行开发工作。需对 μC/OS-Ⅱ进行深入学习的读者可以阅读 Jean Labrosse 本人编写的《嵌入式实时操作系统 μC/OS-Ⅱ》一书。

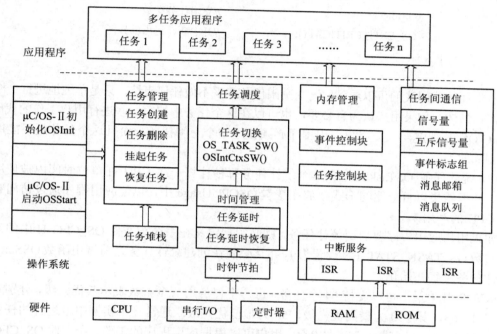

图 6.1　μC/OS-Ⅱ内核体系结构

6.2.1　μC/OS-Ⅱ任务管理

1. μC/OS-Ⅱ的任务

μC/OS-Ⅱ的任务可分为用户任务和系统任务。用户任务指由应用程序设计者编写的任务，系统任务指由系统提供的任务。用户任务是为解决应用问题而编写的，系统任务是为应用程序提供某种服务的。

μC/OS-Ⅱ预定义了两个为应用程序服务的系统任务：空闲任务和统计任务。空闲任务是每个应用程序必须使用的，统计任务可以根据实际需要来选用。

(1) 空闲任务 OSTaskIdle()。当多任务系统运行时系统在某个时间内没有用户任务运行而处于空闲状态时，系统执行空闲任务从而避免 CPU 空转。程序 6.3 为一个空闲任务的代码。

【程序 6.3】空闲任务的代码。

```
void OSTaskIdle(void *pdata)
{
#if OS_CRITICAL_METHOD == 3
OS_CPU_SR   cpu_sr;
```

```
#endif

        pdata = pdata;                          //防止某些编译器报错
        for(;;)
        {
            OS_ENTER_CRITICAL();                //关中断，进入临界区
            OSIdleCtr ++;                       //空闲任务计数
            OS_EXIT_CRITICAL();                 //开中断，退出临界区
        }
    }
```

从上面的代码我们可以看到，这个空闲任务几乎不做任何事情，只是单纯地进行一个计数操作。当然，如果用户认为有必要，也可以在这个任务中编写一些进行用户工作的代码。

μC/OS-Ⅱ规定，一个用户应用程序必须使用这个空闲任务，而且这个任务是不能用软件来删除的。

(2) 统计任务 OSTaskStat()。这个统计任务每秒计算一次 CPU 在单位时间内被使用的时间，并把结果以百分比的形式存放在变量 OSCPUUsage 中，以便应用程序通过访问它来了解 CPU 的利用率。

如果用户应用程序要启用统计任务，则必须把定义在系统头文件 OS_CFG.H 中的系统配置常数 OS_TASK_STAT_EN 设置为 1，并且必须在创建统计任务之前调用函数 OSStatInit() 对统计任务进行初始化。

μC/OS-Ⅱ中最多可以支持 64 个任务，每一个任务用一个整数表示其优先级，分别对应优先级 0~63，其中 0 为最高优先级，63 为最低优先级。通常一个实例中可运行的任务数是少于 64 个的，为了进一步节省内存，用户可以根据应用程序的需要，在文件 OS_CFG.H 中修改常数 OS_LOWEST_PRIO。该常数表示系统的最低优先级别，这样，系统中可供使用的任务总数就可以控制为 OS_LOWEST_PRIO+1 个。

μC/OS-Ⅱ总是把最低优先级 OS_LOWEST_PRIO 自动赋给空闲任务，如果用户应用程序还使用了统计任务，则将优先级 OS_LOWEST_PRIO−1 赋给统计任务。此时，可供用户任务使用的任务总数为 OS_LOWEST_PRIO−1 个。

2. μC/OS-Ⅱ任务的组成

从任务的存储结构看，μC/OS-Ⅱ的任务由三个部分组成：任务控制块、任务堆栈和任务程序代码，如图 6.2 所示。其中，任务程序代码是任务的执行部分；任务堆栈用来保存任务工作环境，并为任务提供动态分配内存；任务控制块相当于操作系统中的"进程控制块"，用来保存任务属性。

1) 任务控制块

任务控制块(Task Control Block，TCB)是任务管理的核心数据结构，一个任务控制块是一个任务存

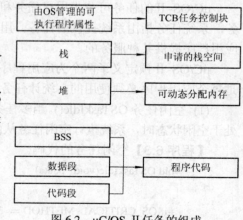

图 6.2　μC/OS-Ⅱ任务的组成

在的唯一标识。μC/OS-Ⅱ在启动时，首先要在内存中创建一定数量的任务控制块。任务控制块的最大数量等于 μC/OS-Ⅱ能同时管理的最多任务数 OS_LOWEST_PRIO+1。

任务控制块在 μC/OS-Ⅱ源代码中使用数据结构 OS_TCB 来定义。程序 6.4 为任务控制块结构体定义代码。

【程序 6.4】任务控制块结构体定义。

```
typedef struct os_tcb
{
        OS_STK          *OSTCBStkPtr;              //指向任务堆栈栈顶的指针

#if OS_TASK_CREATE_EXT_EN
        void            *OSTCBExtPtr;              //指向任务控制块扩展的指针
        OS_STK          *OSTCBStkBottom;           //指向任务堆栈栈底的指针
        INT32U          OSTCBStkSize;              //任务堆栈长度
        INT16U          OSTCBOpt;                  //创建任务时的选项
        INT16U          OSTCBId;                   //任务控制块 ID，目前未使用
#endif

        struct os_tcb *OSTCBNext;                  //任务链表中指向后一个任务控制块的指针
        struct os_tcb *OSTCBPrev;                  //任务链表中指向前一个任务控制块的指针

#if (OS_Q_EN && (OS_MAX_QS >= 2)) || OS_MBOX_EN || OS_SEM_EN
        OS_EVENT        *OSTCBEventPtr;            //指向事件控制块的指针
#endif

#if (OS_Q_EN && (OS_MAX_QS >= 2)) || OS_MBOX_EN
        void            *OSTCBMsg;                  //指向传递给任务消息的指针
#endif

        INT16U          OSTCBDly;                   //任务等待的时限(节拍数)
        INT8U           OSTCBStat;                  //任务的当前状态
        INT8U           OSTCBPrio;                  //任务的优先级

        INT8U           OSTCBX;                     //以下 4 项用于快速访问就绪表
        INT8U           OSTCBY;
        INT8U           OSTCBBitX;
        INT8U           OSTCBBitY;

#if OS_TASK_DEL_EN
```

　　　　　　BOOLEAN　　　　　　OSTCBDelReq;　　　　//请求删除任务时的标志
　　#endif

　　} OS_TCB;

　　μC/OS-Ⅱ在任务控制块中记录了一个任务的基本属性和情况，一个任务控制块就相当于一个任务在系统里的身份证，没有任务控制块的任务是不能被系统承认和管理的。

　　任务创建时，μC/OS-Ⅱ给任务的代码分配一个任务控制块，并通过任务控制块把任务代码和任务堆栈关联起来，形成一个完整的任务。然后使新创建的任务进入就绪状态，并接着引发一次任务调度。

　　为了管理系统中的多个任务，μC/OS-Ⅱ把系统所有任务的控制块链接成为两个链表，一个是空闲控制块链表(任务控制块未分配给任务)，另一个是任务块链表(其中的任务控制块已分配给任务)。μC/OS-Ⅱ通过两个链表管理各任务控制块，进而再通过任务控制块来对任务进行相关的操作。

　　系统在调用 OSInit()对 μC/OS-Ⅱ系统进行初始化时，先在 RAM 里建立一个 OS_TCB 结构类型的数组 OSTCBTbl[OS_MAX_TASKS + OS_N_SYS_TASKS](OS_MAX_TASKS 为最多的用户任务数，OS_N_SYS_TASKS 为系统任务数，一般情况下为 2)，这样每个数组元素就是一个任务控制块，然后把这些控制块链接成一个空闲任务控制块链表。空闲任务控制块链表示意图如图 6.3 所示。

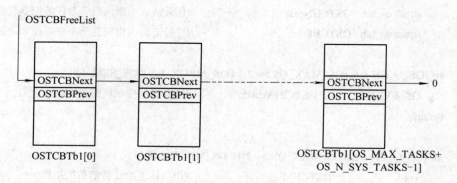

图 6.3　空闲任务控制块链表示意图

　　每当系统调用 OSTaskCreate()或 OSTaskCreateExt()创建一个任务时，系统从空闲任务控制块链表里摘取一个空的任务控制块，填充上任务属性后，加入到任务块链表中。

　　系统调用 OSTaskDel()删除一个任务时，实质上就是将该任务从任务块链表里摘除，并归还给空闲任务控制块链表。

　　2) 任务堆栈

　　所谓堆栈(Stack)，是指在存储器中按数据"后进先出 LIFO(Last In First Out)"的原则组织的连续存储空间。因此，堆栈这种数据结构最大的特点就是最后进去的最先出来。

　　μC/OS-Ⅱ的任务堆栈有两个用途：一是当发生任务切换和响应中断时，用来保存 CPU 寄存器中的内容；二是存储任务的私有数据。任务堆栈是 μC/OS-Ⅱ任务的重要组成部分，每个任务都应该配有自己的任务堆栈。程序 6.2 为任务堆栈的定义代码。

【程序 6.5】 任务堆栈的定义。

```
typedef unsigned int      OS_STK;
#define   TASK_STK_SIZE                    512            //定义堆栈的大小为 512 个整型数据
OS_STK   TaskStk [TASK_STK_SIZE];                         //定义一个数组来做任务堆栈
```

　　TASK_STK_SIZE 是每个任务堆栈的大小，这里设置为 512，根据具体的情况做移植时，可修改这个值。要注意，由于处理器的位数不同，int 型数据的大小有可能是 16 位或 32 位，由此产生的任务堆栈的大小也有可能是 1024 字节或 2048 字节。

　　当调用 OSTaskCreate() 函数创建一个任务时，把任务堆栈数组的指针传递给函数的堆栈栈顶地址参数 ptos，就可以把该数组关联起来而成为该任务的任务堆栈。

　　需要注意的是，堆栈的增长方向是随系统所使用的处理器不同而不同的：有的处理器要求堆栈的增长方向随着地址向上，而有的处理器要求堆栈的增长方向随着地址向下。因此在传递栈顶地址时要注意区别堆栈增长的方向。例如，如果堆栈的增长方向向上，则应该传递地址 &TaskStk[0]；而如果堆栈的增长方向向下，则应传递地址 &TaskStk[TASK_STK_SIZE−1]。

　　3）任务程序代码

　　从程序代码来看，一个用户任务似乎就是一个 C 语言函数。但是这个函数不是一个一般的 C 语言函数，它是一个任务，不是被主函数或其它函数调用的。主函数 main() 只负责创建和启动它们，而它们真正的执行则由操作系统来调度运行。程序 6.6 为 μC/OS-Ⅱ 的用户任务代码结构。

【程序 6.6】 μC/OS-Ⅱ 的用户任务代码结构。

```
void MyTask1(void *pdata)            //定义用户任务 1
{
        for(;;)
        {
            ......
        }
}
void MyTask2(void *pdata)            //定义用户任务 2
{
        for(;;)
        {
            ......
        }
}
void MyTask3(void *pdata)            //定义用户任务 3
{
        for(;;)
        {
            ......
```

```
        }
    }
    void main()
    {
    ......
    OSInit();                              //初始化 μC/OS-Ⅱ
    ......
    OSTaskCreate(MyTask1,...);             //创建用户任务 1
    OSTaskCreate(MyTask2,...);             //创建用户任务 2
    OSTaskCreate(MyTask3,...);             //创建用户任务 3
    ......
    OSStart();                             //启动系统
    ......
    }
```

其中各函数的定义是用户任务进行定义的程序段，OSTaskCreate()用于创建用户任务；OSStart()用于 μC/OS-Ⅱ系统的启动。OSStart()之后，程序中的几个任务就交给操作系统来管理和调度了。

3. μC/OS-Ⅱ任务的状态

由于嵌入式系统中只有一个 CPU，在任何一个具体的时刻只能允许一个任务占用 CPU，根据任务在运行过程中的各种情况，μC/OS-Ⅱ中的任务可能处于以下五种状态之一。

1) 休眠态

休眠态表示任务已经被装入内存了，可是并没有准备好运行，所以以代码的形式存在于内存中。任务在调用 OSTaskCreate(任务创建函数)创建之前，处于休眠态。休眠态的任务不会得到运行，操作系统也不会给其设置为运行而准备的数据结构。

2) 就绪态

当操作系统调用 OSTaskCreate 创建一任务后，任务就进入就绪态。任务也可以从其它状态转到就绪态。处于就绪态的任务，操作系统已经为其运行配置好了任务控制块等数据结构，当没有比它更高优先级的任务，或比它优先级更高的任务处于阻塞状态时，就能被操作系统调度而进入运行态。从就绪态到运行态，操作系统调用任务切换函数完成。

3) 运行态

任务真正占有 CPU，得到运行，这时运行的代码就是任务的代码。处于运行态的任务如果运行完成，就会转为休眠态。如果有更高优先级的任务抢占了 CPU，就会转到就绪态。如果因为等待某一事件，例如等待一秒钟的时间，如 OSTimeDly(OS_TICKS_PER_SEC)，则需要暂时放弃 CPU 的使用权而让其它任务运行，就进入了阻塞状态。当由于中断的到来而使 CPU 进入中断服务程序(ISR)时，必然使正在运行的任务放弃 CPU 而转入中断服务程序，这时被中断的程序就进入中断态。

总之，任务要得到运行必须进入运行态，CPU 只有一个，不能让每个任务同时进入运行态，进入运行态的任务有且只有一个。

4) 阻塞态(挂起态)

阻塞对于操作系统的调度、任务的协调运行是非常重要的。当一个用户任务在没有事情可做，需要等待一段时间的时候，不是强行运行其代码，而是把自己阻塞起来，使操作系统可以调度其它的任务。

当任务在等待某些还没有被释放的资源、需要等待一定的时间或等待某一个特定事件发生的时候，要将自己阻塞起来，等到条件满足时再重新回到就绪态，又能被操作系统调度以进入运行态，这是实时系统必须要实现的功能之一。阻塞态又常常称为挂起态或等待态。

要特别注意的是，一些不理解操作系统原理的读者编程时，在等待的时候常常使用 For 循环来反复查询，不停地执行代码而使 CPU 的利用率暴增，使系统的运行环境十分恶劣，甚至造成死机，这是非常不可取的。

5) 中断态

任务在运行时，因为中断的发生，例如定时器中断每个时钟滴答(Clock Tick，指每个时钟周期)中断一次，被剥夺 CPU 的使用权，而进入中断态。在中断返回的时候，若该任务还是最高优先级的，就恢复运行，如果不是这样，只能回到就绪态。

μC/OS-Ⅱ五种状态的变迁图如图 6.4 所示。

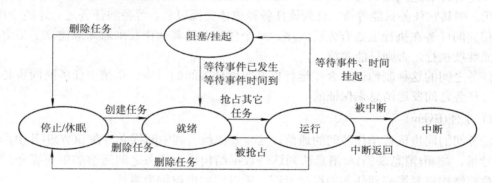

图 6.4　μC/OS-Ⅱ的任务状态变迁图

4. μC/OS-Ⅱ的任务调度

多任务系统中，令 CPU 中止当前正在运行的任务转而去运行另一个任务的工作叫做任务切换，而按某种规则进行任务切换的工作叫做任务调度。

在 μC/OS-Ⅱ中，任务调度是由任务调度器来完成的。任务调度器的工作内容可以分为两部分：最高优先级任务的寻找和任务切换。最高优先级任务的寻找是通过建立就绪任务表来实现的。μC/OS-Ⅱ中的每一个任务都有独立的任务堆栈空间，并有一个任务控制块 TCB 的数据结构，其中第一个成员变量就是保存的任务堆栈栈顶指针。任务调度模块首先用变量 OSTCBHighRdy 记录当前最高级就绪任务的 TCB 地址，然后调用 OS_TASK_SW() 函数来进行任务切换。

μC/OS-Ⅱ采用的是可剥夺型实时多任务内核。可剥夺型的实时内核在任何时候都运行就绪了的最高优先级的任务，如果处于运行态的任务优先级较低，则立刻剥夺。

μC/OS-Ⅱ的任务调度是完全基于任务优先级的抢占式调度，也就是最高优先级的任务一旦处于就绪状态，则立即抢占正在运行的低优先级任务的处理器资源。为了简化系统设计，μC/OS-Ⅱ规定所有任务的优先级不同，因为任务的优先级也同时唯一标志了该任务本身。

μC/OS-Ⅱ任务调度的时机如下：

(1) 高优先级的任务因为需要某种临界资源，主动请求挂起，让出处理器，此时调度就绪状态的低优先级任务获得执行，这种调度也称为任务级的上下文切换(Context Switch)。

(2) 高优先级的任务因为时钟节拍到来，在时钟中断的处理程序中，内核发现高优先级任务获得了执行条件(如休眠的时钟到时)，则在中断态直接切换到高优先级任务执行，这种调度也称为中断级的上下文切换。

这两种调度方式在 μC/OS-Ⅱ 的执行过程中非常普遍，一般来说前者发生在系统服务中，后者发生在时钟中断的服务程序中。

在 μC/OS-Ⅱ 中，任务级的调度器由函数 OSShed()来实现，而中断级的调度器则由函数 OSIntExt()来实现。

5. μC/OS-Ⅱ 的任务同步与通信

为了实现多任务系统中各任务之间的合作和无冲突地运行，操作系统应当解决两个问题：一是各任务之间应具有一种互斥关系，即对于某个共享资源的共享，如果一个任务正在使用，则其它任务只能等待，直到该任务释放该资源以后，等待的任务之一才能使用它；二是相关的任务在执行上要有先后次序，一个任务要等其伙伴发来通知或建立了某个条件后才能继续执行，否则只能等待。

任务之间的这种制约性的合作运行机制叫做任务间的同步。系统中任务的同步是依靠任务与任务之间发送消息来保证的。

1) 事件(Event)

任务间的同步依赖于任务间的通信，这需要依赖一些中间媒介。在 μC/OS-Ⅱ 中，使用了信号量、邮箱(消息邮箱)和消息队列这些数据结构作为任务之间通信的中间媒介。由于这些数据结构将要影响到任务的程序流程，所以它们也被称为事件。

把信息发送到事件上的操作叫做发送事件，读取事件的操作叫做请求事件，或者叫做等待事件。μC/OS-Ⅱ把任务发送事件、请求事件以及其它对事件的操作都定义成为全局函数，以供应用程序的所有任务来调用。

2) 信号量

信号量是一类用来进行任务间通信的最基本事件。使用信号量的目的，是为共享资源设立一个表示该共享资源被占用情况的标志。这样，就可使任务在访问共享资源之前，先对这个标志进行查询，在了解资源被占用的情况之后，再来决定自己的行为。

使用二值信号 1 和 0 就可以实现共享资源的独占式占用，这种信号量叫做互斥型信号量。某个互斥型共享资源使用信号量值表示自己的资源数目，初值为 1。每个需要使用该资源的任务都首先读取信号量的值，若该值为 1，表示资源可用，则进入资源临界区，并将信号量值减 1 变为 0，直到使用完毕退出临界区时再将该值加 1 重新变为 1。若任务使用资源时信号量值为 0，表示该资源不可用，则任务将自己阻塞进入等待。

如果共享资源为非独占式的，也可以用一个信号量初值表示资源的可用数，如缓冲区的大小、链表节点的个数等。每个使用资源的任务都通过信号量减使用资源数的方式使用该资源，直到该资源可用数目为 0，则后续任务必须将自己阻塞而等待。这种信号量称为计数式的信号量。

在实际使用中，经常要给等待信号量的任务设置一个等待时限。如果等待信号量的任务因等待时间已超过这个时限却还未等到这个信号，则令该任务脱离等待状态而继续运行。这样可以避免由于任务长时间阻塞而出现死机现象。

在严格按照优先级别进行调度的可剥夺内核中，优先级别决定了任务能否获得处理器的使用权，而能否获得信号量则决定它能否被运行。也就是说，在使用了信号量进行同步的任务中，制约任务能否运行的条件有两个：一个是它的优先级别；另一个是它是否获得了其正在等待的信号量。在这样的机制下，有可能出现这样的情况：一个优先级别较低的任务一在获得了信号量并使用共享资源期间，被具有较高优先级的任务二打断而不能释放信号量，这样使得在等待该信号量的更高优先级别的任务三被迫等待，从而优先级较低的任务二就先于更高优先级的任务三运行。这就是所谓的"优先级反转"现象。

3) 消息邮箱

在多任务操作系统中，常常需要通过传递一个数据(这种数据叫做消息)的方式来进行任务之间的通信。为了达到这个目的，可以在内存中创建一个存储空间作为该数据的缓冲区。如果把这个缓冲区叫做消息缓冲区，那么在任务间传递数据(消息)的一个最简单的方法就是传递消息缓冲区。于是，用来传递消息缓冲区指针的数据结构(事件)就叫做消息邮箱。

4) 消息队列

上面的消息邮箱不仅可用来传递一个消息，而且也可以定义一个指针数组。让数组的每个元素都存放一个消息缓冲区指针，那么任务就可以通过传递这个指针数组的方法来传递多个消息了。这种可以传递多个消息的数据结构叫做消息队列。

5) 事件的等待任务列表

信号量、消息邮箱和消息队列都是用于任务同步和通信的事件。在多任务系统中，当一个事件被占用时，其它请求该事件的任务暂时得不到事件的服务，便将自己阻塞而处于等待状态。作为功能完善的事件，应当对这些等待任务进行一定的管理。管理功能包括两个方面：一是要对等待事件的所有任务进行记录并排序；二是允许任务有一定的等待时限。

对于等待事件任务的记录和排序，μC/OS-Ⅱ采用了与任务就绪表类似的方法，定义了一个 INT8U 类型的数组 OSEventTbl[]作为记录等待事件任务的记录表，这个表叫做等待任务表。又定义了一个 INT8U 类型的变量 OSEventGrp 来表示等待任务表中的任务组。

至于等待任务的等待时限，则记录在等待任务的任务控制块 TCB 的成员 OSTCBDly 中，并在每个时钟节拍中断服务程序中对该数据进行维护。每当有任务的等待时限已到时，则将该任务从事件等待任务表中删除，并使它进入就绪状态。

6) 事件控制块

μC/OS-Ⅱ把事件等待任务表和与事件相关的其它信息组合起来，定义了一个叫做事件控制块(ECB)的数据结构。这样在 μC/OS-Ⅱ中可统一采用 ECB 来描述信号量、邮箱(消息邮箱)和消息队列这些事件。程序 6.7 为头文件 μC/OS-Ⅱ.H 中事件控制块的定义代码。

【**程序 6.7**】头文件 μC/OS-Ⅱ.H 中事件控制块的定义。

```
typedef struct
{
    INT8U       OSEventType;                      //事件类型
    INT16U      OSEventCnt;                       //信号量计数器
    void        *OSEventPtr;                      //消息或消息队列的指针
    INT8U       OSEventGrp;                       //等待事件的任务组
    INT8U       OSEventTbl[OS_EVENT_TBL_SIZE];    //任务等待表
}OS_EVENT;
```

应用程序中的任务通过指针 pevent 来访问事件控制块。

成员 OSEventTbl[OS_EVENT_TBL_SIZE]是一个数组，与任务就绪表的格式一样。应用程序中的所有任务按照优先级别各自在表中占据一个二进制位，并用该位的值是 1 还是 0 来表示该位对应的任务是否为正在等待事件的任务，这个表叫做任务等待表。

操作事件控制块的相关函数和具体使用信号量、消息邮箱和消息队列的方法请参见本章"μC/OS-Ⅱ的 API 函数"一节。

6. μC/OS-Ⅱ的中断与时钟

1) 中断

中断是指在程序运行过程中，应内部或外部异步事件的请求中止当前任务，而去处理异步事件所要求的任务的过程。中断服务子程序(ISR)是应中断请求而运行的程序，中断服务子程序(ISR)的入口地址称为中断向量，即存储中断服务函数的内存地址的首单元。

在 μC/OS-Ⅱ中，如果任务在运行中，系统接收到中断请求，并且这时中断响应是打开的，那么系统就会中止正在运行的任务，再按照中断向量的指向转而去执行中断服务子程序。中断服务子程序运行完后，系统会引发一次系统调度，转而去执行当前优先级别最高的就绪任务(注意：不一定是接着运行被中断的任务)。

中断服务子程序本身也能被其它更高优先级的中断源发出的中断请求中断，这叫做中断嵌套。μC/OS-Ⅱ中定义了一个用于记录中断嵌套层数的全局变量 OSIntNesting。每当响应一个中断请求时，OSIntNesting 的值便自加 1，表示中断嵌套层次加深 1 层。

在编写中断服务子程序时，要用到两个重要的函数 OSIntEnter()和 OSIntExit()。

(1) OSIntEnter()函数。经常在中断服务子程序里保护被中断任务的中断数据之后、运行用户服务代码之前调用。它的作用很简单，就是给全局变量 OSIntNesting 加 1，从而用来记录中断嵌套的层数。OSIntEnter()通常叫做进入中断服务函数。

(2) OSIntExit()函数，又称为退出中断服务函数。它的功能是检查中断嵌套层数是否为 0、调度器是否未锁定、当前最高级就绪任务是否不是被中断的任务。如果全是则进行任务的切换，否则返回被中断的服务子程序。

在执行某些代码的时候，有时不希望被中断函数打断。μC/OS-Ⅱ提供了两个宏：宏 OS_ENTER_CRITICAL()用来关闭中断；宏 OS_EXIT_CRITICAL()用来打开中断。而在程序中 OS_ENTER_CRITICAL()和 OS_EXIT_CRITICAL()中间的部分，就是我们常说的临界段。因此这两个宏也可以称为进入临界段和退出临界段的宏。这样，当执行一些不希望被打断的代码时，可以先关闭中断进入临界段；当代码执行完毕后，再打开中断退出临界段。

2) 时钟

任何操作系统都要提供一个周期性的信号源，以供系统处理诸如延时、超时等与时间有关的事件，这个周期性的信号源叫做时钟。

μC/OS-Ⅱ使用硬件定时器产生一个周期为毫秒(ms)级的周期性中断来实现系统时钟，中断之间的时间间隔取决于不同的应用，一般在 10 ms～200 ms 之间。这个最小的时钟单位叫做时钟节拍(Time Tick)。时钟节拍频率越快，系统的额外开销就越大。

μC/OS-Ⅱ定义了 32 位无符号整数 OSTime 来记录系统启动后时钟 Tick 的数目。用户必须在多任务系统启动以后，也就是在调用 OSStart()之后，再开启时钟节拍器。

μC/OS-Ⅱ中的时钟节拍中断服务子程序叫做 OSTickISR()，每个时钟节拍调用一次，它一般是用汇编语言编写的。程序 6.8 为 OSTickISR()函数的代码。

【程序 6.8】 OSTickISR()函数代码。

```
void OSTickISR(void)
{
        保存处理器寄存器的值；
        调用 OSIntEnter ()；
        调用 OSTimeTick ()；
        调用 OSIntExit ()；
        恢复处理器寄存器的值；
        执行中断返回指令；
}
```

在 OSTickISR()中调用的 OSTimeTick()函数叫做时钟节拍服务函数。OSTimeTick()函数的伪代码如程序 6.9 所示。

【程序 6.9】 OSTimeTick()函数的伪代码。

```
void OSTimeTick(void)
{
    OSTimeTickHook();                  //调用用户定义的时钟节拍服务钩子函数
    while { (除空闲任务外的所有任务)
      OS_ENTER_CRITICAL();             //关中断进入临界段
      对所有任务的延时时间递减；
      扫描时间到期的任务，并且唤醒该任务；
      OS_EXIT_CRITICAL();              //开中断退出临界段
      指针指向下一个任务；
      }
    OSTime++;                          //累计从开机以来的时钟节拍数
}
```

由程序可以看到 OSTimeTick()主要完成两件事情：一是给计数器 OSTime 加 1；二是遍历任务控制块链表中的所有任务控制块，把各个任务控制块中用来存放任务延时时限的变量 OSTCBDly 减 1，并使该项为 0 又并不使挂起状态的任务进入就绪状态。

为了方便应用程序设计人员利用时钟节拍来进行自己的工作，μC/OS-Ⅱ提供了时钟节拍服务的钩子函数 OSTimeTickHook()，该函数位于文件 OS_CPU.C 中，用户可以通过在该函数中加入自己代码的方式在每个时钟节拍插入自己的工作。用户钩子函数里的内容应当尽可能简短，否则会增加中断处理的负担，影响定时服务的准确性。

μC/OS-Ⅱ的时钟和中断机制是实现系统查询、任务切换、任务延时等功能的前提条件，是系统完成任务管理的重要基础。

6.2.2　μC/OS-Ⅱ的 API 函数

API(Application Programing Interface，应用程序接口)一般指为不能涉及软件源码且需要对软件作二次开发或集成的人员提供的接口。在操作系统中，操作系统把它所能完成的功能以函数的形式提供给程序使用，这些函数的集合就是操作系统提供给程序编程的 API 接口函数。

1. 任务管理

1) OSTaskCreate()

建立一个新任务。任务可以在多任务环境启动之前，也可以在正在运行的任务中建立。中断处理程序中不能建立任务。一个任务可以为无限循环的结构。

函数原型：

INT8U OSTaskCreate(void (*task)(void *pd), void *pdata,OS_STK *ptos, INT8U prio);

参数说明：

task——指向任务代码首地址的指针。

pdata——指向一个数据结构，该结构用来在建立任务时向任务传递参数。

ptos——任务堆栈栈顶指针。

prio——要创建的任务优先级。

OSTaskCreate()的返回值为下述之一：

* OS_NO_ERR——函数调用成功。

* OS_PRIO_EXIST——具有该优先级的任务已经存在。

* OS_PRIO_INVALID——参数指定的优先级大于 OS_LOWEST_PRIO。

* OS_NO_MORE_TCB——系统中没有 OS_TCB 可以分配给任务了。

2) OSTaskSuspend()

无条件挂起(阻塞)一个任务。调用此函数的任务也可以传递参数 OS_PRIO_SELF，挂起调用任务本身。当前任务挂起后，只有其它任务才能唤醒被挂起的任务。任务挂起后，系统会重新进行任务调度，运行下一个优先级最高的就绪任务。唤醒挂起任务需要调用函数 OSTaskResume()。

任务的挂起是可以叠加到其它操作上的。例如，如果任务被挂起时正在进行延时操作，那么任务的唤醒就需要两个条件：延时的结束以及其它任务的唤醒操作。又如，任务被挂起时正在等待信号量，当任务从信号量的等待队列中清除后也不能立即运行，而必须等到被唤醒后。

函数原型：

　　INT8U OSTaskSuspend(INT8U prio);

参数说明：

prio——指定要获取挂起的任务优先级，也可以指定参数 OS_PRIO_SELF，挂起任务本身。此时，下一个优先级最高的就绪任务将运行。

返回值：

OSTaskSuspend()的返回值为下述之一：

* OS_NO_ERR——函数调用成功。

* OS_TASK_SUSPEND_IDLE——试图挂起 μC/OS-Ⅱ中的空闲任务(Idle Task)。此为非法操作。

* OS_PRIO_INVALID——参数指定的优先级大于 OS_LOWEST_PRIO 或没有设定 OS_PRIO_SELF 的值。

* OS_TASK_SUSPEND_PRIO——要挂起的任务不存在。

3) OSTaskResume()

唤醒一个用 OSTaskSuspend()函数挂起的任务。OSTaskResume()也是唯一能"解挂"挂起任务的函数。

函数原型：

　　INT8U OSTaskResume(INT8U prio);

参数说明：

prio——指定要唤醒任务的优先级。

返回值：

OSTaskResume()的返回值为下述之一：

* OS_NO_ERR——函数调用成功。

* OS_TASK_RESUME_PRIO——要唤醒的任务不存在。

* OS_TASK_NOT_SUSPENDED——要唤醒的任务不在挂起状态。

* OS_PRIO_INVALID——参数指定的优先级大于或等于 OS_LOWEST_PRIO。

4) OSTaskDel()

删除任务自身或者除了空闲任务之外的其它任务。所谓删除一个任务，就是把该任务置于睡眠状态。

函数原型：

　　INT8U OSTaskDel(INT8U prio);

参数说明：

prio——指定要删除任务的优先级。

返回值：

OSTaskResume()的返回值为下述之一：

* OS_NO_ERR——函数调用成功。

* OS_TASK_DEL_PRIO——要删除的任务不存在。

2．事件控制块

1) OSEventWaitListInit()

事件控制块初始化。μC/OS-Ⅱ把事件控制块组织成两条链表来管理。在 μC/OS-Ⅱ初始化时，系统会在初始化函数 OSInit()中按照应用程序使用事件的总数 OS_MAX_EVENTS(在头文件 OS_CFG.H 里定义)，创建 OS_MAX_EVENTS 个空事件块，并借用成员 OSEventPtr 作为链接指针，组成单向链表。

函数原型：

　　　void OSEventWaitListInit (OS_EVENT *pevent)；

参数说明：

pevent——指向事件控制块的指针。

返回值：无。

该函数将在任务调用 OS***Create()函数创建事件时，被 OS***Create()函数所调用。这里***代表 Sem、Mutex、Mbox、Q。

2) OSEventTaskWait()

使一个任务进入等待状态。

函数原型：

　　　void OSEventTaskWait (OS_EVENT *pevent)；

参数说明：

pevent——指向事件控制块的指针。

返回值：无。

该函数将在任务调用函数 OS***Pend()请求一个事件时，被 OS***Pend()所调用。

3) OSEventTaskRdy()

使一个正在等待事件的任务进入就绪状态。调用函数 OSEventTaskRdy()时，系统把调用这个函数的任务在任务等待表中的位置清 0(解除等待状态)后，再把任务在任务就绪表中的对应位置 1，然后引发一次任务调度。

函数原型：

　　　void OSEventTaskRdy (OS_EVENT *pevent, void *msg, INT8U msk)

参数说明：

pevent——指向事件控制块的指针。

msg 字段——目前未使用。

msk——清除 TCB 状态标志掩码。

返回值：无。

该函数将在任务调用函数 OS***Post()发送一个事件时，被函数 OS***Post()调用。

4) OSEventTO()

使一个等待超时的任务进入就绪状态。如果一个正在等待事件的任务已经超过了等待的时间，却仍由于没有获取事件等原因而具备可以运行的条件，又要使它进入就绪状态，这时要调用函数 OSEventTO()。

函数原型：

　　　　　　void OSEventTO (OS_EVENT *pevent);

参数说明：

pevent——指向事件控制块的指针。

返回值：无。

该函数将在任务调用 OS***Pend()请求一个事件时，被 OS***Pend()所调用。

3. 信号量

1) OSSemCreate()

该函数建立并初始化一个信号量，信号量的作用为允许一个任务和其它任务或者中断同步、取得设备的使用权、标志事件的发生。

函数原型：

　　　　　　OS_EVENT *OSSemCreate(INT16U value);

参数说明：

value 参数——所建立的信号量的初始值，可以取 0～65 535 之间的任何值。

返回值：

OSSemCreate()函数返回指向分配给所建立的信号量的控制块的指针。如果没有可用的控制块，OSSemCreate()函数返回空指针。

2) OSSemPend()

请求信号量。该函数用于任务试图取得设备的使用权、任务需要和其它任务或中断同步、任务需要等待特定事件等发生的场合。如果任务调用 OSSemPend()函数时，信号量的值大于零，OSSemPend()函数递减该值并返回该值。如果调用时信号量值等于零，OSSemPend()函数将任务加入该信号量的等待队列。OSSemPend()函数挂起当前任务直到其它的任务或中断设置信号量或超出等待的预期时间。如果在预期的时钟节拍内信号量被设置，μC/OS-Ⅱ默认让最高优先级的任务取得信号量并回到就绪状态。一个被 OSTaskSuspend()函数挂起的任务也可以接受信号量，但这个任务将一直保持挂起状态直到通过调用 OSTaskResume()函数恢复该任务的运行。

函数原型：

　　　　　　void OSSemPend (OS_EVNNT *pevent, INT16U timeout, int8u *err);

参数说明：

pevent——指向信号量的指针。该指针的值在建立该信号量时可以得到。(参考 OSSemCreate()函数)

timeout 允许一个任务在经过了指定数目的时钟节拍后还没有得到需要的信号量时恢复就绪状态。如果该值为零，表示任务将持续地等待信号量，最大的等待时间为 65 535 个时钟节拍。这个时间长度并不是非常严格的，可能存在一个时钟节拍的误差。

err——指向包含错误码的变量的指针，返回的错误码可能为下述几种：

* OS_NO_ERR：信号量不为零。

* OS_TIMEOUT：信号量没有在指定数目的时钟周期内被设置。

* OS_ERR_PEND_ISR：从中断调用该函数。虽然规定了不允许从中断调用该函数，但 μC/OS-Ⅱ仍然包含了检测这种情况的功能。

* OS_ERR_EVENT_TYPE：pevent 不是指向信号量的指针。

返回值：无。

3）OSSemPost()

发送信号量。任务获得信号量并在访问共享资源结束以后，必须使用该函数释放指定的信号量。如果指定的信号量是零或大于零，则 OSSemPost() 函数递增该信号量的值并返回。如果有任何任务在等待该信号量，则最高优先级的任务将得到信号量并进入就绪状态。任务调度函数将进行任务调度，决定当前运行的任务是否仍然为最高优先级的就绪任务。

函数原型：

　　　　INT8U OSSemPost(OS_EVENT *pevent);

参数说明：

pevent——指向信号量的指针。该指针的值在建立该信号量时可以得到。(参考 OSSemCreate()函数)

返回值：

OSSemPost()函数的返回值为下述之一：

* OS_NO_ERR——信号量被成功地设置。

* OS_SEM_OVF——信号量的值溢出。

* OS_ERR_EVENT_TYPE——pevent 不是指向信号量的指针。

4）OSSemDel()

删除信号量。如果应用程序不需要某个信号量，则可以调用该函数来删除信号量。

函数原型：

　　　　OS_EVENT *OSSemDel(OS_EVENT *pevent,INT8U opt,INT8U *err);

参数说明：

pevent——指向信号量的指针。该指针的值在建立该信号量时可以得到。(参考 OSSemCreate()函数)

opt——用来指明信号量的删除条件，该参数有两个取值选择：

* OS_DEL_NO_PEND：当等待任务表中已没有等待任务时才删除信号量。

* OS_DEL_ALLWAYS：在等待任务表中无论是否有等待任务都立即删除信号量。

err——指向包含错误码的变量的指针，返回的错误码可能为下述几种：

* OS_NO_ERR：信号量不为零。

* OS_TIMEOUT：信号量没有在指定数目的时钟周期内被设置。

* OS_ERR_PEND_ISR：从中断调用该函数。虽然规定了不允许从中断调用该函数，但 μC/OS-Ⅱ仍然包含了检测这种情况的功能。

* OS_ERR_EVENT_TYPE：pevent 不是指向信号量的指针。

返回值：无。

要注意的是，只能在任务中删除信号量，不能在中断服务程序中删除。

4. 互斥型信号量

互斥型信号量具备 μC/OS-Ⅱ信号量的所有机制，但还具有其它一些特性。任务主要利用互斥型信号量来实现对共享资源的独占处理，同时，互斥型信号量也可以用来解决任务的优先级反转问题。

互斥型信号量 Mutex 是二值信号量，1 表示资源可以使用，0 表示资源已被占用。

使用互斥型信号量来解决优先级反转问题的基本思路是临时提高任务的优先级，使任务得到保证地执行完毕。它的过程举例如下。

设 mutex 已被低优先级的任务 3 占用。高优先级的任务 1 提出申请 mutex(调用 Pend())。在这种情况下：

(1) Pend 函数注意到高优先级的任务要利用这个共享资源，于是将任务 3 的优先级升高至 9(创建 mutex 时指定，比任何提出申请 mutex 的任务的优先级都要高)，并强制任务调度(由于任务 3 的优先级升高至 9，因此任务 3 执行)，任务 3 继续使用共享资源。当共享资源使用完后，任务 3 调用 Post 函数，释放 mutex。

(2) Post 函数注意到原来占用这个 mutex 的任务的优先级是被抬高的，于是将任务 3 的优先级恢复到原来水平。

(3) Post 还注意到有个高优先级的任务(任务 1)正在等待这个 mutex，于是将 mutex 交给这个任务，并做任务切换，让任务 1 运行。

1) OSMutexCreate()

该函数建立并初始化一个互斥型信号量。

函数原型：

　　　　OS_EVENT *OSMutexCreate(INT8U prio，INT8U *err)；

参数说明：

prio——任务优先级，用于为了避免优先级反转而临时提高当前任务的优先级别。具体的避免优先级反转的方法请查阅相关书籍。

err——错误信息。

返回值：

OSMutexCreate()函数返回指向分配给所建立的信号量的控制块的指针。如果没有可用的控制块，OSMutexCreate()函数返回空指针。

2) OSMutexPend()

请求互斥型信号量。

函数原型：

　　　　void OSMutexPend(OS_EVENT *pevent，INT16U timeout，INT8U *err)；

参数说明：

pevent——指向互斥型信号量的指针。

timeout——超时时间。

err——错误信息。

返回值：无。

3) OSMutexPost()

发送互斥型信号量。

函数原型：

　　　　INT8U OSMutexPost(OS_EVENT *pevent)；

参数说明：

pevent——指向互斥型信号量的指针。

返回值：

OSMutexPost()函数的返回值为下述之一：

* OS_NO_ERR——信号量被成功地设置。
* OS_MUTEX_OVF——信号量的值溢出。
* OS_ERR_EVENT_TYPE——pevent 不是指向信号量的指针。

4) OSMutexDel()

删除互斥型信号量。

函数原型：

OS_EVENT *OSMutexDel(OS_EVENT *pevent，INT8U opt，INT8U *err);

参数说明：

pevent——指向信号量的指针。

opt——用来指明信号量的删除条件。

err——错误信息。

返回值：无。

5. 消息邮箱

消息邮箱是 μC/OS-Ⅱ 中的一种通信机制，可以使一个任务或者中断服务子程序向另一个任务发送一个指针型的变量。通常该指针指向一个包含了"消息"的特定数据结构。应用程序可以使用多少个邮箱，其最大数目是由 OS_CFG.H 文件中的配置常数 OS_MAX_EVENTS 设定的。

1) OSMboxCreate()

建立一个消息邮箱。

函数原型：

OS_EVENT　　*OSMboxCreate (void *msg);

参数说明：

msg——用来初始化建立的消息邮箱，如果该指针不为空，则建立的消息邮箱将含有消息。

返回值：

指向分配给所建立的消息邮箱的事件控制块的指针。如果没有可用的事件控制块，则返回空指针。

2) OSMboxPend()

请求消息邮箱。该函数用于查看邮箱中是否有自己等待的消息，如果有则接收消息，否则进入等待。

函数原型：

void　　*OSMboxPend (OS_EVENT *pevent, INT16U timeout, INT8U *err);

参数说明：

pevent——指向即将接收消息的消息邮箱的指针。

timeout——允许一个任务在经过了指定数目的时钟节拍后还没有得到需要的消息时恢复运行。如果该值为 0 表示任务将持续等待消息。

err——指向包含错误码的变量的指针。该函数返回的错误码可能为下述几种情况：

* OS_NO_ERR：消息被正确地接收。

* OS_TIMEOUT：消息没有在指定的等待时间内送到。

* OS_ERR_EVENT_TYPE：pevent 不是指向消息邮箱的指针。

* OS_ERR_PEND_ISR：从中断调用该函数。

* OS_ERR_PEVENT_NULL：pevent 是空指针。

返回值：

该函数返回接收的消息并将*err 置为 OS_NO_ERR。

3) OSMboxPost()

向邮箱发送一则消息。

函数原型：

INT8U   OSMboxPost (OS_EVENT *pevent, void *msg);

参数说明：

pevent——指向即将发送消息的消息邮箱的指针。

msg——即将实际发送给任务的消息。消息是一个以指针表示的各种数据类型的变量，在不同的程序中消息的使用也可能不同。不允许传递一个空指针，否则意味着消息邮箱为空。

返回值：

该函数的返回值为下述之一：

* OS_NO_ERR——消息成功地放到消息邮箱中。

* OS_MBOX_FULL——消息邮箱已经包含了其它消息，已满。

* OS_ERR_EVENT_TYPE——pevent 不是指向消息邮箱的指针。

* OS_ERR_PEVENT_NULL——pevent 是空指针。

* OS_ERR_POST_NULL_PTR——用户试图发出空指针。根据规则，在这里不支持空指针。

4) OSMboxPostOpt()

向邮箱发送一则消息。该函数可以向等待邮箱的所有任务发送消息(广播)。

函数原型：

INT8U   OSMboxPostOpt (OS_EVENT *pevent, void *msg, INT8U opt);

参数说明：

pevent——指向即将发送消息的消息邮箱的指针。

msg——即将实际发送给任务的消息。消息是一个以指针表示的某种数据类型的变量，在不同的程序中消息的使用也可能不同。不允许传递一个空指针，因为这意味着消息邮箱为空。

opt——有两种取值：

* OS_POST_OPT_NONE：消息只发给等待邮箱消息的任务中优先级最高的任务。

* OS_POST_OPT_BROADCAST：让所有等待邮箱消息的任务都得到消息。

返回值：

err 指向包含错误码的变量指针，返回的错误码可能为下述几种之一：

* OS_NO_ERR——消息成功地放到消息邮箱中。

* OS_MBOX_FULL——消息邮箱已经包含了其它消息，已满。

* OS_ERR_EVENT_TYPE——pevent 不是指向消息邮箱的指针。

* OS_ERR_PEVENT_NULL——pevent 是空指针。

* OS_ERR_POST_NULL_PTR——用户试图发出空指针。根据规则，在这里不支持空指针。

5) OSMboxDel()

删除一个消息邮箱。当将 OS_CFG.H 文件中的 OS_MBOX_DEL_EN 设为 1 时，该函数才会被编译。使用该函数时要注意，多个任务可能试图操作已经删除的消息邮箱。在删除消息邮箱之前，必须首先删除可能操作该消息邮箱的所有任务。

函数原型：

　　　　OS_EVENT *OSMboxDel (OS_EVENT *pevent, INT8U opt, INT8U *err);

参数说明：

pevent——指向邮箱的指针。该指针是在邮箱建立时返回给用户应用程序的指针。

opt——该选项定义邮箱的删除条件，可以选择只能在已经没有任何在等待该邮箱的消息时，才能删除邮箱(OS_DEL_NO_PEND)；或者不管有没有任务在等待邮箱的消息，立即删除邮箱(OS_DEL_ALWAYS)，在这种情况下，所有等待邮箱消息的任务都会立即进入就绪态。

err——指向出错代码的指针。返回的出错代码可以是以下几种情况之一：

* OS_NO_ERR：调用成功，邮箱已经被删除。

* OS_ERR_DEL_ISR：试图在中断服务子程序中删除邮箱。

* OS_ERR_INVALID_OPT：无效的 opt 参数，用户没有将 opt 定义为上述两种情况之一。

* OS_ERR_EVENT_TYPE：pevent 不是指向邮箱的指针。

* OS_ERR_PEVENT_NULL：已经没有 OS_EVENT 数据结构可以使用。

返回值：

返回 NULL 表示邮箱已被删除，返回 pevent 表示邮箱没有删除。

6. 消息队列

消息邮箱只能存储一个消息，当使用 post 时，邮箱存储的消息被赋值；当使用 pend 时，邮箱里的信息被取出，邮箱清空。消息队列(Queue)可以看做带有多个入口的邮箱(OS_MAX_QS 来定义最大的消息数)，可以存储多个消息，当每次调用函数 OSQPost(每存入一个消息数)后，in 的指针加 1；当每次调用函数 OSQPend()，则 out 的指针也加 1，指向下一个消息。

1) OSQCreate()

建立一个消息队列。任务或中断可以通过消息队列向一个或多个任务发送消息。消息的含义是和具体的应用密切相关的。

函数原型：

> OS_EVENT *OSQCreate (void **start, INT8U size);

参数说明：

start——消息内存区的首地址，消息内存区是一个指针数组。

size——消息内存区的大小。

返回值：

OSQCreate()函数返回一个指向消息队列控制块的指针。如果没有空闲的控制块，OSQCreate()函数返回空指针。

2) OSQPend()

该函数用于从消息队列中获取消息。消息通过中断或任务发送给需要的任务。如果调用 OSQPend()函数时队列中已经存在消息，那么该消息被返回给 OSQPend()函数的调用者，该消息同时从队列中清除；如果调用 OSQPend()函数时队列中没有消息，OSQPend()函数挂起调用任务直到得到消息或超出定义的超时时间；如果同时有多个任务等待同一个消息，μC/OS-Ⅱ默认最高优先级的任务取得消息。一个由 OSTaskSuspend()函数挂起的任务也可以接受消息，但这个任务将一直保持挂起状态直到通过调用 OSTaskResume()函数恢复任务的运行。

函数原型：

> void *OSQPend (OS_EVENT *pevent, INT16U timeout, INT8U *err);

参数说明：

pevent——指向消息队列的指针，该指针的值在建立该队列时可以得到。

timeout——允许一个任务以指定数目的时钟节拍等待消息。超时后如果还没有得到消息则恢复成就绪状态。如果该值设置成零则表示任务将持续地等待消息，最大的等待时间为 65 535 个时钟节拍。这个时间长度并不是非常严格的，可能存在一个时钟节拍的误差。

err——指向包含错误码的变量的指针。OSQPend() 函数返回的错误码可能为下述几种：

* OS_NO_ERR：消息被正确地接受。

* OS_TIMEOUT：消息没有在指定的时钟周期数内接收到消息。

* OS_ERR_PEND_ISR：从中断调用该函数。虽然规定了不允许从中断中调用该函数，但 μC/OS-Ⅱ仍然包含了检测这种情况的功能。

* OS_ERR_EVENT_TYPE：pevent 不是指向消息队列的指针。

返回值：

OSQPend()函数返回取得的消息并将*err 置为 OS_NO_ERR。如果没有在指定数目的时钟节拍内接收到消息，OSQPend()函数返回空指针并将*err 设置为 OS_TIMEOUT。

3) OSQPostFront()

向消息队列发送消息。OSQPostFront()函数和 OSQPost()函数非常相似，不同之处在于 OSQPostFront() 函数将发送的消息插到消息队列的最前端。也就是说，OSQPostFront() 函数使得消息队列按照后入先出(LIFO)的方式工作，而不是先入先出(FIFO)。消息是一个指针长度的变量，在不同的应用中消息的含义也可能不同。如果队列中已经存满消息，则此调用将返回错误码。OSQPost() 函数也是如此。在调用此函数时如果有任何任务在等待队列中的消息，则最高优先级的任务将得到这个消息。如果等待消息的任务优先级比发送消息的任务优先级高，那么高优先级的任务在得到消息后将立即抢占当前任务执行，也就是说，将发生一次任务切换。

函数原型：

INT8U OSQPostFront(OS_EVENT *pevent, void *msg);

参数说明：

pevent——指向即将接收消息的消息队列的指针。

msg——即将发送的消息的指针。不允许传递一个空指针。

返回值：

OSQPostFront()函数的返回值为下述之一：

* OS_NO_ERR——消息成功地放到消息队列中。
* OS_Q_FULL——消息队列已满。
* OS_ERR_EVENT_TYPE——pevent 不是指向消息队列的指针。

4）OSQPost()

该函数用于向消息队列发送消息。如果消息队列中已经存满消息，则此调用返回错误码；如果有任何任务在等待队列中的消息，则最高优先级的任务将得到这个消息；如果等待消息的任务优先级比发送消息的任务优先级高，那么高优先级的任务将在得到消息后立即抢占当前任务执行，也就是说，将发生一次任务切换。消息是以先入先出(FIFO)方式进入队列的，即先进入队列的消息先被传递给任务。

函数原型：

INT8U OSQPost(OS_EVENT *pevent, void *msg);

参数说明：

pevent——指向即将接收消息的消息队列的指针。

msg——即将发送给队列的消息。不允许传递一个空指针。

返回值：

OSQPost() 函数的返回值为下述之一：

* OS_NO_ERR——消息成功地放到消息队列中。
* OS_Q_FULL——消息队列已满。
* OS_ERR_EVENT_TYPE——pevent 不是指向消息队列的指针。

5）OSQDel()

该函数用于删除指定的消息队列。

函数原型：

OS_EVENT   *OSQDel (OS_EVENT *pevent);

参数说明：

pevent——指向消息队列的指针。

返回值：

返回 NULL 表示队列已被删除，返回 pevent 表示队列没有删除。

7．时间管理

1) OSTimeDly()

该函数用于将一个任务延时若干个时钟节拍，发生延时时，任务挂起进入阻塞状态。如果延时时间大于 0，系统将立即进行任务调度。延时时间的长度可为 0～65 535 个时钟节拍。延时时间 0 表示不进行延时，函数将立即返回调用者。延时的具体时间依赖于系统每秒钟有多少个时钟节拍(由文件 OS_CFG .H 中的 OS_TICKS_PER_SEC 宏来设定)。

函数原型：

　　　void OSTimeDly (INT16U ticks);

参数说明：

ticks——要延时的时钟节拍数。

返回值：无。

2) OSTimeDlyHMSM()

该函数用于将一个任务延时若干时间。延时的单位是小时、分、秒、毫秒。调用 OSTimeDlyHMSM() 后，如果延时时间不为 0，系统将立即进行任务调度。

函数原型：

　　　INT8U OSTimeDlyHMSM (INT8U hours，INT8U minutes，INT8U seconds，INT16U milli)；

参数说明：

hours——延时小时数，范围为 0～255。

minutes——延时分钟数，范围为 0～59。

seconds——延时秒数，范围为 0～59

milli——延时毫秒数，范围为 0～999。

需要说明的是，操作系统在处理延时操作时都是以时钟节拍为单位的，实际的延时时间是时钟节拍的整数倍。如果系统时钟节拍的间隔是 10 ms，而设定延时为 5 ms，则不会产生延时操作；而如果设定延时为 15 ms，则实际的延时是两个时钟节拍，也就是 20 ms。

返回值：

OSTimeDlyHMSM() 的返回值为下述之一：

* OS_NO_ERR——函数调用成功。

* OS_TIME_INVALID_MINUTES——参数错误，分钟数大于 59。

* OS_TIME_INVALID_SECONDS——参数错误，秒数大于 59。

* OS_TIME_INVALID_MILLI——参数错误，毫秒数大于 999。

* OS_TIME_ZERO_DLY——四个参数全为 0。

3) OSTimeDlyResume()

延时的任务可以通过在任务中调用 OSTimeDlyResume()函数取消延时，从而进入就绪状态。如果任务比正在运行的任务优先级高，则立即引发一次调度。

函数原型：

　　　INT8U OSTimeDlyResume (INT8U prio)；

参数说明:

prio——被取消延时任务的优先级。

返回值:

OSTimeDlyHMSM() 的返回值为下述之一:

* OS_NO_ERR——函数调用成功。

* OS_TIME_NO_DLY——任务没有延时。

* OS_TASK_NOT_EXIST——任务不存在。

4) OSTimeGet()

获取当前系统时钟数值。系统时钟是一个 32 位的计数器,记录系统上电后或时钟重新设置后的时钟计数。

函数原型:

    INT32U OSTimeGet (void);

参数说明:无。

返回值:

当前时钟计数(时钟节拍数)。

5) OSTimeSet()

设置当前系统时钟数值。系统时钟是一个 32 位的计数器,记录系统上电后或时钟重新设置后的时钟计数。

函数原型:

    void OSTimeSet (INT32U ticks);

参数说明:

ticks——要设置的时钟数,单位是时钟节拍数。

返回值:无。

8. 内存管理

μC/OS-Ⅱ对内存的管理采用了分区式的策略,把连续的大块内存按分区来管理,每个分区中包含有整数个大小相同的内存块。

μC/OS-Ⅱ为每个内存块建立了一个内存控制块。内存控制块 OS_MEM 是一个数据结构,OS_MEM 的定义函数代码如程序 6.10 所示。

【程序 6.10】OS_MEM 的定义。

```
typedef struct
{
    void *OSMemAddr;          //内存分区指针
    void *OSMemFreeList;      //内存控制块链表指针
    INT32U OSMemBlkSize;      //内存块长度
    INT32U OSMemNBlks;        //分区内内存块的数目
    INT32U OSMemNFree;        //分区内当前可分配的内存块数目
} OS_MEM;
```

系统中每个内存分区必须有一个属于自己的内存控制块,这样,内存管理模块才能对这个内存分区进行管理和操作。

μC/OS-Ⅱ首先在内存中声明了一个全局的内存控制块数组和指针：

static OS_MEM *OSMemFreeList;

static OS_MEM OSMemTbl[OS_MAX_MEM_PART];

然后在系统初始化时调用内存控制块链表初始化函数把这个全局的内存控制块数组 OSMemTbl[ ]构建成一个单向链表，并把这个链表的头指针赋给 OSMemFreeList。这样，每当用内存分区建立函数 OSMemCreate()建立一个分区时，便从这个链表中取出一个内存控制块来对这个内存分区进行管理。

内存控制块数组的大小决定系统中内存分区的最大数目。

1）OSMemCreate()

该函数建立并初始化一个用于动态内存分配的区域，该内存区域包含指定数目的、大小确定的内存块。应用时可以动态申请这些内存块并在用完后将其释放回这个内存区域。该函数的返回值就是指向这个内存区域控制块的指针，并作为 OSMemGet()、OSMemPut() 及 OSMemQuery()等相关调用的参数。

函数原型：

OS_MEM *OSMemCreate(void *addr, INT32U nblks, INT32U blksize, INT8U *err);

参数说明：

addr——建立的内存区域的起始地址。可以使用静态数组或在系统初始化时使用 malloc()函数来分配这个区域的空间。

nblks——内存块的数目。每一个内存区域最少需要定义两个内存块。

blksize——每个内存块的大小，最小应该能够容纳一个指针变量。

err——指向包含错误码的变量的指针。err 可能是如下几种情况：

* OS_NO_ERR：成功建立内存区域。

* OS_MEM_INVALID_ADDR：非法地址，即地址为空指针。

* OS_MEM_INVALID_PART：没有空闲的内存区域。

* OS_MEM_INVALID_BLKS：没有为内存区域建立至少两个内存块。

* OS_MEM_INVALID_SIZE：内存块大小不足以容纳一个指针变量。

返回值：

OSMemCreate() 函数返回指向所创建的内存区域控制块的指针。如果创建失败，函数返回空指针。

2）OSMemGet()

该函数用于从内存区域分配一个内存块。用户程序必须知道所建立的内存块的大小，并在使用完内存块后释放它。可以多次调用 OSMemGet() 函数。它的返回值就是指向所分配内存块的指针，并作为 OSMemPut()函数的参数。

函数原型：

void *OSMemGet(OS_MEM *pmem, INT8U *err);

参数说明：

pmem——指向内存区域控制块的指针，可以从 OSMemCreate()函数的返回值中得到。

err——指向包含错误码的变量的指针。Err 可能是如下情况：

* OS_NO_ERR：成功得到一个内存块。

* OS_MEM_NO_FREE_BLKS：内存区域中已经没有足够的内存块。

返回值：

OSMemGet() 函数返回指向所分配内存块的指针。如果没有可分配的内存块，OSMemGet()函数返回空指针。

3) OSMemPut()

该函数用于释放一个内存块，内存块必须释放回它原先所在的内存区域，否则会造成系统错误。

函数原型：

INT8U OSMemPut (OS_MEM *pmem, void *pblk);

参数说明：

pmem——指向内存区域控制块的指针，可以从 OSMemCreate() 函数的返回值中得到。

pblk——指向将被释放的内存块的指针。

返回值：

OSMemPut() 函数的返回值为下述之一：

* OS_NO_ERR——成功释放内存块。

* OS_MEM_FULL——内存区域已满，不能再接受更多释放的内存块。这种情况说明用户程序出现了错误，释放了多于用 OSMemGet() 函数得到的内存块。

4) OSMemQuery()

该函数用于得到内存区域的信息。

函数原型：

INT8U OSMemQuery(OS_MEM *pmem, OS_MEM_DATA *pdata);

参数说明：

pmem——指向内存区域控制块的指针，可以从 OSMemCreate()函数的返回值中得到。

pdata——一个指向 OS_MEM_DATA 数据结构的指针，该数据结构包含了以下的域：

void	OSAddr;	/* 指向内存区域起始地址的指针 */
void	OSFreeList;	/* 指向空闲内存块列表起始地址的指针 */
INT32U	OSBlkSize;	/* 每个内存块的大小 */
INT32U	OSNBlks;	/* 该内存区域中的内存块总数 */
INT32U	OSNFree;	/* 空闲的内存块数目 */
INT32U	OSNUsed;	/* 已使用的内存块数目 */

6.2.3 μC/OS-Ⅱ 的文件结构和移植

1. μC/OS-Ⅱ 的文件结构

μC/OS-Ⅱ是以源代码形式提供的实时操作系统内核，其源代码总量大约在 6000～7000行，共存放在 16 个文件中。

μC/OS-II 的文件结构如图 6.5 所示。

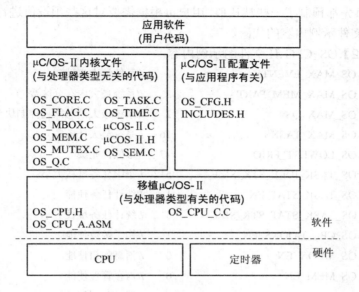

图 6.5　μC/OS-II 的文件结构

1) 与应用程序相关的文件

(1) INCLUDES.H。INCLUDES.H 是 μC/OS-II 的主头文件，在每个 .C 文件中都要包含这个文件。也就是说，在每个 .C 文件的包含头文件部分应有如下语句：#include "includes.h"。INCLUDES.H 文件内容代码如程序 6.11 所示。

【程序 6.11】INCLUDES.H 文件的内容。

```
#include        <stdio.h>
#include        <string.h>
#include        <ctype.h>
#include        <stdlib.h>
#include        <conio.h>
#include        <dos.h>
#include        <setjmp.h>

#include        "/os_cpu.h"          //与应用程序相关
#include        "os_cfg.h"           //与应用程序相关
#include        "ucos_ii.h"          //与应用程序相关
```

从文件的内容可看到，这个文件把工程项目中应包含的头文件都集中到了一起，使得开发者无需再去考虑项目中的每一个文件究竟应该需要或者不需要哪些头文件了。

(2) OS_CFG.H。OS_CFG.H 是 μC/OS-II 的系统配置头文件。μC/OS-II 是依靠编译时的条件编译来实现软件系统的裁剪性的，即把用户可裁剪的代码段写在#if 和#end if 预编译指令之间，在编译时根据#if 预编译指令后面常数的值来确定是否该代码段进行编译。

此外，配置文件 OS_CFG.H 还包括与项目相关的其它一些常数的设置。

　　配置文件 OS_CFG.H 就是为用户设置上述的这些常数值的文件。当然在这个文件中对所有配置常数事先都预制了一些默认值,用户可根据需要对这些预设值进行修改。程序 6.12 为 OS_CFG.H 文件示例内容的代码。

【程序 6.12】OS_CFG.H 文件的示例内容。

```
#define OS_MAX_EVENTS              2     //系统最大事件数
#define OS_MAX_MEM_PART            2     //系统最大内存分区数
#define OS_MAX_QS                  2     //系统最大消息队列控制块数
#define OS_MAX_TASKS               16    //系统最大任务数
#define OS_LOWEST_PRIO             17    //最低优先级
#define OS_TASK_IDLE_STK_SIZE      512   //空闲任务堆栈大小
#define OS_TASK_STAT_EN            1     //统计任务使能
#define OS_TASK_STAT_STK_SIZE      512   //统计任务堆栈大小
#define OS_CPU_HOOKS_EN            1     //钩子函数使能
#define OS_MBOX_EN                 0     //消息邮箱使能
#define OS_MEM_EN                  0     //内存管理使能
#define OS_Q_EN                    0     //消息队列使能
#define OS_SEM_EN                  1     //信号量使能
#define OS_TASK_CHANGE_PRIO_EN     0     //任务修改优先级使能
#define OS_TASK_CREATE_EN          1     //创建任务使能
#define OS_TASK_CREATE_EXT_EN      0     //扩展创建任务使能
#define OS_TASK_DEL_EN             0     //任务删除使能
#define OS_TASK_SUSPEND_EN         0     //任务挂起使能

#define OS_TICKS_PER_SEC           200   //每秒的时钟节拍 Tick 数
```

2) 与计算机硬件相关的文件

(1) OS_CPU.H。OS_CPU.H 是一个与计算机硬件相关的文件,其中有些内容在系统移植时要根据工程项目实际使用的处理器进行修改,有些则无需修改。

无需修改的部分为数据类型的定义部分,其内容代码如程序 6.13 所示。

【程序 6.13】OS_CPU.H 中的数据类型定义。

```
typedef unsigned char    BOOLEAN;
typedef unsigned char    INT8U;      //无符号 8 位整数
typedef signed   char    INT8S;      //有符号 8 位整数
typedef unsigned int     INT16U;     //无符号 16 位整数
typedef signed   int     INT16S;     //有符号 16 位整数
typedef unsigned long    INT32U;     //无符号 32 位整数
typedef signed   long    INT32S;     //有符号 32 位整数
typedef float            FP32;       //单精度浮点数
typedef double           FP64;       //双精度浮点数
typedef unsigned int     OS_STK;     //任务堆栈入口为 16 位
```

```
#define  BYTE              INT8S              //字节类型
#define  WORD              INT32S             //字类型
#define  LONG              INT32S
```

除此之外，OS_CPU.H 文件还定义了一些与处理器相关的常数和宏。μC/OS-Ⅱ应用在 80x86 处理器上时，部分内容代码列举如程序 6.14 所示。

【程序 6.14】OS_CPU.H 中涉及处理器的定义。

```
#define  OS_CRITICAL_METHOD         2


#if      OS_CRITICAL_METHOD == 1
#define  OS_ENTER_CRITICAL()   asm  CLI              //关中断
#define  OS_EXIT_CRITICAL()    asm  STI              //开中断
#endif


#if      OS_CRITICAL_METHOD == 2
#define  OS_ENTER_CRITICAL()   asm {PUSHF; CLI}      //关中断
#define  OS_EXIT_CRITICAL()    asm  POPF             //开中断
#endif


#define  OS_STK_GROWTH            1      //在 80x86 处理器上，堆栈增长方向为从上向下


#define  uCOS                  0x80      //用于上下文切换的中断向量


#define  OS_TASK_SW()          asm   INT   uCOS


OS_CPU_EXT  INT8U  OSTickDOSCtr;   // 用于连接 DOS 时钟处理程序的计数器
```

(2) OS_CPU_A.ASM。在文件 OS_CPU_A.ASM 中，集中了所有与处理器相关的汇编语言代码模块。该文件也是项目开发者要根据实际使用的处理器必须进行移植的文件。

(3) OS_CPU_C.C。在文件 OS_CPU_C.C 中，集中了所有与处理器相关的 C 语言代码模块。该文件也是项目开发者要根据实际使用的处理器必须进行移植的文件。

3) 系统内核的各种服务文件

μC/OS-Ⅱ内核是以 API 函数的形式给用户应用程序提供各种服务的，这些功能模块都是与处理器硬件无关的，即在不同的处理器之间移植时是无需修改的。μC/OS-Ⅱ 把这些服务模块分门别类地组成如下文件：

- OS_CORE.C——核心服务模块文件。
- OS_FLAG.C——信号量级服务模块文件。
- OS_MBOX.C——消息邮箱服务模块文件。
- OS_MEM.C——存储管理服务模块文件。
- OS_MUTEX.C——互斥型信号量服务模块文件。
- OS_Q.C——消息队列服务模块文件。

- OS_SEM.C——信号量服务模块文件。
- OS_TASK.C——任务管理服务模块文件。
- OS_TIME.C——时间管理服务模块文件。
- μCOS_Ⅱ.C——μC/OS-Ⅱ系统结构文件。
- μCOS_Ⅱ.H——与应用相关的配置文件。

2. μC/OS-Ⅱ 的移植

所谓移植，就是使 μC/OS-Ⅱ 内核可以在另一个基于某种微处理器或微控制器的平台上运行。为了使源代码方便移植，大部分的 μC/OS-Ⅱ 代码都是使用 C 语言编写的，但仍需要用 C 语言和汇编语言来编写一些跟处理器相关的代码，这是因为 μC/OS-Ⅱ 在读/写处理器寄存器时只能通过汇编语言来实现。由于 μC/OS-Ⅱ 在设计时就已经充分考虑了操作系统的可移植性，所以 μC/OS-Ⅱ 的移植相对来说是比较容易的。

从上一节 μC/OS-Ⅱ 的文件结构我们可以知道，其实 μC/OS-Ⅱ 的移植最重要的工作就是重新编写三个跟处理器硬件相关的文件：OS_CPU.H、OS_CPU_C.C 和 OS_CPU_A.ASM。

1) OS_CPU.H

头文件 OS_CPU.H 主要进行数据类型的定义和与处理器硬件相关的定义，其中最重要的是编写进入和退出临界段的两个宏 OS_ENTER_CRITICAL() 和 OS_EXIT_CRITICAL()。编写时要根据处理器的位数和处理器开关中断的汇编代码来进行。LPC1768 平台的 OS_CPU.H 代码如程序 6.15 所示。

【程序 6.15】LPC1768 平台的 OS_CPU.H。

```
/*
*                                    ARM Cortex-M3 Port
* File      : OS_CPU.H
* Version   : V2.89
* By        : Jean J. Labrosse
*/

#ifndef   OS_CPU_H
#define   OS_CPU_H

#ifdef    OS_CPU_GLOBALS
#define   OS_CPU_EXT
#else
#define   OS_CPU_EXT   extern
#endif

/* 数据类型定义 */
typedef unsigned char    BOOLEAN;
typedef unsigned char    INT8U;
```

```
typedef signed      char   INT8S;
typedef unsigned short INT16U;
typedef signed      short  INT16S;
typedef unsigned int    INT32U;
typedef signed      int    INT32S;
typedef float             FP32;
typedef double            FP64;


typedef unsigned int    OS_STK;

typedef unsigned int    OS_CPU_SR;


/* Cortex-M3 临界段管理
* Method #1:    用简单指令开关中断。退出临界段之后，中断重新使能。
* Method #2:    保存中断状态再开关中断。如果进临界段之前关了中断，出临界段将继续关中断。
** Method #3:    保存中断状态再开关中断。使用本地变量 'cpu_sr' 保存 CPU 状态再关中断，
'cpu_sr'可以被 µC/OS-Ⅱ函数调用。如果要恢复中断状态，可以将 'cpu_sr' 拷贝回 CPU 状态寄存器
*/
#define   OS_CRITICAL_METHOD     3u
#if OS_CRITICAL_METHOD == 3u
#define   OS_ENTER_CRITICAL()   {cpu_sr = OS_CPU_SR_Save();}
#define   OS_EXIT_CRITICAL()    {OS_CPU_SR_Restore(cpu_sr);}
#endif


/*                         Cortex-M3  体系结构                              */

#define   OS_STK_GROWTH          1u           /* 堆栈生长方向为从上向下      */
#define   OS_TASK_SW()          OSCtxSw()      /* 任务切换宏                 */


/*                         函数原型                                        */
#if OS_CRITICAL_METHOD == 3u
OS_CPU_SR   OS_CPU_SR_Save(void);
void        OS_CPU_SR_Restore(OS_CPU_SR cpu_sr);
#endif


void        OSCtxSw(void);
void        OSIntCtxSw(void);
void        OSStartHighRdy(void);


void        OS_CPU_PendSVHandler(void);
```

```
void        OS_CPU_SysTickHandler(void);
void        OS_CPU_SysTickInit(INT32U   cnts);
#endif
```

2) OS_CPU_C.C

OS_CPU_C.C 主要使用 C 语言完成一些跟处理器相关的代码，除了提供给用户应用程序的一系列钩子函数以外，最重要的函数如下：

(1) OSTaskStkInit()。OSTaskCreate()或 OSTaskCreateExt()在创建任务时，对控制块进行初始化之前、对任务堆栈进行初始化时调用。它实现的功能是将任务参数地址、任务函数入口地址、各 CPU 寄存器地址压入任务堆栈。需要注意的是，虽然这时候任务还没有运行过，不需要保存当前 CPU 寄存器的真实值到任务堆栈，但初始化的结果是将堆栈看起来好像刚刚发生了中断一样。

(2) 系统时钟节拍中断服务程序 SysTick_Handler()。时钟中断服务程序也就是时钟节拍服务程序，是系统的心脏跳动。LPC1768 平台的 OS_CPU_C.C 的代码如程序 6.16 所示。

【程序 6.16】LPC1768 平台的 OS_CPU_C.C(其中省去了一部分定义代码)。

```
/*                        ARM Cortex-M3 Port
* File      : OS_CPU_C.C
* Version   : V2.89
* By        : Jean J. Labrosse   */

#define    OS_CPU_GLOBALS
#include   <uCOS-II\Source\ucos_ii.h>


/*                        本地变量                                        */

#if OS_TMR_EN > 0u
static    INT16U    OSTmrCtr;
#endif


/*          系统时钟节拍定义, 主要是 Cortex-M3 的 SysTick 和 NVIC 寄存器地址     */
#define    OS_CPU_CM3_NVIC_ST_CTRL      (*((volatile INT32U *)0xE000E010uL))
#define    OS_CPU_CM3_NVIC_ST_RELOAD    (*((volatile INT32U *)0xE000E014uL))
    ……
#define    OS_CPU_CM3_NVIC_PRIO_MIN                        0xFFu


/*   系统初始化钩子 begin 函数, 在 OSInit()开始运行时被 OSInit()调用。运行时应当关中断   */
#if OS_CPU_HOOKS_EN > 0u
void    OSInitHookBegin (void)
{
    #if OS_TMR_EN > 0u
```

```
        OSTmrCtr = 0u;
    #endif
    }
#endif
```

/*   系统初始化钩子 end 函数，在 OSInit()快结束时被 OSInit()调用。运行时应当关中断   */

```
#if OS_CPU_HOOKS_EN > 0u
void    OSInitHookEnd (void)
{
}
#endif
```

/*   创建任务钩子函数   */

```
#if OS_CPU_HOOKS_EN > 0u
void    OSTaskCreateHook (OS_TCB *ptcb)
{
    #if OS_APP_HOOKS_EN > 0u
        App_TaskCreateHook(ptcb);
    #else
        (void)ptcb;
    #endif
}
#endif
```

/*   删除任务钩子函数   */

```
#if OS_CPU_HOOKS_EN > 0u
void    OSTaskDelHook (OS_TCB *ptcb)
{
    #if OS_APP_HOOKS_EN > 0u
        App_TaskDelHook(ptcb);
    #else
        (void)ptcb;
    #endif
}
#endif
```

/*   空闲任务钩子函数   */

```
#if OS_CPU_HOOKS_EN > 0u
void    OSTaskIdleHook (void)
```

```
{
  #if OS_APP_HOOKS_EN > 0u
    App_TaskIdleHook();
  #endif
}
#endif
```

```
/*                          统计任务钩子函数                              */
#if OS_CPU_HOOKS_EN > 0u
void    OSTaskStatHook (void)
{
  #if OS_APP_HOOKS_EN > 0u
    App_TaskStatHook();
  #endif
}
#endif
```

```
/*                          初始化任务堆栈                                */
OS_STK *OSTaskStkInit (void (*task)(void *p_arg), void *p_arg, OS_STK *ptos, INT16U opt)
{
    OS_STK *stk;

    (void)opt;
    stk      = ptos;
    *(stk)   = (INT32U)0x01000000uL;
    *(--stk) = (INT32U)task;
    *(--stk) = (INT32U)OS_TaskReturn;
    *(--stk) = (INT32U)0x12121212uL;
    *(--stk) = (INT32U)0x03030303uL;
    *(--stk) = (INT32U)0x02020202uL;
    *(--stk) = (INT32U)0x01010101uL;
    *(--stk) = (INT32U)p_arg;
    *(--stk) = (INT32U)0x11111111uL;
    *(--stk) = (INT32U)0x10101010uL;
    *(--stk) = (INT32U)0x09090909uL;
    *(--stk) = (INT32U)0x08080808uL;
    *(--stk) = (INT32U)0x07070707uL;
    *(--stk) = (INT32U)0x06060606uL;
    *(--stk) = (INT32U)0x05050505uL;
```

```
    *(--stk)    = (INT32U)0x04040404uL;


    return (stk);
}


/*                        任务切换钩子函数                                    */
#if (OS_CPU_HOOKS_EN > 0u) && (OS_TASK_SW_HOOK_EN > 0u)
void    OSTaskSwHook (void)
{
  #if OS_APP_HOOKS_EN > 0u
    App_TaskSwHook();
  #endif
}
#endif


/*                        OS_TCBInit() 钩子函数                                 */
#if OS_CPU_HOOKS_EN > 0u
void    OSTCBInitHook (OS_TCB *ptcb)
{
  #if OS_APP_HOOKS_EN > 0u
    App_TCBInitHook(ptcb);
  #else
    (void)ptcb;
  #endif
}
#endif


/*                        系统时钟节拍钩子函数                                  */
#if (OS_CPU_HOOKS_EN > 0u) && (OS_TIME_TICK_HOOK_EN > 0u)
void    OSTimeTickHook (void)
{
#if OS_APP_HOOKS_EN > 0u
    App_TimeTickHook();
#endif

#if OS_TMR_EN > 0u
    OSTmrCtr++;
    if (OSTmrCtr >= (OS_TICKS_PER_SEC / OS_TMR_CFG_TICKS_PER_SEC))
    {
```

```
                OSTmrCtr = 0;
                OSTmrSignal();
            }
    #endif
    }
    #endif

    /*                              时钟节拍中断服务程序                              */
    void    SysTick_Handler (void)
    {
        OS_CPU_SR    cpu_sr;

        OS_ENTER_CRITICAL();
        OSIntNesting++;
        OS_EXIT_CRITICAL();

        OSTimeTick();

        OSIntExit();
    }

    /*                              系统时钟节拍初始化                              */
    void    OS_CPU_SysTickInit (INT32U    cnts)
    {
        OS_CPU_CM3_NVIC_ST_RELOAD = cnts - 1u;
        OS_CPU_CM3_NVIC_PRIO_ST     = OS_CPU_CM3_NVIC_PRIO_MIN;
        OS_CPU_CM3_NVIC_ST_CTRL    |=  OS_CPU_CM3_NVIC_ST_CTRL_CLK_SRC  |  OS_
    CPU_CM3_NVIC_ST_CTRL_ENABLE;
        OS_CPU_CM3_NVIC_ST_CTRL    |= OS_CPU_CM3_NVIC_ST_CTRL_INTEN;

    }
```

3) OS_CPU_A.ASM

OS_CPU_A.ASM 使用汇编语言编写一些直接操作处理器寄存器的底层代码,这些代码不方便用 C 语言编写。其中最重要的函数如下:

(1) OSStartHighRdy()。在多任务启动函数 OSStart()中被调用,这时候没有任务在运行,OSStartHighRdy()开始启动多任务。在 OSStartHighRdy()运行前,OSStart()已将任务控制块指针 OSTCBCur 指向优先级最高的就绪任务的 TCB,OSStartHighRdy()首先将 OSRunning 的值设置为真,再使用汇编语句将堆栈寄存器的值设置为该任务堆栈的地址,然后将各堆栈中内容退栈给各寄存器,接着是任务地址和任务参数,并转到任务地址去执行。

(2) OSCtxSw()。非中断处理情况下的任务切换函数。它在任务被阻塞、删除、创建等多种情况下被调用。直接调用它的函数是 OS_Sched()。

(3) OSIntCtxSw()。中断处理情况下的任务切换函数。例如系统的每 10 ms 进行时钟中断，那么都要使用它进行任务切换。因为在中断产生后，PSW、CS、IP(80x86)已经被压入了堆栈(在其它硬件环境下应是不同的寄存器)，而 ISR 服务程序首先需将其它的寄存器也压入堆栈，所以不需要再去保存环境，中断中任务切换和非中断的情况下是不同的。LPC1768 平台的 OS_CPU_A.ASM 代码如程序 6.17 所示。

【程序 6.17】LPC1768 平台的 OS_CPU_A.ASM(其中省去了一部分定义代码)。

```
;                             ARM Cortex-M3 Port
; File      : OS_CPU_A.ASM
; Version   : V2.89
; By        : Jean J. Labrosse

;                         公共函数
        EXTERN   OSRunning                              ; 外部引用
        EXTERN   OSPrioCur
        EXTERN   OSPrioHighRdy
        EXTERN   OSTCBCur
        EXTERN   OSTCBHighRdy
        EXTERN   OSIntExit
        EXTERN   OSTaskSwHook

        EXPORT   OS_CPU_SR_Save                         ; 函数定义
        EXPORT   OS_CPU_SR_Restore
        EXPORT   OSStartHighRdy
        EXPORT   OSCtxSw
        EXPORT   OSIntCtxSw
        EXPORT   PendSV_Handler
        EXPORT   IntDisAll


;                         寄存器值
    NVIC_INT_CTRL    EQU      0xE000ED04
    NVIC_SYSPRI14    EQU      0xE000ED22
    NVIC_PENDSV_PRI EQU          0xFF
    NVIC_PENDSVSET   EQU      0x10000000

;代码段
        AREA OSKernelschedular,code,READONLY
        THUMB

;临界段 METHOD 3 函数
```

```
OS_CPU_SR_Save
    MRS       R0, PRIMASK
    CPSID     I
    BX        LR


OS_CPU_SR_Restore
    MSR       PRIMASK, R0
    BX        LR


; void OSStartHighRdy(void)
OSStartHighRdy
    LDR       R0, =NVIC_SYSPRI14
    LDR       R1, =NVIC_PENDSV_PRI
    STRB      R1, [R0]


    MOVS      R0, #0
    MSR       PSP, R0


    LDR       R0, =OSRunning                              ; OSRunning = TRUE
    MOVS      R1, #1
    STRB      R1, [R0]


    LDR       R0, =NVIC_INT_CTRL
    LDR       R1, =NVIC_PENDSVSET
    STR       R1, [R0]


    CPSIE     I


OSStartHang
    B         OSStartHang


; void OSCtxSw(void)
OSCtxSw
    LDR       R0, =NVIC_INT_CTRL
    LDR       R1, =NVIC_PENDSVSET
    STR       R1, [R0]
    BX        LR


; void OSIntCtxSw(void)
```

```
OSIntCtxSw
    LDR        R0, =NVIC_INT_CTRL
    LDR        R1, =NVIC_PENDSVSET
    STR        R1, [R0]
    BX         LR

; void OS_CPU_PendSVHandler(void)
PendSV_Handler
    CPSID      I
    MRS        R0, PSP
    CBZ        R0,  PendSV_Handler_nosave

    SUBS       R0, R0, #0x20
    STM        R0, {R4-R11}

    LDR        R1, =OSTCBCur
; OSTCBCur->OSTCBStkPtr = SP;
    LDR        R1, [R1]
    STR        R0, [R1]

;OS_CPU_PendSVHandler_nosave
PendSV_Handler_nosave
    LDR        R0, =OSPrioCur
    LDR        R1, =OSPrioHighRdy
    LDRB       R2, [R1]
    STRB       R2, [R0]

    LDR        R0, =OSTCBCur
    LDR        R1, =OSTCBHighRdy
    LDR        R2, [R1]
    STR        R2, [R0]

    LDR        R0, [R2]
    LDM        R0, {R4-R11}
    ADDS       R0, R0, #0x20
    MSR        PSP, R0
    ORR        LR, LR, #0x04
    CPSIE      I
    BX         LR

; END
```

```
IntDisAll
    mov      R0, #1
    MSR      PRIMASK,R0
    BX       LR


    ALIGN


    END
```

6.3　基于 μC/OS-Ⅱ的嵌入式系统程序设计实例

1．一个任务的 μC/OS-Ⅱ实例

此例示范讲解怎样在嵌入式系统上运行最简单的 μC/OS-Ⅱ程序。在开发环境工程中引入基本的开发板基础源代码文件即 BSP 之后，可以在工程中添加一个 μC/OS-Ⅱ目录，将μC/OS-Ⅱ的源代码文件和移植代码引入，然后再创建一个用户应用程序文件 main.c，在其中编写 main 函数和 μC/OS-Ⅱ任务即可。相应 main.c 文件内容的代码如程序 6.18 所示。

【程序 6.18】main.c 文件内容。

```
#include <includes.h>                    /*μC/OS-Ⅱ包含头文件 */
#include "type.h"
#include "target.h"                       /* 目标板驱动 */
#include "bsp.h"                          /* BSP，包括中断初始化和串口驱动等 */
#include "fio.h"                          /* LED 驱动 */

/*                       常量定义                                      */
#define TASK_STK_SIZE 512
/*                       本地变量                                      */
OS_STK   MyTaskStk[TASK_STK_SIZE];                      /*任务堆栈 */
/*                       本地函数原型                                  */
void     MyTask(void *pdata);

/*                       main 函数                                     */
void    main (void)
{
    char *s_M = "M";

    TargetResetInit();                                  /* 目标板初始化 */
    Ser_Init (9600);                                    /* 串口初始化   */
    LEDInit();                                          /* LED 灯初始化 */
```

```
    BSP_IntDisAll();                                    /* 禁用中断,直到 OS 启用 */

    OSInit();                                           /* μC/OS-Ⅱ 初始化 */

    OSTaskCreate(MyTask,                                /* 建立初始任务 */
                 s_M,                                   /* 任务参数      */
                 &MyTaskStk[TASK_STK_SIZE - 1],         /* 任务堆栈栈顶指针 */
                 0);                                    /* 优先级        */

    OSStart();                                          /* 开始多任务调度 */
}


/*                      任务 MyTask
*              这是一个初始任务范例,它在串口上打印提示信息。
*              系统节拍 tick 必须在这里,也就是多任务开始以后启动。
*/
static   void   MyTask(void *pdata)
{
    (void)pdata;                       /*  防止编译警告 */
    int flag = 0;

    BSP_Init();                        /* 在 BSP 初始化时进行系统节拍 tick 初始化 */

    while (1)
    {
        Ser_Printf("%c ",*(char *)pdata);
        if(flag)
        {
            flag = 0;
            LedOn(0);
        }
        else
        {
            flag = 1;
            LedOff(0);
        }
        OSTimeDlyHMSM(0, 0, 1, 0);
    }
}
```

在上例中，我们在 main 函数中使用 OSTaskCreate 函数创建了一个任务 MyTask，该任务优先级为 0，通过变量 s_M 传递参数。任务 MyTask 在 main 函数之后定义，并在 OSStart() 之后被调度运行。程序运行的结果是：目标板上的 LED0 每 1 s 亮灭一次，同时通过串口输出打印一个字符 'M'。

2. 多任务 μC/OS-Ⅱ 实例

此例示范讲解怎样在 μC/OS-Ⅱ 中实现多任务。μC/OS-Ⅱ 经常采用先创建一个初始任务、然后再在初始任务中创建其它任务的方法。这是因为 Cortex-M3 的 SysTick 要在初始任务中启动，如果在 main 函数中创建多个任务，则初始任务未必会被首先调度执行。

在本例中，main 函数首先创建一个初始任务 MyTask，优先级为 0，在 MyTask 中再创建一个任务 YouTask，优先级为 2。MyTask 控制目标板上的 LED0 每 2 s 亮灭一次并在串口上输出一个字符'M'，YouTask 控制目标板上的 LED1 每 1 s 亮灭一次并在串口上输出一个字符'Y'。相应 main.c 文件内容的代码如程序 6.19 所示。

【程序 6.19】main.c 文件内容(部分头文件包含和数据定义省去)。

```
……
/*                          本地变量                                    */
OS_STK   MyTaskStk[TASK_STK_SIZE];        /*任务堆栈 */
OS_STK   YouTaskStk[TASK_STK_SIZE];
/*                        本地函数原型                                  */
void     MyTask(void *pdata);
void     YouTask(void *pdata);


/*                          main 函数                                   */
void    main (void)
{
    char *s_M = "M";

    TargetResetInit();                      /*  目标板初始化 */
    Ser_Init (9600);                        /*  串口初始化 */
    LEDInit();

    BSP_IntDisAll();                        /*  禁用中断，直到 OS 启用 */

    OSInit();                               /*  μC/OS-Ⅱ 初始化 */

    OSTaskCreate(MyTask,                    /*  建立初始任务 */
                 s_M,
                 &MyTaskStk[TASK_STK_SIZE - 1],
                 0);
```

```
    OSStart();                                        /* 开始多任务调度  */
}


/*                        任务  MyTask                                  */
static   void   MyTask(void *pdata)
{
    char *s_Y = "Y";
    int flag = 0;

    (void)pdata;

    BSP_Init();

    OSTaskCreate(YouTask,                             /* 建立一个任务 */
                 s_Y,
                 &YouTaskStk[TASK_STK_SIZE - 1],
                 2);

    while (1)
    {
        Ser_Printf("%c ",*(char *)pdata);
        if(flag)
        {
            flag = 0;
            LedOn(0);
        }
        else
        {
            flag = 1;
            LedOff(0);
        }
        OSTimeDlyHMSM(0, 0, 2, 0);
    }
}


/*                        任务  YouTask                                 */
static   void   YouTask(void *pdata)
{
    (void)pdata;
```

```
        int flag = 0;

        while (1)
        {
                Ser_Printf("%c ",*(char *)pdata);
                if(flag)
                {
                   flag = 0;
                   LedOn(1);
                }
                else
                {
                   flag = 1;
                   LedOff(1);
                }
                OSTimeDlyHMSM(0, 0, 1, 0);
        }
   }
```

3. 挂起任务和恢复任务实例

在本例中，main 函数首先创建一个初始任务 MyTask，在 MyTask 中再创建一个任务 YouTask。YouTask 开启一个计数器，计数每到 10 挂起任务 MyTask，计数到 20 时再将 MyTask 唤醒并计数清零。读者可以观察目标板的实验结果。相应 main.c 文件内容的代码如程序 6.20 所示。

【程序 6.20】main.c 文件内容(与前例相同的部分省去)。

```
……
/*                            任务 MyTask                              */
static   void   MyTask(void *pdata)
{
    (void)pdata;
    int flag = 0;

    #if (OS_CRITICAL_METHOD == 3)
        OS_CPU_SR   cpu_sr;
    #endif

    OS_ENTER_CRITICAL();
    BSP_Init();
    OS_EXIT_CRITICAL();

    OSTaskCreate(YouTask,                                    /* 建立一个任务 */
```

```
                                    (void *)0,
                                    &YouTaskStk[TASK_STK_SIZE - 1],
                                    2);

        while (1)
        {
                Ser_Printf("%d ",count);
                if(flag)
                {
                    flag = 0;
                    LedOn(0);
                }
                else
                {
                    flag = 1;
                    LedOff(0);
                }
                OSTimeDlyHMSM(0, 0, 2, 0);
        }
}

/*                              任务  YouTask                              */
static   void   YouTask(void *pdata)
{
    (void)pdata;

    while (1)
    {
      if(count == 10)
      {
        OSTaskSuspend(0);                            /* 挂起任务 MyTask */
      }
      if(count == 20)
      {
        OSTaskResume(0);                             /* 恢复任务 MyTask */
        count = 0;                                   /* 计数器清零  */
      }
      count++;

      OSTimeDly(OS_TICKS_PER_SEC / 2);
```

```
        LedOn(1);                                    /* 板载 Led 亮灭 */
        OSTimeDly(OS_TICKS_PER_SEC / 2);
        LedOff(1);


    }
}
```

4. 信号量实例

在本例中，main 函数首先创建一个初始任务 TaskStart，在 TaskStart 中再创建两个任务 Task1 和 Task2。两个任务要使用目标板上的临界资源数码管显示自己的内容，通过申请和释放信号量的方式来达到互斥使用的目的。读者可以观察目标板的实验结果。相应 main.c 文件内容的代码如程序 6.21 所示。

【程序 6.21】main.c 文件内容(与前例相同的部分省去)。

```
……
/*                              本地变量                                  */
OS_STK    TaskStartStk[TASK_STK_SIZE];          /*任务堆栈 */
OS_STK    Task1Stk[TASK_STK_SIZE];
OS_STK    Task2Stk[TASK_STK_SIZE];
BYTE      count = 0;
INT8U     err;
OS_EVENT  *Seg_Sem;                             /* 声明数码管信号量 */
/*                          本地函数原型                                  */
void      TaskStart(void *pdata);
void      Task1(void *pdata);
void      Task2(void *pdata);
/*                              main()                                   */
void   main (void)
{

        TargetResetInit();                      /* 目标板初始化 */
        Ser_Init (9600);                        /* 串口初始化 */

        GPIOInit(3,1,1);                        /* Led 初始化 */
        SPI_Init(8);                            /* 使用 SPI 总线驱动数码管 */

        BSP_IntDisAll();                        /* 禁用中断，直到 OS 启用 */

        OSInit();                               /* μC/OS-Ⅱ初始化 */

        Seg_Sem = OSSemCreate(1);               /* 定义信号量，初值为 1 */
```

```
        OSTaskCreate(TaskStart,                              /* 建立初始任务 */
                    (void *)0,
                    &TaskStartStk[TASK_STK_SIZE - 1],
                    0);


    OSStart();                                               /* 开始多任务调度 */
}
/*                          任务  TaskStart                                    */
static   void   TaskStart(void *pdata)
{
    (void)pdata;
    #if (OS_CRITICAL_METHOD == 3)
        OS_CPU_SR    cpu_sr;
    #endif

    OS_ENTER_CRITICAL();
    BSP_Init();
    OS_EXIT_CRITICAL();

    OSTaskCreate(Task1,                                      /* 建立一个任务 */
                    (void *)0,
                    &Task1Stk[TASK_STK_SIZE - 1],
                    1);

    OSTaskCreate(Task2,                                      /* 建立一个任务 */
                    (void *)0,
                    &Task2Stk[TASK_STK_SIZE - 1],
                    2);

    while (1)
    {
        Ser_Printf("This is a μC/OS-Ⅱ  semaphore example. %d \r\n",count);
        count ++;
        OSTimeDlyHMSM(0, 0, 10, 0);
    }
}


/*                          任务  Task1                                        */
static   void   Task1(void *pdata)
```

```
{
    (void)pdata;

    while (1)
    {
        OSSemPend(Seg_Sem, 0, &err);                /* 请求信号量 */
        SegDisplay(1,1);                            /* 使用临界区资源 */
        OSTimeDlyHMSM(0,0,2,0);
        OSSemPost(Seg_Sem);                         /* 释放信号量 */
    }
}


/*                              任务 Task2                                    */
static    void    Task2(void *pdata)
{
    (void)pdata;

    while (1)
    {
        OSSemPend(Seg_Sem, 0, &err);                /* 请求信号量 */
        SegDisplay(2,1);                            /* 使用临界区资源 */
        OSTimeDlyHMSM(0,0,1,0);
        OSSemPost(Seg_Sem);                         /* 释放信号量 */
    }
}
```

5．消息邮箱实例

　　在本例中，main 函数首先创建一个初始任务 TaskStart，在 TaskStart 中再创建两个任务 Task1 和 Task2。任务 Task1 从串口接收数据并发送到消息邮箱，任务 Task2 从消息邮箱中接收数据并在数码管上显示出来。读者可以观察目标板的实验结果。相应 main.c 文件内容的代码如程序 6.22 所示。

　　【程序 6.22】main.c 文件内容(与前例相同的部分省去)。

```
……
/*                              本地变量                                     */
OS_STK    TaskStartStk[TASK_STK_SIZE];                 /*任务堆栈 */
OS_STK    Task1Stk[TASK_STK_SIZE];
OS_STK    Task2Stk[TASK_STK_SIZE];
BYTE      count = 0;
INT8U     err;
OS_EVENT  *Str_Box;                                    /* 声明事件控制块指针 */
```

```
/*                      本地函数原型                              */
void        TaskStart(void *pdata);
void        Task1(void *pdata);
void        Task2(void *pdata);
/*                            main()                              */
void    main (void)
{
    TargetResetInit();                          /* 目标板初始化 */
    Ser_Init (9600);                            /* 串口初始化 */

    GPIOInit(3,1,1);                            /* Led 初始化 */
    SPI_Init(8);                                /* 使用 SPI 总线驱动数码管 */

    BSP_IntDisAll();                            /* 禁用中断，直到 OS 启用 */

    OSInit();                                   /* μC/OS-Ⅱ初始化 */

    Str_Box = OSMboxCreate((void*)0);           /* 创建消息邮箱 */

    OSTaskCreate(TaskStart,                      /* 建立初始任务 */
                 (void *)0,
                 &TaskStartStk[TASK_STK_SIZE - 1],
                 0);

    OSStart();                                  /* 开始多任务调度 */
}


/*                    任务 TaskStart                              */
static   void   TaskStart(void *pdata)
{
    (void)pdata;
    #if (OS_CRITICAL_METHOD == 3)
        OS_CPU_SR    cpu_sr;
    #endif

    OS_ENTER_CRITICAL();
    BSP_Init();
    OS_EXIT_CRITICAL();

    OSTaskCreate(Task1,                          /* 建立一个任务 */
```

```
                                 (void *)0,
                                 &Task1Stk[TASK_STK_SIZE - 1],
                                 1);

         OSTaskCreate(Task2,                              /* 建立一个任务 */
                                 (void *)0,
                                 &Task2Stk[TASK_STK_SIZE - 1],
                                 2);

    while (1)
    {
            Ser_Printf("This is a uC/OS-II mailbox example. %d \r\n",count);
            count ++;
            OSTimeDlyHMSM(0, 0, 10, 0);
    }
}


/*                              任务  Task1                              */
static   void   Task1(void *pdata)
{
    char *SendBuf;                                  /* 定义发送消息缓冲区 */

    (void)pdata;
    #if (OS_CRITICAL_METHOD == 3)
        OS_CPU_SR   cpu_sr;
    #endif

    while (1)
    {
      UART0RecvByte(SendBuf);                       /* 从串口接收一个字符 */
      OSMboxPost(Str_Box,SendBuf);                  /* 将字符发送到消息邮箱 */
      OSTimeDlyHMSM(0,0,1,0);
    }
}


/*                              任务  Task2                              */
static   void   Task2(void *pdata)
{
    char *RecvBuf,data;
```

```
    (void)pdata;
    while (1)
    {
        RecvBuf = OSMboxPend(Str_Box, 0, &err);        /*  请求消息邮箱  */
        data = *RecvBuf - 0x30;
        SegDisplay(data,1);                            /*  使用数码管显示  */
        Ser_Printf("%d \r\n",data);
        OSTimeDlyHMSM(0,0,1,0);
    }
}
```

习　　题

6.1　什么是实时系统？试列举几个日常生活中的实时系统。

6.2　μC/OS-Ⅱ的系统时钟是如何实现的，在时钟节拍服务中做了什么工作？

6.3　编写一个有 3 个任务的应用程序，其中 2 个任务在合适的时候删除自己。

6.4　在目标板上编写 2 个任务，任务 1 负责识别按键，任务 2 负责 LED 闪烁，实验效果为每按一次键 LED 闪烁一次。

参 考 文 献

[1]　NXP Semiconductor. LPC17xx User Manual. Rev. 00.05, 2009.

[2]　ARM. Cortex-M3 Technical Reference Manual. Rev. r1p1，2006.

[3]　马忠梅. ARM Cortex 微控制器教程. 北京：北京航空航天大学出版社，2009.

[4]　桂电-丰宝联合实验室. ARM 原理与嵌入式应用——基于 LPC2400 系列处理器和 IAR 开发环境 [M]. 北京：电子工业出版社，2008.

[5]　Microchip Technology Inc. 24LC01B/02B CMOS Serial EEPROMs, 2007.

[6]　Silicon Storage Technology Inc.16 Mbit SPI Serial Flash SST25VF016B, 2006.

[7]　National Semiconductor Corporation. DP83848I PHYTER Ethernet Physical Layer Transceiver, 2005.

[8]　Labrosse Jean J. 嵌入式实时操作系统 μC/OS-Ⅱ. 2 版. 邵贝贝，等译. 北京：北京航空航天大学出版社，2003.

[9]　卢有亮. 嵌入式实时操作系统 μC/OS 原理与实践. 北京：电子工业出版社，2012.